高等学校"十一五"规划教材
高等学校经典畅销教材

信号与系统

（修订版）

U0222733

王宝祥　主　编

SIGNALS AND SYSTEMS

哈尔滨工业大学出版社
HARBIN INSTITUTE OF TECHNOLOGY PRESS

内 容 简 介

本书全面系统地论述了信号与系统分析的基础理论。全书分两篇十二章,第一章到第五章为信号篇,内容包括信号分析的基础知识,信号线性变换(傅里叶变换、拉氏变换和 Z 变换)和信号相关分析原理等;第六章到第十二章为系统篇,主要包括连续系统和离散系统的分析方法(时域法和变换域法)、DFT 在离散系统分析中的应用和系统的状态变量分析法,每章都有一定数量的习题,书后给出参考答案。

本书可以作为通信工程、电子工程、自动控制和计算机等专业本科生的教材或教学参考书,也可供有关专业师生和科技人员自学参考。

图书在版编目(CIP)数据

信号与系统/王宝祥主编. —3 版. —哈尔滨:哈尔
滨工业大学出版社,2005.9(2016.5 重印)
ISBN 978-7-5603-0387-1

Ⅰ.信… Ⅱ.王… Ⅲ.信号系统-高等学校-
教材 Ⅳ.TN911.6

中国版本图书馆 CIP 数据核字(2005)第 066269 号

责任编辑 张秀华
封面设计 卞秉利
出版发行 哈尔滨工业大学出版社
社 址 哈尔滨市南岗区复华四道街 10 号 邮编 150006
传 真 0451-86414749
网 址 http://hitpress.hit.edu.cn
印 刷 肇东市一兴印刷有限公司
开 本 787mm×1092mm 1/16 印张 22 字数 500 千字
版 次 2005 年 9 月第 3 版 2016 年 5 月第 15 次印刷
书 号 ISBN 978-7-5603-0387-1
定 价 30.00 元

再版前言

近几十年来,随着电子技术的迅速发展和计算机的广泛使用,已使得各工程领域发生了巨大变化。系统理论的基本概念和研究方法渗入到科学技术的各个领域,促进了诸如电路理论、通信工程、信息处理、自动控制以及计算技术等学科的发展。《信号与系统》作为上述各学科的共同理论基础课,目前已为国内外高等学校的电子工程、电气工程专业普遍开设。并且国内外一些学者还认为《信号与系统》课程开设对象应该从目前的专业范围跨出去,对于电机类、自动控制、计算机及部分机械、动力类专业都可以不同深度地开设这门课程。

目前,本课程国内教材的普遍结构是以系统分析为主线,并在各章中插入有关信号部分的内容。为了加强信号分析和系统分析二者的完整性和系统性,本书将此结构作了改变,把有关信号的内容集中放在前五章,而将系统分析内容集中在后面。全书分为两篇计十二章,其中信号篇内容包括信号分析的基础知识、信号的线性变换(傅里叶变换、拉普拉斯变换和 Z 变换)和信号相关分析原理等;系统篇主要内容是连续系统和离散系统的分析方法,包括时域法和变换域法,DFT 在离散系统分析中的应用以及系统的状态变量分析法。每章都配有一定数量的习题,并在书后给出了参考答案。

本书此次再版对离散序列卷积和用围线积分法求 Z 反变换做了补充,并适当增补一些典型例题,作为通信工程、电子工程、信息处理、电子仪器与测量和卫星工程等专业本科生的教科书。对其他需要开设本课的专业(如计算机、自动控制、机电等),根据其不同深度的要求可以选学书中的某些内容。建议做如下两种内容编排:(1)学习一、二、三、四、六、七、八、九、十章;或者(2)只学习一、二、三、六、七、八章,不涉及离散信号与系统的内容。

为便于同学学习本门课程,作者又编写了《信号与系统习题及精解》一书,该书对自学、复习、考研大有益处。

本书由王宝祥主编,张晔、胡航、李绍滨、陈静、贾晓光、李玉萍等参编。在本书编写过程中教研室的许多同志对本书的出版给予支持和帮助,在此特向他们致以衷心的谢意。

限于作者水平,书中问题和不妥之处难免,恳请读者给予批评指正,请使用如下电子邮件地址联系。

E-mail:wangbx2002@sina.com

编　　者

于哈尔滨工业大学

2005.7

目　录

信号篇——信号分析与变换

系统篇——线性系统分析

信号篇——信号分析与变换

第1章 信号分析的理论基础

1.1 引 言

社会生活中,人们总要不断地以某种方式发出消息和接收消息,即传递和交换消息。实现人类社会职能乃至维持人本身的生存,都必须不停地进行各种消息的传递和交换。例如,我国古代利用烽火台的火光传送敌人入侵的警报;古希腊人以火炬的位置表示不同的字母符号;人们还曾利用击鼓鸣金的音响传达战斗命令等。人们将欲传送的消息变为光和声的形式,即形成了光信号和声信号。在当时,信号的形式和内容以及传递信号的方式都是很简单的。因此要实现信号的传送,无论在距离、速度及可靠性等方面都受到很大局限。

19世纪以后,人们开始利用电信号传递消息。1837年,莫尔斯(F.B.Morse)发明了有线电报,将欲传送的字母和数字经编码后变成电信号进行传送。1876年,贝尔(A.G.Bell)发明了电话,直接将声音转变为电信号沿导线传送。在19世纪,人们致力研究电信号的无线传输也有突破。1865年,英国的麦克斯韦(Maxwell)总结了前人的科学技术成果,提出了电磁波学说。1887年,德国的赫兹(Hertz)通过实验证实了麦克斯韦的学说,为无线电电子科学的发展奠定了理论基础。1895年,俄国的波波夫(Popov),意大利的马可尼(Marconi)实现了电信号的无线传送。这样,经过科学家们不断地努力,终于实现了利用电磁波传送信号的美好理想。由此以后,传送电信号的通信方式得到迅速发展,无线广播、超短波通信、广播电视、雷达、无线电导航等相继出现,并且已经应用到工农业生产、国民经济管理、国防及人们日常生活的各个方面。

无线电电子学技术的发展和应用,归根到底是要解决一个信号传输问题,也就是要建立一个输送信号的装置,即所谓信号传输系统。电报、电话、电视、雷达、导航等都是一种信号传输系统。例如,一个电视系统,要传送的消息是一些配有声音的画面,则在传输时,首先要利用电视摄像机把画面转换成图像信号,并利用话筒把声音变成伴音信号,这就是待传送的全电视信号。由于这种信号的振荡频率太低,很难直接在天线上激励起电磁波,因此利用电视发射机把全电视信号变换为频率更高的信号,通过天线将这种高频信号转换为电磁波发射出去,电磁波在空间传播。在收信点,电视接收天线截获到电磁波的一小部分能量并将其转变成为微弱的高频电信号,送入电视接收机。电视接收机将高频信号的频率降低,变为全电视信号,再分解为图像信号和伴音信号,并分别送到显像管和喇叭,于是就能收看到配有伴音的画面,从而得到了发送端的消息。这个过程可以用方框图表示出来,如图 1.1-1 所示。

待发消息 → 转换器 → 输入信号 → 发射机 → 信道 → 接收机 → 输出信号 → 转换器 → 接收消息

图 1.1-1 一般通信系统的组成

现在对上图中的一些名词稍作解释。

消息　待传送的一种以收、发双方事先约定的方式组成的符号,例如语言、文字、图形、电码等。

信号　按照习惯,人们将用于描述和记录消息的任何物理状态随时间变化的过程叫做信号。这里是指电信号。由于消息一般不便直接传输,故需把消息转换成相应变化的电压或电流,即电信号。由此可见,信号是消息的一种表现形式,而消息是信号的具体内容。

除了消息和信号之外,人们还常用到"信息"一词。所谓信息是指包含在消息中的有效成分。在本书中,我们不讨论有关信息的问题。

转换器　把消息转换为电信号,或者反过来把电信号还原成消息的装置,如摄像管、显像管、话筒和喇叭等。由于这些装置具有将一种形式的能量转换为另一种形式能量的功能,所以也常称其为换能器。

信道　信号传输的通道。它可以是双导线、同轴电缆和波导,也可以是空间和人造卫星,或者是光导纤维。有时发射机和接收机也可以看成是信号的通道。

由上述可知,通信系统的工作主要包括三个方面:消息与信号之间的转换,信号的处理和信号的传输。可见,通信系统是以信号为核心进行工作的。为了保证信号以尽可能小的失真进行传输及得到满意的处理,作为无线电技术工作者应首先认真研究信号的特性。

1.2　信号的分类

信号是通信系统中所传输的主体,而系统中所包含的各种电路、设备只是实现这种传输的手段。

信号是运载消息的载体,其最常见的表现形式是随时间变化的电压或电流,因此描述信号的常用方法是写出它的数学表达式,也可以绘图表示。由于信号表现为以时间为自变量的函数,故在本书中常常交替地使用"信号"与"函数"这两个名词而不加区别。然而,严格说来函数可以是多值的,而信号却是单值的。

对于各种信号,可以从不同的角度进行分类。

确定信号与随机信号　当信号是一确定的时间函数时,给定某一时间值,就可以确定出一相应的函数值,这样的信号是确定信号或称规则信号。但是,实际传输的信号往往具有不可预知的不确定性,这种信号是随机信号或称不确定信号。严格说来,在自然界中确定信号是不存在的。因为在信号传输过程中,不可避免地要受到各种干扰和噪声的影响,这些干扰和噪声都具有随机特性。对于随机信号不能表示为确切的时间函数,对它的研究只能使用统计无线电方法。

周期信号与非周期信号　在确定信号中又可分为周期信号和非周期信号。所谓周期信号就是依一定时间间隔无始无终地重复着某一变化规律的信号,其表示式可以写为

$$f(t) = f(t + nT) \quad n = 0, \pm 1, \pm 2, \cdots \tag{1.2-1}$$

满足此关系式的最小 T 值称为信号的周期。非周期信号在时间上不具有周而复始变化的特性,它不具有周期 T(或者认为周期 T 是趋于无限大的情况)。当然,真正的周期信号实际上是不存在的,所谓周期信号只是指在相当长时间内按某一规律重复变化的信号。

连续时间信号与离散时间信号　按照时间函数自变量取值的连续性和离散性可将信号分为连续时间信号与离散时间信号(简称连续信号与离散信号)。如果在某一时间间隔内,对于任意时间值(除若干不连续点外)都可给出确定的函数值,则此信号就称为连续信号。例如,图 1.2-1 所示的正弦波和矩形波,都是在 $-\infty < t < \infty$ 时间间隔内的连续信号。只是在图(a)中 $t < 0$ 和图(b)中 $t < 0$ 及 $t > t_0$ 的范围内的信号值均为零,并且图(b)中在 $t = 0$ 和 $t = t_0$ 处存在两个不连续点。连续信号的幅值可以是连续的,即可以取任何实数,

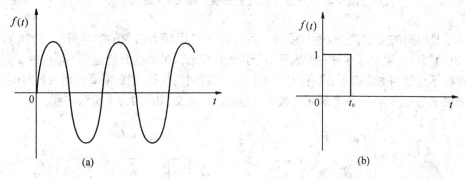

图 1.2-1　连续时间信号

如图(a)所示;连续信号的幅值也可以是离散的,即只能取有限个规定的数值,如图(b)所示。对于时间和幅值都连续的信号又称为模拟信号,如图 1.2-1(a)所示。与连续信号相对应的是离散信号。代表离散信号的时间函数,只在某些不连续的规定瞬时给出函数值,在其他时间,**函数没有定义**。例如,在图 1.2-2(a)中,函数 $f(t_k)$ 只在 $t_k = -2, -1, 0, 1, 2,$ 3,4,$\cdots$等离散时刻分别给出函数值 1.3, $-1.7, 2, 3, 1, 4.1, -2.5, \cdots$等,此时的函数幅值可取任何实数。离散时间间隔一般都是均匀的,也可以是不均匀的。如果离散信号的幅

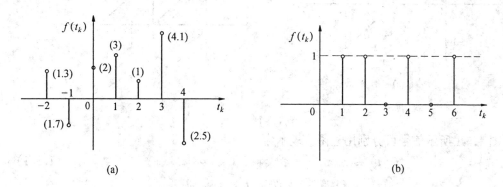

图 1.2-2　离散时间信号

值是连续的,即幅值可取任何实数(如图(a)),则称为抽样信号。如果离散信号的幅值只能取某些规定的数值(如图(b)),则称为数字信号。

能量信号与功率信号 按照信号的能量特点可以将信号分为能量信号和功率信号。如果在无限大的时间内,信号的能量为有限值而信号平均功率为零,则此信号称为能量信号。对它只能从能量方面去加以考察,而无法从平均功率去考察。如果在无限大的时间内,信号的平均功率为有限值而信号的总能量为无限大,则此信号称为功率信号。对它只能从功率上去加以考察。不难理解,周期信号都是功率信号,有限时间内的信号必为能量信号,而非周期信号可以是能量信号,也可以是功率信号。

除以上分类方式外,还可将信号分为一维信号与多维信号,调制信号,载波信号与已调波信号,等等。

1.3 信号的基函数表示法

信号是时间的函数,它的最一般的表示方法是借用某个抽象的数学符号,例如 $f(t)$, $x(t),e(t)$ 等加以表示。这种数学表示对于进行任何形式的系统分析是必不可少的。但是,由于这种不定量的抽象表示,没有指明信号在任意瞬间的数值,因此需要使用一种时间的显函数来表示信号,以使在所有瞬间的数值都有准确的定义,如图 1.3-1 所示信号。

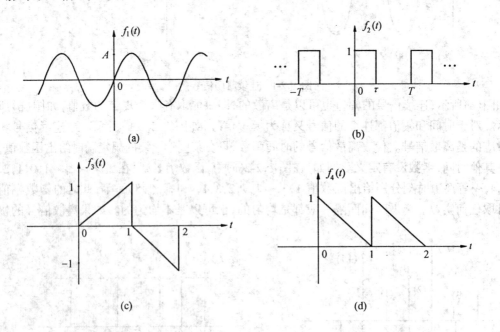

图 1.3-1

图 1.3-1 所示信号可分别用显函数表示为

$$f_1(t) = A\sin t \qquad -\infty < t < \infty \qquad (1.3-1)$$

$$f_2(t) = \begin{cases} 1 & nT < t < \tau + nT \\ 0 & nT + \tau < t < (n+1)T \end{cases} \qquad (1.3-2)$$

$$f_3(t) = \begin{cases} t & 0 < t < 1 \\ 1 - t & 1 < t < 2 \end{cases} \qquad\qquad (1.3\text{-}3)$$

$$f_4(t) = \begin{cases} 1 - t & 0 < t < 1 \\ 2 - t & 1 < t < 2 \end{cases} \qquad\qquad (1.3\text{-}4)$$

由上式可见,信号表示形式各不相同,不利于信号之间的分析和比较。因此需要得到一种表示信号的统一形式。

根据数学实现上的方便、是否易于形象化和具体应用等,已经研究证实:将信号 $f(t)$ 表示为一组基本时间函数的线性组合,在数学上是比较方便的。这些基本时间函数,简称为基函数,通过适当选择的基函数,可以使信号表示法得到统一的最一般的形式。

设所选定的基函数为 $\Phi_0(t), \Phi_1(t), \Phi_2(t), \cdots, \Phi_N(t)$,其中 N 可以是无限大。任意信号 $f(t)$ 可以表示为这组基函数的线性组合

$$f(t) = \sum_n a_n \Phi_n(t) \qquad\qquad (1.3\text{-}5)$$

式中,下标 n 取任意整数,包括正整数和负整数。这样,要表示一个具体的信号,就变成如何选择最佳的基函数集 $\Phi_n(t)$ 和确定相应的系数 a_n 的问题了。

实际使用式(1.3-5)时,总是取有限项数 N,即要求确定有限个系数 a_n。因此,对信号的基函数表示法所期望的一个性质是所谓的**系数的终结性**。这个性质允许我们单独求出任何指定的系数,而不需要知道其他的系数。换句话说,即可以在表示式(1.3-5)中加上更多的项(如果要获得更高的精度),而对前面的系数不必做任何改变。

已经证明,为了得到系数的终结性,在表示式成立的时间区间内要求基函数集 $\Phi_n(t)$ 必须是正交函数集,即函数集内各个函数之间具有正交性。下面一节将介绍正交函数和正交函数集。

1.4　正交函数

信号分解为正交函数分量与矢量分解为正交矢量的原理相似。我们先熟悉一下矢量分解的概念,然后引出正交函数和正交函数集。

一、正交矢量

图 1.4-1 表示两个矢量 A_1 和 A_2。若矢量 A_1 在另一矢量 A_2 上的分量为 A_1 在 A_2 上的投影,如图 1.4-1(a) 中的 $C_{12}A_2$。这里 A_1 末端与 $C_{12}A_2$ 末端的联线(图中虚线)垂直于 A_2,C_{12} 是一个标量系数。由矢量代数可得分量 $C_{12}A_2$ 的模为

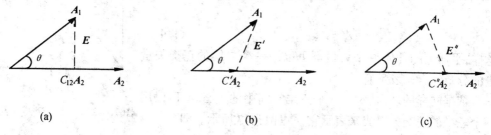

(a)　　　　　　　　　　(b)　　　　　　　　　　(c)

图 1.4-1　一矢量在另一矢量上的投影形式

和
$$| C_{12}A_2 | = C_{12}A_2$$

$$| C_{12}A_2 | = A_1\cos\theta = \frac{A_1 A_2\cos\theta}{A_2} = \frac{A_1 \cdot A_2}{A_2}$$

式中，θ 是二矢量之间的夹角，A_1、A_2 分别为 A_1、A_2 的模。由上两式可得

$$C_{12} = \frac{A_1 \cdot A_2}{A_2^2} = \frac{A_1 \cdot A_2}{A_2 \cdot A_2} \qquad (1.4\text{-}1)$$

由图可见，矢量 A_1 和它的分量 $C_{12}A_2$ 显然是有区别的。如果用 $C_{12}A_2$ 直接表示 A_1，则为一个近似表示式

$$A_1 \approx C_{12}A_2$$

A_1 和 $C_{12}A_2$ 之间的误差矢量 E 如图 1.4-1(a) 中虚线所示。由图可见，三个矢量之间的关系式为

$$E = A_1 - C_{12}A_2 \qquad (1.4\text{-}2)$$

式(1.4-2)表明，矢量 A_1 可以分解为两个分量 $C_{12}A_1$ 和 E，其方向是互相垂直的。除此之外，矢量 A_1 在 A_2 上还存在斜投影 $C'A_2$ 和 $C''A_2$，如图 1.4-1(b)、(c) 所示。它们也是矢量 A_1 在 A_2 上的分量，而且这一类的斜投影分量可以有无限多个。但是，如果要求用一矢量的分量去代表原矢量而使误差矢量为最小，则这个分量只能是原矢量的垂直投影。由图可见，所有其他情况下的误差矢量 E' 和 E'' 等，都将大于垂直投影时的误差矢量 E。所以，从一矢量的分量要与其原矢量尽量接近这一要求出发，系数 C_{12} 的选取应使误差矢量最小，即按式(1.4-1)确定的垂直投影情况。以上是从几何图形上直观得出的结论。

若从解析角度考虑 C_{12} 的取值问题，可令误差矢量的平方 $| E |^2 = | A_1 - C_{12}A_2 |^2$ 为最小，即令

$$\frac{\mathrm{d}}{\mathrm{d}C_{12}} | A_1 - C_{12}A_2 |^2 = 0$$

由此式亦可导出式(1.4-1)的结果。

系数 C_{12} 是在最小平方误差的意义上，标志着两个矢量 A_1 和 A_2 相互接近的程度。当 A_1 和 A_2 完全重合时，$\theta = 0$，$C_{12} = 1$。随着 θ 增大，C_{12} 减小，当 A_1 和 A_2 互相垂直时，$\theta = 90°$，$C_{12} = 0$。对于最后这种情况，我们称 A_1 和 A_2 为正交矢量。此时，矢量 A_1 在矢量 A_2 的方向没有分量。

根据上述原理，我们可以将一个平面中的任意矢量 A 在直角坐标系中分解为两个正交矢量的组合，如图 1.4-2 所示。即

$$A = A_x + A_y \qquad (1.4\text{-}3)$$

这样，平面上的任何一个矢量都可以用一个二维的正交矢量集的分量组合来表示它。

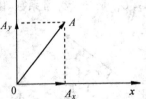

图 1.4-2 二维正交矢量表示

依据同样的理由，对于一个三维空间中的矢量 A 可以用一个三维的正交矢量集来表示它，如图 1.4-3 所示。即

$$A = A_x + A_y + A_z \qquad (1.4\text{-}4)$$

上述概念可以推广到 n 维空间。虽然在现实世界并不存在超过三维的 n 维空间，但是许多物理问题可以借助于这个概念去处理。

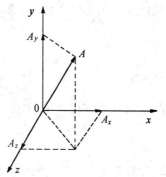

图 1.4-3　三维正交矢量表示

二、正交函数

利用与正交矢量类比的方法可以方便地定义出正交函数。

设在一定的时间区间 $(t_1 < t < t_2)$ 内，用函数 $f_1(t)$ 在另一函数 $f_2(t)$ 中的分量 $C_{12}f_2(t)$ 来近似表示 $f_1(t)$，即

$$f_1 \approx C_{12}f_2(t) \qquad (t_1 < t < t_2)$$

则有误差函数 $\varepsilon(t)$，且

$$\varepsilon(t) = f_1(t) - C_{12}f_2(t) \tag{1.4-5}$$

其中，系数 C_{12} 的选择应使 $f_1(t)$ 和 $C_{12}f_2(t)$ 达到最佳的近似。这里采用使方均误差（而不是平均误差）为最小作为"最佳"的标准。方均误差为

$$\overline{\varepsilon^2(i)} = \frac{1}{t_2 - t_1}\int_{t_1}^{t_2}[f_1(t) - C_{12}f_2(t)]^2 \mathrm{d}t \tag{1.4-6}$$

为求得使 $\overline{\varepsilon^2}$ 为最小的 C_{12} 值，应使

$$\frac{\mathrm{d}\,\overline{\varepsilon^2}}{\mathrm{d}C_{12}} = 0 \tag{1.4-7}$$

即

$$\frac{\mathrm{d}}{\mathrm{d}C_{12}}\left\{\frac{1}{t_2 - t_1}\int_{t_1}^{t_2}[f_1(t) - C_{12}f_2(t)]^2 \mathrm{d}t\right\} = 0$$

$$\frac{1}{t_2 - t_1}\left[\int_{t_1}^{t_2}\frac{\mathrm{d}}{\mathrm{d}C_{12}}f_1^2(t)\mathrm{d}t - 2\int_{t_1}^{t_2}f_1(t)f_2(t)\mathrm{d}t + 2C_{12}\int_{t_1}^{t_2}f_2^2(t)\mathrm{d}t\right] = 0$$

上式第一项等于零，于是得

$$C_{12} = \frac{\int_{t_1}^{t_2}f_1(t)f_2(t)\mathrm{d}t}{\int_{t_1}^{t_2}f_2^2(t)\mathrm{d}t} \tag{1.4-8}$$

式(1.4-8)表明，函数 $f_1(t)$ 有 $f_2(t)$ 的分量，此分量的系数是 C_{12}。如果 C_{12} 等于零，则表明 $f_1(t)$ 不包含 $f_2(t)$ 的分量，我们称此时 $f_1(t)$ 与 $f_2(t)$ 在区间 (t_1, t_2) 内正交。由式(1.4-8)可得两个函数在区间 (t_1, t_2) 内正交的条件是

$$\int_{t_1}^{t_2}f_1(t)f_2(t)\mathrm{d}t = 0 \tag{1.4-9}$$

如果 $C_{12} = 1$，即 $f_1(t) = f_2(t)$，则分量 $C_{12}f_2(t)$ 就是函数 $f_1(t)$ 本身。所以 C_{12} 称为两函数 $f_1(t)$ 和 $f_2(t)$ 的相关系数。

如果所讨论的函数 $f_1(t)$ 和 $f_2(t)$ 是复变函数，那么有关正交特性的描述略有不同。

若 $f_1(t)$ 在区间 (t_1, t_2) 内可以由 $C_{12}f_2(t)$ 来近似

$$f_1(t) \approx C_{12}f_2(t) \tag{1.4-10}$$

则使方均误差幅度为最小的 C_{12} 之最佳值是

$$C_{12} = \frac{\int_{t_1}^{t_2} f_1(t) f_2^*(t) \mathrm{d}t}{\int_{t_1}^{t_2} f_2(t) f_2^*(t) \mathrm{d}t} \tag{1.4-11}$$

两复函数 $f_1(t)$ 和 $f_2(t)$ 在区间 (t_1, t_2) 内互相正交的条件是

$$\int_{t_1}^{t_2} f_1(t) f_2^*(t) \mathrm{d}t = \int_{t_1}^{t_2} f_1^*(t) f_2(t) \mathrm{d}t = 0 \tag{1.4-12}$$

式中，$f_1^*(t)$、$f_2^*(t)$ 分别是 $f_1(t)$、$f_2(t)$ 的复共轭函数。

下面举例说明 C_{12} 的意义。

例 1.4-1 设方波函数 $f(t)$ 如图 1.4-4 所示，试用正弦波 $\sin t$ 在区间 $(0, 2\pi)$ 内近似表示此函数，并使方均误差最小。

解 方波函数表示式为

$$f(t) = \begin{cases} 1 & (0 < t < \pi) \\ -1 & (\pi < t < 2\pi) \end{cases}$$

在区间 $(0, 2\pi)$ 内，$f(t)$ 近似表示为

$$f(t) \approx C_{12} \sin t$$

根据式 (1.4-8) 求系数 C_{12}，得

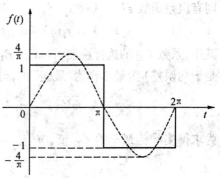

图 1.4-4 例 1.4-1 图

$$C_{12} = \frac{\int_0^{2\pi} f(t) \sin t \, \mathrm{d}t}{\int_0^{2\pi} \sin^2 t \, \mathrm{d}t} = \frac{1}{\pi} \left[\int_0^{\pi} \sin t \, \mathrm{d}t + \int_{\pi}^{2\pi} (-\sin t) \, \mathrm{d}t \right] = \frac{4}{\pi}$$

所以

$$f(t) = \frac{4}{\pi} \sin t$$

例 1.4-2 试用正弦函数 $\sin t$ 在区间 $(0, 2\pi)$ 内近似表示余弦函数 $\cos t$。

解 根据式 (1.4-8)，有

$$C_{12} = \frac{\int_0^{2\pi} \cos t \sin t \, \mathrm{d}t}{\int_0^{2\pi} \sin^2 t \, \mathrm{d}t} = 0$$

此结果说明余弦信号 $\cos t$ 不包含正弦信号 $\sin t$ 的分量，或者说余弦函数与正弦函数正交。

三、正交函数集

设 $g_1(t), g_2(t), \cdots, g_n(t)$，$n$ 个函数构成一个函数集，这些函数在区间 (t_1, t_2) 内满足下列正交条件

$$\left. \begin{array}{l} \int_{t_1}^{t_2} g_i(t) g_j(t) \mathrm{d}t = 0 \quad i \neq j \\ \int_{t_1}^{t_2} g_i^2(t) \mathrm{d}t = K_i \end{array} \right\} \tag{1.4-13}$$

则称此函数集为正交函数集,上式中 K_i 为常数。当 $K_i = 1$ 时,则称为归一化正交函数集或规格化正交函数集。

任意一个函数 $f(t)$ 在区间 (t_1, t_2) 内,可以用这 n 个正交函数的线性组合来近似地表示,即

$$f(t) \approx C_1 g_1(t) + C_2 g_2(t) + \cdots + C_n g_n(t) = \sum_{r=1}^{n} C_r g_r(t)$$

显然,这是信号的基函数表示方法。在使近似式的方均误差最小的情况下,可分别求得各系数 $C_1, C_2, \cdots, C_n$。

设方均误差为

$$\overline{\varepsilon^2}(t) = \frac{1}{t_2 - t_1} \int_{t_1}^{t_2} \left[f(t) - \sum_{r=1}^{n} C_r g_r(t) \right]^2 \mathrm{d}t$$

令

$$\frac{\mathrm{d}\,\overline{\varepsilon^2}}{\mathrm{d}C_i} = 0$$

则

$$\frac{\mathrm{d}}{\mathrm{d}C_i} \left\{ \int_{t_1}^{t_2} \left[f(t) - \sum_{r=1}^{n} C_r g_r(t) \right]^2 \mathrm{d}t \right\} = 0$$

$$\int_{t_1}^{t_2} \frac{\mathrm{d}}{\mathrm{d}C_i} \left[f^2(t) - 2f(t) \left(\sum_{r=1}^{n} C_r g_r(t) \right) + \left(\sum_{r=1}^{n} C_r g_r(t) \right)^2 \right] \mathrm{d}t = 0$$

$$\int_{t_1}^{t_2} \left[-2f(t) g_i(t) + 2 \left(\sum_{r=1}^{n} C_r g_r(t) \right) g_i(t) \right] \mathrm{d}t = 0$$

$$\int_{t_1}^{t_2} f(t) g_i(t) \mathrm{d}t = C_i \int_{t_1}^{t_2} g_i^2(t) \mathrm{d}t$$

所以

$$C_i = \frac{\int_{t_1}^{t_2} f(t) g_i(t) \mathrm{d}t}{\int_{t_1}^{t_2} g_i^2(t) \mathrm{d}t} = \frac{1}{K_i} \int_{t_1}^{t_2} f(t) g_i(t) \mathrm{d}t \tag{1.4-14}$$

四、完备正交函数集

在区间 (t_1, t_2) 内,用正交函数集 $g_1(t), g_2(t), \cdots, g_n(t)$ 近似表示函数 $f(t)$,有

$$f(t) \approx \sum_{r=1}^{n} C_r g_r(t)$$

其方均误差为

$$\overline{\varepsilon^2}(t) = \frac{1}{t_2 - t_1} \int_{t_1}^{t_2} \left[f(t) - \sum_{r=1}^{n} C_r g_r(t) \right]^2 \mathrm{d}t$$

若当 $n \to \infty$ 时,$\overline{\varepsilon^2}(t)$ 的极限等于零,即

$$\lim_{n \to \infty} \overline{\varepsilon^2}(t) = 0$$

则称此函数集为完备正交函数集。所谓完备,是指对任意函数 $f(t)$ 都可以用一无穷级数表示,即

$$f(t) = \sum_{r=1}^{\infty} C_r g_r(t)$$

此级数收敛于 $f(t)$。注意,这里是等式,而不再是近似式。

下面介绍几种常用的完备正交函数集。

三 角 函 数 集 函 数 1, $\cos\omega_1 t$, $\cos 2\omega_1 t$, $\cdots$, $\cos n\omega_1 t$, $\cdots$, $\sin\omega_1 t$, $\sin 2\omega_1 t$, $\cdots$, $\sin n\omega_1 t$, $\cdots$,当所取函数有无限多个时,在区间$(t_0, t_0 + T_1)$内组成完备正交函数集,其中 $T_1 = 2\pi/\omega_1$。任何周期为 T_1 的周期函数 $f(t)$,可以由这些三角函数的线性组合来表示,称为 $f(t)$ 的傅里叶级数展开式,即

$$f(t) = \frac{a_0}{2} + a_1\cos\omega_1 t + a_2\cos 2\omega_1 t + \cdots + a_n\cos n\omega_1 t + \cdots +$$

$$b_1\sin\omega_1 t + b_2\sin 2\omega_1 t + \cdots + b_n\sin n\omega_1 t + \cdots =$$

$$\frac{a_0}{2} + \sum_{n=1}^{\infty}(a_n\cos n\omega_1 t + b_n\sin n\omega_1 t) \quad (t_0 < t < t_0 + T_1)$$

式中,系数 a_n, b_n 可利用式(1.4-14)求得。

复指数函数集 函数集 $e^{jn\omega_1 t}$, $n = 0, \pm 1, \pm 2, \cdots$,是一个复变函数集,在区间$(t_0, t_0 + T_1)$内也是完备正交函数集。任意函数 $f(t)$ 可以展开为指数傅里叶级数,即

$$f(t) = c_0 + c_1 e^{j\omega_1 t} + c_2 e^{j2\omega_1 t} + \cdots + c_n e^{jn\omega_1 t} + \cdots +$$

$$c_{-1}e^{-j\omega_1 t} + c_{-2}e^{-j2\omega_1 t} + \cdots + c_{-n}e^{-jn\omega_1 t} + \cdots = \sum_{n=-\infty}^{\infty} c_n e^{jn\omega_1 t}$$

沃尔什(Walsh)函数集 沃尔什函数只取 $+1$ 和 -1 两个可能的数值,波形呈矩形脉冲。图 1.4-5 给出了前四个序号的函数波形。

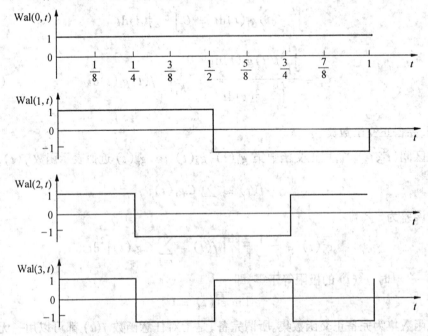

图 1.4-5 前四个沃尔什函数波形

1.5 奇异函数

在讨论奇异函数之前,先介绍几种表示常用信号的连续函数,如正弦函数,指数函数,抽样函数和高斯函数等。

正弦函数　一般表示式为

$$f(t) = A\sin(\omega t + \theta) \tag{1.5-1}$$

式中,A 表示振荡幅度;ω 表示振荡角频率;θ 表示初相位。

图 1.5-1 为正弦信号的波形图,其中 $T = 2\pi/\omega$ 为正弦函数的周期。

正弦函数的一个重要性质是对它进行微分或积分运算之后,仍为同频率的正弦函数。

指数函数　其表示式为

$$f(t) = A\mathrm{e}^{at} \tag{1.5-2}$$

式中,A, a 为常数。

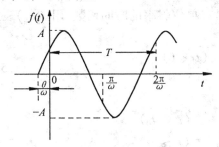

图 1.5-1　正弦函数波形

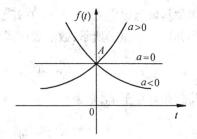

图 1.5-2　指数函数波形

图 1.5-2 中绘出了当数值 a 大于零,等于零和小于零三种情况的函数波形。

对指数函数的微分或积分,仍然是指数函数形式。

抽样函数　$\mathrm{Sa}(t)$表示式为

$$\mathrm{Sa}(t) = \frac{\sin t}{t} \tag{1.5-3}$$

抽样函数波形如图 1.5-3 所示。这是一个偶函数,在 t 的正、负两方向振幅都逐渐衰减,当 $t = \pm\pi, \pm 2\pi, \pm 3\pi, \cdots$ 时,函数值为零。

$\mathrm{Sa}(t)$函数具有如下性质

$$\int_0^\infty \mathrm{Sa}(t)\mathrm{d}t = \frac{\pi}{2}$$

$$\int_{-\infty}^\infty \mathrm{Sa}(t)\mathrm{d}t = \pi$$

钟形脉冲函数(高斯函数)　钟形脉冲函数的定义式为

$$f(t) = E\mathrm{e}^{-\left(\frac{t}{\tau}\right)^2} \tag{1.5-4}$$

钟形脉冲函数波形如图 1.5-4 所示。它是一个单调下降的偶函数。在随机信号分析中,钟形脉冲函数占有重要地位。

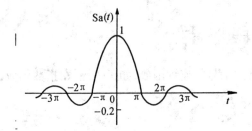

图 1.5-3 抽样函数波形　　　　　　图 1.5-4 钟形脉冲函数波形

在信号与线性系统分析中,除上述几种常用基本信号之外,还有一类基本信号,其本身具有很简单的数学形式,它们属于连续信号,但是其本身或其导数或积分有不连续点。由于这类信号的各阶导数不都是有限值,所以通常把这类信号叫做奇导信号或奇异函数。下面介绍几种常见的奇异函数:主要是单位斜坡函数,单位阶跃函数和单位冲激函数等。

一、单位斜坡函数

单位斜坡函数定义为:从 $t=0$ 开始,随后具有单位斜率的时间函数,用 $R(t)$ 表示。其波形如图 1.5-5(a) 所示,数学表达式为

$$R(t) = \begin{cases} 0 & (t < 0) \\ t & (t \geq 0) \end{cases} \tag{1.5-5}$$

如果将起始点移至 t_0,则为

$$R(t - t_0) = \begin{cases} 0 & (t < t_0) \\ t - t_0 & (t \geq t_0) \end{cases}$$

如果要求的斜率不是 1 而是 K(K 为大于零的常数),则可写成 $KR(t)$,另外,将时间变量展缩也可以表示斜率变化,例如,$KR(t)$ 和 $R(Kt)$ 都代表斜率为 K 的斜坡函数。

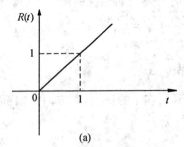
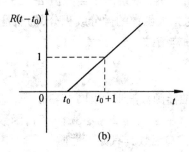

图 1.5-5 单位斜坡函数波形

二、单位阶跃函数

单位阶跃函数描述了某些实际对象从一个状态到另一个状态可以瞬时完成的过程,例如,使用无惰性开关接通电源时电压的变化情况。

单位阶跃函数的定义为:零时刻前,其值为零;随后其值为 1,波形如图 1.5-6 所示。它的数学表达式为

$$u(t) = \begin{cases} 0 & t < 0 \\ 1 & t > 0 \end{cases} \tag{1.5-6}$$

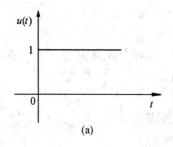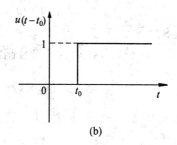

(a)   (b)

图 1.5-6 单位阶跃函数波形

在跳变点 $t = 0$ 处, 函数没有定义, 但也有时规定 $u(0) = 1/2$。单位阶跃函数又称开关函数、接通函数等。

如果跳变点移至 t_0, 则表示式为

$$u(t - t_0) = \begin{cases} 0 & (t < t_0) \\ 1 & (t > t_0) \end{cases}$$

如果跳变值不是 1 而是 E, 则可写成 $Eu(t)$。

容易证明, 单位阶跃函数与单位斜坡函数有下列关系:

1. 单位斜坡函数等于单位阶跃函数的积分

$$R(t) = \int_{-\infty}^{t} u(\tau) d\tau \tag{1.5-7}$$

2. 单位阶跃函数等于单位斜坡函数的导数

$$u(t) = \frac{dR(t)}{dt} \qquad (t \neq 0) \tag{1.5-8}$$

阶跃信号具有鲜明的单边特性。当任意函数 $f(t)$ 与 $u(t)$ 相乘时, 将使函数 $f(t)$ 在跳变点之前的幅度变为零, 因此阶跃函数的单边特性又称为切除特性。例如, 将余弦函数 $\cos t$ 与 $u(t)$ 相乘, 使其 $t < 0$ 的部分变为零, 如图 1.5-7 所示。

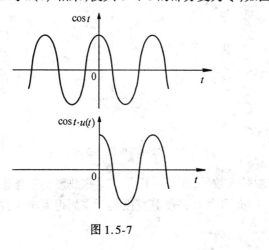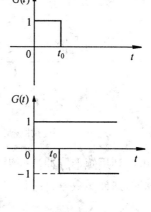

图 1.5-7   图 1.5-8

利用阶跃函数的切除特性, 可以方便地表示其他类型的函数。例如, 矩形脉冲 $G(t)$ 可表示为

$$G(t) = u(t) - u(t - t_0) \tag{1.5-9}$$

如图 1.5-8 所示

利用阶跃函数还可以表示"符号函数"(Signum)。该函数定义为

$$\text{sgn}(t) = \begin{cases} 1 & (t > 0) \\ -1 & (t < 0) \end{cases} \tag{1.5-10}$$

其波形如图 1.5-9 所示,显然,可以利用阶跃函数表示 $\text{sgn}(t)$

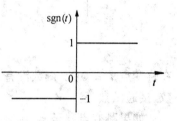

$$\text{sgn}(t) = 2u(t) - 1 \quad \text{或} \quad \text{sgn}(t) = u(t) - u(-t)$$

与阶跃函数类似,符号函数在跳变点也不予定义,但也有时规定 $\text{sgn}(0) = 0$。

利用阶跃函数还可以表示任意信号,这将在 1.6 节论述。

图 1.5-9 符号函数

三、单位冲激函数

冲激函数是对于作用时间极短而强度极大的物理过程的理想描述,如打乒乓球时的抽杀情况。冲激函数有几种定义方法。

1. 矩形脉冲演变为冲激函数

图 1.5-10 所示矩形脉冲,宽为 τ,幅度为 $1/\tau$,其面积为 1。如果 τ 减少,脉冲面积保持不变。当 τ 趋于零时,脉冲幅度趋于无限大,矩形脉冲在此种极限情况即为单位冲激函数,记作 $\delta(t)$,又称 δ 函数,其表示式为

$$\delta(t) = \lim_{\tau \to 0} \frac{1}{\tau} \left[u\left(t + \frac{\tau}{2}\right) - u\left(t - \frac{\tau}{2}\right) \right] \tag{1.5-11}$$

单位冲激函数 $\delta(t)$ 只在 $t = 0$ 处有一"冲激",其他处均为零,如图 1.5-11 所示。面积为 1,表明其冲激强度。如果面积为 E,表明冲激强度为 $\delta(t)$ 的 E 倍,记为 $E\delta(t)$。在波形图中,应将冲激强度值标在箭头旁边的括号内。

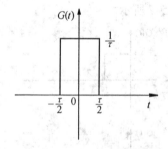

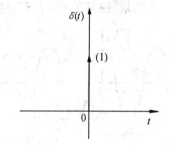

图 1.5-10 单个矩形脉冲波形   图 1.5-11 单位冲激函数波形

除了可以利用矩形脉冲演变为单位冲激函数外,还可利用具有对称波形的三角形脉冲、钟形脉冲、抽样函数等,保持其曲线下的面积为 1,并使其宽度趋于零而得到单位冲激函数。

2. 狄拉克(Dirac)定义

定义式为

$$\left.\begin{array}{l} \int_{-\infty}^{\infty} \delta(t)\mathrm{d}t = 1 \\ \delta(t) = 0 \quad t \neq 0 \end{array}\right\} \tag{1.5-12}$$

如果"冲激"点不在 $t = 0$ 而在 $t = t_0$ 处，则定义式可写为

$$\left.\begin{array}{l} \int_{-\infty}^{\infty} \delta(t - t_0)\mathrm{d}t = 1 \\ \delta(t - t_0) = 0 \quad t \neq t_0 \end{array}\right\} \tag{1.5-13}$$

此函数波形如图 1.5-12 所示。

3. 冲激函数的抽样性定义

若 $f(t)$ 为连续函数，则冲激函数 $\delta(t)$ 应使下式成立，即

$$\int_{-\infty}^{\infty} f(t)\delta(t)\mathrm{d}t = f(0) \tag{1.5-14}$$

或者

$$\int_{-\infty}^{\infty} f(t)\delta(t - t_0)\mathrm{d}t = f(t_0) \tag{1.5-15}$$

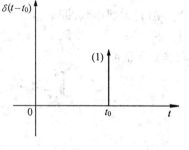

图 1.5-12　移位冲激函数波形

该定义是通过冲激函数与其他函数的运算关系而得到的。此定义式表明了冲激函数的一个重要性质 —— 抽样特性：即冲激函数 $\delta(t - t_0)$ 与函数 $f(t)$ 相乘积的积分正好等于冲激点的函数值 $f(t_0)$。

以上三种冲激函数定义都没有回答 $t = 0$ 时的函数值是什么的问题，因此说 $\delta(t)$ 不是通常意义上的函数，故而称为广义函数。

单位冲激函数与单位阶跃函数是最常用的两种奇异函数，它们之间存在下列关系。

1. 冲激函数的积分等于阶跃函数

由定义式(1.5-12)可知

$$\int_{-\infty}^{t} \delta(\tau)\mathrm{d}\tau = \begin{cases} 0 & t < 0 \\ 1 & t > 0 \end{cases}$$

将此式与 $u(t)$ 的定义式(1.5-6) 比较，就可得出

$$\int_{-\infty}^{t} \delta(\tau)\mathrm{d}\tau = u(t) \tag{1.5-16}$$

2. 阶跃函数的微分等于冲激函数，即

$$\frac{\mathrm{d}u(t)}{\mathrm{d}t} = \delta(t) \tag{1.5-17}$$

跳变点的微分对应于该点的冲激，在严格的数学意义上，阶跃函数在跳变点上的导数是不存在的，但作为广义函数的 $\delta(t)$ 和 $u(t)$，我们可以进行如下的间接证明。

由式(1.5-14)可知

$$\int_{-\infty}^{\infty} f(t)\delta(t)\mathrm{d}t = f(0)$$

又

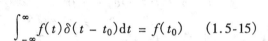

$$\int_{-\infty}^{\infty} f(t)\frac{\mathrm{d}u(t)}{\mathrm{d}t}\mathrm{d}t = f(t)u(t)\Big|_{-\infty}^{\infty} - \int_{-\infty}^{\infty} u(t)f'(t)\mathrm{d}t =$$

$$f(\infty) - \int_0^\infty f'(t)\mathrm{d}t =$$

$$f(\infty) - [f(\infty) - f(0)] = f(0)$$

比较以上两式,可得

$$\frac{\mathrm{d}u(t)}{\mathrm{d}t} = \delta(t)$$

除抽样性质外,冲激函数还有如下一些有用的性质。

1. $\delta(t)$为偶函数

$\delta(t)$为偶函数,即

$$\delta(t) = \delta(-t) \tag{1.5-18}$$

可作如下证明

$$\int_{-\infty}^{\infty} \delta(-t)f(t)\mathrm{d}t = \int_{\infty}^{-\infty} \delta(t)f(-t)\mathrm{d}(-t) =$$

$$\int_{-\infty}^{\infty} \delta(t)f(-t)\mathrm{d}t = f(0)$$

又

$$\int_{-\infty}^{\infty} \delta(t)f(t)\mathrm{d}(t) = f(0)$$

比较以上两式,可得

$$\delta(t) = \delta(-t)$$

由此可以推论

$$\int_{-\infty}^{0} \delta(t)\mathrm{d}t = \int_{0}^{\infty} \delta(t)\mathrm{d}t = \frac{1}{2} \tag{1.5-19}$$

2. 时间尺度变换

$$\delta(at) = \frac{1}{|a|}\delta(t) \tag{1.5-20}$$

证明　令 $at = x$,且 $a > 0$,则

$$\int_{-\infty}^{\infty} f(t)\delta(at)\mathrm{d}t = \frac{1}{a}\int_{-\infty}^{\infty} f\left(\frac{x}{a}\right)\delta(x)\mathrm{d}x = \frac{1}{a}f(0)$$

若 $a < 0$,则

$$\int_{-\infty}^{\infty} f(t)\delta(at)\mathrm{d}t = \frac{1}{|a|}\int_{-\infty}^{\infty} f\left(\frac{x}{a}\right)\delta(x)\mathrm{d}x = \frac{1}{|a|}f(0)$$

所以

$$\int_{-\infty}^{\infty} f(t)\delta(at)\mathrm{d}t = \frac{1}{|a|}f(0)$$

又

$$\int_{-\infty}^{\infty} f(t)\frac{1}{|a|}\delta(t)\mathrm{d}t = \frac{1}{|a|}f(0)$$

所以

$$\delta(at) = \frac{1}{|a|}\delta(t)$$

3. 连续函数 $f(t)$ 与 $\delta(t)$ 的乘积,等于冲激点的函数值与 $\delta(t)$ 相乘

$$f(t)\delta(t) = f(0)\delta(t) \tag{1.5-21}$$

由此可以导出

$$t\delta(t) = 0 \tag{1.5-22}$$

$$\frac{\mathrm{d}}{\mathrm{d}t}[f(t)\delta(t)] = f(0)\delta'(t) \tag{1.5-23}$$

四、单位冲激偶

定义　单位冲激偶就是单位冲激函数的导数,表示式为

$$\delta'(t) = \begin{cases} \dfrac{\mathrm{d}\delta(t)}{\mathrm{d}t} & t = 0 \\ 0 & t \neq 0 \end{cases} \tag{1.5-24}$$

冲激偶可由对矩形脉冲求导并取极限演变而来。图 1.5-13 所示矩形脉冲可表示为

$$G(t) = \frac{1}{\tau}u\left(t + \frac{\tau}{2}\right) - \frac{1}{\tau}u\left(t - \frac{\tau}{2}\right)$$

根据式(1.5-17),它的导数显然为

$$\frac{\mathrm{d}G(t)}{\mathrm{d}t} = \frac{1}{\tau}\delta\left(t + \frac{\tau}{2}\right) - \frac{1}{\tau}\delta\left(t - \frac{\tau}{2}\right)$$

可见矩形脉冲的导数是一正一负的两个强度为 $1/\tau$ 的冲激函数,它们分别位于 $-\tau/2$ 和 $\tau/2$。当 τ 值减小时,脉冲面积仍保持为 1,作为导数的两个冲激的强度却成反比地增大,而它们之间的距离逐渐靠拢。τ 值趋近于零时,脉冲即趋于一单位冲激函数,其导数则趋于单位冲激偶 $\delta'(t)$。图 1.5-13 表示了这一形成过程。

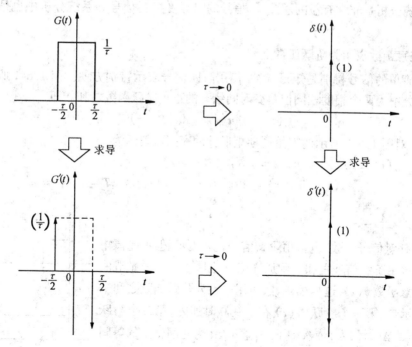

图 1.5-13　单位冲激偶的形成过程

由上述分析可见,单位冲激偶是这样一种函数:当 t 从负值趋于零时,它是一强度为无限大的正的冲激函数;当 t 从正值趋于零时,它是一强度为无限大的负的冲激函数。对单位冲激偶进行两次积分,其值为 1。单位冲激偶具有以下性质。

1. 单位冲激偶的积分等于单位冲激函数

即
$$\delta(t) = \int_{-\infty}^{t} \delta'(\tau)d\tau \tag{1.5-25}$$

2. $\delta'(t)$ 具有抽样性质

即
$$\int_{-\infty}^{\infty} f(t)\delta'(t)dt = -f'(0) \tag{1.5-26}$$

证明
$$\int_{-\infty}^{\infty} f(t)\delta'(t)dt = f(t)\delta(t)\Big|_{-\infty}^{\infty} - \int_{-\infty}^{\infty} \delta(t)f'(t)dt = -f'(0)$$

3. 单位冲激偶包含的面积等于零,即正负冲激面积抵消

$$\int_{-\infty}^{\infty} \delta'(t)dt = 0 \tag{1.5-27}$$

1.6 信号的时域分解与变换

用正交函数作为基函数,可以将任何复杂的信号表示为多个分量之和,表示为多项式的形式,但这并不是信号表示的唯一方法。在时域分析中,比较常用的方法是直接应用阶跃信号和冲激信号作为单元信号,将任意信号表示为阶跃信号或冲激信号之和。这种方法对于系统分析是非常有益的。此外,信号的时域变换在信号和系统分析中也是经常用到的。

一、任意函数表示为阶跃函数之和

某些简单的信号特别是矩形脉冲,使用阶跃信号表示特别方便。图 1.6-1 所示矩形脉冲可以分解为两个幅度相同但跳变时间错开的正负阶跃函数之和。即

$$f_1(t) = Au(t) - Au(t - \tau)$$

同理,对图 1.6-2 所示的有始周期矩形脉冲序列可表示为

$$f(t) = Au(t) - Au(t - \tau) + Au(t - T) -$$
$$Au(t - T - \tau) + Au(t - 2T) - Au(t - 2T - \tau) + \cdots =$$

$$A\sum_{n=0}^{\infty} [u(t - nT) - u(t - nT - \tau)]$$

对于任意信号函数,也可用阶跃信号之和表示。但不能像矩形脉冲直接用阶跃信号之和表示那样简单。图 1.6-3 中的光滑曲线代表任意函数 $f(t)$,这样的函数,可用一系列阶跃函数之和来近似地表示它。第一个阶跃 $f_0(t)$ 在 $t = 0$ 时加入,第二个阶跃 $f_1(t)$ 在 $t = \Delta t$ 时加入,依次加下去。这里 Δt 为时间轴上的等间隔宽度。$f_0(t)$ 的阶跃高度为 $f(0)$,于是第一阶跃函数为

$$f_0(t) = f(0)u(t)$$

在第一个阶跃之上迭加第二个阶跃,其阶跃高度是

$$\Delta f(t) = f(\Delta t) - f(0)$$

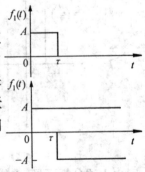

图 1.6-1 单个矩形脉冲的分解

故此

$$f_1(t) = [f(\Delta t) - f(0)]u(t - \Delta t) =$$

$$\left[\frac{f(\Delta t) - f(0)}{\Delta t}\right]\Delta t \cdot u(t - \Delta t) =$$

$$\left[\frac{\Delta f(t)}{\Delta t}\right]_{t=\Delta t} \cdot \Delta t \cdot u(t - \Delta t)$$

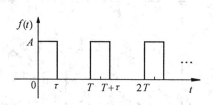

图 1.6-2 周期矩形脉冲序列

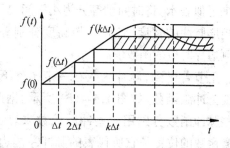

图 1.6-3 用阶跃函数之和近似表示任意函数

上式中,$\left[\dfrac{\Delta f(t)}{\Delta t}\right]_{t=\Delta t}$ 为 $t = 0$ 和 Δt 处曲线上两点连线的斜率。同理,$t = k\Delta t$ 处应迭加上一高度为 $\Delta f(t) = f(k\Delta t) - f(k\Delta t - \Delta t)$ 的阶跃函数,即

$$f_k(t) = [f(k\Delta t) - f(k\Delta t - \Delta t)]u(t - k\Delta t) =$$

$$\left[\frac{\Delta f(t)}{\Delta t}\right]_{t=k\Delta t} \cdot \Delta t \cdot u(t - k\Delta t)$$

将上述各阶跃函数 $f_0(t), f_1(t), \cdots, f_k(t), \cdots, f_n(t)$ 迭加起来,为一阶梯形函数,可近似表示 $f(t)$,即

$$f(t) \approx f(0)u(t) + \left[\frac{\Delta f(t)}{\Delta t}\right]_{t=\Delta t} \cdot \Delta t \cdot u(t - \Delta t) + \cdots +$$

$$\left[\frac{\Delta f(t)}{\Delta t}\right]_{t=k\Delta t} \cdot \Delta t \cdot u(t - k\Delta t) + \cdots =$$

$$f(0)u(t) + \sum_{k=1}^{\infty}\left[\frac{\Delta f(t)}{\Delta t}\right]_{t=k\Delta t} \cdot \Delta t \cdot u(t - k\Delta t) \tag{1.6-1}$$

这样,利用式(1.6-1)就将任意函数近似表示为阶跃函数的加权和的形式。其近似的程度,完全取决于时间间隔 Δt 的大小,Δt 愈小,近似程度愈高。在 $\Delta t \to 0$ 的极极情况下,可将 Δt 写为 $\mathrm{d}\tau$,而 $k\Delta t$ 可写作 τ,代表阶跃高度的函数增量 $\Delta f(t)$ 将成为无穷小量 $\mathrm{d}f(\tau)$,因而在式(1.6-1)中

$$\left[\frac{\Delta f(t)}{\Delta t}\right]_{t=k\Delta t} \Rightarrow \frac{\mathrm{d}f(\tau)}{\mathrm{d}\tau} = f'(\tau)$$

同时,对各项取和则变成取积分,与此同时近似式变成等式,即

$$f(t) = f(0)u(t) + \int_0^{\infty} f'(\tau)u(t - \tau)\mathrm{d}\tau \tag{1.6-2}$$

式(1.6-2)表明,在时域中可将任意函数表示为无限多个小阶跃函数相迭加的迭加积分,式中 τ 为积分变量。

二、任意函数表示为冲激函数之和

任意函数除了可以表示为阶跃函数之和以外,还可以近似表示为冲激函数之和。

图 1.6-4(a) 所示的光滑曲线为任意函数 $f(t)$,可以用一系列矩形脉冲相迭加的阶梯形曲线来近似表示。将时间轴等分为小区间 Δt 作为各矩形脉冲的宽度,各脉冲的高度分别等于它左侧边界对应的函数值。

上节曾讲到,脉冲函数在一定条件下可以演变为冲激函数,如图 1.6-4(b) 所示。据此,把这些脉冲函数分别用一些冲激函数来表示,各冲激函数的位置是它所代表的脉冲左侧边界所在的时刻,各冲激函数的强度就是它所代表的脉冲的面积。因此函数 $f(t)$ 又可以用一系列冲激函数之和近似地表示,即

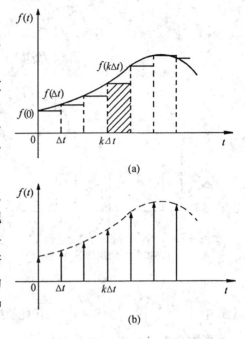

图 1.6-4　任意函数表示为冲激函数之和的过程

$$f(t) \approx f(0) \cdot \Delta t \cdot \delta(t) + f(\Delta t) \cdot \Delta t \cdot$$
$$\delta(t - \Delta t) + \cdots + f(k\Delta t) \cdot \Delta t \cdot \delta(t - k\Delta t) + \cdots =$$
$$\sum_{k=0}^{\infty} f(k\Delta t) \cdot \delta(t - k\Delta t)\Delta t \tag{1.6-3}$$

冲激函数之和对于函数 $f(t)$ 近似的程度,取决于时间间隔 Δt 的大小,Δt 愈小,近似的程度愈高。在 $\Delta t \to 0$ 的极限情况下,将 Δt 写成 $\mathrm{d}\tau$,式(1.6-3)中不连续变量 $k\Delta t$ 将变成连续变量 τ,同时对各项取和将成为取积分,式(1.6-3)变成等式,即

$$f(t) = \int_0^\infty f(\tau)\delta(t - \tau)\mathrm{d}\tau \tag{1.6-4}$$

这就是将任意函数表示为无限多个冲激函数相迭加的迭加积分,τ 为积分变量。

在第六章的系统时域分析中,将会看到上述公式(1.6-2)和(1.6-4)的用途。

三、信号的时域变换

在信号与系统分析中,除了前面学到的信号表示法和信号分解之外,还经常遇到信号在时域中的各种变换。这些变换主要包括:由于时间变量的改变引起的信号变换,由于信号自身的各种运算而引起的信号变换,几个不同信号的合成或运算而形成的信号变换等。

1. 信号的迭加与相乘

两信号迭加后形成一个新的信号,其任意时刻的数值等于两个信号同在该时刻的数值之和。即

$$f(t) = f_1(t) + f_2(t)$$

两信号的乘积将得出另一个信号,其任意时刻的数值等于两信号同在该时刻数值的乘积

$$f(t) = f_1(t) \cdot f_2(t)$$

实际工作中使用的加法器和乘法器就是完成送加和相乘的信号变换器。

2. 信号的翻转(反褶、褶迭)

将表示信号的函数 $f(t)$ 的时间变量 t 换成 $-t$，即由 $f(t)$ 变为 $f(-t)$ 称为信号的翻转。相当于信号波形对于纵轴的反褶。如图 1.6-5 所示。

引入时间翻转的概念，主要是为了数学分析上的方便。这种"过去"和"将来"的时间置换功能是任何实际系统所不能完成的。

3. 信号的时间平移

将信号 $f(t)$ 的时间变量 t 变换成 $t \pm t_0$，t_0 为常数，即为信号的时间平移。其正号表示时间超前，负号表示时间滞后。图 1.6-6 中表示了 $t_0 = 1$ 的情况。实际运算中使用的预测器和延迟器就可以实现这种变换。

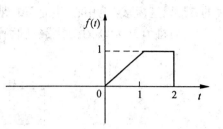

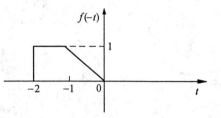

图 1.6-5　信号波形的翻转

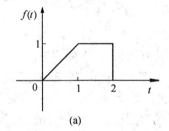

(a)

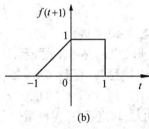

(b)

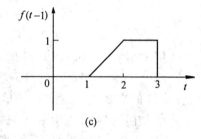

(c)

图 1.6-6　信号波形的时间平移

4. 信号波形展缩

将信号 $f(t)$ 的时间变量 t 变换为 at，a 为正数，若时间轴保持不变，则 $a > 1$ 表示信号波形压缩，$a < 1$ 表示信号波形扩展。图 1.6-7 中表示了 $a = 2$ 和 $a = 1/2$ 的情况。实际工作中使用的展宽器和压缩器就可以完成这种功能。

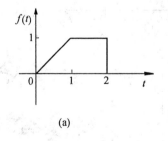

(a)

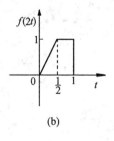

(b)

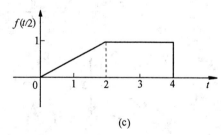

(c)

图 1.6-7　信号波形的展缩

以上介绍的几种信号变换，有时可能几种变换一起出现。

例 1.6-1　已知 $f(t)$ 的波形如图 1.6-8(a) 所示，试画出 $f(1-2t)$ 的波形。

解　首先将 $f(t)$ 沿 t 轴左移一个单位得 $f(t+1)$，如图 1.6-8(b) 所示。然后将 $f(t+1)$

的波形以坐标原点为中心,横向压缩到原波形的 1/2,幅度不变,得 $f(2t + 1)$,如图 1.6-8(c) 所示。再将 $f(2t + 1)$ 的波形沿纵轴翻转,最后就得到 $f(1 - 2t)$,如图 1.6-8(d) 所示。

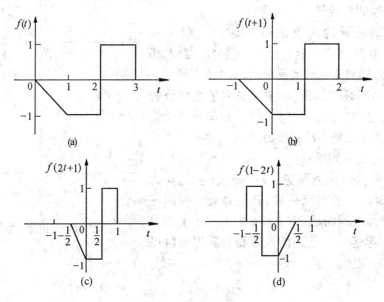

图 1.6-8　例 1.6-1 图

例 1.6-2　已知 $f(5 - t)$ 的波形如图 1.6-9(a) 所示,试画出 $f(2t + 4)$ 的波形。

解　先将 $f(5 - t)$ 的波形沿纵轴翻转,得到 $f(t + 5)$,如图 1.6-9(b) 所示。然后将 $f(t + 5)$ 的波形沿 t 轴右移一个单位,得到 $f(t + 4)$,如图 1.6-9(c) 所示。再将 $f(t + 4)$ 波形以原点为中心横向压缩到原波形的 1/2,幅度不变,但冲激信号的强度压缩到原信号的 1/2,这是由于冲激函数具有时间尺度变换性质的缘故,最后得到 $f(2t + 4)$。如图 1.6-9(d) 所示。

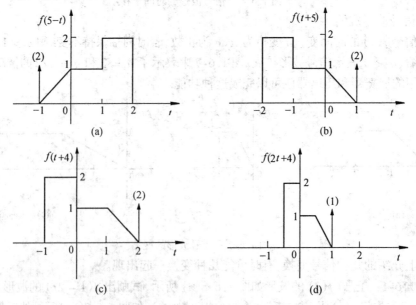

图 1.6-9　例 1.6-2 图

除了以上几种信号变换之外,信号的平方、微分、积分等自身运算也会引起信号波形的变换。作为信号之间重要运算的卷积积分将在本章最后一节专门介绍。

1.7 离散时间信号——序列

在本章 1.2 节已经知道,表示离散信号的时间函数,只在某些规定的离散瞬时给出函数值;在其他时间,函数没有定义。这些在时间上不连续的值即构成数值的序列。通常,给出数值的离散时刻的间隔是均匀的,则函数值称为均匀序列,以 $f(n)$ 表示。这里 n 取整数,表示各点函数值在序列中出现的序号。离散信号序列也可用图形表示,以线段的长度代表该点的函数值。

下面介绍一些常用的典型序列。

1. 单位函数序列

$$\delta(n) = \begin{cases} 1 & n = 0 \\ 0 & n \neq 0 \end{cases} \qquad (1.7\text{-}1)$$

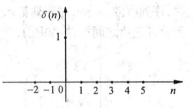

此序列也称"单位取样","单位脉冲","单位冲激"等。它的作用类似于连续时间信号中的单位冲激函数 $\delta(t)$,但它在数学上不像 δ 函数那样复杂和难以理解。它的幅度是等于 1 的有限值,如图 1.7-1 所示。

图 1.7-1 单位函数序列图

2. 单位阶跃序列

$$u(n) = \begin{cases} 1 & n \geqslant 0 \\ 0 & n < 0 \end{cases} \qquad (1.7\text{-}2)$$

它类似于连续时间信号中的单位阶跃函数 $u(t)$。但应注意 $u(t)$ 在 $t = 0$ 点发生跳变,往往不予定义,而 $u(n)$ 在 $n = 0$ 点明确定义为 1。如图 1.7-2 所示。

3. 矩形序列

$$G_N(n) = \begin{cases} 1 & 0 \leqslant n \leqslant N - 1 \\ 0 & n \text{ 为其他值} \end{cases} \qquad (1.7\text{-}3)$$

矩形序列共有 N 个幅度为 1 的函数值,如图 1.7-3 所示。它类似于连续时间函数中的矩形脉冲。

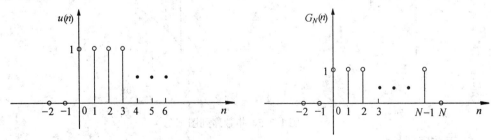

图 1.7-2 单位阶跃序列图

图 1.7-3 矩形序列图

以上三种序列之间有如下关系

$$u(n) = \sum_{k=0}^{\infty} \delta(n-k) \quad \text{或} \quad u(n) = \sum_{k=-\infty}^{n} \delta(k) \tag{1.7-4}$$

$$\delta(n) = u(n) - u(n-1) \tag{1.7-5}$$

$$G_N(n) = u(n) - u(n-N) \tag{1.7-6}$$

4. 斜变序列

$$R(n) = nu(n) \tag{1.7-7}$$

如图 1.7-4 所示。显然，$R(n)$ 与连续函数中的斜坡函数类似。

5. 指数序列

$$f(n) = a^n u(n) \tag{1.7-8}$$

当 $|a| > 1$ 时，序列是发散的；当 $|a| < 1$ 时，序列收敛；$a > 0$ 时序列都取正值，$a < 0$ 时序列值在正负之间摆动。如图 1.7-5 所示。

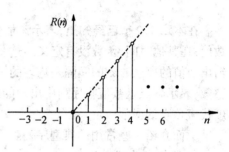

图 1.7-4　斜变序列图

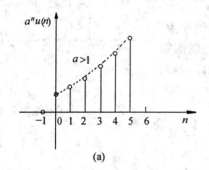

(a)

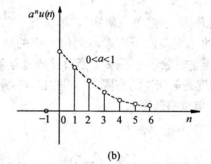

(b)

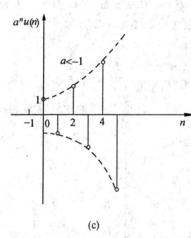

(c)

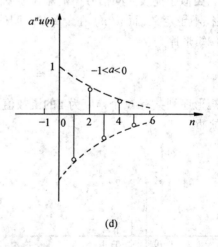

(d)

图 1.7-5　指数序列图

6. 正弦序列

$$f(n) = \sin\omega_0 n \tag{1.7-9}$$

式中，ω_0 是正弦序列的数字角频率。由于 n 的取值为整数，所以 ω_0 的最大值为 π，其取值范围为 $0 \sim \pi$。例如 $\omega_0 = 2\pi/10 = 0.2\pi$，则序列值每 10 个重复一次正弦包络的数值；当

$\omega_0 = 2\pi/100 = 0.02\pi$，则序列值每100个重复一次正弦包络的数值；当$\omega_0 = 2\pi/2$，则序列值每2个重复一次。由此可见，若$2\pi/\omega_0$为整数，则正弦序列是周期为$2\pi/\omega_0$的周期序列。

若$2\pi/\omega_0$不是整数而是有理数a，即$\omega_0 = 2\pi/a$，则此时正弦序列仍为周期序列，但其周期不是a，而是a的某个整数倍。为此，可作如下证明。

设正弦序列的周期为N，根据周期函数的定义，可有

$$\sin\omega_0 n = \sin\omega_0(n + N)$$

将$\omega_0 = 2\pi/a$代入，可得

$$\sin\frac{2\pi}{a}n = \sin\left[\frac{2\pi}{a}(n + N)\right] = \sin\left(\frac{2\pi}{a}n + \frac{2\pi}{a}N\right)$$

使此等式成立的条件应是

$$N\frac{2\pi}{a} = K \cdot 2\pi$$

其中，$K = 1,2,3,\cdots$ 所以得

$$N = Ka \tag{1.7-10}$$

即正弦序列的周期N应为满足式(1.7-10)的最小的整数。

如果$2\pi/\omega_0 = a$为无理数，则式(1.7-10)将恒不满足，此时正弦序列就不可能是周期序列。

无论正弦序列是否呈周期性，我们都称ω_0为它的角频率。

离散信号的正弦序列可由对连续信号的正弦波抽样而得到。例如，连续正弦信号

$$f(t) = \sin\Omega_0 t = \sin\frac{2\pi}{T_0}t$$

式中，$\Omega_0 = 2\pi f_0$为正弦信号的角频率；$T_0 = \frac{2\pi}{\Omega_0}$为连续正弦信号的周期。

对$f(t)$抽样可得离散正弦信号

$$f(n) = f(nT_s) = \sin\Omega_0 nT_s = \sin\omega_0 n$$

式中，T_s为抽样时间间隔或抽样周期。由此可得

$$\omega_0 = \Omega_0 T_s = 2\pi\frac{T_s}{T_0} = 2\pi\frac{f_0}{f_s}$$

由此可见，离散正弦序列频率ω_0是连续信号频率f_0对抽样频率f_s取归一化的值。

7. 复指数序列

$$f(n) = e^{j\omega_0 n} = \cos\omega_0 n + j\sin\omega_0 n \tag{1.7-11}$$

若用极坐标表示，则

$$f(n) = |f(n)| e^{j\arg[f(n)]}$$

其中

$$|f(n)| = 1$$
$$\arg[f(n)] = \omega_0 n$$

离散信号也需要进行运算或变换，这主要有下面几种情况。

1. 两序列的选加和相乘

$$y(n) = f_1(n) + f_2(n)$$

$$y(n) = f_1(n) \cdot f_2(n)$$

2. 序列与标量相乘

$$y(n) = af(n) \quad a \text{ 为标量}$$

3. 移序

设离散序列 $f(n)$，若将其序号向右移 n_0，则为

$$y(n) = f(n - n_0)$$

如果改为向左移 n_0，则为

$$y(n) = f(n + n_0)$$

这些变换形式都与连续信号变换是相似的。

最后，还要讨论一下离散时间信号的分解问题。

由于离散信号本身就是一个一个相互分离的数值，所以一种常用的分解方法是直接将任意序列 $f(n)$ 表示为单位函数序列的延时加权和，即

$$f(n) = \sum_{m=-\infty}^{\infty} f(m)\delta(n - m) \tag{1.7-12}$$

根据单位函数的定义可知，上式中

$$\delta(n - m) = \begin{cases} 1 & m = n \\ 0 & m \neq n \end{cases}$$

$$f(m)\delta(n - m) = \begin{cases} f(n) & m = n \\ 0 & m \neq n \end{cases}$$

式(1.7-12)的表示方法与式(1.6-4)的连续函数表示法相似，它为以后的离散系统的时域分析提供了极大的方便。

1.8 卷 积

卷积是一种数学运算方法。

设函数 $f_1(t)$ 与函数 $f_2(t)$ 具有相同的自变量 t，将 $f_1(t)$ 和 $f_2(t)$ 经如下的积分可以得到第三个相同自变量的函数 $g(t)$，即

$$g(t) = \int_{-\infty}^{\infty} f_1(\tau)f_2(t - \tau)\mathrm{d}\tau \tag{1.8-1}$$

此积分称为卷积积分。常用符号"$*$"表示两函数的卷积运算，因此上式又可写为

$$g(t) = f_1(t) * f_2(t) \tag{1.8-2}$$

对离散序列而言，类似的运算称为卷积和。

设序列 $f_1(n)$ 和序列 $f_2(n)$ 具有相同的自变量 n，其卷积和可由下式计算

$$g(n) = f_1(n) * f_2(n) = \sum_{m=-\infty}^{\infty} f_1(m)f_2(n - m) \tag{1.8-3}$$

由于连续函数的卷积积分与离散序列的卷积和在分析和计算方法上极为相近，故下面讨论将以卷积积分为主，而卷积和的计算是相对应的。

一、卷积的计算

卷积积分的计算须用解析方法完成。

设函数 $f_1(t) = 2e^{-t}u(t)$，$f_2(t) = u(t) - u(t-2)$，将函数 $f_1(t)$ 和 $f_2(t)$ 的时间函数式直接代入式(1.8-1)，计算可得 $f_1(t)$ 和 $f_2(t)$ 的卷积积分

$$g(t) = \int_{-\infty}^{\infty} f_1(\tau)f_2(t-\tau)d\tau =$$

$$\int_{-\infty}^{\infty} 2e^{-\tau}u(\tau)[u(t-\tau) - u(t-\tau-2)]d\tau =$$

$$\int_{-\infty}^{\infty} 2e^{-\tau}u(\tau)u(t-\tau)d\tau - \int_{-\infty}^{\infty} 2e^{-\tau}u(\tau)u(t-\tau-2)d\tau =$$

$$\left[\int_0^t 2e^{-\tau}d\tau\right]u(t) - \left[\int_0^{t-2} 2e^{-\tau}d\tau\right]u(t-2) =$$

$$\left[-2e^{-\tau}\Big|_0^t\right]u(t) - \left[-2e^{-\tau}\Big|_0^{t-2}\right]u(t-2) =$$

$$2(1 - e^{-t})u(t) - 2(1 - e^{-(t-2)})u(t-2)$$

应用式(1.8-1)直接计算卷积积分，有两点需要注意：一是积分过程中积分限如何确定；二是积分结果的有效存在时间如何使用阶跃函数表示出来。下面分别叙述。

1. 使用闸门函数确定积分限

一般，卷积积分中出现的积分项，其被积函数总是含有两个阶跃函数的因子，一个是非褶迭函数带有的，一个是褶迭函数带有的。二者结合构成一门函数 $G(\tau)$，此门函数的两个边界就是积分的上下限，左边界为下限，右边界为上限。例如图1.8-1表示上式中第一项积分含有 $u(\tau)u(t-\tau)$，它们构成一个门函数为

$$G(\tau) = <u(\tau)u(t-\tau)> =$$
$$u(\tau) - u(\tau - t) \qquad (1.8\text{-}4)$$

所以第一项积分的积分限为 $0 \sim t$。同理第二项积分中的门函数为

$$G(\tau) = <u(\tau)u(t-2-\tau)> =$$
$$u(\tau) - u(\tau - t + 2) \qquad (1.8\text{-}5)$$

因此第二项积分的积分限为 $0 \sim t - 2$。

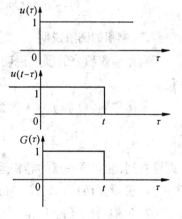

图1.8-1　闸门函数

2. 积分结果有效存在时间的确定

这个有效存在时间总是以阶跃函数表示，并且仍由被积函数中两个阶跃函数因子构成的门函数来确定。

在积分过程中，τ 为积分变量，t 为参变量，它自左向右增加，只有当反褶的因子(例如图1.8-1中的 $u(t-\tau)$)与未反褶因子(图1.8-1中的 $u(\tau)$)刚好对接时，积分值才开始产

生非零的结果,因此应根据变量 τ 在门函数左边界处的值,来确定阶跃函数所应具有的起始时刻。具体的计算方法是简单的,即将两阶跃函数的时间相加即可。例如,上式第一项中的 $u(\tau)u(t-\tau)$;两阶跃的时间相加 $\tau+t-\tau=t$,所以积分之后的阶跃函数为 $u(t)$;同理,第二项中为 $u(\tau)u(t-2-\tau)$,时间相加 $\tau+t-2-\tau=t-2$,所以积分结果之后的阶跃函数为 $u(t-2)$。

例 1.8-1 已知函数 $f_1(t)=\sin\pi t\cdot u(t)$,$f_2(t)=u(t)-u(t-2)$,试计算卷积积分 $g(t)=f_1(t)*f_2(t)$。

解 利用式(1.8-1)直接代入 $f_1(t)$,$f_2(t)$ 计算

$$g(t)=\int_{-\infty}^{\infty}f_1(\tau)f_2(t-\tau)\mathrm{d}\tau=$$

$$\int_{-\infty}^{\infty}\sin\pi\tau u(\tau)[u(t-\tau)-u(t-\tau-2)]\mathrm{d}\tau=$$

$$\int_{-\infty}^{\infty}\sin\pi\tau\cdot u(\tau)u(t-\tau)\mathrm{d}\tau-\int_{-\infty}^{\infty}\sin\pi\tau\cdot u(\tau)u(t-\tau-2)\mathrm{d}\tau=$$

$$\left[\int_0^t\sin\pi\tau\mathrm{d}\tau\right]u(t)-\left[\int_0^{t-2}\sin\pi\tau\mathrm{d}\tau\right]u(t-2)=$$

$$\left[-\frac{1}{\pi}\cos\pi\tau\Big|_0^t\right]u(t)-\left[-\frac{1}{\pi}\cos\pi\tau\Big|_0^{t-2}\right]u(t-2)=$$

$$\frac{1}{\pi}(1-\cos\pi t)u(t)-\frac{1}{\pi}(1-\cos\pi(t-2))u(t-2)$$

二、卷积的图解说明

利用卷积积分的图解说明,可以帮助理解卷积的概念,把一些抽象的关系加以形象化。

若函数 $f_1(t)$ 和 $f_2(t)$ 的卷积积分表示为

$$g(t)=f_1(t)*f_2(t)=\int_{-\infty}^{\infty}f(\tau)f_2(t-\tau)\mathrm{d}\tau$$

则可看到,为实现一点的卷积运算,需要完成下列五个步骤:

1. 变量置换:将 $f_1(t)$,$f_2(t)$ 变为 $f_1(\tau)$,$f_2(\tau)$,即以 τ 为积分变量;

2. 反褶:将 $f_2(\tau)$ 反褶,变为 $f_2(-\tau)$;

3. 平移:再将反褶函数 $f_2(-\tau)$ 向右平移 t,变为 $f_2[-(\tau-t)]$,即 $f_2(t-\tau)$,在此处 t 作为常数存在;

4. 相乘:将 $f_1(\tau)$ 和 $f_2(t-\tau)$ 相乘;

5. 积分:求 $f_1(\tau)f_2(t-\tau)$ 乘积下的面积,即为 t 时刻的卷积积分结果 $g(t)$ 值。如果还要进行下一点的运算,就要改变作为参变量 t 的值,并重复步骤 3 到 5。

图 1.8-2 表示两个矩形脉冲的卷积过程。图 1.8-3 表示了指数函数 $f_1(t)$ 与矩形脉冲 $f_2(t)$ 的卷积过程。

对离散序列 $f_1(n)$ 和 $f_2(n)$ 的卷积和计算

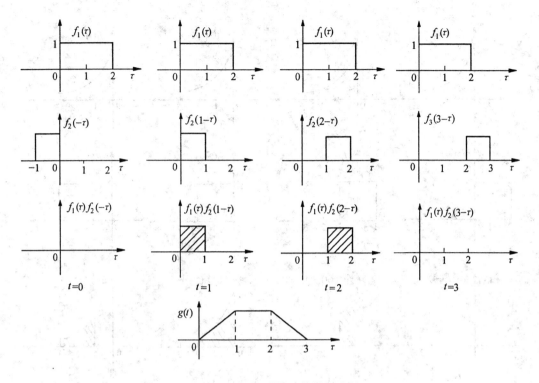

图 1.8-2　两矩形脉冲的卷积过程

$$g(n) = \sum_{m=-\infty}^{\infty} f_1(m)f_2(n-m)$$

同样需要完成下列五个步骤：

1. 变量置换：将 $f_1(n)$、$f_2(n)$ 变为 $f_1(m)$、$f_2(m)$，以 m 为求和变量；

2. 反摺二者之一：将 $f_2(m)$ 反摺，变为 $f_2(-m)$；

3. 平移：将已反摺的序列再平移 n，变为 $f_2(-(m-n))$，即 $f_2(n-m)$，在此处，n 作为参变量存在；

4. 相乘：将 $f_1(m)$ 和 $f_2(n-m)$ 相乘；

5. 求和：在给定 n 值情况下，对乘积 $f_1(m)$，$f_2(n-m)$ 取和，即为 $g(n)$。

如果还要进行下一点的计算，只要改变作为参变量的 n 值，并重复步骤3到5即可。图1.8-4表示两离散序列 $f_1(n)$ 和 $f_2(n)$ 的卷积过程。

三、卷积的性质

卷积是一种数学运算法，它具有一些有用的基本性质。其中有些与代数中乘法运算的性质很相似。

1. 交换律

$$f_1(t) * f_2(t) = f_2(t) * f_1(t) \tag{1.8-6}$$

证明　将积分变量 τ 改变为 $t-\lambda$

$$f_1(t) * f_2(t) = \int_{-\infty}^{\infty} f_1(\tau)f_2(t-\tau)\mathrm{d}\tau =$$

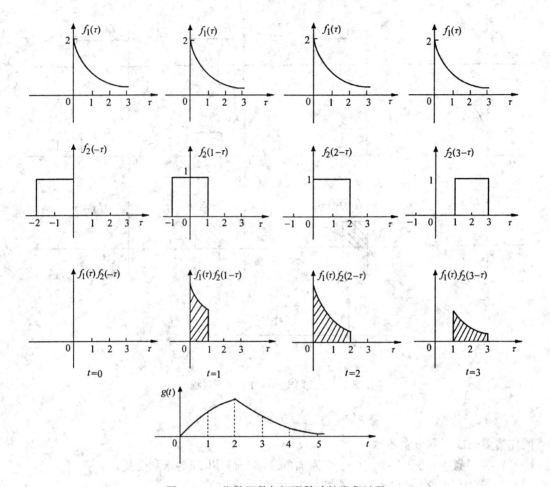

图 1.8-3   指数函数与矩形脉冲的卷积过程

$$\int_{-\infty}^{\infty} f_1(t-\lambda)f_2(\lambda)\mathrm{d}\lambda = f_2(t)*f_1(t)$$

2. 分配律

$$f_1(t)*[f_2(t)+f_3(t)] = f_1(t)*f_2(t)+f_1(t)*f_3(t) \qquad (1.8\text{-}7)$$

证明

$$f_1(t)*[f_2(t)+f_3(t)] = \int_{-\infty}^{\infty} f_1(\tau)[f_2(t-\tau)+f_3(t-\tau)]\mathrm{d}\tau =$$

$$\int_{-\infty}^{\infty} f_1(\tau)f_2(t-\tau)\mathrm{d}\tau + \int_{-\infty}^{\infty} f_1(\tau)f_3(t-\tau)\mathrm{d}\tau =$$

$$f_1(t)*f_2(t)+f_1(t)*f_3(t)$$

3. 结合律

$$[f_1(t)*f_2(t)]*f_3(t) = f_1(t)*[f_2(t)*f_3(t)] \qquad (1.8\text{-}8)$$

证明

$$[f_1(t)*f_2(t)]*f_3(t) = \int_{-\infty}^{\infty}\left[\int_{-\infty}^{\infty} f_1(\lambda)f_2(\tau-\lambda)\mathrm{d}\lambda\right]f_3(t-\tau)\mathrm{d}\tau =$$

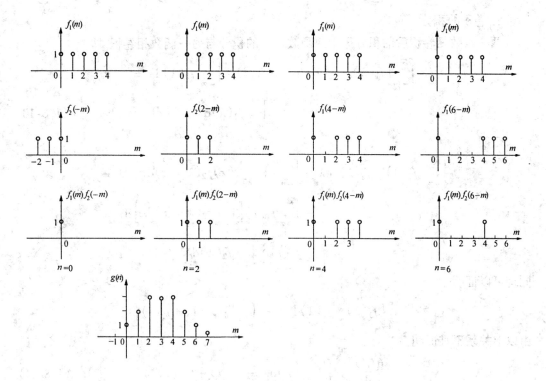

图 1.8-4　两矩形序列的卷积过程

$$\int_{-\infty}^{\infty} f_1(\lambda) \left[\int_{-\infty}^{\infty} f_2(\tau - \lambda) f_3(t - \tau) d\tau \right] d\lambda =$$

$$\int_{-\infty}^{\infty} f_1(\lambda) \left[\int_{-\infty}^{\infty} f_2(\tau) f_3(t - \lambda - \tau) d\tau \right] d\lambda =$$

$$f_1(t) * [f_2(t) * f_3(t)]$$

在结合律的证明过程中,对二重积分进行了积分次序的变换。

上述三条定律与乘法运算的性质相似,但是下述的两函数卷积后的微分和积分就不能应用两函数相乘后的微分和积分的规律了。

4. 卷积的微分

两函数相卷积后的导数等于两函数之一的导数与另一函数相卷积,即

$$\frac{d}{dt}[f_1(t) * f_2(t)] = f_1(t) * \frac{df_2(t)}{dt} = \frac{df_1(t)}{dt} * f_2(t) \tag{1.8-9}$$

证明

$$\frac{d}{dt}[f_1(t) * f_2(t)] = \frac{d}{dt} \int_{-\infty}^{\infty} f_1(\tau) f_2(t - \tau) d\tau =$$

$$\int_{-\infty}^{\infty} f_1(\tau) \frac{df_2(t - \tau)}{d\tau} d\tau = f_1(t) * \frac{df_2(t)}{dt}$$

同理可以证明

$$\frac{d}{dt}[f_1(t) * f_2(t)] = \frac{df_1(t)}{dt} * f_2(t)$$

5. 卷积的积分

两个函数相卷积后的积分等于两函数之一的积分与另一函数相卷积,即

$$\int_{-\infty}^{t}[f_1(\lambda) * f_2(\lambda)]d\lambda = f_1(t) * \int_{-\infty}^{t} f_2(\lambda)d\lambda =$$

$$\int_{-\infty}^{t} f_1(\lambda)d\lambda * f_2(t) \qquad (1.8\text{-}10)$$

证明

$$\int_{-\infty}^{t}[f_1(\lambda) * f_2(\lambda)]d\lambda = \int_{-\infty}^{t}\left[\int_{-\infty}^{\infty} f_1(\tau)f_2(\lambda - \tau)d\tau\right]d\lambda =$$

$$\int_{-\infty}^{\infty} f_1(\tau)\left[\int_{-\infty}^{t} f_2(\lambda - \tau)d\lambda\right]d\tau =$$

$$f_1(t) * \int_{-\infty}^{t} f_2(\lambda)d\lambda$$

同理可以证明

$$\int_{-\infty}^{t}[f_1(\lambda) * f_2(\lambda)]d\lambda = \int_{-\infty}^{t} f_1(\lambda)d\lambda * f_2(t)$$

由以上关系不难证明

$$\frac{df_1(t)}{dt} * \int_{-\infty}^{t} f_2(\lambda)d\lambda = f_1(t) * f_2(t) \qquad (1.8\text{-}11)$$

以上卷积积分性质,对离散序列的卷积和也是完全适用的。类似的表示式有

$$f_1(n) * f_2(n) = f_2(n) * f_1(n) \qquad (1.8\text{-}12)$$

$$f_1(n) * [f_2(n) + f_3(n)] = f_1(n) * f_2(n) + f_1(n) * f_3(n) \qquad (1.8\text{-}13)$$

$$[f_1(n) * f_2(n)] * f_3(n) = f_1(n) * [f_2(n) * f_3(n)] \qquad (1.8\text{-}14)$$

$$\sum_{i=-\infty}^{n}[f_1(i) * f_2(i)] = f_1(n) * \sum_{i=-\infty}^{n} f_2(i) = \sum_{i=-\infty}^{n} f_1(i) * f_2(n) \qquad (1.8\text{-}15)$$

四、函数 $f(t)$ 与冲激函数或阶跃函数的卷积

1. 函数 $f(t)$ 与单位冲激函数 $\delta(t)$ 卷积,其结果仍然是函数 $f(t)$ 本身,即

$$f(t) * \delta(t) = f(t) \qquad (1.8\text{-}16)$$

证明 根据卷积定义和 $\delta(t)$ 的抽样性质

$$f(t) * \delta(t) = \int_{-\infty}^{\infty} f(\tau)\delta(t - \tau)d\tau =$$

$$\int_{-\infty}^{\infty} f(t - \tau)\delta(\tau)d\tau = f(t)$$

对此式的结论我们并不陌生,在本章 1.6 节中将信号表示为冲激函数相叠加的叠加积分时,曾导出与此类似的式(1.6-4)。

类似地可有

$$f(t) * \delta(t - t_0) = f(t - t_0) \qquad (1.8\text{-}17)$$

此式表明,函数 $f(t)$ 与 $\delta(t - t_0)$ 相卷积的结果,相当于把函数本身延迟 t_0。

2. 函数 $f(t)$ 与冲激偶 $\delta'(t)$ 的卷积

$$f(t) * \delta'(t) = f'(t) \qquad (1.8\text{-}18)$$

此式可利用卷积的微分性质直接证明。

3. 函数 $f(t)$ 与阶跃函数 $u(t)$ 的卷积

$$f(t) * u(t) = \int_{-\infty}^{t} f(\lambda)\mathrm{d}\lambda \qquad (1.8\text{-}19)$$

此式可利用卷积的积分性质求得。

推广到一般情况可得

$$f(t) * \delta^{(k)}(t) = f^{(k)}(t) \qquad (1.8\text{-}20)$$

$$f(t) * \delta^{(k)}(t - t_0) = f^{(k)}(t - t_0) \qquad (1.8\text{-}21)$$

式中，k 表示求导或求重积分的次数，当 k 取正整数时表示导数阶次，k 取负整数时为重积分的次数。

对于上述各项，对离散序列也是适用的，只是其中的积分需直接变为取和，类似的关系式为

$$f(n) * \delta(n) = f(n) \qquad (1.8\text{-}22)$$

$$f(n) * \delta(n - n_0) = f(n - n_0) \qquad (1.8\text{-}23)$$

$$f(n) * u(n) = \sum_{i=-\infty}^{n} f(i) \qquad (1.8\text{-}24)$$

例 1.8-2　利用卷积积分性质式(1.8-11)，重新计算例 1.8-1 的卷积积分。

解　根据卷积性质

$$\frac{\mathrm{d}f_1(t)}{\mathrm{d}t} * \int_{-\infty}^{t} f_2(\tau)\mathrm{d}\tau = f_1(t) * f_2(t)$$

又

$$\int_{-\infty}^{t} f_1(\tau)\mathrm{d}\tau = \int_{0}^{t} \sin\pi\tau \mathrm{d}\tau = \frac{1}{\pi}(1 - \cos\pi t)u(t)$$

$$\frac{\mathrm{d}f_2(t)}{\mathrm{d}t} = \delta(t) - \delta(t - 2)$$

所以

$$g(t) = f_1(t) * f_2(t) = \frac{1}{n}(1 - \cos\pi t)u(t) * [\delta(t) - \delta(t - 2)] =$$

$$\frac{1}{\pi}(1 - \cos\pi t)u(t) - \frac{1}{\pi}(1 - \cos\pi(t - 2))u(t - 2)$$

例 1.8-3　已知离散序列 $f_1(n) = (-3)^n u(n)$，$f_2(n) = [-(-1)^n + 2(-2)^n]u(n)$，试求卷积和 $g(n) = f_1(n) * f_2(n)$。

解　根据式(1.8-3)

$$g(n) = f_1(n) * f_2(n) =$$

$$\sum_{m=-\infty}^{\infty} (-3)^m u(m)[-(-1)^{n-m} + 2(-2)^{n-m}]u(n-m) =$$

$$- (-1)^n \sum_{m=-\infty}^{\infty} (-3)^m (-1)^{-m} u(m) u(n-m) + 2(-2)^n$$

$$\sum_{m=-\infty}^{\infty} (-3)^m (-2)^{-m} u(m) u(n-m) =$$

$$\left[-(-1)^n \sum_{m=0}^{n} (3)^m + 2(-2)^n \sum_{m=0}^{n} \left(\frac{3}{2}\right)^m \right] u(n) =$$

$$\left[-(-1)^n \frac{1-3^{n+1}}{1-3} + 2(-2)^n \frac{1-\left(\frac{3}{2}\right)^{n+1}}{1-\frac{3}{2}} \right] u(n) =$$

$$\left[\frac{1}{2}(-1)^n - \frac{3}{2}(-3)^n - 4(-2)^n + 6(-3)^n \right] u(n) =$$

$$\left[\frac{1}{2}(-1)^n - 4(-2)^n + \frac{9}{2}(-3)^n \right] u(n)$$

例1.8-4 已知函数 $x(t), y(t)$ 如图1.8-5所示,试画出卷积 $g(t) = x(t) * y(t)$ 的波形图。

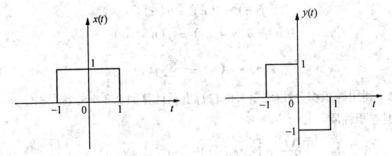

图1.8-5 例1.8-4图 I

解 将函数 $y(t)$ 分为两部分 $y_1(t)$ 和 $y_2(t)$,分别与 $x(t)$ 卷积得 $g_1(t)$ 和 $g_2(t)$,然后相加得到 $g(t)$ 的波形,如图1.8-6所示。

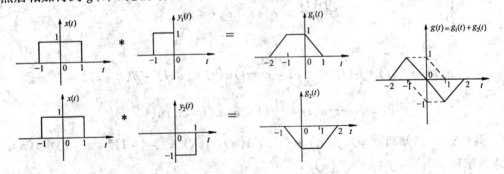

图1.8-6 例1.8-4图 II

根据图1.8-2可知,两个矩形波的卷积结果应为一梯形,这个梯形的参数可以由两矩形的参数直接得出:① 梯形起始点时间数值等于两矩形起始点时间数值之和,梯形终止点时间数值等于两矩形终止点时间数值之和;实际上,这一点对所有卷积结果都是适用的;② 梯形顶部宽度等于两矩形宽度之差;③ 梯形波形左右对称。

例 1.8-5 已知函数 $x(t),y(t)$ 波形如图 1.8-7 所示,试画出卷积 $g(t) = x(t) * y(t)$ 的波形图。

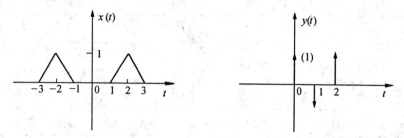

图 1.8-7　例 1.8-5 图 I

解　首先将 $y(t)$ 分解为三部分,即

$$y(t) = y_1(t) + y_2(t) + y_3(t) =$$
$$\delta(t) - \delta(t-1) + \delta(t-2)$$

分别与 $x(t)$ 卷积得 $g_1(t),g_2(t),g_3(t)$,然后相加就得到 $g(t)$ 的波形。如图 1.8-8 所示。

考虑式(1.8-17)的结果,即 $f(t) * \delta(t-t_0) = f(t-t_0)$,那么可得

$$g(t) = g_1(t) + g_2(t) + g_3(t) =$$
$$x(t) * y_1(t) + x(t) * y_2(t) + x(t) * y_3(t) =$$
$$x(t) * \delta(t) - x(t) * \delta(t-1) + x(t) * \delta(t-2) =$$
$$x(t) - x(t-1) + x(t-2)$$

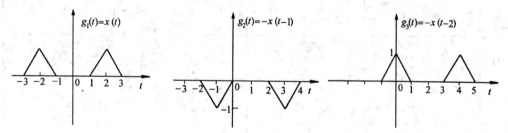

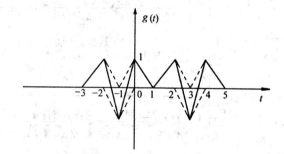

图 1.8-8　例 1.8-5 图 II

为了便于应用,把一些常用函数卷积积分和卷积和的结果制成表(见表 1.8-1 和表 1.8-2),以备查用。

表 1.8-1　卷积积分

序号	$f_1(t)$	$f_2(t)$	$f_1(t) * f_2(t)$
1	$f(t)$	$\delta(t)$	$f(t)$
2	$f(t)$	$\delta'(t)$	$f'(t)$
3	$f(t)$	$u(t)$	$\displaystyle\int_{-\infty}^{t} f(\tau)\,d\tau$
4	$u(t)$	$u(t)$	$tu(t)$
5	$u(t) - u(t - t_1)$	$u(t)$	$tu(t) - (t - t_1)u(t - t_1)$
6	$u(t) - u(t - t_1)$	$u(t) - u(t - t_2)$	$tu(t) - (t - t_1)u(t - t_1) - (t - t_2)u(t - t_2)$ $+ (t - t_1 - t_2)u(t - t_1 - t_2)$
7	$e^{at}u(t)$	$u(t)$	$-\dfrac{1}{a}(1 - e^{at})u(t)$
8	$e^{at}u(t)$	$u(t) - u(t - t_1)$	$-\dfrac{1}{a}(1 - e^{at})[u(t) - u(t - t_1)]$ $-\dfrac{1}{a}(e^{at_1} - 1)e^{at}u(t - t_1)$
9	$e^{at}u(t)$	$e^{at}u(t)$	$te^{at}u(t)$
10	$e^{a_1 t}u(t)$	$e^{a_2 t}u(t)$	$\dfrac{1}{a_1 - a_2}(e^{-a_1 t} - e^{-a_2 t})u(t)$
11	$e^{at}u(t)$	$t^n u(t)$	$\dfrac{n!}{a^{n+1}}e^{at}u(t) - \displaystyle\sum_{j=0}^{n} \dfrac{n!}{a^{j+1}(n - j)!}t^{n-j}u(t)$
12	$t^m u(t)$	$t^n u(t)$	$\dfrac{m!\,n!}{(m + n + 1)!}t^{m+n+1}u(t)$
13	$t^m e^{a_1 t}u(t)$	$t^n e^{a_2 t}u(t)$	$\displaystyle\sum_{j=0}^{m} \dfrac{(-1)^j m!(n + j)!}{j!(m - j)!(a_1 - a_2)^{a+j+1}}t^{m-j}e^{a_1 t}u(t)$ $+ \displaystyle\sum_{k=0}^{n} \dfrac{(-1)^k n!(m + k)!}{k!(n - k)!(a_2 - a_1)^{m+k+1}}t^{n-k}e^{a_2 t}u(t)$ $a_1 \neq a_2$
14	$e^{-at}\cos(\beta t + \theta)u(t)$	$e^{\lambda t}u(t)$	$\left[\dfrac{\cos(\theta - \varphi)}{\sqrt{(a + \lambda)^2 + \beta^2}}e^{\lambda t} - \dfrac{e^{at}\cos(\beta t + \theta - \varphi)}{\sqrt{(a + \lambda)^2 + \beta^2}}\right]$ 其中 $\varphi = \arctan\left(\dfrac{-\beta}{a + \lambda}\right)$

表 1.8-2　卷积和

序号	$x_1(n)$	$x_2(n)$	$x_1(n) * x_2(n) = x_2(n) * x_1(n)$
1	$x(n)$	$\delta(n)$	$x(n)$
2	a^n	$u(n)$	$(1 - a^{n+1})/(1 - a)$
3	$u(n)$	$u(n)$	$n + 1$
4	$x(n)$	$u(n)$	$\sum_{i=-\infty}^{n} x(i)$
5	a_1^n	a_2^n	$(a_1^{n+1} - a_2^{n+1})/(a_1 - a_2)$　$(a_1 \neq a_2)$
6	a^n	a^n	$(n + 1)a^n$
7	a^n	n	$n/(1 - a) + a(a^n - 1)/(1 - a)^2$
8	n	n	$\frac{1}{6}(n - 1)n(n + 1)$
9	$a_1^n \cos(\omega_0 n + \theta)$	a_2^n	$\dfrac{a_1^{n+1}\cos[\omega_0(n + 1) + \theta - \varphi] - a_2^{n+1}\cos(\theta - \varphi)}{\sqrt{a_1^2 + a_2^2 - 2a_1 a_2 \cos\omega_0}}$　$\varphi = \arctan\left[\dfrac{a_1 \sin\omega_0}{a_1 \cos\omega_0 - a_2}\right]$

五、卷积积分的数值计算

卷积积分不仅可以通过直接积分或查卷积表求解,而且还可以用数值计算方法求得。实用中,进行卷积运算的两个函数之一或全部,可能是复杂函数,不能用简单函数表示;也可能是一组测试数据或一条曲线。此时,进行解析运算会遇到困难,而用近似的数值计算方法就可以顺利进行。同时,数值计算方法还便于使用计算机。

我们以图 1.8-9 所示两函数 $e(t)$ 和 $h(t)$ 的卷积过程说明数值计算的方法。

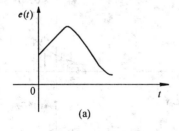
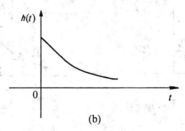

(a)　　　　　　　　　　　　　　　　(b)

图 1.8-9

进行卷积运算,首先要把两函数的变量 t 置换为 τ,然后将两函数之一的 $h(\tau)$ 进行反褶和自左向右的平移,并作相乘运算 $e(\tau)h(t - \tau)$。此过程前面已经讲过。现在作近似计算是要将连续曲线 $e(\tau)$ 和 $h(\tau)$ 分解成若干个宽度为 T 的矩形脉冲。这些脉冲的顶端连续呈阶梯形,这就是原函数 $e(\tau)$ 和 $h(-\tau)$ 的近似函数,以 $e_a(\tau)$ 和 $h_a(\tau)$ 表示,见图 1.8-10(a)。$h_a(-\tau)$ 自左向右移动,并在 T 的整数倍的位置上计算 $e_a(\tau)$ 和 $h_a(nT - \tau)$ 对应项乘积之和。例如在图1.8-10(a)中,$t = 0$,由于 $e_a(\tau)$ 和 $h_a(-\tau)$ 在 τ 轴上没有重迭部分,所以 $e_a(\tau)$ 和 $h_a(-\tau)$ 的乘积等于零,卷积值为零。在图(b)中,$t = T$,在间隔 $0 < \tau <$

T 内，$e_a(\tau) = e_0, h_a(T - \tau) = h_1$，原来的积分 $r(t) = \int_0^T e(\tau) h(t - \tau) d\tau$ 近似地用一块矩形面积 $r_a(T) = Te_0h_1$ 来代表。在图 1.8-10(c) 中，$t = 2T$，这时，在间隔 $0 < \tau < T$ 内，$e_a(\tau) = e_0, h_a(2T - \tau) = h_2$，在间隔 $T < \tau < 2T$ 内，$e_a(\tau) = e_1, h_a(2T - \tau) = h_1$，于是积分 $r(t) = \int_0^{2T} e(\tau) h(t - \tau) d\tau$ 就近似地用两块矩形面积之和 $r_a(2T) = Te_0h_2 + Te_1h_1$ 来代表。依次类推，反褶的曲线每向右移动一间隔 T，就把相重迭的各对应的 e 和 h 值相乘，取和并乘以 T，即得到对时间 t 的卷积积分的近似值。

为了简化起见，可使用两个纸条代表两条曲线，如图 1.8-10 的下部标示。在上面纸条的每一间隔内，顺次写上 $t = 0, T, 2T, \cdots$ 时，$e_a(\tau)$ 的值 $e_0, e_1, e_2, \cdots$，在下面纸条上按相同间隔，然而是相反的次序写上 $t = T, 2T, 3T, \cdots$ 时的 $h_a(\tau)$ 的值 $h_1, h_2, h_3, \cdots$。然后将下面的纸条自左向右移动，其过程和使用曲线移动时完全相同。按此办法可得卷积积分的近似值，即

$$r_a(0) = 0$$
$$r_a(T) = Te_0h_1$$
$$r_a(2T) = T(e_0h_2 + e_1h_1)$$
$$r_a(3T) = T(e_0h_3 + e_1h_2 + e_2h_1)$$
$$\cdots\cdots$$

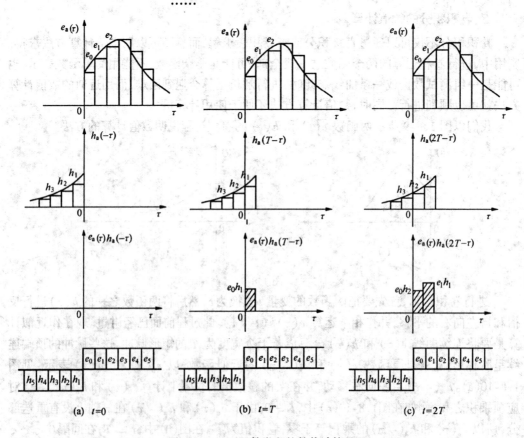

(a) $t=0$　　　(b) $t=T$　　　(c) $t=2T$

· 38 ·　　　图 1.8-10　两函数卷积的数值计算过程

推广到一般情况，即 $t = nT$ 时

$$r_\mathrm{a}(nT) = T\sum_{k=1}^{n} e_{n-k}h_k \tag{1.8-25}$$

此公式导出的条件是 $e(t)$ 和 $h(t)$ 两函数在 $t < 0$ 时的函数值均为零。否则，k 值应取 $-\infty$ 到 $+\infty$，即

$$r_\mathrm{a}(nT) = T\sum_{k=\infty}^{\infty} e_{n-k}h_k \tag{1.8-26}$$

这里还要指出一点，即在图 1.8-10 中，$e_\mathrm{a}(t)$ 的第一个阶梯值取 $e(0)$，$h_\mathrm{a}(t)$ 的第一阶梯值取 $h(T)$ 而不取 $h(0)$。这是因为，当 $e_\mathrm{a}(t)$ 第一个阶梯值取 $e(0)$ 时，整个 $e_\mathrm{a}(t)$ 曲线平均比 $e(t)$ 曲线延迟了 $T/2$，$h_\mathrm{a}(t)$ 第一阶梯值取 $h(T)$ 时，整个 $h_\mathrm{a}(t)$ 曲线平均比 $h(t)$ 曲线超前 $T/2$。这样取值进行计算时，误差可以部分抵消。但是，这种近似计算的误差总是不可避免的。通过减小 T 值，可以使误差减小。实用上，这种计算可以在计算机上进行，不但 T 值可以取小，还可借助各种数值积分方法减小计算误差。

习　题　1

1-1　绘出下列信号的波形图

1. $tu(t)$
2. $(t-1)u(t)$
3. $tu(t-1)$
4. $(t-1)u(t-1)$

1-2　绘出下列信号的波形图

1. $(2 - \mathrm{e}^{-t})u(t)$
3. $(4\mathrm{e}^{-t} - 4\mathrm{e}^{-3t})u(t)$
2. $(3\mathrm{e}^{-t} + 6\mathrm{e}^{-2t})u(t)$
4. $\mathrm{e}^{-t}\cos 10\pi t[u(t-1) - u(t-2)]$

1-3　写出图 1-3 所示各波形的函数表达式

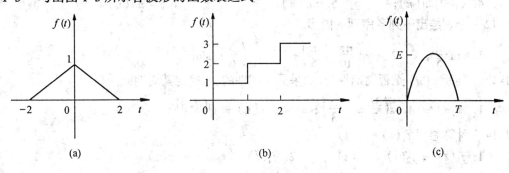

(a)　　　　　　　　(b)　　　　　　　　(c)

图 1-3　习题 1-3 图

1-4　试证明 $\cos t, \cos 2t, \cdots, \cos nt,$（$n$ 为整数）是在区间 $(0, 2\pi)$ 中的正交函数集。

1-5　上题中的函数集是否是在区间 $\left(0, \dfrac{\pi}{2}\right)$ 中的正交函数集。

1-6　$1, x, x^2, x^3$ 是否是区间 $(0,1)$ 的正交函数集。

1-7　试利用冲激信号的抽样性质，求下列表示式的函数值。

1. $\displaystyle\int_{-\infty}^{\infty} f(t-t_0)\delta(t)\mathrm{d}t$
3. $\displaystyle\int_{-\infty}^{\infty} \delta(t-t_0)u\left(t-\dfrac{t_0}{2}\right)\mathrm{d}t$

2. $\int_{-\infty}^{\infty} f(t_0 - t)\delta(t)\mathrm{d}t$ 4. $\int_{-\infty}^{\infty} \delta(t - t_0)u(t - 2t_0)\mathrm{d}t$

1-8 试利用冲激信号的抽样性质,求下列表达式的函数值

1. $\int_{-\infty}^{\infty} \sin(\omega t + \theta)\delta(t)\mathrm{d}t$ 3. $\int_{-\infty}^{\infty} \delta(2t - 3)(3t^2 + t - 5)\mathrm{d}t$

2. $\int_{-\infty}^{\infty} \delta(-t - 3)(t + 4)\mathrm{d}t$ 4. $\int_{-\infty}^{\infty} \mathrm{e}^{-\mathrm{j}\omega t}[\delta(t) - \delta(t - t_0)]\mathrm{d}t$

1-9 已知 $f(t)$ 的波形如图 1-9 所示,试画出 $g_1(t) = f(2 - t)$ 和 $g_2(t) = -f(2t - 3)$ 的波形图。

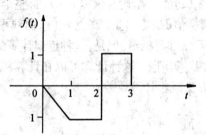

图 1-9 习题 1-9 图

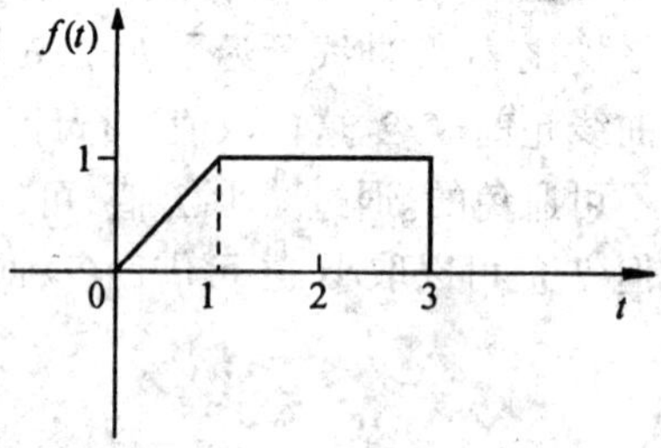

图 1-10 习题 1-10 图

1-10 已知 $f(t)$ 的波形如图 1-10 所示,试画出下列函数的波形图

1. $f(3t)$;   2. $f\left(\dfrac{t}{3}\right)u(3 - t)$;   3. $\dfrac{\mathrm{d}}{\mathrm{d}t}f(t)$;   4. $\int_{-\infty}^{t} f(\tau)\mathrm{d}\tau$

1-11 分别绘出下列各序列的图形

1. $\left(\dfrac{1}{2}\right)^n u(n)$;   2. $\left(-\dfrac{1}{2}\right)^n u(n)$;   3. $2^n u(n)$;

4. $(-2)^n u(n)$;   5. $nu(n)$;   6. $-nu(n)$

1-12 分别绘出下列各序列的图形

1. $\sin\dfrac{n\pi}{5}$;   2. $\cos\left(\dfrac{n\pi}{10} - \dfrac{\pi}{5}\right)$;   3. $\left(\dfrac{5}{6}\right)^n \sin\left(\dfrac{n\pi}{5}\right)$

1-13 判断 $x(n)$ 是否周期性的,如果是周期性的,试确定其周期

1. $x(n) = A\cos\left(\dfrac{3\pi}{7}n - \dfrac{\pi}{8}\right)$;   2. $x(n) = \mathrm{e}^{\mathrm{j}\left(\frac{n}{8} - n\right)}$

1-14 计算卷积 $f_1(t) * f_2(t)$

1. $f_1(t) = f_2(t) = u(t)$ 2. $f_1(t) = f_2(t) = u(t) - u(t - 1)$

3. $f_1(t) = u(t), f_2(t) = \mathrm{e}^{-at}u(t)$

4. $f_1(t) = \cos\omega t, f_2(t) = \delta(t + 1) - \delta(t - 1)$

1-15 计算函数 $f_1(t)$ 和 $f_2(t)$ 之卷积 $f_1(t) * f_2(t)$

1. $f_1(t) = \delta(t), f_2(t) = \cos(\omega t + 45°)$

2. $f_1(t) = (1 + t)[u(t) - u(t - 1)]$, $f_2(t) = [u(t - 1) - u(t - 2)]$

3. $f_1(t) = \mathrm{e}^{-at}u(t), f_2(t) = \sin t u(t)$

4. $f_1(t) = 2\mathrm{e}^{-t}[u(t) - u(t - 3)]$, $f_2(t) = 4[u(t) - u(t - 2)]$

1-16 已知 $f(t) = u(t - 1) - u(t - 2)$,直接用图解法画出 $s(t) = f(t) * f(t)$ 的波形图。

1-17 用图解方法画出图 1-17 所示各组 $f_1(t)$ 和 $f_2(t)$ 的卷积波形。

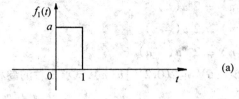

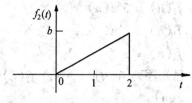

(a)

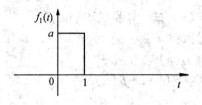

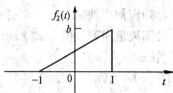

(b)

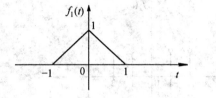

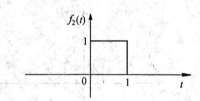

(c)

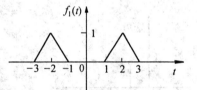

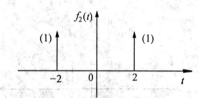

(d)

图 1-17　习题 1-17 图

1-18 试用图解方法画出图 1-18 所示 $f_1(t)$ 和 $f_2(t)$ 的卷积波形，并计算卷积分 $f_1(t) * f_2(t)$。

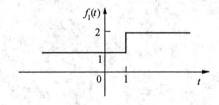

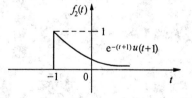

(a)

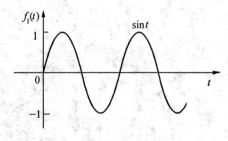

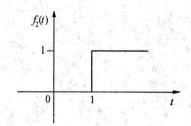

(b)

图 1-18　习题 1-18 图

1-19　求下列离散信号的卷积和

　　1. $f_1(n) = 3^n u(n)$　　　　　　　　$f_2(n) = 2^n u(n)$

　　2. $f_1(n) = 3^n u(-n)$　　　　　　　$f_2(n) = 2^n u(-n)$

　　3. $f_1(n) = 3^{-n} u(-n)$　　　　　　$f_2(n) = 2^{-n} u(-n)$

1-20　已知序列 $f_1(n) = u(n)$，$f_2(n) = [5(0.5)^n + 2(0.2)^n] u(n)$，试求二者的卷积和
　　　$g(n)$。

1-21　已知离散序列 $x(n) = a^n u(n)$，$h(n) = b^n u(n)$，试计算卷积和 $y(n)$。

1-22　已知离散序列如图 1-22 所示，试求下列各卷积和

　　1. $f_1(n) * f_2(n)$　　　　　　　3. $f_3(n) * f_4(n)$

　　2. $f_2(n) * f_3(n)$　　　　　　　4. $[f_2(n) - f_1(n)] * f_3(n)$

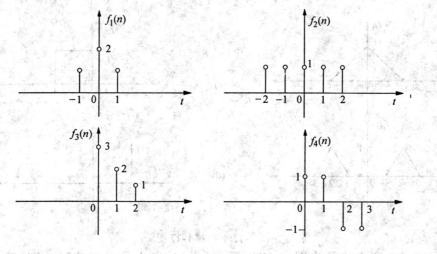

图 1-22　习题 1-22 图

第2章 傅里叶变换

在信号分析中,为了简化信号特征参数的提取,经常将信号从时域表示转移到某一变换域表示,即为信号进行线性变换。

信号的基本表示方式是以时间为变量的连续函数表示法,将这种时间函数进行变换已完全是一种数学问题。在电子技术中,经常用到的是连续时间信号的傅里叶变换和拉普拉斯变换,以及离散时间信号的 Z 变换。拉普拉斯变换可以看做傅里叶变换的推广。而 Z 变换则是傅里叶变换在离散时间序列中的普遍化,在后面的第 11 章中将会了解到对有限长序列,可以采用另一种变换,即离散傅里叶变换(DFT),它可由 Z 变换的均匀抽样而得到。

本章讨论傅里叶变换及其用于信号频谱分析等方面的问题。

2.1 周期信号的频谱分析——傅里叶级数

在第一章已经介绍了信号的基函数表示法。如果选用三角函数集或指数函数集作为基函数集,则周期函数所展成的级数就是傅里叶级数。本节将利用傅里叶级数的概念研究周期信号的频谱特性。

一、三角形式的傅里叶级数

三角函数集 $1, \cos\omega_1 t, \cos 2\omega_1 t, \cdots, \cos n\omega_1 t, \cdots, \sin\omega_1 t, \sin 2\omega_1 t, \cdots, \sin n\omega_1 t, \cdots$,在区间 $(t_0, t_0 + T)$ 内满足以下关系

$$\int_{t_0}^{t_0+T} \cos n\omega_1 t \sin m\omega_1 t \mathrm{d}t = 0$$

$$\int_{t_0}^{t_0+T} \cos n\omega_1 t \cos m\omega_1 t \mathrm{d}t = 0 \qquad m \neq n$$

$$\int_{t_0}^{t_0+T} \sin n\omega_1 t \sin m\omega_1 t \mathrm{d}t = 0 \qquad m \neq n$$

$$\int_{t_0}^{t_0+T} \cos^2 n\omega_1 t \mathrm{d}t = \int_{t_0}^{t_0+T} \sin^2 n\omega_1 t \mathrm{d}t = \frac{T}{2}$$

式中,m, n 为正整数,$T = \frac{2\pi}{\omega_1}$ 为三角函数的公共周期。则此三角函数集为正交函数集。若 n 为无限大,则此函数集为完备正交函数集,任何一个周期函数 $f(t)$ 都可以用三角函数集中各函数分量的线性组合来表示,即

$$f(t) = \frac{a_0}{2} + a_1\cos\omega_1 t + a_2\cos 2\omega_1 t + \cdots + b_1\sin\omega_1 t + b_2\sin 2\omega_1 t + \cdots =$$

$$\frac{a_0}{2} + \sum_{n=1}^{\infty} (a_n\cos n\omega_1 t + b_n\sin n\omega_1 t) \tag{2.1-1}$$

这就是周期函数 $f(t)$ 在区间 $(t_0, t_0 + T)$ 内的三角傅里叶级数表示式。根据正交函数集的正交条件,可求得上式中各傅里叶级数的系数

$$a_n = \frac{2}{T} \int_{t_0}^{t_0+T} f(t) \cos n\omega_1 t \mathrm{d}t \qquad (2.1\text{-}2a)$$

$$b_n = \frac{2}{T} \int_{t_0}^{t_0+T} f(t) \sin n\omega_1 t \mathrm{d}t \qquad (2.1\text{-}2b)$$

当 $n = 0$ 时

$$a_0 = \frac{2}{T} \int_{t_0}^{t_0+T} f(t) \mathrm{d}t \qquad (2.1\text{-}2c)$$

而函数 $f(t)$ 在区间 $(t_0, t_0 + T)$ 内的平均值

$$\overline{f(t)} = \frac{1}{T} \int_{t_0}^{t_0+T} f(t) \mathrm{d}t = \frac{a_0}{2}$$

即为信号的直流分量。由此不难理解式(2.1-1)中第一项的物理含义。

当 $n = 1$ 时,式(2.1-1) 中的两项 $a_1 \cos\omega_1 t + b_1 \sin\omega_1 t$ 合成一频率为 ω_1 的正弦分量 —— 基波分量,ω_1 称为基波角频率。当 n 大于 1 时,式(2.1-1) 中同频率的两项 $a \cos n\omega_1 t + b_n \sin n\omega_1 t$ 合成一频率为 $n\omega_1$ 的正弦分量,称为 n 次谐波分量,$n\omega_1$ 称为 n 次谐波角频率。由此,可以将式(2.1-1)写成另一种形式,即

$$f(t) = \frac{a_0}{2} + \sum_{n=1}^{\infty} A_n \cos(n\omega_1 t + \varphi_n) \qquad (2.1\text{-}3a)$$

或

$$f(t) = \frac{a_0}{2} + \sum_{n=1}^{\infty} A_n \sin(n\omega_1 t + \theta_n) \qquad (2.1\text{-}3b)$$

式中,A_n 代表 n 次谐波振幅,φ_n 和 θ_n 代表 n 次谐波的初相位。

比较式(2.1-1) 和(2.1-3),可以得出两式中各参量之间有如下关系

$$A_n = \sqrt{a_n^2 + b_n^2} \qquad (2.1\text{-}4a)$$

$$\varphi_n = -\arctan \frac{b_n}{a_n}, \quad \theta_n = \frac{\pi}{2} + \varphi_n \qquad (2.1\text{-}4b)$$

$$a_n = A_n \cos\varphi_n \qquad (2.1\text{-}4c)$$

$$b_n = -A_n \sin\varphi_n \qquad (2.1\text{-}4d)$$

由式(2.1-2) 和(2.1-4) 可以看出,系数 a_n 和振幅 A_n 都是角频率 $n\omega_1$ 的偶函数,系数 b_n 与相位 φ_n 和 θ_n 都是 $n\omega_1$ 的奇函数。

由式(2.1-1) 和(2.1-3) 可以十分清楚地看出,在一定的时间间隔内,任意一个信号可以表示为一直流分量和无限多个谐波分量之和。

必须指出,并非任意周期信号都能进行傅里叶级数展开。在数学中已经指出被展开的函数 $f(t)$ 应满足如下的条件:① 在一周期内,信号是绝对可积的,即

$$\int_{t_0}^{t_0+T} |f(t)| \mathrm{d}t < \infty$$

② 在一周期内,函数的极大值和极小值的数目应是有限个;③ 在一周期内,如有间断点存在,则间断点的数目应是有限个,而且当 t 从不同方向趋近间断点时,函数应具有两个不同的有限的极限值。这些条件称为狄利赫莱(Dirichlet)条件。有幸的是,通常我们遇到的周期信号都能满足这些条件,因此,以后除非另有要求,否则一般不再考虑这一条件。

实际进行信号分析时,我们不可能去计算式(2.1-1)或式(2.1-3)中的无限多次谐波分量,而只能取有限项来近似地表示函数 $f(t)$。当然,这样就要出现误差,即

$$f(t) = \frac{a_0}{2} + \sum_{k=1}^{n} (a_k \cos k\omega_1 t + b_k \sin k\omega_1 t) + \varepsilon_n(t)$$

其中,$\varepsilon_n(t)$ 为误差函数,代表所有 n 次以上谐波分量之和。一般情况下,所取的级数项愈多,即 n 值愈大,则其误差愈小。

现以图2.1-1所示方波信号为例,说明信号的傅里叶级数表示。这个信号的正半周和负半周是形状完全相同的矩形,用函数式表示为

$$f(t) = \begin{cases} 1 & 0 < t < \frac{T}{2} \\ -1 & \frac{T}{2} < t < T \end{cases}$$

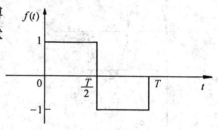

图 2.1-1 方波信号波形

为把此函数展开为三角形式的傅里叶级数,就要先根据式(2.1-2)计算系数 a_0, a_n, b_n

$$a_0 = \frac{2}{T} \int_0^T f(t)\mathrm{d}t = \frac{2}{T}\left[\int_0^{\frac{T}{2}}\mathrm{d}t - \int_{\frac{T}{2}}^T\mathrm{d}t\right] = 0$$

$$a_n = \frac{2}{T} \int_0^T f(t)\cos n\omega_1 t \mathrm{d}t =$$

$$\frac{2}{T}\left[\int_0^{\frac{T}{2}}\cos n\omega_1 t\mathrm{d}t - \int_{\frac{T}{2}}^T\cos n\omega_1 t\mathrm{d}t\right] = 0$$

$$b_n = \frac{2}{T} \int_0^T f(t)\sin \omega_1 t \mathrm{d}t =$$

$$\frac{2}{T}\left[\int_0^{\frac{T}{2}}\sin n\omega_1 t\mathrm{d}t - \int_{\frac{T}{2}}^T\sin n\omega_1 t\mathrm{d}t\right] =$$

$$\frac{2}{Tn\omega_1}\left[-\cos n\omega_1 t\Big|_0^{\frac{T}{2}} + \cos n\omega_1 t\Big|_{\frac{T}{2}}^T\right] =$$

$$\frac{1}{n\pi}\left[-\cos n\pi + 1 + 1 - \cos n\pi\right] = \frac{2}{n\pi}\left[1 - \cos n\pi\right] =$$

$$\begin{cases} \frac{4}{n\pi} & n \text{ 为奇数} \\ 0 & n \text{ 为偶数} \end{cases}$$

因此,该方波信号在区间 $(0, T)$ 内可表示为

$$f(t) = \frac{4}{\pi}\left(\sin\omega_1 t + \frac{1}{3}\sin 3\omega_1 t + \frac{1}{5}\sin 5\omega_1 t + \cdots\right)$$

现在考虑一下傅里叶级数取不同的有限项时,近似程度的变化。图2.1-2中表示了分别用基波,基波和三次谐波,基波和三次五次谐波近似表示该方波的情况。图中的阴影部分代表误差的大小。容易看出,随着所取项数的增多,近似程度提高了,合成函数的边沿更陡峭了,顶部虽有较多起伏,但更趋于平坦了。图2.1-2(b)所示为误差函数 $\varepsilon_n(t)$ 的波形,图2.1-2(c)所示为均方误差 $\overline{\varepsilon_n^2}(t)$。由于误差函数的对称性质,这里只取时间间隔($T/4$,$T/2$)内的均方误差值。由图2.1-2(c)可以看到,随着所取傅里叶级数项数的增加,均方误差 $\overline{\varepsilon_n^2}$ 值明显地减小。

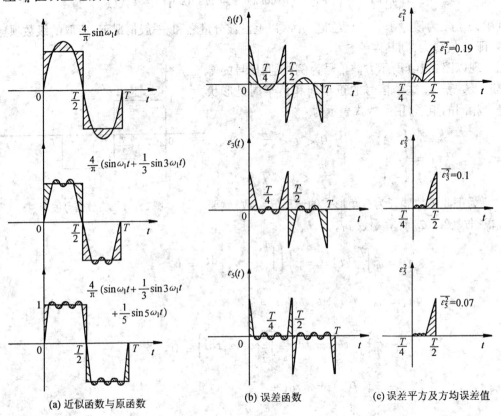

(a) 近似函数与原函数   (b) 误差函数   (c) 误差平方及方均误差值

图 2.1-2   矩形方波有限项傅里叶级数的波形

二、指数傅里叶级数

指数函数集 $e^{j\omega_1 t}$, $n = 0, \pm 1, \pm 2, \cdots$,在区间($t_0, t_0 + T$)内具有如下关系

$$\int_{t_0}^{t_0+T} (e^{jn\omega_1 t})(e^{jn\omega_1 t})^* \, dt = T$$

$$\int_{t_0}^{t_0+T} (e^{jn\omega_1 t})(e^{jm\omega_1 t})^* \, dt = 0 \qquad m \neq n \qquad (2.1-5)$$

式中,m, n 为整数,$T = \dfrac{2\pi}{\omega_1}$ 为指数函数的公共周期。则此指数函数集为正交函数集。当 n 取值为从 $-\infty$ 到 $+\infty$,包括零在内的所有整数时,此函数集为完备正交函数集。

任何一个周期函数 $f(t)$ 都可以在区间($t_0, t_0 + T$)内用此函数集中各函数的线性组

合来表示,即

$$f(t) = c_0 + c_1 e^{j\omega_1 t} + c_2 e^{j2\omega_1 t} + \cdots + c_n e^{jn\omega_1 t} + \cdots +$$

$$c_{-1} e^{-j\omega_1 t} + c_{-2} e^{-j2\omega_1 t} + \cdots + c_{-n} e^{-jn\omega_1 t} + \cdots =$$

$$\sum_{n=-\infty}^{\infty} c_n e^{jn\omega_1 t} \qquad (2.1\text{-}6)$$

式中,指数傅里叶级数的系数 c_n 可利用指数函数的正交条件式(2.1-5)求得,即

$$c_n = \frac{1}{T} \int_{t_0}^{t_0+T} f(t) e^{-jn\omega_1 t} dt \qquad (2.1\text{-}7)$$

指数傅里叶级数表示式(2.1-6)也可以从三角傅里叶级数式(2.1-3)直接导出。利用欧拉公式 $\cos\theta = (e^{j\theta} + e^{-j\theta})/2$,并考虑到 A_n 是频率的偶函数,φ_n 是频率的奇函数,即 $A_{-n} = A_n$,$\varphi_{-n} = -\varphi_n$,以及 $a_0 = A_0$,则式(2.1-3)可以化为

$$f(t) = \frac{a_0}{2} + \sum_{n=1}^{\infty} A_n \cos(n\omega_1 t + \varphi_n) =$$

$$\frac{a_0}{2} + \frac{1}{2} \sum_{n=1}^{\infty} \left[A_n e^{j(n\omega_1 t + \varphi_n)} + A_n e^{-j(n\omega_1 t + \varphi_n)} \right] =$$

$$\frac{1}{2} \sum_{n=-\infty}^{\infty} A_n e^{j(n\omega_1 t + \varphi_n)} = \frac{1}{2} \sum_{n=-\infty}^{\infty} \dot{A}_n e^{jn\omega_1 t} \qquad (2.1\text{-}8)$$

式中,$\dot{A}_n = A_n e^{j\varphi_n}$ 是第 n 次谐波分量的复数振幅。式(2.1-8)就是指数傅里叶级数表示式,将它与式(2.1-6)比较可得系数之间的关系为

$$c_n = \frac{1}{2} \dot{A}_n \qquad (2.1\text{-}8)$$

所以

$$\dot{A}_n = \frac{2}{T} \int_{t_0}^{t_0+T} f(t) e^{-jn\omega_1 t} dt \qquad (2.1\text{-}10)$$

由此容易得出系数 $\dot{A}_n$, c_n 与 a_n, b_n 之间的关系

$$\dot{A}_n = A_n e^{j\varphi_n} = A_n \cos\varphi_n + jA_n \sin\varphi_n = a_n - jb_n \qquad (2.1\text{-}11)$$

$$c_n = \frac{1}{2}(a_n - jb_n) \qquad (2.1\text{-}12)$$

实用中,常常是使用指数级数更为方便,因为它只要求计算一个系数 $\dot{A}_n$。

三、函数波形的对称性与傅里叶系数的关系

把已知信号 $f(t)$ 展开为傅里叶级数时,如果 $f(t)$ 是实函数,而且它的波形满足某种对称性,那么在其傅里叶级数中有些项将不出现,留下的各项系数的表示式也变得比较简单。波形的对称性有两类,一类是对整周期对称,例如偶函数和奇函数;另一类是对半周期对称,例如奇谐函数,前者决定级数中只可能含有余弦项或正弦项,后者决定级数中只可能含有偶次项或奇次项。

1. 偶函数

若信号波形相对于纵轴是对称的,即满足

$$f(t) = f(-t)$$

则 $f(t)$ 为偶函数,例如图 2.1-3 所示。

由函数的对称关系已经得知,两偶函数或两奇函数相乘之积是偶函数,而偶函数和奇函数相乘之积为奇函数。于是偶函数的傅里叶系数为

$$a_n = \frac{2}{T}\int_{-\frac{T}{2}}^{\frac{T}{2}} f(t)\cos n\omega_1 t\,\mathrm{d}t = \frac{4}{T}\int_0^{\frac{T}{2}} f(t)\cos n\omega_1 t\,\mathrm{d}t$$

$$b_n = \frac{2}{T}\int_{-\frac{T}{2}}^{\frac{T}{2}} f(t)\sin n\omega_1 t\,\mathrm{d}t = 0$$

这是由于被积函数为偶函数时,在一对称区间内积分等于在半区间积分的二倍;而被积函数为奇函数时,在一对称区间积分等于零。因此偶函数的傅里叶级数中将不包含正弦项,只含有直流项和余弦项。例如图 2.1-3 所示三角波,它的三角傅里叶级数为

$$f(t) = \frac{E}{2} + \frac{4E}{\pi^2}\left(\cos\omega_1 t + \frac{1}{9}\cos 3\omega_1 t + \frac{1}{25}\cos 5\omega_1 t + \cdots\right)$$

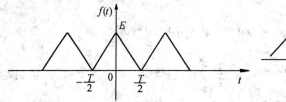

图 2.1-3 偶函数示意图 图 2.1-4 奇函数示意图

2. 奇函数

若函数波形相对于纵轴是反对称的,即满足

$$f(t) = -f(-t)$$

此时 $f(t)$ 是奇函数。如图 2.1-4 所示。

它的傅里叶系数等于

$$a_0 = \frac{2}{T}\int_{-\frac{T}{2}}^{\frac{T}{2}} f(t)\,\mathrm{d}t = 0$$

$$a_n = \frac{2}{T}\int_{-\frac{T}{2}}^{\frac{T}{2}} f(t)\cos n\omega_1 t\,\mathrm{d}t = 0$$

$$b_n = \frac{2}{T}\int_{-\frac{T}{2}}^{\frac{T}{2}} f(t)\sin n\omega_1 t\,\mathrm{d}t = \frac{4}{T}\int_0^{\frac{T}{2}} f(t)\sin n\omega_1 t\,\mathrm{d}t$$

因此,奇函数的傅里叶级数中将不含有直流项和余弦项,只含有正弦项。例如图 2.1-4 中所示锯齿波,它的傅里叶级数展开式为

$$f(t) = \frac{E}{\pi}\left[\sin\omega_1 t - \frac{1}{2}\sin 2\omega_1 t + \frac{1}{3}\sin 3\omega_1 t - \cdots + \frac{(-1)^{n+1}}{n}\sin n\omega_1 t + \cdots\right]$$

3. 奇谐函数

设 $f(t)$ 为周期函数,若将其波形沿时间轴平移半个周期并相对于该轴反转,此时波形并不发生变化,即满足关系式

$$f(t) = -f\left(t \pm \frac{T}{2}\right)$$

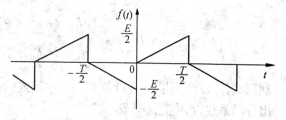

这样的函数称为半波对称函数或称为奇谐函数,如图 2.1-5 所示。可以看出,奇谐函数必定是周期函数,半周期为正,半周期为负,两半周期的波形完全相同。

图 2.1-5　奇谐函数示意图

顾名思义,奇谐函数的傅里叶级数中将不包含直流分量和偶次谐波分量,只包含奇次谐波分量。应当注意,在这里不要把"奇函数"与"奇谐函数"相混淆。

4. 偶谐函数

若函数 $f(t)$ 满足关系式

$$f(t) = f\left(t \pm \frac{T}{2}\right)$$

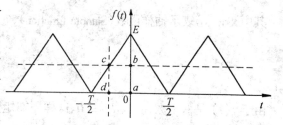

这样的函数称为偶谐函数,此函数的每个半周期完全相同。也就是说,这是一个以半周期为间隔重复变化的周期函数。显然,这种函数的傅里叶级数中只含有偶次谐波分量。

应该注意,函数的奇偶性是依据函数波形相对于坐标轴的对称关系决定的。当移动坐标轴时,可以使奇偶关系发生变

图 2.1-6　函数的奇偶性与函数波形坐标轴的关系

化,对于奇函数和奇谐函数为了便于傅里叶系数的计算还可以减去或加上某一直流分量。例如,在图 2.1-3 中描述的三角波 $f(t)$,当坐标原点取在 a 点时,如图2.1-6,则为偶函数;当坐标原点移到 b 点时,仍为偶函数,但减少了一个直流分量 $E/2$;当坐标原点移到 c 点时,变为奇函数,同时也是奇谐函数;当坐标原点移到 d 点时,在原来的奇函数中又迭加上一直流分量。

2.2　典型周期信号的频谱

在周期信号的频谱分析中,矩形脉冲信号的频谱分析具有十分重要的意义。本节我们通过对此信号的分析,掌握周期信号频谱的特点和分析方法,然后给出一些典型周期信号频谱分析的结果。

一、周期矩形脉冲信号

设周期矩形脉冲信号 $f(t)$ 的脉冲宽度为 τ,脉冲幅度为 E,重复周期为 T,如图2.2-1所示。该信号在一个周期($-\frac{T}{2} < t < \frac{T}{2}$)内的表示式为

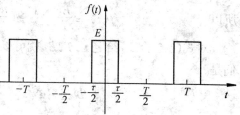

图 2.2-1　周期矩形信号波形

$$f(t) = \begin{cases} E & -\dfrac{\tau}{2} < t < \dfrac{\tau}{2} \\ 0 & -\dfrac{T}{2} < t < -\dfrac{\tau}{2} \ \text{和} \ \dfrac{\tau}{2} < t < \dfrac{T}{2} \end{cases}$$

利用式(2.1-1)可以把$f(t)$展开为三角形式的傅里叶级数表示式。根据式(2.1-2)可以求出各项系数,其中直流分量

$$\frac{a_0}{2} = \frac{1}{T}\int_{-\frac{T}{2}}^{\frac{T}{2}} f(t)\mathrm{d}t = \frac{1}{T}\int_{-\frac{\tau}{2}}^{\frac{\tau}{2}} E\mathrm{d}t = \frac{E\tau}{T}$$

余弦分量的幅度为

$$a_n = \frac{2}{T}\int_{-\frac{T}{2}}^{\frac{T}{2}} f(t)\cos n\omega_1 t \mathrm{d}t = \frac{2}{T}\int_{-\frac{\tau}{2}}^{\frac{\tau}{2}} E\cos n\frac{2\pi}{T}t\mathrm{d}t =$$

$$\frac{2E\tau}{T}\mathrm{Sa}(\frac{n\pi\tau}{T}) = \frac{E\tau\omega_1}{\pi}\mathrm{Sa}(\frac{n\omega_1\tau}{2})$$

其中,$\mathrm{Sa}(\ )$表示抽样函数(Sample function),它等于

$$\mathrm{Sa}(\frac{n\pi\tau}{T}) = \frac{\sin\dfrac{n\pi\tau}{T}}{\dfrac{n\pi\tau}{T}}$$

由于$f(t)$是偶函数,所以$b_n = 0$。这样周期矩形信号的三角傅里叶级数为

$$f(t) = \frac{E\tau}{T} + \frac{2E\tau}{T}\sum_{n=1}^{\infty}\mathrm{Sa}(\frac{n\pi\tau}{T})\cos n\omega_1 t \qquad (2.2\text{-}1a)$$

或者
$$f(t) = \frac{E\tau}{T} + \frac{2E\tau}{T}\sum_{n=1}^{\infty}\mathrm{Sa}(\frac{n\omega_1\tau}{2})\cos n\omega_1 t \qquad (2.2\text{-}1b)$$

若将$f(t)$展成指数傅里叶级数,可由式(2.1-7)求得系数

$$c_n = \frac{1}{T}\int_{-\frac{\tau}{2}}^{\frac{\tau}{2}} E\mathrm{e}^{-\mathrm{j}n\omega_1 t}\mathrm{d}t = \frac{-E}{T\mathrm{j}n\omega_1}\mathrm{e}^{-\mathrm{j}n\omega_1 t}\Big|_{-\frac{\tau}{2}}^{\frac{\tau}{2}} =$$

$$\frac{E}{T}\frac{\mathrm{e}^{-\mathrm{j}n\omega_1\frac{\tau}{2}} - \mathrm{e}^{\mathrm{j}n\omega_1\frac{\tau}{2}}}{-\mathrm{j}n\omega_1} =$$

$$\frac{E\tau}{T}\frac{\sin n\omega_1\dfrac{\tau}{2}}{\dfrac{n\omega_1\tau}{2}} = \frac{E\tau}{T}\mathrm{Sa}(\frac{n\omega_1\tau}{2})$$

所以
$$f(t) = \frac{E\tau}{T}\sum_{n=-\infty}^{\infty}\mathrm{Sa}(\frac{n\omega_1\tau}{2})\mathrm{e}^{\mathrm{j}n\omega_1 t} \qquad (2.2\text{-}2)$$

对式(2.2-1),若给定τ, T, E,就可以求出直流分量、基波和各次谐波分量的幅度。它们是

$$\frac{a_0}{2} = \frac{E\tau}{T}$$

$$A_n = \frac{2E\tau}{T}\mathrm{Sa}(\frac{n\pi\tau}{T}) \qquad n = 1,2,\cdots$$

将各分量的幅度和相位用垂直线段在频率轴的相应位置上标示出来,就是信号的频谱图。频谱可分为幅度频谱和相位频谱,如图 2.2-2(a)、(b) 所示。图(a) 为幅度频谱,图(b) 为相位频谱。有时可将幅度谱和相位谱合在一幅图上,如图 2.2-2(c) 所示,幅度为正表示相位为零,幅度为负,表示相位为 π。这种图的画法只有在 A_n 为实数时才是可能的,否则必须分画两张图。图(d) 是按指数级数的复系数 c_n 画出的频谱,其特点是谱线在原点两侧对称地分布,并且谱线长度减小一半。

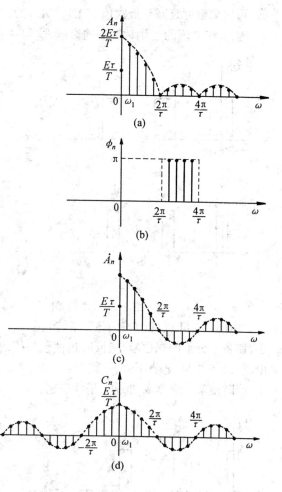

图 2.2-2 周期矩形脉冲的频谱(图中 $T = 5\tau$)

综上,可以看到周期矩形脉冲频谱具有如下特点:

1. 离散线状频谱。即谱线只出现在 ω_1 的整数倍频率上,即各次谐波频率上。两条谱线的间隔为 ω_1(等于 $2\pi/T$)。

2. 谱线的幅度包络线按抽样函数 $\mathrm{Sa}(n\omega_1\tau/2)$ 的规律变化。如图 2.2-3 所示。当 ω 为 $\dfrac{2\pi}{\tau}$ 的整数倍,即 $\omega = m(2\pi/\tau)$ ($m = 1, 2, \cdots$) 时,包络线经过零点。在两相邻零点之间,包络线有极值点。极值的大小分别为 $-0.212(2E\tau/T)$,$0.127(2E\tau/T)$,$\cdots$。

3. 谱线幅度变化趋势呈收敛状,它的主要能量集中在第一零点以内。因而把 $\omega = 0 \sim 2\pi/\tau$ 这段频率范围称为信号占有频带,记作 B 或 B_f。

于是

$$B = \frac{2\pi}{\tau} \qquad (2.2\text{-}3a)$$

或

$$B_f = \frac{1}{\tau} \qquad (2.2\text{-}3b)$$

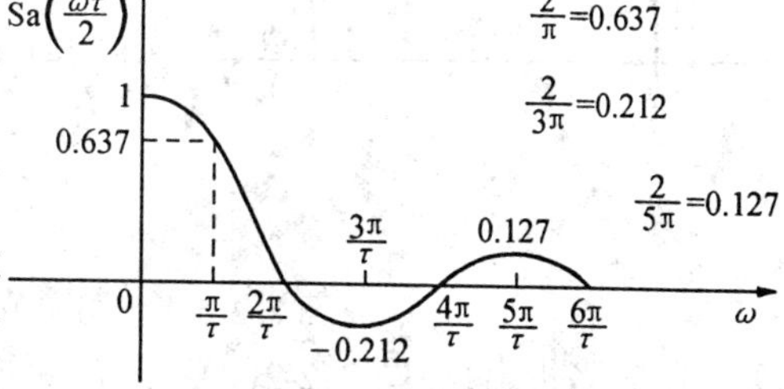

由式(2.2-3)可见,信号频带宽度 B 只与脉宽 τ 有关,且成反比关系。这种信号频宽与时宽呈反比的性质是信号分析中最基本的特性,它将贯穿于信号与系统分析的全过程。顺便说明,对于具体信号频带宽度的确定,具有一定的随意性。例如,对于单调衰减的频谱函

图 2.2-3 谱线包络按抽样函数规律变化

· 51 ·

数,可以取幅度衰减到最大值的 $1/\sqrt{2}, 1/10, 1/100$ 的频率来确定其频带宽度。

4. τ 和 T 值的变化对频谱的影响。这种关系可以用图 2.2-4 和图 2.2-5 表示出来。

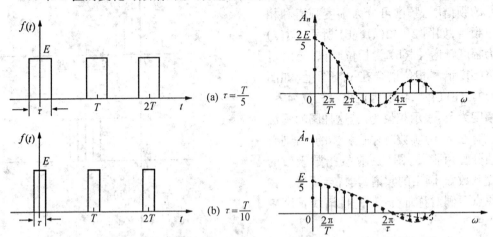

图 2.2-4　T 值相同 τ 值不同的周期矩形脉冲的频谱

由图 2.2-4 可见,T 值不变,基波频率 $\omega_1 = 2\pi/T$ 不变,谱线的疏密间隔不变。τ 值减小,使各个分量的幅值减小,同时也使包络线的第一零点右移,即信号占有频带宽度增大。由图2.2-5可见,τ 值不变,包络线第一零点的位置不变;T 值增大,使各个分量的幅度减小,同时使基波频率 ω_1 减小,谱线变密。

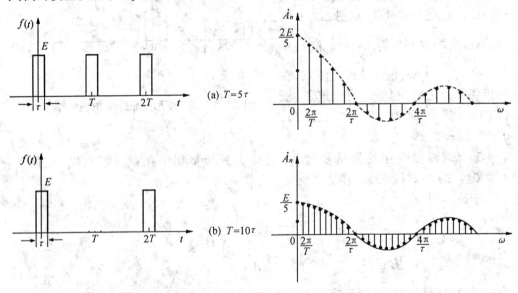

图 2.2-5　不同 T 值下周期矩形脉冲的频谱

5. 应当指出,在图 2.2-2(d)所示的频谱中出现的负频率完全是数学运算的结果,并没有任何物理意义。

以上特点是由分析周期矩形脉冲频谱得到的,基本上也适用于其他周期信号。

下面给出几种常用周期信号的傅里叶级数。

二、周期锯齿脉冲信号

周期锯齿脉冲信号如图 2.2-6(a)所示。这是一个奇函数,其傅里叶级数为

$$f(t) = \frac{E}{\pi}\left(\sin\omega_1 t - \frac{1}{2}\sin 2\omega_1 t + \frac{1}{3}\sin 3\omega_1 t - \frac{1}{4}\sin 4\omega_1 t + \cdots\right) =$$

$$\frac{E}{\pi}\sum_{n=1}^{\infty}(-1)^{n+1}\frac{1}{n}\sin n\omega_1 t$$

周期锯齿脉冲信号的频谱只包含正弦分量,谐波的幅度以 $1/n$ 的规律收敛,其频谱如图 2.2-6(b)所示。

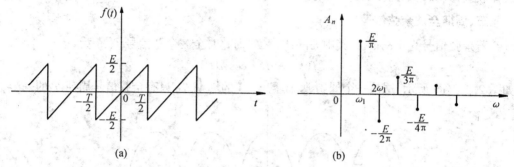

图 2.2-6 周期锯齿脉冲信号的频谱

三、周期三角脉冲信号

周期三角脉冲信号如图 2.2-7(a)所示。这是一个偶函数,其傅里叶级数为

$$f(t) = \frac{E}{2} + \frac{4E}{\pi^2}\left(\cos\omega_1 t + \frac{1}{3^2}\cos 3\omega_1 t + \frac{1}{5^2}\cos 5\omega_1 t + \cdots\right) =$$

$$\frac{E}{2} + \frac{4E}{\pi^2}\sum_{n=1}^{\infty}\frac{1}{n^2}\sin^2\left(\frac{n\pi}{2}\right)\cos n\omega_1 t$$

周期三角脉冲的频谱只包含直流、基波和奇次谐波频率分量,谐波的幅度以 $1/n^2$ 的规律收敛,其频谱如图 2.2-7(b)所示。

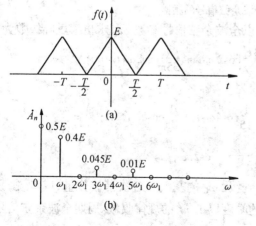

图 2.2-7 周期三角脉冲信号的频谱

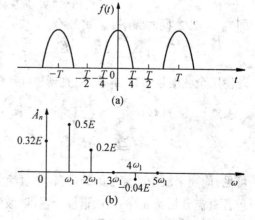

图 2.2-8 周期半波余弦信号的频谱

· 53 ·

四、周期半波余弦信号

周期半波余弦信号如图 2.2-8(a)所示。这是一个偶函数。其傅里叶级数为

$$f(t) = \frac{E}{\pi} + \frac{E}{2}(\cos\omega_1 t + \frac{4}{3\pi}\cos 2\omega_1 t - \frac{4}{15\pi}\cos 4\omega_1 t + \cdots) =$$

$$\frac{E}{\pi} - \frac{2E}{\pi}\sum_{n=1}^{\infty}\frac{1}{n^2-1}\cos(\frac{n\pi}{2})\cos n\omega_1 t$$

周期半波余弦信号的频谱只含有直流、基波和偶次谐波频率分量。谐波的幅度以 $1/n^2$ 的规律收敛,其频谱如图 2.2-8(b)所示。

五、周期全波余弦信号

若余弦信号为 $E\cos\omega_1 t$,其中 $\omega_1 = 2\pi/T$,则此时全波余弦信号 $f(t)$ 为

$$f(t) = E \mid \cos\omega_1 t \mid$$

如图 2.2-9(a) 所示,这是一个偶函数,而且 $f(t)$ 的周期 T_0 只有余弦信号周期 T 的一半,

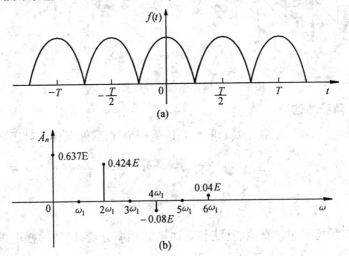

图 2.2-9 周期全波余弦信号的频谱

即 $T_0 = T/2$,同时频率 $\omega_0 = 2\pi/T_0 = 2\omega_1$。以全波余弦信号参数 ω_0,求出傅里叶级数为

$$f(t) = \frac{2E}{\pi} + \frac{4E}{3\pi}\cos\omega_0 t - \frac{4E}{15\pi}\cos 2\omega_0 t + \frac{4E}{35\pi}\cos 3\omega_1 t + \cdots$$

若使用余弦信号参数 ω_1 表示,则傅里叶级数为

$$f(t) = \frac{2E}{\pi} + \frac{4E}{\pi}(\frac{1}{3}\cos 2\omega_1 t - \frac{1}{15}\cos 4\omega_1 t + \frac{1}{35}\cos 6\omega_1 t + \cdots) =$$

$$\frac{2E}{\pi} + \frac{4E}{\pi}\sum_{n=1}^{\infty}(-1)^{n+1}\frac{1}{4n^2-1}\cos 2n\omega_1 t$$

可见,周期全波余弦信号的频谱,包含直流分量及 ω_0 的基波和各次谐波分量;或者说,只包含直流分量及 ω_1 的偶次谐波分量。谐波的幅度以 $1/n^2$ 的规律收敛。周期全波余弦信号的频谱如图 2.2-9(b) 所示。

2.3 非周期信号的频谱分析——傅里叶变换

前两节讨论了周期信号的傅里叶级数,并得到了它的离散线状频谱。本节将上述傅里叶分析方法推广到非周期信号,导出傅里叶变换。

当周期脉冲信号的重复周期 T 无限增大时,其结果将使周期信号转化为非周期的单脉冲信号。上一节已经讨论过,周期信号的周期 T 增大,谱线的间隔 ω_1 变小。**若周期 T 趋于无限大,谱线的间隔趋于无限小。**这时,离散频谱就变成了连续频谱。同时,由于周期 T 趋于无限大,使得表示信号各频率分量的谱线长度 A_n 也趋于零。此时,似乎信号的各分量都不存在,无法进行研究了。但是从物理概念上考虑,对一个信号进行某种形式的分解,其信号的总能量是不会变的。如果将这无限多个无穷小量相加,仍可等于一有限值,此值就是信号的能量。而且这些无穷小量也并不是同样大小的,它们的相对值之间仍有差别。为了表明这种振幅之间的相对差别,需要引入一个新的概念 —— **频谱密度函数**。

设周期信号 $f(t)$,展成指数傅里叶级数为

$$f(t) = \frac{1}{2} \sum_{n=-\infty}^{\infty} \dot{A}_n e^{j n \omega_1 t}$$

其复频谱

$$\dot{A}_n = \frac{2}{T} \int_{-\frac{T}{2}}^{\frac{T}{2}} f(t) e^{-j n \omega_1 t} dt$$

为了避免出现 $T \to \infty$ 时,$\dot{A}_n \to 0$ 的情况,可先对 $\dot{A}_n$ 表示式两边同乘 $T/2$,得到

$$\dot{A}_n \frac{T}{2} = \frac{\pi \dot{A}_n}{\omega_1} = \int_{-\frac{T}{2}}^{\frac{T}{2}} f(t) e^{-j n \omega_1 t} dt \tag{2.3-1}$$

此时,若 T 趋于无限大,谱线间隔 $\omega_1 = 2\pi/T$ 趋于无穷小量 $d\omega$,则不连续变量 $n\omega_1$ 变成连续变量 ω。在这种情况下,虽然 $\dot{A}_n$ 趋于零,但 $\dot{A}_n(T/2)$ 不再趋近于零,而趋于一个有限值,记作 $F(\omega)$。即

$$F(\omega) = \lim_{T \to \infty} \dot{A}_n \frac{T}{2} = \lim_{\omega_1 \to 0} \frac{\pi \dot{A}_n}{\omega_1} = \lim_{f \to 0} \frac{\dot{A}_n/2}{f} \tag{2.3-2}$$

这个新引入的量 $F(\omega)$ 称为函数 $f(t)$ 的频谱密度函数,简称频谱函数。由式(2.3-2)可见,$F(\omega)$ 具有单位频带的频谱值 —— 频谱密度的概念。

$F(\omega)$ 一般为复函数,可以写成 $F(\omega) = |F(\omega)| e^{j\varphi(\omega)}$。它的模量是频率的函数,代表信号中各频率分量的相对大小。而各频率分量的实际振幅 $A_n = |F(\omega)| d\omega/\pi$ 则是无穷小量。与讨论周期信号的谐波振幅 A_n 和相位 φ_n 一样,这里 $|F(\omega)|$ 是频率 ω 的偶函数,$\varphi(\omega)$ 是 ω 的奇函数。

这样,在非周期信号的情况下,式(2.3-1)变为

$$F(\omega) = \lim_{T \to \infty} \int_{-\frac{T}{2}}^{\frac{T}{2}} f(t) e^{-j n \omega_1 t} dt = \int_{-\infty}^{\infty} f(t) e^{-j \omega t} dt \tag{2.3-3}$$

现在讨论如何用频谱密度函数 $F(\omega)$ 表示时间函数 $f(t)$ 的问题。我们仍然把问题返

回到周期信号的情况。

设周期信号的指数傅里叶级数为

$$f(t) = \frac{1}{2} \sum_{n=-\infty}^{\infty} \dot{A}_n e^{jn\omega_1 t}$$

其中

$$\dot{A}_n = \frac{2}{T} \int_{-\frac{T}{2}}^{\frac{T}{2}} f(t) e^{-jn\omega_1 t} dt$$

将 $\dot{A}_n$ 代入前式,可得

$$f(t) = \frac{1}{2} \sum_{n=-\infty}^{\infty} \frac{2}{T} \left[\int_{-\frac{T}{2}}^{\frac{T}{2}} f(t) e^{-jn\omega_1 t} dt \right] e^{jn\omega_1 t}$$

当 T 趋近于无限大时,周期信号变为非周期信号,并且

$$\omega_1 \to d\omega, \quad n\omega_1 \to \omega, \quad T = \frac{2\pi}{\omega_1} \to \frac{2\pi}{d\omega}$$

同时

$$\sum_{n=-\infty}^{\infty} \to \int_{-\infty}^{\infty} \qquad \int_{-\frac{T}{2}}^{\frac{T}{2}} \to \int_{-\infty}^{\infty}$$

在这种极限情况下,傅里叶级数就变成积分形式

$$f(t) = \frac{1}{2\pi} \int_{-\infty}^{\infty} \left[\int_{-\infty}^{\infty} f(t) e^{-j\omega t} dt \right] e^{j\omega t} d\omega \tag{2.3-4}$$

这个公式称为傅里叶积分公式,由于上式中方括号内的量就是 $F(\omega)$,所以

$$f(t) = \frac{1}{2\pi} \int_{-\infty}^{\infty} F(\omega) e^{j\omega t} d\omega \tag{2.3-5}$$

式(2.3-5)表示非周期信号 $f(t)$。它与周期信号的傅里叶级数式(2.1-8)相当。式中 $F(\omega)$ 是频谱函数,而 $F(\omega) d\omega/\pi$ 与傅里叶级数中的复数振幅 $\dot{A}_n$ 相当。

式(2.3-3)和(2.3-5)都是通过周期信号的傅里叶级数取极限的方法得出来的。通过此二式的运算,可以看出 $f(t)$ 和 $F(\omega)$ 能够相互表示,式(2.3-3)称为傅里叶正变换,式(2.3-5)称为傅里叶逆变换,通常用如下符号表示

$$F(\omega) = \mathscr{F}[f(t)] = \int_{-\infty}^{\infty} f(t) e^{-j\omega t} dt$$

$$f(t) = \mathscr{F}^{-1}[F(\omega)] = \frac{1}{2\pi} \int_{-\infty}^{\infty} F(\omega) e^{j\omega t} d\omega$$

与周期信号类似,这里也可把式(2.3-5)中的被积函数写成三角函数的形式,即

$$f(t) = \frac{1}{2\pi} \int_{-\infty}^{\infty} F(\omega) e^{j\omega t} d\omega =$$

$$\frac{1}{2\pi} \int_{-\infty}^{\infty} |F(\omega)| e^{j(\omega t + \varphi(\omega))} d\omega =$$

$$\frac{1}{2\pi} \int_{-\infty}^{\infty} |F(\omega)| \cos(\omega t + \varphi(\omega)) d\omega +$$

$$j \frac{1}{2\pi} \int_{-\infty}^{\infty} |F(\omega)| \sin(\omega t + \varphi(\omega)) d\omega$$

由于 $|F(\omega)|$ 是频率 ω 的偶函数,$\sin(\omega t + \varphi(\omega))$ 是 ω 的奇函数,所以上式可以化简为

$$f(t) = \frac{1}{2\pi}\int_{-\infty}^{\infty} |F(\omega)| \cos(\omega t + \varphi(\omega)) d\omega =$$

$$\frac{1}{\pi}\int_{0}^{\infty} |F(\omega)| \cos(\omega t + \varphi(\omega)) d\omega \qquad (2.3\text{-}6)$$

由式(2.3-6)可以更加清楚地看出,非周期信号也和周期信号一样,可以分解为许多不同频率的正弦分量。所不同的是,非周期信号的周期趋于无限大,基波频率趋于无限小,因此它包含了从零到无穷大的所有频率分量,同时,由于周期趋于无限大,对任一能量有限信号在各频率点上的分量幅度 $|F(\omega)|d\omega/\pi$ 趋于无限小,所以这时的频谱不能再以幅度表示,而改用密度函数表示。人们习惯上把 $|F(\omega)| \sim \omega$ 和 $\varphi(\omega) \sim \omega$ 曲线分别称为非周期信号的幅度频谱和相位频谱。它们都是频率 ω 的连续函数,在形状上与相应的周期信号线状频谱的包络线相同。

应该指出,与周期函数展开为傅里叶级数的条件一样,对非周期函数进行傅里叶变换,也要满足狄利赫莱条件。这时,信号的绝对可积条件为

$$\int_{-\infty}^{\infty} |f(t)| dt < \infty$$

同时,还要指出,狄利赫莱条件是对信号进行傅里叶变换的充分条件而非必要条件。以后我们将会看到,有一些函数虽然并非绝对可积,但其傅里叶变换也是存在的。

2.4 典型非周期信号的频谱

为了掌握傅里叶变换的技巧,本节将计算一些常用信号的频谱。同时,这些常用信号的频谱特性也是应该掌握和熟记的。

一、矩形脉冲信号

矩形脉冲信号如图 2.4-1 所示,其表示式为

$$f(t) = \begin{cases} E & -\frac{\tau}{2} < t < \frac{\tau}{2} \\ 0 & t \text{ 为其他值} \end{cases}$$

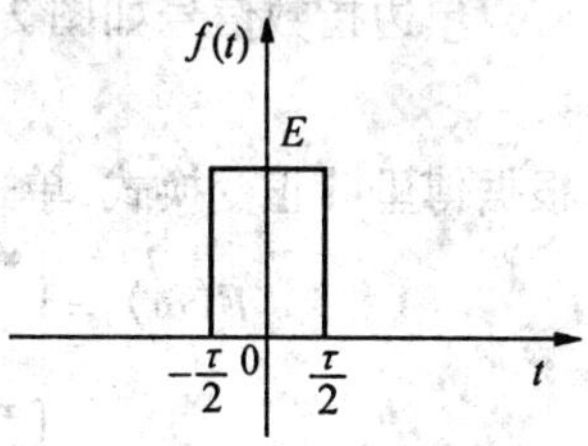

图 2.4-1 单个矩形脉冲信号波形

根据傅里叶正变换式,可得矩形脉冲的频谱函数为

$$F(\omega) = \int_{-\infty}^{\infty} f(t) e^{-j\omega t} dt = \int_{-\frac{\tau}{2}}^{\frac{\tau}{2}} E e^{-j\omega t} dt =$$

$$\frac{E}{j\omega}(e^{j\frac{\omega\tau}{2}} - e^{-j\frac{\omega\tau}{2}}) = \frac{2E}{\omega}\sin\frac{\omega\tau}{2} = E\tau \text{Sa}\left(\frac{\omega\tau}{2}\right) \qquad (2.4\text{-}1)$$

矩形脉冲的幅度频谱和相位频谱分别为

$$|F(\omega)| = E\tau \left| \text{Sa}\left(\frac{\omega\tau}{2}\right) \right|$$

$$\varphi(\omega) = \begin{cases} 0 & 2n \cdot \frac{2\pi}{\tau} < |\omega| < (2n+1)\frac{2\pi}{\tau} \\ \pi & (2n+1)\frac{2\pi}{\tau} < |\omega| < 2(n+1)\frac{2\pi}{\tau} \end{cases} \qquad n = 0,1,2,\cdots$$

图 2.4-2(a) 表示幅度频谱$|F(\omega)|$，图形对称于纵轴，为 ω 的偶函数，图(b) 表示相位频谱 $\varphi(\omega)$，为 ω 的奇函数，图(c)用一幅图同时表示幅度频谱 $|F(\omega)|$ 和相位频谱 $\varphi(\omega)$，显然曲线具有抽样函数形状。

由于已知频谱函数的模 $|F(\omega)|$ 是频率的偶函数，相位 $\varphi(\omega)$ 是频率的奇函数，所以实际使用的频谱图一般只画出 $\omega > 0$ 的部分。

比较图 2.4-2 和图 2.2-2(d)，可以看出非周期单脉冲的频谱函数曲线与周期矩形脉冲离散频谱的包络线形状完全相同，都具有抽样函数 $Sa(x)$ 的形状。和周期脉冲的频谱一样，单脉冲频谱也具有收敛性，信号的绝大部分能量集中在低频段，即在 $f = 0 \sim (1/\tau)$ 的频率范围内。

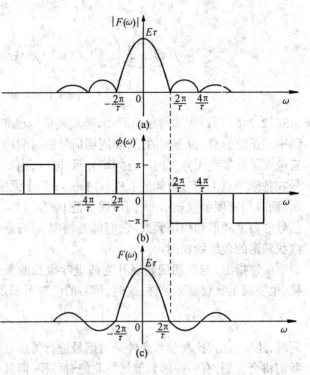

图 2.4-2　单个矩形脉冲的频谱

二、单边指数信号

单边指数信号如图 2.4-3 所示，其表示式为

$$f(t) = e^{-\alpha t} u(t) \qquad \alpha > 0$$

根据傅里叶正变换式，单边指数信号的频谱函数为

$$F(\omega) = \int_{-\infty}^{\infty} f(t) e^{-j\omega t} dt =$$

$$\int_{0}^{\infty} e^{-\alpha t} e^{-j\omega t} dt = \frac{1}{\alpha + j\omega} \qquad (2.4\text{-}2)$$

其幅度频谱和相位频谱分别为

$$|F(\omega)| = \frac{1}{\sqrt{\alpha^2 + \omega^2}}$$

$$\varphi(\omega) = -\arctan\frac{\omega}{\alpha}$$

如图 2.4-4 所示。

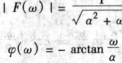

图 2.4-3　单边指数信号波形

三、双边指数信号

双边指数信号如图 2.4-5 所示，其表示式为

$$f(t) = e^{-\alpha|t|} \qquad \alpha > 0$$

其频谱函数为

$$F(\omega) = \int_{-\infty}^{\infty} f(t) e^{-j\omega t} dt = \int_{-\infty}^{\infty} e^{-\alpha|t|} e^{-j\omega t} dt =$$

$$\int_{-\infty}^{0} e^{\alpha t} e^{-j\omega t} dt + \int_{0}^{\infty} e^{-\alpha t} e^{-j\omega t} dt =$$

$$\frac{1}{\alpha - j\omega} + \frac{1}{\alpha + j\omega} = \frac{2\alpha}{\alpha^2 + \omega^2} \qquad (2.4\text{-}3)$$

幅度频谱和相位频谱分别为

$$|F(\omega)| = \frac{2\alpha}{\alpha^2 + \omega^2}$$

$$\varphi(\omega) = 0$$

如图 2.4-6 所示。

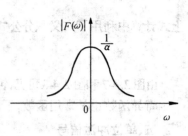

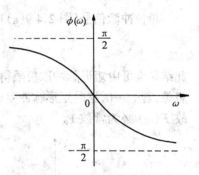

图 2.4-4 单边指数信号频谱

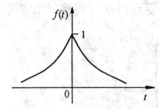
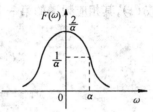

图 2.4-5 双边指数信号波形　　2.4-6 双边指数信号的频谱

四、钟形脉冲信号

钟形脉冲又称高斯脉冲,如图 2.4-7 所示,它的表示式为

$$f(t) = E e^{-(\frac{t}{\tau})^2}$$

其频谱函数为

$$F(\omega) = \int_{-\infty}^{\infty} E e^{-(\frac{t}{\tau})^2} e^{-j\omega t} dt =$$

$$E \int_{-\infty}^{\infty} e^{-(\frac{t}{\tau})^2} e^{-j\omega t} e^{-j\omega t} e^{-(\frac{j\omega t}{2})^2} e^{(\frac{j\omega t}{2})^2} dt =$$

$$E e^{(\frac{(j\omega\tau)^2}{4})} \int_{-\infty}^{\infty} e^{-(\frac{t}{\tau} + \frac{j\omega\tau}{2})^2} dt =$$

$$E\tau e^{-\frac{\omega^2\tau^2}{4}} \int_{-\infty}^{\infty} e^{-(\frac{t}{\tau} + \frac{j\omega\tau}{2})^2} d(\frac{t}{\tau} + \frac{j\omega\tau}{2}) = \sqrt{\pi} E\tau e^{-\frac{\omega^2\tau^2}{4}} \qquad (2.4\text{-}4)$$

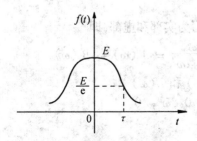
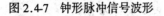

图 2.4-7 钟形脉冲信号波形

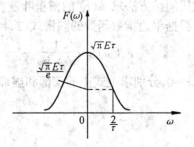

图 2.4-8 钟形脉冲信号频谱

如图 2.4-8 所示。

上式计算中利用了广义积分公式

$$\int_{-\infty}^{\infty} e^{-x^2} dx = \sqrt{\pi}$$

由图2.4-7和图2.4-8可见,钟形脉冲信号的波形与其频谱具有相同的形状,均为钟形。

奇异函数也是常用函数,下面计算几种奇异信号的傅里叶变换。

五、单位冲激信号

单位冲激信号(图2.4-9(a))的傅里叶变换是

$$F(\omega) = \int_{-\infty}^{\infty} \delta(t) e^{-j\omega t} dt = 1 \qquad (2.4\text{-}5)$$

此结果也可由矩形脉冲取极限得到。即当脉宽 τ 减小时,其频谱的第一个零点右移,可以想像,若 $\tau \to 0$,这时矩形脉冲变成 $\delta(t)$,其相应频谱的第一个零点 $(2\pi/\tau)$ 将移到无穷远,故 $F(\omega)$ 必为常数1。

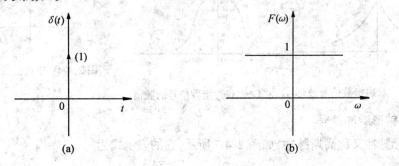

图2.4-9 单位冲激信号及其频谱

单位冲激信号的频谱在整个频率范围内均匀分布,这种频谱常常被叫做"均匀谱"或"白色频谱",如图2.4-9(b)所示,同时此图也表明了信号时宽与频宽成反比关系的一种极端情况。

六、单位阶跃信号

根据傅里叶正变换公式,$u(t)$ 的频谱为

$$F(\omega) = \int_{-\infty}^{\infty} u(t) e^{-j\omega t} dt = \int_{0}^{\infty} e^{-j\omega t} dt$$

因为当 $t \to \infty$ 时,$e^{-j\omega t}$ 不存在,所以 $u(t)$ 的频谱不能直接用傅里叶变换式进行计算。于是改用间接方法求 $u(t)$ 的傅里叶变换。

根据单边指数函数的频谱式(2.4-2),把它分写为实部和虚部,即

$$F_e(\omega) = \frac{1}{\alpha + j\omega} = \frac{\alpha}{\alpha^2 + \omega^2} - j\frac{\omega}{\alpha^2 + \omega^2} = A_e(\omega) + jB_e(\omega)$$

令 $\alpha \to 0$,分别求上式中的实部和虚部的极限 $A(\omega)$ 和 $B(\omega)$

$$A(\omega) = \lim_{\alpha \to 0} A_e(\omega) = 0 \quad \omega \neq 0$$

并且

$$\int_{-\infty}^{\infty} A(\omega) d\omega = \lim_{\alpha \to 0} \int_{-\infty}^{\infty} \frac{d\frac{\omega}{\alpha}}{1 + \left(\frac{\omega}{\alpha}\right)^2} = \lim_{\alpha \to 0} tg^{-1}\left(\frac{\omega}{\alpha}\right)\bigg|_{-\infty}^{\infty} = \pi$$

由此可见，$A(\omega)$ 是一个冲激函数，冲激点位于 $\omega = 0$ 处，冲激强度为 π，即

$$A(\omega) = \pi\delta(\omega)$$

又

$$B(\omega) = \lim_{a \to 0} B_e(\omega) = \frac{-1}{\omega} \qquad (\omega \neq 0)$$

考虑到 $\quad \lim_{a \to 0} e^{-\alpha t} u(t) = u(t)$

所以，单位阶跃函数的频谱为

$$F(\omega) = A(\omega) + jB(\omega) = \pi\delta(\omega) + \frac{1}{j\omega} =$$

$$\pi\delta(\omega) + \frac{1}{\omega} e^{-j\frac{\pi}{2}} \qquad (2.4\text{-}6)$$

如图 2.4-10 所示，由图可见，阶跃函数的频谱中有一冲激函数。这是因为单位阶跃函数包含一个直流分量。

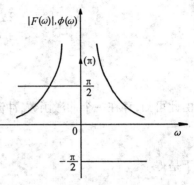

图 2.4-10　单位阶跃信号频谱

七、符号函数

符号函数 $\mathrm{sgn}(t)$ 如图 2.4-11 所示，其表示式为

$$\mathrm{sgn}(t) = \begin{cases} 1 & t > 0 \\ -1 & t < 0 \end{cases}$$

或

$$\mathrm{sgn}(t) = u(t) - u(-t)$$

由于 $\mathrm{sgn}(t)$ 不符合绝对可积条件，故使用间接方法计算其傅里叶变换。

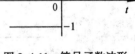

图 2.4-11　符号函数波形

设

$$\mathrm{sgn}(t) = \lim_{a \to 0}[e^{-\alpha t} u(t) - e^{\alpha t} u(-t)]$$

则

$$F(\omega) = \lim_{a \to 0}\left[\int_0^\infty e^{-\alpha t} e^{-j\omega t} dt - \int_{-\infty}^0 e^{\alpha t} e^{-j\omega t} dt\right] =$$

$$\lim_{a \to 0}\left[\frac{1}{\alpha + j\omega} - \frac{1}{\alpha - j\omega}\right] = \lim_{a \to 0}\frac{-j2\omega}{\alpha^2 + \omega^2} = \frac{2}{j\omega} \qquad (2.4\text{-}7)$$

其频谱如图 2.4-12 所示。注意，式(2.4-7)中 $\omega \neq 0$。

八、直流信号

幅度恒等于 1 的直流信号，可表示为

$$f(t) = 1 \qquad -\infty < t < \infty$$

它可以看做是双边指数函数 $f(t)$ 中 α 趋近于零的极限情况，即

$$f(t) = \lim_{a \to 0} f_1(t) = 1$$

其中

$$f_1(t) = \begin{cases} e^{\alpha t} & t < 0 \\ e^{-\alpha t} & t > 0 \end{cases}$$

已知 $f_1(t)$ 的频谱函数(见式 2.4-3))为

$$F_1(\omega) = \frac{2\alpha}{\alpha^2 + \omega^2}$$

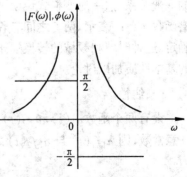

图 2.4-12　符号函数频谱

当 $\alpha \to 0$ 时

$$\lim_{\alpha \to 0} F_1(\omega) = \lim_{\alpha \to 0} \frac{2\alpha}{\alpha^2 + \omega^2} = 0 \quad \omega \neq 0$$

并且

$$\lim_{\alpha \to 0} \int_{-\infty}^{\infty} \frac{2\alpha}{\alpha^2 + \omega^2} d\omega = \lim_{\alpha \to 0} \int_{-\infty}^{\infty} \frac{2}{1 + \left(\dfrac{\omega}{\alpha}\right)^2} d\left(\frac{\omega}{\alpha}\right) =$$

$$\lim_{\alpha \to 0} 2\arctan\left(\frac{\omega}{\alpha}\right) \bigg|_{-\infty}^{\infty} = 2\pi$$

由此可知,存在一个冲激函数,冲激点位于 $\omega = 0$ 处,冲激强度为 2π,即

$$\lim_{\alpha \to 0} \frac{2\alpha}{\alpha^2 + \omega^2} = 2\pi\delta(\omega)$$

于是得

$$F(\omega) = \lim_{\alpha \to 0} F_1(\omega) = 2\pi\delta(\omega) \tag{2.4-8}$$

直流信号及其频谱如图 2.4-13 所示。

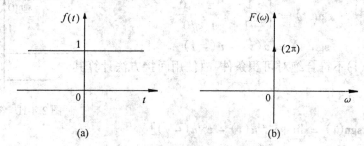

图 2.4-13　直流信号及其频谱

2.5　傅里叶变换的性质

在前面几节里,已经讨论了信号的时间函数和频谱函数之间用傅里叶正反变换互求的一般关系。这一对变换式说明,信号的特性既可以用时间函数 $f(t)$ 表示,也可以用其频谱函数 $F(\omega)$ 表示。两者之间有着密切的联系,其中只要一个确定,另一个亦随之唯一地确定。这种时域和频域的转换规律集中反映在傅里叶变换的基本性质上,下面我们就常用的基本性质加以讨论。

一、线性

设有两个函数 $f_1(t)$ 和 $f_2(t)$,其频谱函数分别为 $F_1(\omega)$ 和 $F_2(\omega)$,若 a_1 和 a_2 是两个任意常数,则 $a_1 f_1(t)$ 与 $a_2 f_2(t)$ 之和的频谱函数是 $a_1 F_1(\omega)$ 和 $a_2 F_2(\omega)$ 之和。这可简述为

$$f_1(t) \longleftrightarrow F_1(\omega)$$
$$f_2(t) \longleftrightarrow F_2(\omega)$$

则有

$$a_1 f_1(t) + a_2 f_2(t) \longleftrightarrow a_1 F_1(\omega) + a_2 F_2(\omega) \qquad (2.5\text{-}1)$$

上述关系称为傅里叶变换的线性特性,很容易由定义式进行证明,此处从略。

线性特性有两个含义:① 齐次性,又称均匀性,它表明若信号 $f(t)$ 乘以常数 a,则其频谱函数也乘以相同的常数 a;② 可加性,它表明几个信号之和的频谱等于各个信号的频谱函数之和。

二、奇偶虚实性

在一般情况下,$F(\omega)$ 是复函数,可以把它表示成模与相位或实部与虚部两部分,即

$$F(\omega) = \int_{-\infty}^{\infty} f(t) e^{-j\omega t} dt =$$

$$|F(\omega)| e^{j\varphi(\omega)} = R(\omega) + jX(\omega) \qquad (2.5\text{-}2a)$$

显然

$$|F(\omega)| = \sqrt{R^2(\omega) + X^2(\omega)}$$

$$\varphi(\omega) = \arctan \frac{X(\omega)}{R(\omega)} \qquad (2.5\text{-}2b)$$

根据傅里叶正变换式可以证明

$$f(-t) \longleftrightarrow F(-\omega) \qquad (2.5\text{-}3)$$

$$f^*(-t) \longleftrightarrow F^*(\omega) \qquad (2.5\text{-}4)$$

$$f^*(t) \longleftrightarrow F^*(-\omega) \qquad (2.5\text{-}5)$$

无论 $f(t)$ 是实函数还是复函数,上式都是成立的,读者可自行证明。下面讨论两种特定情况。

1. $f(t)$ 是实函数

$$F(\omega) = \int_{-\infty}^{\infty} f(t) e^{-j\omega t} dt =$$

$$\int_{-\infty}^{\infty} f(t) \cos\omega t \, dt - j \int_{-\infty}^{\infty} f(t) \sin\omega t \, dt$$

此时

$$R(\omega) = \int_{-\infty}^{\infty} f(t) \cos\omega t \, dt \qquad (2.5\text{-}6a)$$

$$X(\omega) = -\int_{-\infty}^{\infty} f(t) \sin\omega t \, dt \qquad (2.5\text{-}6b)$$

显然 $R(\omega)$ 为频率 ω 的偶函数,$X(\omega)$ 为 ω 的奇函数,即满足下列关系

$$R(\omega) = R(-\omega)$$

$$X(\omega) = -X(-\omega) \qquad (2.5\text{-}7)$$

$$F(-\omega) = F^*(\omega)$$

亦即当 $f(t)$ 为实函数时,$|F(\omega)|$ 和 $R(\omega)$ 为 ω 的偶函数,$\varphi(\omega)$ 和 $X(\omega)$ 为奇函数。

若 $f(t)$ 是实偶函数,即 $\qquad f(t) = f(-t)$

根据式(2.5-6)得

$$X(\omega) = 0$$

所以

$$F(\omega) = R(\omega) = 2\int_{0}^{\infty} f(t) \cos\omega t \, dt$$

可见,若 $f(t)$ 是实偶函数,$F(\omega)$ 必为 ω 的实偶函数

若 $f(t)$ 是实奇函数,即 $f(t) = -f(-t)$

则由式(2.5-6)得

$$R(\omega) = 0$$

所以

$$F(\omega) = jX(\omega) = -2j\int_0^\infty f(t)\sin\omega t dt$$

可见,若 $f(t)$ 是实奇函数,则 $F(\omega)$ 必为 ω 的虚奇函数。

2. $f(t)$ 是虚函数

设 $f(t) = jg(t)$,则

$$F(\omega) = \int_{-\infty}^\infty f(t)e^{-j\omega t}dt = \int_{-\infty}^\infty jg(t)e^{-j\omega t}dt =$$

$$\int_{-\infty}^\infty g(t)\sin\omega t dt + j\int_{-\infty}^\infty g(t)\cos\omega t dt$$

此时

$$R(\omega) = \int_{-\infty}^\infty g(t)\sin\omega t dt$$

$$X(\omega) = \int_{-\infty}^\infty g(t)\cos\omega t dt$$

在这种情况下,$R(\omega)$ 为 ω 的奇函数,$X(\omega)$ 为 ω 的偶函数,即满足

$$R(\omega) = -R(-\omega)$$

$$X(\omega) = X(-\omega)$$

但 $|F(\omega)|$ 仍为偶函数,$\varphi(\omega)$ 为奇函数。

三、时移特性

若

$$f(t) \longleftrightarrow F(\omega)$$

则

$$f(t - t_0) \longleftrightarrow e^{-j\omega t_0}F(\omega)$$

证明

$$\mathscr{F}[f(t - t_0)] = \int_{-\infty}^\infty f(t - t_0)e^{-j\omega t}dt$$

令

$$x = t - t_0$$

则

$$\mathscr{F}[f(t - t_0)] = \int_{-\infty}^\infty f(x)e^{-j\omega x}e^{-j\omega t_0}dx =$$

$$e^{-j\omega t_0}\int_{-\infty}^\infty f(x)e^{-j\omega x}dx = e^{-j\omega t_0}F(\omega)$$

所以

$$f(t - t_0) \longleftrightarrow e^{-j\omega t_0}F(\omega) \tag{2.5-8}$$

同理可得

$$f(t + t_0) \longleftrightarrow e^{j\omega t_0}F(\omega)$$

从式(2.5-8)可以看出,信号 $f(t)$ 在时域中沿时间轴右移(延时)t_0,等效于在频域中频谱乘以因子 $e^{-j\omega t_0}$。也就是说,信号右移后,其幅度谱不变,而相位谱产生附加相位值 $(-\omega t_0)$。由此还可以得出这样的结论:**信号的幅度频谱是由信号波形形状决定的,与信号**

在时间轴上出现的位置无关;而信号的相位频谱则是信号波形形状和在时间轴上出现的位置共同决定的。

例2.5-1 已知矩形脉冲 $f_1(t)$ 的频谱函数 $F_1(\omega) = E\tau\text{Sa}(\omega\tau/2)$（见图2.4-2），其相位谱画于图2.5-1(b)，将此脉冲右移 $\tau/2$ 得 $f_2(t)$，试画出其相位谱。

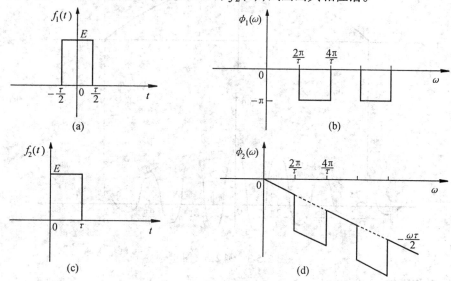

图 2.5-1　例 2.5-1 图

解　由题意知 $f_2(t) = f_1\left(t - \dfrac{\tau}{2}\right)$，根据时移特性，可得 $f_2(t)$ 的频谱函数为

$$F_2(\omega) = F_1(\omega)e^{-j\omega\frac{\tau}{2}} = E\tau\text{Sa}\left(\frac{\omega\tau}{2}\right)e^{-j\omega\frac{\tau}{2}}$$

显然，幅度谱没有变化，其相位谱比图(b)滞后 $\omega\tau/2$，如图(d)所示。

由延时特性可知，如果要把一个信号延迟时间 t_0，其办法是设计一个网络，能把信号中各个频率分量按其频率高低分别滞后一相位 ωt_0。当信号通过这样的网络时就可延时 t_0。反之，如果此网络不能满足上述条件时，则不同频率分量将有不同的延时，结果将使输出信号的波形出现失真。有关内容还要在 7.3 节中讨论。

例2.5-2　求图2.5-2所示三脉冲信号的频谱。

解　假设以 $f_0(t)$ 表示矩形单脉冲信号，其频谱函数 $F_0(\omega)$ 为

$$F_0(\omega) = E\tau\text{Sa}\left(\frac{\omega\tau}{2}\right)$$

因为　$f(t) = f_0(t) + f_0(t+T) + f_0(t-T)$

根据时移特性，得

$$F(\omega) = F_0(\omega)(1 + e^{j\omega T} + e^{-j\omega T}) =$$

$$E\tau\text{Sa}\left(\frac{\omega\tau}{2}\right)(1 + 2\cos\omega T)$$

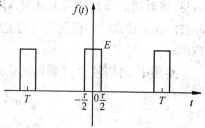

图 2.5-2　例 2.5-2 图 I

其频谱如图2.5-3所示。

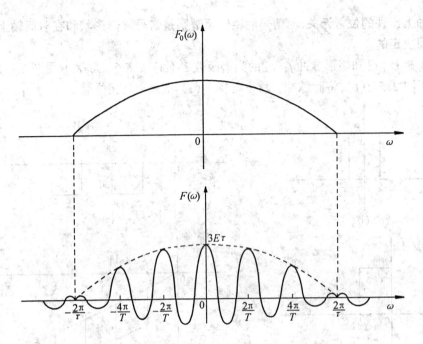

图 2.5-3　例 2.5-2 图 Ⅱ

四、频移特性

若
$$f(t) \longleftrightarrow F(\omega)$$

则
$$f(t)e^{j\omega_0 t} \longleftrightarrow F(\omega - \omega_0),\omega_0 \text{ 为常数}$$

证明　因为

$$\mathscr{F}[f(t)e^{j\omega_0 t}] = \int_{-\infty}^{\infty} f(t)e^{j\omega_0 t}e^{-j\omega t}dt =$$

$$\int_{-\infty}^{\infty} f(t)e^{-j(\omega-\omega_0)t}dt = F(\omega - \omega_0)$$

所以
$$f(t)e^{j\omega_0 t} \longleftrightarrow F(\omega - \omega_0) \tag{2.5-9}$$

同理可得

$$f(t)e^{-j\omega_0 t} \longleftrightarrow F(\omega + \omega_0)$$

可见,将时间信号 $f(t)$ 乘以 $e^{j\omega_0 t}$,等效于 $f(t)$ 的频谱 $F(\omega)$ 沿频率轴右移 ω_0。这种频谱搬移技术在通信系统中得到广泛的应用。诸如调幅、变频等过程都是在频谱搬移的基础上完成的。

实用中,将信号 $f(t)$ 乘以正弦函数 $\cos\omega_0 t$ 或 $\sin\omega_0 t$,就可引起信号的频谱搬移。由于

$$\cos\omega_0 t = \frac{1}{2}(e^{j\omega_0 t} + e^{-j\omega_0 t})$$

$$\sin\omega_0 t = \frac{1}{2j}(e^{j\omega_0 t} - e^{-j\omega_0 t})$$

所以函数 $f(t)\cos\omega_0 t$ 和 $f(t)\sin\omega_0 t$ 的频谱函数分别为

$$f(t)\cos\omega_0 t \longleftrightarrow \frac{1}{2}[F(\omega - \omega_0) + F(\omega + \omega_0)]$$

$$f(t)\sin\omega_0 t \longleftrightarrow \frac{1}{2j}[F(\omega - \omega_0) - F(\omega + \omega_0)] \qquad (2.5\text{-}10)$$

由此可见,将时间信号 $f(t)$ 乘以 $\cos\omega_0 t$ 或 $\sin\omega_0 t$,等效于将 $f(t)$ 的频谱 $F(\omega)$ 一分为二,即幅度减小一半,沿频率轴向左和向右各平移 ω_0。

例 2.5-3 求矩形调幅信号 $f(t) = G_\tau(t)\cos\omega_0 t$ 的频谱函数。

解 已知门函数 $G_\tau(t)$ 的频谱函数为

$$G(\omega) = E\tau\,\mathrm{Sa}\!\left(\frac{\omega\tau}{2}\right)$$

又

$$f(t) = \frac{1}{2}G_\tau(t)(e^{j\omega_0 t} + e^{-j\omega_0 t})$$

根据频移特性可得

$$F(\omega) = \frac{1}{2}G(\omega - \omega_0) + \frac{1}{2}G(\omega + \omega_0) =$$

$$\frac{1}{2}E\tau\,\mathrm{Sa}\!\left[(\omega - \omega_0)\frac{\tau}{2}\right] + \frac{1}{2}E\tau\,\mathrm{Sa}\!\left[(\omega + \omega_0)\frac{\tau}{2}\right]$$

此调幅信号的频谱如图 2.5-4 所示。有关调幅信号的内容将在本章最后一节介绍。

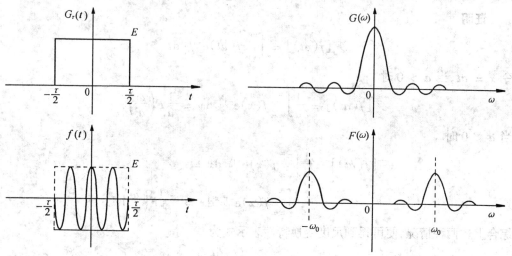

图 2.5-4 例 2.5-3 图

五、尺度变换特性(展缩特性,反比特性)

首先,说明一下信号波形沿时间轴压缩或扩展的概念。大家已经熟悉:函数 $f(x) = \sin x$,在 $0 \leqslant x \leqslant 2\pi$ 区间有一个周期的完整的正弦波形,如图 2.5-5 所示。现在若把这函数沿 x 轴压缩,使 x 在 $0 \sim 2\pi$ 的间隔内能容下三个周期的完整的正弦波形,那么这新函数应记为 $f(3x) = \sin 3x$,见图 2.5-5(a)。类似地,一个门函数 $g(t)$ 原来的宽度为 τ,新函数 $g(t/2)$ 则是由原来门函数扩展成 2 倍后所得的函数,如图 2.5-5(b) 所示。

然后,研究尺度变换特性与信号占有的时宽和频宽之间的关系。

若

$$f(t) \longleftrightarrow F(\omega)$$

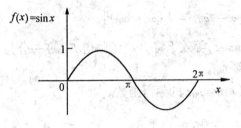
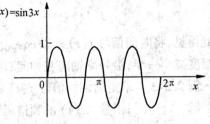

(a)

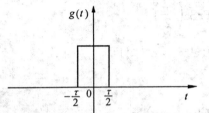
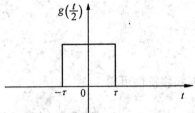

(b)

图 2.5-5 尺度变换的波形

则
$$f(at) \longleftrightarrow \frac{1}{|a|}F\left(\frac{\omega}{a}\right) \quad a \neq 0$$

证明

$$\mathscr{F}[f(at)] = \int_{-\infty}^{\infty} f(at)e^{-j\omega t}dt$$

令 $x = at$，当 $a > 0$ 时

$$\mathscr{F}[f(at)] = \frac{1}{a}\int_{-\infty}^{\infty} f(x)e^{-j\frac{\omega}{a}x}dx = \frac{1}{a}F\left(\frac{\omega}{a}\right)$$

当 $a < 0$ 时

$$\mathscr{F}[f(at)] = \frac{1}{a}\int_{+\infty}^{-\infty} f(x)e^{-j\frac{\omega}{a}x}dx =$$

$$\frac{-1}{a}\int_{-\infty}^{\infty} f(x)e^{-j\frac{\omega}{a}x}dx = \frac{-1}{a}F\left(\frac{\omega}{a}\right)$$

综合上述两种情况,便可得到尺度变换特性表示式为

$$f(at) \longleftrightarrow \frac{1}{|a|}F\left(\frac{\omega}{a}\right) \tag{2.5-11}$$

式(2.5-11)表示信号在时域中压缩($a > 1$)等效于在频域中扩展;反之,信号在时域中扩展($a < 1$)则等效于在频域中压缩。图 2.5-6 示出矩形脉冲波形展缩及其频谱函数相应变化情况。

当 $a = -1$ 时,式(2.5-11)变为

$$f(-t) \longleftrightarrow F(-\omega) \tag{2.5-12}$$

式(2.5-12)说明信号在时域中沿纵轴反褶等效于在频域中频谱也沿纵轴反褶。

六、对称特性

该性质说明傅里叶正变换和反变换之间的对称关系。

若
$$f(t) \longleftrightarrow F(\omega)$$

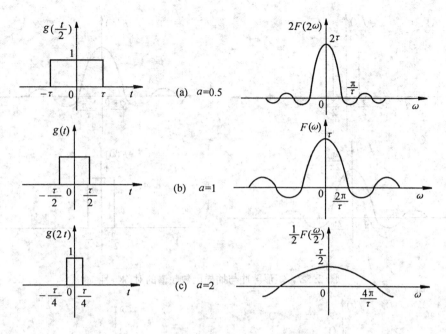

图 2.5-6 矩形脉冲波形展缩及其频谱的变化

则 $$F(t) \longleftrightarrow 2\pi f(-\omega) \tag{2.5-13}$$

证明 因为

$$f(t) = \frac{1}{2\pi} \int_{-\infty}^{\infty} F(\omega) e^{j\omega t} d\omega$$

于是

$$f(-t) = \frac{1}{2\pi} \int_{-\infty}^{\infty} F(\omega) e^{-j\omega t} d\omega$$

将上式中的变量 t 和变量 ω 互换,可以得到

$$2\pi f(-\omega) = \int_{-\infty}^{\infty} F(t) e^{-j\omega t} dt$$

所以 $$F(t) \longleftrightarrow 2\pi f(-\omega)$$

若 $f(t)$ 为偶函数,即 $f(t) = f(-t)$,则式(2.5-13)变成 $F(t) \longleftrightarrow 2\pi f(\omega)$ 至此可以得出关于对称性质的如下结论。

若 $f(t)$ 为偶函数,且

$$f(t) \longleftrightarrow F(\omega)$$

则 $$F(t) \longleftrightarrow 2\pi f(\omega)$$

或 $$(1/2\pi) F(t) \longleftrightarrow f(\omega)$$

对称特性表明,当 $f(t)$ 为偶函数时,其时域和频域完全对称。即如果时间函数 $f(t)$ 的频谱函数是 $F(\omega)$,则与 $F(\omega)$ 形式相同的时间函数 $F(t)$ 的频谱函数与 $f(t)$ 有相同的形式,为 $2\pi f(\omega)$。此处系数 2π 只影响坐标尺度,不影响函数特性。

现在,以下面两个例子说明傅里叶变换的对称性:① 矩形脉冲的频谱为抽样函数 $Sa(x)$,而 $Sa(x)$ 形式脉冲的频谱必为矩形函数,如图 2.5-7 所示;② 直流信号的频谱为冲激函数,而冲激函数的频谱必为常数,如图 2.5-8 所示。

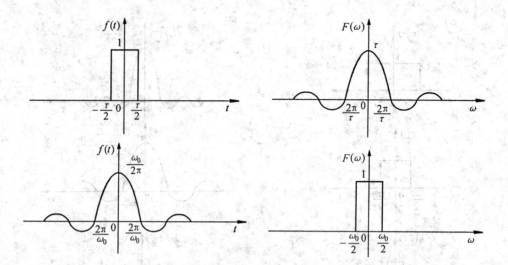

图 2.5-7　矩形脉冲与抽样函数频谱的对称特性

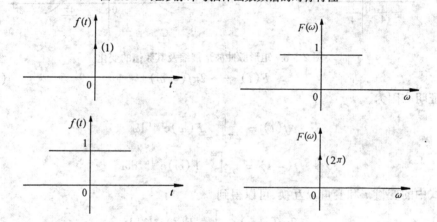

图 2.5-8　冲激信号与均匀谱的对称特性

七、微分特性

微分特性包括时域微分特性和频域微分特性。

若当 $|t| \to \infty$ 时，$f(t) \to 0$，且 $f(t) \longleftrightarrow F(\omega)$

则
$$\frac{\mathrm{d}f(t)}{\mathrm{d}t} \longleftrightarrow \mathrm{j}\omega F(\omega)$$

$$\frac{\mathrm{d}^n f(t)}{\mathrm{d}t^n} \longleftrightarrow (\mathrm{j}\omega)^n F(\omega)$$

证明　因为

$$f(t) = \frac{1}{2\pi}\int_{-\infty}^{\infty} F(\omega)\mathrm{e}^{\mathrm{j}\omega t}\mathrm{d}\omega$$

将上式两边对 t 求导数，得

$$\frac{\mathrm{d}f(t)}{\mathrm{d}t} = \frac{1}{2\pi}\int_{-\infty}^{\infty} \left[\mathrm{j}\omega F(\omega)\right]\mathrm{e}^{\mathrm{j}\omega t}\mathrm{d}\omega$$

所以
$$\frac{\mathrm{d}f(t)}{\mathrm{d}t} \longleftrightarrow \mathrm{j}\omega F(\omega) \qquad (2.5\text{-}14)$$

同理可推得

$$\frac{\mathrm{d}^n f(t)}{\mathrm{d}t^n} \longleftrightarrow (\mathrm{j}\omega)^n F(\omega)$$

时域微分特性说明,在时域中 $f(t)$ 对 t 取 n 阶导数,等效于在频域中频谱 $F(\omega)$ 乘以因子 $(\mathrm{j}\omega)^n$。类似地,可以导出频域的微分特性

若
$$f(t) \longleftrightarrow F(\omega)$$

则
$$\frac{\mathrm{d}F(\omega)}{\mathrm{d}\omega} \longleftrightarrow (-\mathrm{j}t)f(t)$$

$$\frac{\mathrm{d}^n F(\omega)}{\mathrm{d}\omega^n} \longleftrightarrow (-\mathrm{j}t)^n f(t)$$

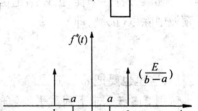

例 2.5-4 求图 2.5-9 所示梯形脉冲的傅里叶变换。

解 本题可以有若干种解法,但若应用傅里叶变换的时域微分特性,可以使求解更为简单。

梯形脉冲的一次导数 $f'(t)$ 是高度为 $E/(b-a)$ 的正负两个矩形脉冲。二次导数 $f''(t)$ 是强度为 $E/(b-a)$ 的四个正负冲激函数,即

$$\frac{\mathrm{d}^2 f(t)}{\mathrm{d}t^2} = \frac{E}{b-a}[\delta(t+b) - \delta(t+a) -$$
$$\delta(t-a) + \delta(t-b)]$$

根据时域微分特性和延时特性,上式的傅里叶变换

$$(\mathrm{j}\omega)^2 F(\omega) = \frac{E}{b-a}(\mathrm{e}^{\mathrm{j}b\omega} - \mathrm{e}^{-\mathrm{j}a\omega} + \mathrm{e}^{-\mathrm{j}b\omega})$$

图 2.5-9 例 2.5-4 图

所以
$$F(\omega) = \frac{2E}{b-a}\left(\frac{\cos a\omega - \cos b\omega}{\omega^2}\right)$$

八、积分特性

若
$$f(t) \longleftrightarrow F(\omega)$$

则
$$\int_{-\infty}^{t} f(\tau)\mathrm{d}\tau \longleftrightarrow \frac{F(\omega)}{\mathrm{j}\omega} + \pi F(0)\delta(\omega)$$

证明 由定义知

$$\mathscr{F}\left[\int_{-\infty}^{t} f(\tau)\mathrm{d}\tau\right] = \int_{-\infty}^{\infty}\left[\int_{-\infty}^{t} f(\tau)\mathrm{d}\tau\right]\mathrm{e}^{-\mathrm{j}\omega t}\mathrm{d}t =$$

$$\int_{-\infty}^{\infty}\left[\int_{-\infty}^{\infty} f(\tau)u(t-\tau)\mathrm{d}\tau\right]\mathrm{e}^{-\mathrm{j}\omega t}\mathrm{d}t$$

交换上式中的积分次序,可变为

$$\mathscr{F}\left[\int_{-\infty}^{t} f(\tau)\mathrm{d}\tau\right] = \int_{-\infty}^{\infty} f(\tau)\left[\int_{-\infty}^{\infty} u(t-\tau)\mathrm{e}^{-\mathrm{j}\omega t}\mathrm{d}t\right]\mathrm{d}\tau$$

上式中方括号内是阶跃函数 $u(t-\tau)$ 的傅里叶变换,根据延时特性,$u(t-\tau)$ 的频谱函数为

$$\left[\pi\delta(\omega) + \frac{1}{j\omega}\right]e^{-j\omega\tau}$$

代入前式则得

$$\mathscr{F}\left[\int_{-\infty}^{\infty}f(\tau)d\tau\right] = \int_{-\infty}^{\infty}f(\tau)\pi\delta(\omega)e^{-j\omega\tau}d\tau + \int_{-\infty}^{\infty}f(\tau)\frac{1}{j\omega}e^{-j\omega\tau}d\tau =$$

$$\pi F(0)\delta(\omega) + \frac{1}{j\omega}F(\omega)$$

即
$$\int_{-\infty}^{t}f(\tau)d\tau \longleftrightarrow \pi F(0)\delta(\omega) + \frac{1}{j\omega}F(\omega) \qquad (2.5\text{-}15)$$

若 $t \to \infty$ 时，$\int_{-\infty}^{t}f(\tau)d\tau = 0$，或者满足 $F(0) = 0$

则
$$\int_{-\infty}^{t}f(\tau)d\tau \longleftrightarrow \frac{1}{j\omega}F(\omega) \qquad (2.5\text{-}16)$$

积分特性说明，如果信号符合上述条件，且信号积分的频谱函数存在，则它等于信号的频谱函数除以 $j\omega$。或者说，信号在时域中对时间积分，相当于在频域中用因子 $j\omega$ 去除它的频谱函数。

和微分特性一样，上述结论也可以推广：即对函数在时域中进行 n 次积分，相当于在频域中除以 $(j\omega)^n$，即

$$\iint\cdots\int f(\tau)d\tau \longleftrightarrow \frac{1}{(j\omega)^n}F(\omega) \qquad (2.5\text{-}17)$$

当然，这里也要把 $\omega = 0$ 点除外。

例 2.5-5 求下列截平斜坡信号（图 2.5-10）的频谱

$$y(t) = \begin{cases} 0 & (t < 0) \\ t/t_0 & (0 \leqslant t \leqslant t_0) \\ 1 & (t > t_0) \end{cases}$$

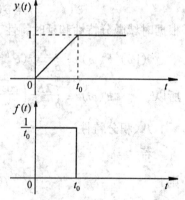

解 将 $y(t)$ 求导得

$$f(\tau) = \begin{cases} 0 & (\tau < 0) \\ 1/t_0 & (0 < \tau < t_0) \\ 0 & (\tau > t_0) \end{cases}$$

如果对 $f(\tau)$ 积分，将得

$$y(t) = \int_{-\infty}^{t}f(\tau)d\tau$$

图 2.5-10 例 2.5-5 图

根据矩形脉冲的频谱及时移特性，可得 $f(\tau)$ 的频谱 $F(\omega)$ 为

$$F(\omega) = Sa\left(\frac{\omega t_0}{2}\right)e^{-j\omega\frac{t_0}{2}}$$

由于 $F(0) = 1 \neq 0$，故只能利用积分性质式(2.5-15)求得 $y(t)$ 的频谱

$$Y(\omega) = \frac{1}{j\omega}F(\omega) + \pi F(0)\delta(\omega) =$$

$$\frac{1}{j\omega}Sa\left(\frac{\omega t_0}{2}\right)e^{-j\frac{\omega t_0}{2}} + \pi\delta(\omega)$$

九、卷积定理

卷积定理在信号与系统分析中占有重要地位。

1. 时域卷积定理

若 $$f_1(t) \longleftrightarrow F_1(\omega), \ f_2(t) \longleftrightarrow F_2(\omega)$$

则 $$f_1(t) * f_2(t) \longleftrightarrow F_1(\omega) F_2(\omega)$$

证明

$$\mathscr{F}\big[f_1(t) * f_2(t)\big] = \int_{-\infty}^{\infty} \left[\int_{-\infty}^{\infty} f_1(\tau) f_2(t-\tau) \mathrm{d}\tau \right] e^{-j\omega t} \mathrm{d}t =$$

$$\int_{-\infty}^{\infty} f_1(\tau) \left[\int_{-\infty}^{\infty} f_2(t-\tau) e^{-j\omega t} \mathrm{d}t \right] \mathrm{d}\tau =$$

$$\int_{-\infty}^{\infty} f_1(\tau) F_2(\omega) e^{-j\omega\tau} \mathrm{d}\tau = F_2(\omega) \int_{-\infty}^{\infty} f_1(\tau) e^{-j\omega\tau} \mathrm{d}\tau =$$

$$F_1(\omega) F_2(\omega)$$

即 $$f_1(t) * f_2(t) \longleftrightarrow F_1(\omega) F_2(\omega)$$

上式表明,两函数在时域中的卷积,等效于频域中两函数傅里叶变换的乘积。

2. 频域卷积定理

若 $$f_1(t) \longleftrightarrow F_1(\omega), \ f_2(t) \longleftrightarrow F_2(\omega)$$

则 $$f_1(t) f_2(t) \longleftrightarrow \frac{1}{2\pi} F_1(\omega) * F_2(\omega) \tag{2.5-19}$$

其中 $$F_1(\omega) * F_2(\omega) = \int_{-\infty}^{\infty} F_1(u) F_2(\omega - u) \mathrm{d}u$$

证明方法与时域卷积定理相同。

2.6 周期信号的傅里叶变换

本章已经研究过,周期信号频谱可用傅里叶级数表示,而非周期信号频谱则用傅里叶变换表示。现在,我们再来研究周期信号频谱可否使用傅里叶变换表示的问题,其目的是力图把周期信号与非周期信号的分析方法统一起来。

一、正弦、余弦信号的傅里叶变换

由本章 2.4 节已知,直流信号的傅里叶变换为

$$\mathscr{F}[1] = 2\pi\delta(\omega) \tag{2.6-1}$$

根据频移特性可得 $e^{j\omega_0 t}$ 的傅里叶变换为

$$\mathscr{F}\big[e^{j\omega_0 t}\big] = 2\pi\delta(\omega - \omega_0) \tag{2.6-2}$$

同理可得

$$\mathscr{F}\big[e^{-j\omega_0 t}\big] = 2\pi\delta(\omega + \omega_0) \tag{2.6-3}$$

由式(2.6-2)、(2.6-3)及欧拉公式,可以得到

$$\mathscr{F}[\cos\omega_0 t] = \pi[\delta(\omega - \omega_0) + \delta(\omega + \omega_0)] \tag{2.6-4}$$

$$\mathscr{F}[sin\,\omega_0 t] = \frac{\pi}{j}[\delta(\omega - \omega_0) - \delta(\omega + \omega_0)] \tag{2.6-5}$$

可见,复指数函数,正弦、余弦函数的频谱只包含位于 $\pm\omega_0$ 处的冲激函数。如图2.6-1所示。

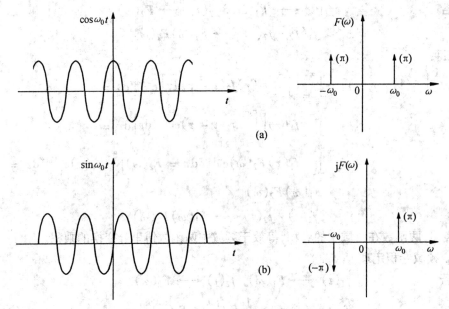

图 2.6-1　正弦、余弦函数及其频谱

二、周期信号的傅里叶变换

设重复周期为 T 的周期信号 $f(t)$ 可用傅里叶级数表示为

$$f(t) = \sum_{n=-\infty}^{\infty} c_n e^{j n \omega_1 t}$$

将上式两边取傅里叶变换,即

$$\mathscr{F}[f(t)] = \mathscr{F}\Big[\sum_{n=-\infty}^{\infty} c_n e^{j n \omega_1 t}\Big] = \sum_{n=-\infty}^{\infty} c_n \mathscr{F}[e^{j n \omega_1 t}]$$

由式(2.6-1)可知

$$\mathscr{F}[e^{j n \omega_1 t}] = 2\pi\delta(\omega - n\omega_1)$$

所以周期信号 $f(t)$ 的傅里叶变换为

$$F(\omega) = \mathscr{F}[f(t)] = 2\pi\sum_{n=-\infty}^{\infty} c_n\delta(\omega - n\omega_1) \tag{2.6-6}$$

其中,c_n 是 $f(t)$ 的指数傅里叶级数的系数,它等于

$$c_n = \frac{1}{T}\int_{-\frac{T}{2}}^{\frac{T}{2}} f(t)e^{-j n \omega_1 t}\mathrm{d}t$$

式(2.6-6)表示,周期信号 $f(t)$ 的傅里叶变换 $F(\omega)$ 是由一些冲激函数所组成,这些冲激位于信号的谐波频率($0, \pm\omega_1, \pm2\omega_1, \cdots$)处,每个冲激的强度等于 $f(t)$ 的指数傅里叶级数的系数 c_n 的 2π 倍。

例 2.6-1 求周期单位冲激序列的傅里叶级数与傅里叶变换。

解 设周期冲激序列以 $\delta_T(t)$ 表示，T 为重复周期，即

$$\delta_T(t) = \sum_{n=-\infty}^{\infty} \delta(t - nT)$$

将 $\delta_T(t)$ 展成傅里叶级数

$$\delta_T(t) = \sum_{n=-\infty}^{\infty} c_n e^{jn\omega_1 t} \tag{2.6-7}$$

求 $\delta_T(t)$ 的傅里叶变换，即

$$F(\omega) = \mathscr{F}[\delta_T(t)] = 2\pi \sum_{n=-\infty}^{\infty} c_n \delta(\omega - n\omega_1) \tag{2.6-8}$$

式中

$$\omega_1 = \frac{2\pi}{T}$$

$$c_n = \frac{1}{T}\int_{-\frac{T}{2}}^{\frac{T}{2}} \delta_T(t)e^{-jn\omega_1 t}dt = \frac{1}{T}\int_{-\frac{T}{2}}^{\frac{T}{2}} \delta(t)e^{-jn\omega_1 t}dt = \frac{1}{T}$$

将 c_n 值代入式(2.6-8)，则得 $\delta_T(t)$ 的傅里叶变换为

$$F(\omega) = \mathscr{F}[\delta_T(t)] = \omega_1 \sum_{n=-\infty}^{\infty} \delta(\omega - n\omega_1) = \omega_1 \delta_{\omega_1}(\omega) \tag{2.6-9}$$

式中

$$\delta_{\omega_1}(\omega) = \sum_{n=-\infty}^{\infty} \delta(\omega - n\omega_1)$$

图 2.6-2(b)、(c) 分别给出周期序列用傅里叶级数和傅里叶变换表示的情况。

例 2.6-2 求周期矩形脉冲信号的傅里叶级数和傅里叶变换。

解 设单脉冲 $f_0(t)$ 的傅里叶变换 $F_0(\omega)$ 为

$$F_0(\omega) = \int_{-\infty}^{\infty} f_0(t)e^{-j\omega t}dt =$$

$$E\tau Sa\left(\frac{\omega\tau}{2}\right)$$

周期矩形脉冲信号 $f(t)$ 的傅里叶系数 C_n 为

$$C_n = \frac{1}{T}\int_{-\frac{T}{2}}^{\frac{T}{2}} f_0(t)e^{-j\omega t}dt =$$

$$\frac{1}{T}F_0(\omega)\bigg|_{\omega=n\omega_1} =$$

$$\frac{E\tau}{T}Sa\left(\frac{n\omega_1\tau}{2}\right) \tag{2.6-10}$$

这样 $f(t)$ 的傅里叶级数为

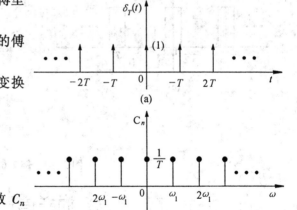

(a)

(b)

(c)

图 2.6-2 例 2.6-1 图

$$f(t) = \frac{E\tau}{T} \sum_{n=-\infty}^{\infty} \mathrm{Sa}\left(\frac{n\omega_1\tau}{2}\right) e^{jn\omega_1 t}$$

由式(2.6-6)可得周期矩形脉冲信号的傅里叶变换为

$$F(\omega) = 2\pi \sum_{n=-\infty}^{\infty} c_n \delta(\omega - n\omega_1) =$$

$$E\tau\omega_1 \sum_{n=-\infty}^{\infty} \mathrm{Sa}\left(\frac{n\omega_1\tau}{2}\right) \delta(\omega - n\omega_1) \tag{2.6-11}$$

式(2.6-10)和式(2.6-11)的结果如图2.6-3所示。图中还画出单脉冲频谱$F_0(\omega)$，可以作为比较。

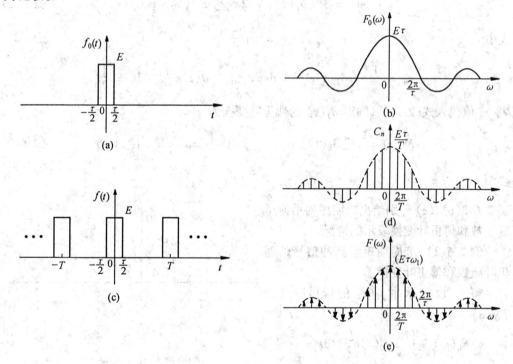

图2.6-3 例2.6-2图

2.7 抽样信号的频谱

前面研究的都是连续时间信号。但在许多实际问题中，需要将连续时间信号变换为离散信号。通常是从连续信号$f(t)$中抽取一系列的离散样值，称为"抽样信号"，以$f_s(t)$表示。图2.7-1表示了这种抽样过程，图中$p(t)$是抽样脉冲序列。

由图2.7-1可见，连续信号经抽样作用后变为时间离散的抽样信号，再经量化、编码变成数字信号，从而在信号传输过程中，就以离散信号或数字信号替换了原来的连续信号。

为了从理论上说明这种"替换"的可行性，必须弄清楚两个问题：① 离散的抽样信号$f_s(t)$的傅里叶变换是什么样子?它和原连续信号$f(t)$的傅里叶变换有什么联系?② 连续信号被抽样后，它是否保留了原信号$f(t)$的全部信息，也就是说，要想从抽样信号$f_s(t)$

中无失真地恢复出原来的连续信号 $f(t)$，需要满足什么样的抽样条件。

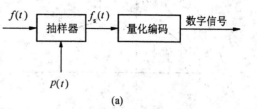

一、抽样信号的频谱

在一般情况下，抽样过程是通过抽样脉冲序列 $p(t)$ 与连续信号 $f(t)$ 相乘来完成的，即

$$f_s(t) = f(t) \cdot p(t) \quad (2.7\text{-}1)$$

由于 $p(t)$ 是周期序列，所以由式(2.6-6)可以知道 $p(t)$ 的傅里叶变换，为

$$P(\omega) = 2\pi \sum_{n=-\infty}^{\infty} c_n \delta(\omega - n\omega_s) \quad (2.7\text{-}2)$$

其中

$$c_n = \frac{1}{T_s} \int_{-\frac{T_s}{2}}^{\frac{T_s}{2}} p(t) e^{-jn\omega_s t} dt \quad (2.7\text{-}3)$$

$\omega_s = 2\pi f_s = \dfrac{2\pi}{T_s}$，$\omega_s$ 是抽样频率，T_s 为抽样周期。

根据频域卷积定理可知，抽样信号的傅里叶变换为

$$F_s(\omega) = \frac{1}{2\pi} F(\omega) * P(\omega) =$$

$$\frac{1}{2\pi} F(\omega) * \left[2\pi \sum_{n=-\infty}^{\infty} c_n \delta(\omega - n\omega_s) \right] =$$

$$\sum_{n=-\infty}^{\infty} c_n F(\omega - n\omega_s) \quad (2.7\text{-}4)$$

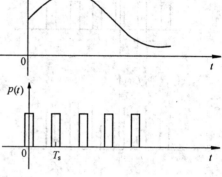

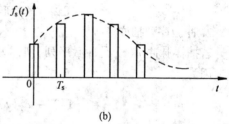

图 2.7-1　连续信号的抽样过程

式(2.7-4)表明：信号在时域被抽样后，其频谱 $F_s(\omega)$ 是由连续信号频谱 $F(\omega)$ 以抽样频率 ω_s 为间隔周期重复而得到的，在此过程中幅度被 c_n 加权。傅里叶系数 c_n 取决于抽样脉冲序列的形状，下面讨论抽样脉冲的两种典型的情况。

1. 矩形脉冲抽样

当矩形脉冲抽样时，$p(t)$ 为周期矩形脉冲。由式(2.7-3)可以求出傅里叶系数 c_n，即

$$c_n = \frac{1}{T_s} \int_{-\frac{T_s}{2}}^{\frac{T_s}{2}} p(t) e^{-jn\omega_s t} dt = \frac{1}{T_s} \int_{-\frac{\tau}{2}}^{\frac{\tau}{2}} E e^{-jn\omega_s t} dt = \frac{E\tau}{T_s} \text{Sa}\left(\frac{n\omega_s \tau}{2} \right) \quad (2.7\text{-}5)$$

将 c_n 值代入式(2.7-4)便可得到矩形抽样信号的频谱为

$$F_s(\omega) = \frac{E\tau}{T_s} \sum_{n=-\infty}^{\infty} \text{Sa}\left(\frac{n\omega_s \tau}{2} \right) F(\omega - n\omega_s) \quad (2.7\text{-}6)$$

在这种情况下，$F(\omega)$ 在以 ω_s 为周期的重复过程中幅度以 $\text{Sa}\left(\dfrac{n\omega_s \tau}{2} \right)$ 的规律变化，如图 2.7-2 所示。

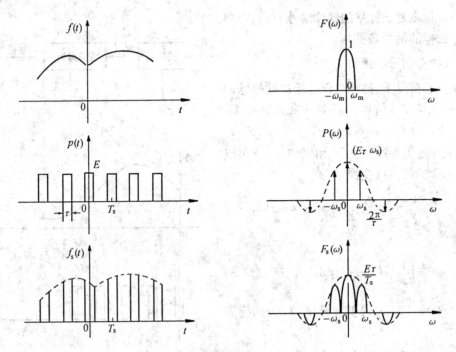

图 2.7-2　矩形脉冲抽样信号的频谱

2. 冲激序列抽样

若抽样脉冲 $p(t)$ 是冲激序列,则称为"冲激抽样"或"理想抽样"。

因为

$$p(t) = \delta_T(t) = \sum_{n=-\infty}^{\infty} \delta(t - nT_s)$$

由式(2.7-3)可以求出 $\delta_T(s)$ 的傅里叶系数

$$c_n = \frac{1}{T_s} \int_{-\frac{T_s}{2}}^{\frac{T_s}{2}} \delta_T(t) e^{-jn\omega_s t} dt =$$

$$\frac{1}{T_s} \int_{-\frac{\tau}{2}}^{\frac{\tau}{2}} \delta(t) e^{-jn\omega_s t} dt = \frac{1}{T_s}$$

将 c_n 值代入式(2.7-4),就得到抽样信号的频谱为

$$F_s(\omega) = \frac{1}{T_s} \sum_{n=-\infty}^{\infty} F(\omega - n\omega_s) \tag{2.7-7}$$

式(2.7-7)表明:由于冲激序列的傅里叶系数 c_n 为常数,所以抽样信号的频谱是由连续信号频谱 $F(\omega)$ 以 ω_s 为周期等幅地重复而得到的,如图 2.7-3 所示。

以上讨论了用抽样脉冲 $p(t)$ 对连续时间函数的抽样过程,称为时域抽样。有时对连续频谱函数 $F(\omega)$,以冲激序列 $\delta_{\omega_s}(\omega)$ 进行抽样,这个抽样过程称为频域抽样,其研究过程和计算方法与时域抽样情况类似。

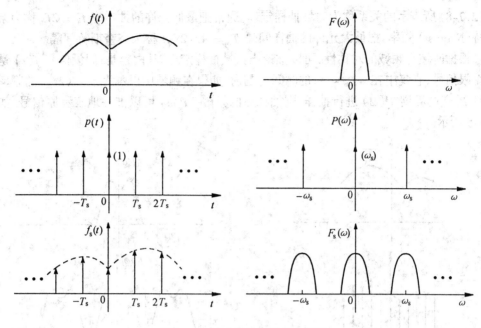

图 2.7-3 冲激抽样信号的频谱

二、抽样定理

抽样定理在通信及信息传输理论方面占有十分重要的地位。许多近代通信方式都是以该定理作为理论基础的。

抽样定理说明:一个频带有限的信号 $f(t)$,如果其频谱只占据 $-\omega_m \sim +\omega_m$ 的范围,则信号 $f(t)$ 可以用时间间隔不大于 $1/(2f_m)$(其中 $f_m = \omega_m/2\pi$)的抽样惟一地确定。

为了证明此定理,可以看图 2.7-4。假定信号 $f(t)$ 的频谱 $F(\omega)$ 限制在 $-\omega_m \sim +\omega_m$ 范围内,若以间隔 T_s(重复频率 $\omega_s = 2\pi/T_s$)对 $f(t)$ 进行抽样,则抽样后,信号 $f_s(t)$ 的频谱 $F_s(\omega)$ 是 $F(\omega)$ 以 ω_s 为重复周期的周期函数。在此情况下,只有满足 $\omega_s \geqslant 2\omega_m$ 的条件,$F_s(\omega)$ 才不会产生频谱的混叠,如图 2.7-4(b)所示。这样,如果将 $F_s(\omega)$ 通过理想低通滤波器,就可以从 $F_s(\omega)$ 中取出 $F(\omega)$。就是说,抽样信号 $f_s(t)$ 保留了原连续信号 $f(t)$ 的全部信息,完全可以用 $f_s(t)$ 惟一地表示 $f(t)$,或者说,完全可以由 $f_s(t)$ 无失真地恢复出 $f(t)$。如果 $\omega_s < 2\omega_m$,$F_s(\omega)$ 将产生混叠(见图 2.7-4(c)),因而不能由 $F_s(\omega)$ 恢复 $F(\omega)$,亦即信号 $f(t)$ 不能由取样信号 $f_s(t)$ 完全恢复。这就是说,取样的间隔时间过长,即取样速率太慢,将丢失部分信息。

由图 2.7-4 可见,为使抽样信号 $f_s(t)$ 保留原信号 $f(t)$ 的全部信息,要求 $f_s(t)$ 的频谱 $F_s(\omega)$ 不产生混叠现象。这样,必须满足

$$\omega_s \geqslant 2\omega_m$$

即

$$\frac{2\pi}{T_s} \geqslant 2 \times 2\pi f_m$$

所以

$$T_s \leqslant \frac{1}{2f_m} \tag{2.7-8}$$

式(2.7-8)所表示的关系称为时域抽样定理。通常把最低允许的抽样率 $f_s = 2f_m$ 称为奈奎斯特(Nyquist)频率,把最大允许的抽样间隔 $T_s = 1/(2f_m)$ 称为奈奎斯特间隔。

根据时域与频域的对称性,可以推论出频域抽样定理。其内容是:假设信号 $f(t)$ 是时间受限信号,它集中在 $-t_m \sim t_m$ 的时间范围内,如果在频域中以不大于 $1/(2t_m)$ 的频率间隔对 $f(t)$ 的频谱 $F(\omega)$ 进行抽样,则抽样后的频谱 $F_1(\omega)$ 可以惟一地表示原信号。如图 2.7-5 所示。

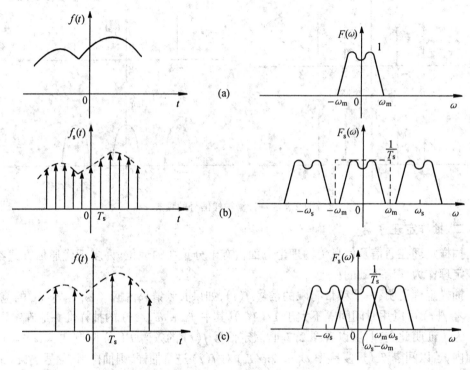

图 2.7-4 不同间隔 T_s 抽样信号的频谱

在时域中,为了使波形不会发生混迭,则必须满足

$$T_1 > 2t_m$$

即

$$\frac{2\pi}{\omega_1} \geqslant 2t_m$$

所以

$$f_1 \leqslant \frac{1}{2t_m} \tag{2.7-9}$$

式中,f_1 为抽样频率。

2.8　已调信号的频谱

在无线电通信系统中,为实现电信号的传输需要将待传送信号的频谱搬移到较高的频率范围,这种频谱的搬移称为信号的调制。

需要调制的原因主要有两方面。一方面,由电磁波辐射理论可知,只有当发射天线的

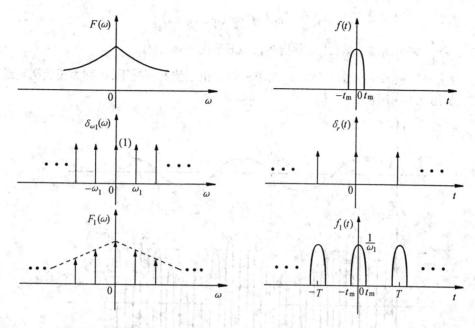

图 2.7-5 不同间隔 ω_1 频域抽样的原信号

尺寸等于信号波长的 1/10 或更大些,信号才能有效地通过天线发射出去;因为声音、图像等形成的电信号的频率很低,所以需要的天线尺寸应达到几十公里甚至几百公里,这显然是不可行的。另一方面,既使能把低频信号发射出去,也会造成各种低频信号的相互干扰,无法接收。

利用调制过程将每一个信号的频谱搬移到互不重迭的频率范围,使接受信号时,不致互相干扰。这个问题的解决使得在一个信道中可以传输多个信号,即实现了信道的"频分多路复用"。

调制,通常是由低频信号(又称调制信号)去控制一个高频振荡的振幅、频率或初相位等参数之中的任意一个来达到的,分别称为幅度调制、频率调制和相位调制;频率调制和相位调制又统称角度调制。

一、调幅信号

设未经调制的高频振荡(又称载波)为

$$a_0(t) = A_0 \cos(\omega_0 t + \varphi_0)$$

其中,振幅 A_0、频率 ω_0 和初相位 φ_0 均为常数。如果使得高频振荡的振幅按照调制信号的变化规律而变化,则此时的高频振荡即为幅度调制信号或称调幅信号,表示式为

$$a(t) = A(t)\cos(\omega_0 t + \varphi_0)$$

式中

$$A(t) = A_0 + Ke(t) = A_0 + \Delta A(t)$$

$e(t)$ 为调制信号,K 是比例常数,$\Delta A(t) = Ke(t)$ 是振幅增量,于是

$$a(t) = [A_0 + Ke(t)]\cos(\omega_0 t + \varphi_0) =$$

$$A_0\Big[1 + \frac{Ke(t)}{A_0}\Big]\cos(\omega_0 t + \varphi_0) =$$

$$A_0[1 + me(t)]\cos(\omega_0 t + \varphi_0) \qquad (2.8\text{-}1)$$

式中，$m = \dfrac{K}{A_0}$ 称为调幅系数(或调制指数)，一般情况下 $m \le 1$。

当调制信号 $e(t) = E\cos(\Omega t + \varphi)$ 为单一频率正弦波的情况下，则称为正弦调制或单音调制。如图 2.8-1 所示。

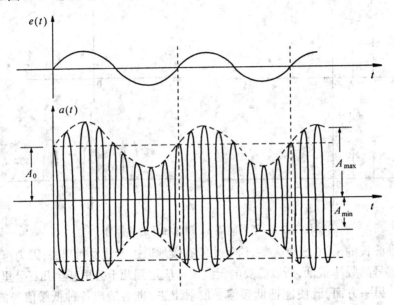

图 2.8-1　正弦调制信号及其已调信号波形

由图 2.8-1 可以得出调幅系数

$$m = \frac{A_{max} - A_{min}}{2A_0} \qquad (2.8\text{-}2)$$

对正弦调制情况，调幅系数又可写成

$$m = \frac{A_{max} - A_{min}}{A_{max} + A_{min}} \qquad (2.8\text{-}3)$$

此时调幅信号为

$$a(t) = A_0[1 + m\cos(\Omega t + \varphi)]\cos(\omega_0 t + \varphi_0) \qquad m = \frac{KE}{A_0} \qquad (2.8\text{-}4)$$

利用三角函数关系，上式可以化为

$$a(t) = A_0\cos(\omega_0 t + \varphi_0) + \frac{m}{2}A_0\cos[(\omega_0 + \Omega)t + \varphi_0 + \varphi] +$$

$$\frac{m}{2}A_0\cos[(\omega_0 - \Omega)t + \varphi_0 - \varphi] \qquad (2.8\text{-}5)$$

由式(2.8-5)可见，正弦调制的调幅波是由三个不同频率的正弦波组合而成的。其中第一项为载波分量，频率为 ω_0；第二项和第三项称为边频分量，频率为 $\omega_0 + \Omega$ 的，称为上边频分量；频率为 $\omega_0 - \Omega$ 的，称为下边频分量。边频分量对称地排列于载频分量的两侧。如图 2.8-2 所示。由图中还可以看出，这种调幅波的占有频带为调制频率的两倍，即 2Ω。

当调制信号是一个复杂的周期信号时，即

$$e(t) = \sum_{n=1}^{\infty} E_n \cos(\Omega_n t + \varphi_n) \qquad (2.8\text{-}6)$$

则调幅波可由下式表示

$$a(t) = A_0 \Big[1 + \sum_{n=1}^{\infty} m_n \cos(\Omega_n t + \varphi_n) \Big] \cos(\omega_0 t + \varphi_0)$$

$$\qquad (2.8\text{-}7)$$

式中，$m_n = \dfrac{K E_n}{A_0}$ 称为部分调幅系数，各部分调幅系数之和等于调幅系数 m。

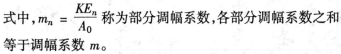

图 2.8-2　正弦调制的调幅信号的频谱

同样，利用三角函数关系，上式可以变为

$$a(t) = A_0 \cos(\omega_0 t + \varphi_0) + \sum_{n=1}^{\infty} \frac{m_n A_0}{2} \cos[(\omega_0 + \Omega_n)t + \varphi_0 + \varphi_n] +$$

$$\sum_{n=1}^{\infty} \frac{m_n A_0}{2} \cos[(\omega_0 - \Omega_n)t + \varphi_0 - \varphi_n] \qquad (2.8\text{-}8)$$

式(2.8-8)表示的调幅波的频谱如图 2.8-3 所示。

由式(2.8-8)和图 2.8-3 可以看出，经非正弦周期信号调制的调幅波，包含一个载波分量和无数对上下边频分量。所有的上下边频分量组成了两个频带，对称地排列于载频分量的两旁，称为边带。其中频率高于载频的称上边带，频率低于载频的称下边带。从图中还可以看出，调幅波边带的频谱结构与调制信号的频谱结构相同，只是频谱搬移了一个位置，有一个等于载频的频率位移。根据调制信号频带宽度的概念，可以得出以下结论：

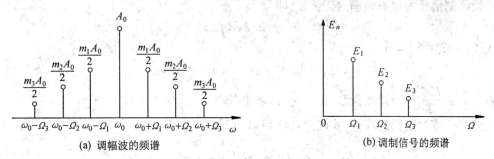

(a) 调幅波的频谱　　　　　　　　　(b) 调制信号的频谱

图 2.8-3　调幅波频谱与其调制信号频谱

调幅波的能量集中于载频附近，它的有效频带宽度 B 是调制信号频带宽度的两倍，即

$$B = 2\Omega_m \qquad (2.8\text{-}9)$$

式中，Ω_m——调制信号频谱中的最高频率。

除了上述幅度调制方式外，还有其他几种调幅方式。

为了提高发射机的效率，可以采用载波抑制技术，不传送载波信号。此时单音已调信号可表示为

$$a(t) = A_0 m e(t) \cos(\omega_0 t + \varphi_0) = A_0 m \cos(\Omega t + \varphi)\cos(\omega_0 t + \varphi_0) =$$

$$\frac{m A_0}{2} \cos[(\omega_0 + \Omega)t + \varphi_0 + \varphi] + \frac{m A_0}{2} \cos[(\omega_0 - \Omega)t + \varphi_0 - \varphi] \qquad (2.8\text{-}10)$$

式(2.8-10)所表示的调幅方式称为平衡调制或双边带调制。

在频谱结构中,上边带与下边带是对称的,都包含了待传送信号的全部信息。因此,为了压缩频带,理论上只需传送其中一个边带就可以了。这种传送信号的方式称为单边带通信。

单边带的信号传输方式,虽然压缩了信号占有频带,但却大大增加了接收设备的复杂程度。为了解决单边带传输技术实现上的困难,有时采用所谓残留边带的传输方式。例如,我国电视信号传输就是残留边带的方式。

二、调角信号

设未调制的载波信号为

$$a_0(t) = A_0\cos(\omega_0 t + \varphi_0) = A_0\cos\Theta(t)$$

式中,$\Theta(t) = \omega_0 t + \varphi_0$ 为总相角。

对于调频信号,载波角频率增量 $\Delta\omega(t)$ 随调制信号 $e(t)$ 成线性变化,即

$$\omega(t) = \omega_0 + \Delta\omega(t) = \omega_0 + K_f e(t) \qquad (2.8\text{-}11)$$

式中,K_f 为比例系数。

此时调频信号总相角为

$$\Theta(t) = \omega_0 t + K_f\int_0^t e(\tau)\mathrm{d}\tau + \varphi_0 \qquad (2.8\text{-}12)$$

则调频信号表示为

$$a(t) = A_0\cos\left(\omega_0 t + K_f\int_0^t e(\tau)\mathrm{d}\tau + \varphi_0\right) \qquad (2.8\text{-}13)$$

设调制信号为单一频率的正弦波,即

$$e(t) = E\cos\Omega t$$

则式(2.8-13)可以写成

$$a_f(t) = A_0\cos(\omega_0 t + m_f\sin\Omega t + \varphi_0) \qquad (2.8\text{-}14)$$

式中,$m_f = \dfrac{K_f E}{\Omega}$ 称为调频指数,$K_f E = \Delta\omega$ 称频率偏移(简称频偏)。

根据贝塞尔函数的理论,式(2.8-14)可以展开为

$$a_f(t) = A_0\sum_{n=-\infty}^{\infty} J_n(m_f)\cos[(\omega_0 + n\Omega)t + \varphi_0] \qquad (2.8\text{-}15)$$

式中,$J_n(m_f)$ 为第一类 n 阶贝塞尔函数。由式(2.8-15)可见,用单一频率正弦波作为调制信号的调频波,其频谱中包含有载谱和无穷多对上下边频,它们的幅度取决于各阶贝塞尔函数值 $J_n(m_f)$。图2.8-4是调频信号频谱的示意图。

调相信号的频谱分析过程与调频信号相似。

理论分析表明,调角信号的占有频带宽度比调幅信号要大得多。对单一频率正弦

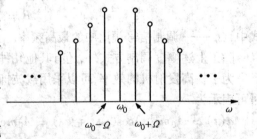

图2.8-4 调频信号频谱示意图

波作为调制信号时,调频信号占有频带宽度等于

$$B = 2(m_f + 1)\Omega \qquad (2.8\text{-}16)$$

当调频指数 m_f 较大时,上式可近似为

$$B \approx 2m_f\Omega \qquad (2.8\text{-}17)$$

可见调频信号频带是调幅信号频带的 m_f 倍。

习 题 2

2-1 求图 2-1 所示的对称周期矩形信号的傅里叶级数(三角形式与指数形式),并画出幅度频谱。

2-2 求图 2-2 所示周期锯齿信号的傅里叶级数,并画出频谱图。

2-3 求图 2-3 所示半波正弦信号的傅里叶级数,并大致画出幅度频谱图。

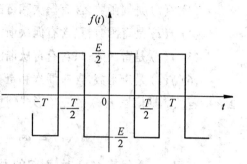

图 2-1 习题 2-1 图

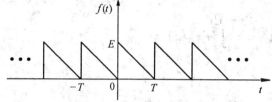

图 2-2 习题 2-2 图

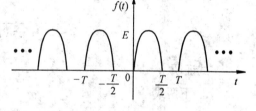

图 2-3 习题 2-3 图

2-4 将下列信号在区间 $(-\pi, \pi)$ 中展开为三角形式的傅里叶级数。

(1) $f_1(t) = t$ (2) $f_2(t) = |t|$

2-5 将下列信号在区间 $(0, 1)$ 中展开为指数形式的傅里叶级数。

(1) $f_1(t) = e^t$ (2) $f_2(t) = t^2$

2-6 求图 2-6 所示,正弦信号经对称限幅后输出波形的基波,以及二次和三次谐波的有效值。

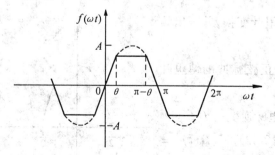

图 2-6 习题 2-6 图

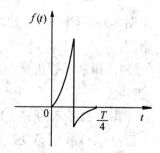

图 2-7 习题 2-7 图

2-7 已知周期函数 $f(t)$ 的1/4周期$(0 \sim \pi/4)$的波形,如图2-7所示。根据下列各种情况的要求,画出 $f(t)$ 在一个周期$\left(-\dfrac{T}{2} < t < \dfrac{T}{2}\right)$内的波形。

(1) $f(t)$ 是偶函数,只含有偶次谐波;

(2) $f(t)$ 是偶函数,只含有奇次谐波;

(3) $f(t)$ 是偶函数,含有偶次和奇次谐波;

(4) $f(t)$ 是奇函数,只含有偶次谐波;

(5) $f(t)$ 是奇函数,只含有奇次谐波;

(6) $f(t)$ 是奇函数,含有偶次和奇次谐波。

2-8 若从周期信号 $f(t)$ 的三角形式傅里叶级数中选取 $2N+1$ 项,构成一个有限级数

$$s_N(t) = a_0 + \sum_{n=1}^{N}(a_n\cos n\omega_1 t + b_n\sin n\omega_1 t)$$

当用 $s_N(t)$ 代替 $f(t)$ 时,引起的误差函数为

$$\varepsilon(t) = f(t) - s_N(t)$$

方均误差为

$$E_N = \overline{\varepsilon_N^2(t)} = \frac{1}{T_1}\int_{-\frac{T_1}{2}}^{\frac{T_1}{2}}\varepsilon_N^2(t)\mathrm{d}t$$

试证明

1. 下两式

$$a_n = \frac{2}{T_1}\int_{t_0}^{t_0+T_1}f(t)\cos n\omega_1 t\mathrm{d}t$$

$$b_n = \frac{2}{T_1}\int_{t_0}^{t_0+T_1}f(t)\sin n\omega_1 t\mathrm{d}t$$

给出的 a_n、b_n 值满足最小误差条件。

2. 最小方均误差为

$$E_N = \overline{f^2(t)} - \left[a_0^2 + \frac{1}{2}\sum_{n=1}^{N}(a_n^2 + b_n^2)\right]$$

2-9 求图2-9所示半波余弦脉冲的傅里叶变换,并画出频谱图。

2-10 求图2-10所示锯齿脉冲与单周正弦脉冲的傅里叶变换。

2-11 求图2-11所示的 $F(\omega)$ 的傅里叶逆变换 $f(t)$。

2-12 已知 $f_2(t)$ 由 $f_1(t)$ 变换所得(图2-12),$\mathscr{F}[f_1(t)] = F_1(\omega)$,试写出 $f_2(t)$ 的傅里叶变换。

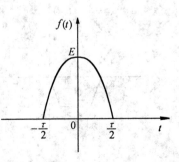

图2-9 习题2-9图

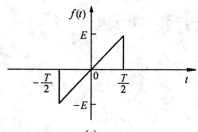

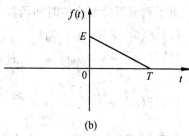

(a)

(b)

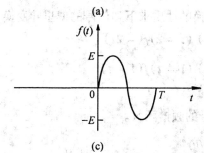

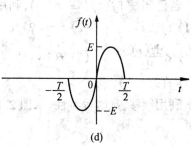

(c)

(d)

图 2-10　习题 2-10 图

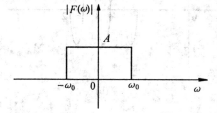

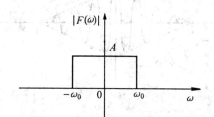

(a)

(b)

图 2-11　习题 2-11 图

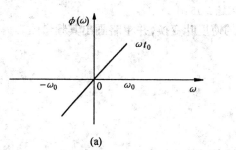

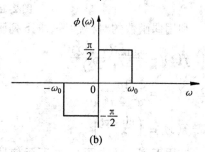

图 2-12　习题 2-12 图

2-13 求下列傅里叶变换的时间函数

(1) $F(\omega) = \delta(\omega - \omega_0)$

(2) $F(\omega) = u(\omega + \omega_0) - u(\omega - \omega_0)$

$$(3)\ F(\omega) = \begin{cases} \dfrac{\omega_0}{\pi} & |\omega| \leqslant \omega_0 \\ 0 & \text{其他} \end{cases}$$

2-14 若已知 $\mathscr{F}[f(t)] = F(\omega)$,利用傅里叶变换的性质求下列信号的傅里叶变换

(1) $tf(2t)$　　　　(2) $(t-2)f(t)$　　　　(3) $(t-2)f(-2t)$

(4) $t\dfrac{\mathrm{d}f(t)}{\mathrm{d}t}$　　　　(5) $f(1-t)$　　　　(6) $(1-t)f(1-t)$

(7) $f(2t-5)$

2-15 利用频移、延时等特性,求图 2.15 所示信号的频谱函数。

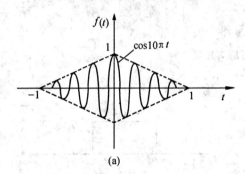
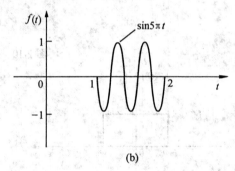

图 2-15　习题 2-15 图

2-16 利用偶函数的对称性等,求下列函数的傅里叶变换,并粗略画出其频谱图。

1. $f(t) = \dfrac{\sin 2\pi(t-2)}{\pi(t-2)}$

2. $f(t) = \dfrac{2a}{a^2 + t^2}$

3. $f(t) = \left(\dfrac{\sin 2\pi t}{2\pi t}\right)^2$

2-17 试用下列方法求图 2.17 所示信号的频谱函数

(1) 利用时域积分性质;

(2) 将 $f(t)$ 看作是门函数 $G(t)$ 与单位阶跃函数的卷积。

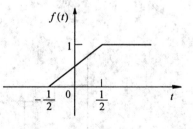

图 2-17　习题 2-17 图

2-18 已知 $f_1(t)$ 的傅里叶变换 $F_1(\omega)$,周期函数 $f_2(t)$ 与 $f_1(t)$ 有如图 2-18 所示关系,求 $f_2(t)$ 的傅里叶变换 $F_2(\omega)$。

2-19 试求图 2-19 所示周期函数的傅里叶变换 $F(\omega)$。

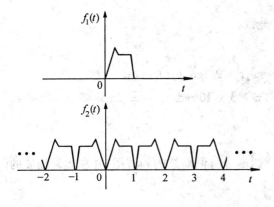

图 2-18　习题 2-18 图

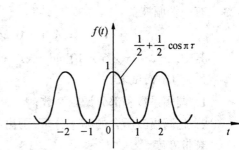

图 2-19　习题 2-19 图

2-20　已知矩形,三角形脉冲如图 2-20 所示,试大致画出各信号被冲激抽样后的频谱,(设抽样间隔为 T_s)。

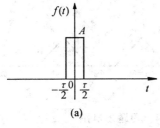

(a)

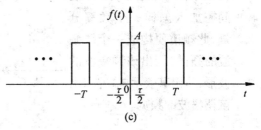

(c)

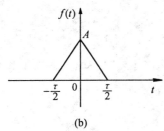

(b)

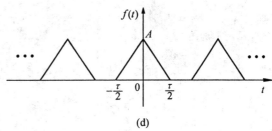

(d)

图 2-20　习题 2-20 图

2-21　确定下列信号的最低抽样率与奈奎斯特间隔。

(1) $\mathrm{Sa}(100t)$　　　　　(2) $\mathrm{Sa}^2(100t)$

(3) $\mathrm{Sa}(100t) + \mathrm{Sa}(50t)$　　　(4) $\mathrm{Sa}(100t) + \mathrm{Sa}^2(60t)$

2-22　若连续信号 $f(t)$ 的频谱 $F(\omega)$ 如图 2-22 所示。

(1) 利用卷积定理说明当 $\omega_2 = 2\omega_1$ 时,最低抽样率只要等于 ω_2 就可以使抽样信号不产生频谱混迭;

(2) 证明带通抽样定理,该定理要求最低抽样率 ω_s 满足下列关系。

$$\omega_s = \frac{2\omega_2}{m}$$

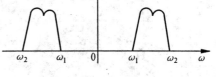

图 2-22　习题 2-22 图

其中，m 为不超过 $\dfrac{\omega_2}{\omega_2 - \omega_1}$ 的最大整数。

2-23 有一调幅波

$$a(t) = A(1 + 0.2\cos\omega_1 t + 0.3\cos\omega_2 t)\sin\omega_0 t$$

其中，$\omega_1 = 2\pi \times 5 \times 10^3 \mathrm{rad/s}$，$\omega_2 = 2\pi \times 3 \times 10^3 \mathrm{rad/s}$，$\omega_0 = 2\pi \times 45 \times 10^6 \mathrm{rad/s}$，$A = 100\mathrm{V}$，试求

1. 调幅系数和部分调幅系数；

2. 此调幅波所含的频率分量，画出调制信号与调幅波的频谱图，并求此调幅波的频带宽度。

2-24 将图 2-24(a) 所示频谱 $F_1(\omega)$ 的频率原点搬移到某一频率 ω_c 处 $(\omega_c \gg \omega_0)$ 得图 (b) 所示的频谱 $F_2(\omega)$，试问需加入怎样一个频率分量，此频谱便构成一个调幅波的频谱？画出该调幅波的波形，写出其表示式，并求出该调幅波的频宽。

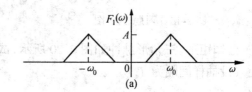

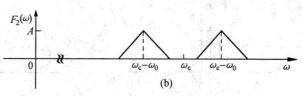

图 2-24　习题 2-24 图

第3章 拉普拉斯变换

3.1 引　言

19世纪末,英国工程师海维赛德(1850~1925)发明了"运算法"(算子法),用来解决电路计算中的一些问题。后来,人们在法国数学家拉普拉斯(Laplac P S, 1749~1825)的著作中为海维赛德运算法找到了可靠的数学依据,重新给予严密的数学定义,并取名为拉普拉斯变换方法。从此拉普拉斯变换方法在电学、力学等许多科学领域中取得了广泛的应用。尤其是在电路理论的研究中,在相当长的时间内,即在20世纪50年代以前,电路理论和工程方面的问题,几乎无例外地使用拉普拉斯变换方法。

近年来,离散系统、非线性系统、时变系统的研究和应用日益广泛,拉氏变换法在这方面是无能为力了,它将被一些新的方法所取代。然而作为研究连续、线性、非时变系统的强有力工具,拉氏变换至今仍然起着非常重要的作用。

从数学角度来看,拉氏变换方法是求解常系数线性微分方程的工具,它的优点表现在:

1. 使求解步骤得到简化,同时可以给出微分方程的特解和齐次解,而且初始条件自动地包含在变换式里。

2. 拉氏变换将"微分"与"积分"运算转换为"乘法"和"除法"运算,也即把微积分方程变为代数方程。

3. 某些不满足狄里赫利条件的函数,不能进行傅里叶变换,但是可以进行拉氏变换。

4. 拉氏变换可以把时域中两函数的卷积运算转换为变换域中两函数的乘法运算。这种关系就是重要的卷积定理。

本章着重研究拉氏变换的定义及收敛域,常用函数的拉氏变换,拉氏反变换的方法以及拉氏变换的基本性质,为第八章的系统分析打好基础。

3.2　拉普拉斯变换

从第二章已知,当函数 $f(t)$ 满足狄里赫利条件时,可以构成一对傅里叶变换式

$$F(\omega) = \int_{-\infty}^{\infty} f(t)e^{-j\omega t}dt \tag{3.2-1}$$

$$f(t) = \frac{1}{2\pi}\int_{-\infty}^{\infty} F(\omega)e^{j\omega t}d\omega \tag{3.2-2}$$

有些函数 $f(t)$ 不满足绝对可积条件,那是由于在时间 t 趋于 $+\infty$ 或 $-\infty$ 的过程中 $f(t)$ 减幅太慢。为了满足绝对可积的变换条件,可以用指数函数 $e^{-\sigma t}$ 去乘 $f(t)$。如果 σ 取足够

大的正值,则在 $t \to \infty$ 时,$f(t)\mathrm{e}^{-\sigma t}$ 将衰减较快,但在这时若 $t \to -\infty$,$\mathrm{e}^{-\sigma t}$ 将起增幅的作用。如果 $t \to -\infty$ 时,$f(t)\mathrm{e}^{-\sigma t}$ 仍能保持减幅,则 $f(t)\mathrm{e}^{-\sigma t}$ 在趋于正无穷或负无穷的过程中都呈现减幅状态。倘若一个衰减因子 $\mathrm{e}^{-\sigma t}$ 不能达到上述结果,则必须在 $t = 0$ 的两侧分别取不同的衰减因子 $\mathrm{e}^{-\sigma_1 t}$ 和 $\mathrm{e}^{-\sigma_2 t}$,以使 $f(t)\mathrm{e}^{-\sigma_1 t}$ 和 $f(t)\mathrm{e}^{-\sigma_2 t}$ 分别在 $t \to +\infty$ 和 $t \to -\infty$ 的过程中都是减幅的。其一般情况可表示为

$$\begin{cases} f(t)\mathrm{e}^{-\sigma_1 t} & t > 0 \\ f(t)\mathrm{e}^{-\sigma_2 t} & t < 0 \end{cases}$$

例如,函数 $f(t)$ 表示式为

$$f(t) = \begin{cases} u(t) & t > 0 \\ \mathrm{e}^{\beta t} & t < 0 \end{cases}$$

若衰减因子为 $\mathrm{e}^{-\sigma t}$,则

$$f(t)\mathrm{e}^{-\sigma t} = \begin{cases} u(t)\mathrm{e}^{-\sigma t} & t > 0 \\ \mathrm{e}^{(\beta - \sigma)t} & t < 0 \end{cases}$$

函数 $f(t)\mathrm{e}^{-\sigma t}$ 如图 3.2-1 所示。

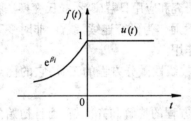 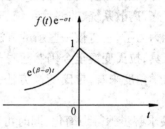

图 3.2-1　衰减因子 $\mathrm{e}^{-\sigma}$ 对函数波形的影响

对函数 $f(t)\mathrm{e}^{-\sigma t}$ 进行傅里叶变换,并以 $F_1(\omega)$ 表示,于是

$$F_1(\omega) = \int_{-\infty}^{\infty} f(t)\mathrm{e}^{-\sigma t}\mathrm{e}^{-\mathrm{j}\omega t}\mathrm{d}t = \int_{-\infty}^{\infty} f(t)\mathrm{e}^{-(\sigma + \mathrm{j}\omega)t}\mathrm{d}t$$

将此式与傅里叶变换式(3.2-1)进行比较,可以看出,二者不同之处只在于将 $\mathrm{j}\omega$ 换成 $\sigma + \mathrm{j}\omega$。如果令 $s = \sigma + \mathrm{j}\omega$,并以 $F(s)$ 代替 $F_1(\omega)$,则上式中频谱函数变为

$$F(s) = \int_{-\infty}^{\infty} f(t)\mathrm{e}^{-st}\mathrm{d}t \tag{3.2-3}$$

对 $F(s)$(即 $F_1(\omega)$)求傅里叶反变换,有

$$f(t)\mathrm{e}^{-\sigma t} = \frac{1}{2\pi}\int_{-\infty}^{\infty} F(s)\mathrm{e}^{\mathrm{j}\omega t}\mathrm{d}\omega$$

$$f(t) = \frac{1}{2\pi}\int_{-\infty}^{\infty} F(s)\mathrm{e}^{(\sigma + \mathrm{j}\omega)t}\mathrm{d}\omega$$

$$f(t) = \frac{1}{2\pi\mathrm{j}}\int_{\sigma - \mathrm{j}\infty}^{\sigma + \mathrm{j}\infty} F(s)\mathrm{e}^{st}\mathrm{d}s \tag{3.2-4}$$

式(3.2-3)和式(3.2-4)构成变换对,称为双边拉普拉斯变换。其中前者称为拉普拉斯正变换式,后者称为拉普拉斯反变换式。$F(s)$ 称为 $f(t)$ 的像函数,而 $f(t)$ 称为 $F(s)$ 的原函数。习惯上使用下列符号表示

$$F(s) = \mathscr{L}_b[f(t)]$$
$$f(t) = \mathscr{L}_b^{-1}[F(s)]$$

从物理意义上说,傅里叶变换是把函数 $f(t)$ 分解成许多形式为 $e^{j\omega t}$ 的复指数分量之和,即

$$f(t) = \frac{1}{2\pi}\int_{-\infty}^{\infty} F(\omega)e^{j\omega t}d\omega = \int_{-\infty}^{\infty} \frac{1}{2}\frac{|F(\omega)|d\omega}{\pi}e^{j\varphi(\omega)}e^{j\omega t}$$

其中,每一对正负 ω 分量,组成一个等幅的正弦振荡,即

$$\frac{1}{2}\frac{|F(\omega)|d\omega}{\pi}e^{j(\omega t+\varphi(\omega))} + \frac{1}{2}\frac{|F(\omega)|d\omega}{\pi}e^{-j(\omega t+\varphi(\omega))} =$$

$$\frac{|F(\omega)|d\omega}{\pi}\cos(\omega t + \varphi(\omega))$$

这些振荡的振幅 $\dfrac{|F(\omega)|d\omega}{\pi}$ 均为无穷小量。

拉氏变换是把函数 $f(t)$ 分解成许多形式为 e^{st} 的指数分量之和,即

$$f(t) = \frac{1}{2\pi j}\int_{\sigma-j\infty}^{\sigma+j\infty} F(s)e^{st}ds = \int_{\sigma-j\infty}^{\sigma+j\infty} \frac{1}{2j}\frac{|F(s)|ds}{\pi}e^{j\varphi}e^{st}$$

像函数中每一对正负 ω 的指数分量构成一个变幅度的"正弦振荡",即

$$\frac{1}{2j}\frac{|F(s)|ds}{\pi}e^{(\sigma+j\omega)t}e^{j\varphi(\omega)} + \frac{1}{2j}\frac{|F(s)|ds}{\pi}e^{(\sigma-j\omega)t}e^{-j\varphi(\omega)} =$$

$$\frac{|F(s)|d\omega}{\pi}e^{\sigma t}\cos(\omega t + \varphi(\omega))$$

其振幅 $\dfrac{|F(s)|d\omega}{\pi}e^{\sigma t}$ 也是一无穷小量,且按指数规律随时间变化。

通常称 s 为复频率,$F(s)$ 看成是信号 $f(t)$ 的复频谱。当取 $\sigma = 0$ 时,$s = j\omega$,拉氏变换就蜕变为傅里叶变换。此时,式(3.2-3)、(3.2-4)与式(3.2-1)、(3.2-2)相同。所以,拉氏变换又称为广义傅里叶变换。

在电子技术或任何其他工程技术中,所遇到的信号大都是有始函数,在 $t < 0$ 的范围内函数值为零。在这种情况下,式(3.2-3)将变为

$$F(s) = \int_0^{\infty} f(t)e^{-st}dt \tag{3.2-5}$$

注意:式(3.2-5)中积分下限应取 0^-,这是充分考虑了信号 $f(t)$ 可能在原点存在有冲激函数的情况。对于式(3.2-4),则由于 $F(s)$ 仍包含 ω 从 $-\infty$ 到 $+\infty$ 的各分量,所以其积分区间不变,但所得原函数 $f(t)$ 需用有始函数来表示,故式(3.2-4)可写为

$$f(t) = \left[\frac{1}{2\pi j}\int_{\sigma-j\infty}^{\sigma+j\infty} F(s)e^{st}ds\right]u(t) \tag{3.2-6}$$

式(3.2-5)和式(3.2-6)构成一组变换对,称为单边拉氏变换。可记为

$$F(s) = \mathscr{L}[f(t)]$$
$$f(t) = \mathscr{L}^{-1}[F(s)]$$

这里,主要讨论单边拉氏变换,除非特殊情况需加以注明之外,今后所得到的拉氏变换均指单边情况。

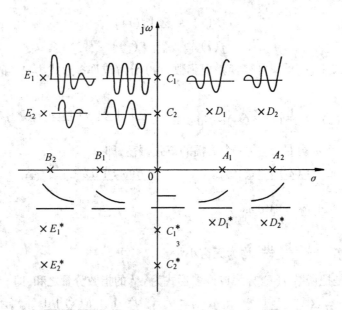

图 3.2-2 复频率 s 对应的时间函数模式

复频率 s 的值可以方便地标示在复平面上,横轴 σ 为实轴,纵轴 $j\omega$ 为虚轴,不同的 s 值对应复平面上不同位置上的点。当 $s = \sigma + j\omega$ 确定时,指数函数 e^{st} 也就确定了,所以复平面上的点与指数函数 e^{st} 相对应。s 的实部 σ 反映指数函数 $e^{st} = e^{\sigma t} e^{j\omega t}$ 的幅度变化速率,虚部 ω 反映指数函数中因子 $e^{j\omega t}$ 作周期变化的频率。图 3.2-2 显示了复平面上不同的复频率对应的时间函数模式。

3.3　拉普拉斯变换的收敛域

在上节讨论中已经指出,当函数 $f(t)$ 乘以衰减因子 $e^{-\sigma t}$ 后,就有满足绝对可积条件的可能性。但是,能否满足,尚要看 $f(t)$ 的性质与 σ 值的大小而定。也就是说,对于某一函数 $f(t)$,通常并不是在所有的 σ 值上,都能使 $f(t)e^{-\sigma t}$ 为有限值。即并不是对所有 σ 值而言,函数 $f(t)$ 都存在拉普拉斯变换,而只是在 σ 值的一定范围内,$f(t)e^{-\sigma t}$ 是收敛的,$f(t)$ 存在拉氏变换。通常把使 $f(t)e^{-\sigma t}$ 满足绝对可积条件的 σ 值的范围称为拉氏变换的收敛域。在收敛域内,函数的拉普拉斯变换存在。在收敛域外,函数的拉普拉斯变换不存在。

先看单边拉氏变换的收敛域。

若 $f(t)$ 为有始函数,乘以因子 $e^{-\sigma t}$ 后,存在下列关系

$$\lim_{t \to \infty} f(t)e^{-\sigma t} = 0 \qquad \sigma > \sigma_0 \qquad (3.3\text{-}1)$$

则收敛条件为 $\sigma > \sigma_0$,根据 σ_0 的值可以将 s 平面划分为两个区域。如图 3.3-1 所示。σ_0 称为收敛坐标。过 σ_0 的垂直线是收敛域的边界,称为收敛轴或收敛边界。σ_0 的取值与函数 $f(t)$ 的性质有关,它指出了收敛条件。凡是满足式(3.3-1)的函数称为"指数阶函数",意思是可借助于指数函数的衰减作用将函数 $f(t)$ 可能存在的发散性压下去,使之成为收敛函数。因此,它们的收敛域都位于收敛轴的右侧。

例 3.3-1　单个脉冲信号 $f(t)$

$$\lim_{t \to \infty} f(t) \mathrm{e}^{-\sigma t} = 0 \qquad \sigma > \sigma_0$$

对 σ_0 没有要求,即全平面收敛。因为任何有界的有限时宽信号,其能量均为有限值。

例 3.3-2　单位阶跃信号 $u(t)$

$$\lim_{t \to \infty} u(t) \mathrm{e}^{-\sigma t} = 0 \qquad \sigma > \sigma_0$$

收敛坐标 $\sigma_0 = 0$,即 s 平面的右半面为收敛域,如图 3.3-2 所示。

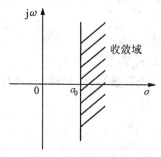
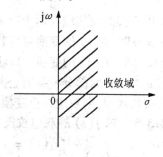

图 3.3-1　单个脉冲信号频谱的收敛域　　　图 3.3-2　单位阶跃信号频谱的收敛域

例 3.3-3　线性增长信号 t 及 t^n 如图 3.3-3 所示。

$$\lim_{t \to \infty} t \mathrm{e}^{-\sigma t} = 0 \qquad \sigma > 0$$

$$\lim_{t \to \infty} t^n \mathrm{e}^{-\sigma t} = 0 \qquad \sigma > 0$$

收敛坐标 σ_0 均为零。

例 3.3-4　指数函数 e^{at}

$$\lim_{t \to \infty} [\mathrm{e}^{at} \mathrm{e}^{-\sigma t}] = \lim_{t \to \infty} \mathrm{e}^{(a-\sigma)t} = 0 \qquad \sigma > a$$

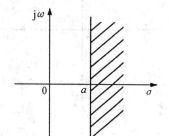

图 3.3-3　增长信号的波形

图 3.3-4　指数信号频谱的收敛域

收敛坐标 $\sigma_0 = a$,如图 3.3-4 所示。

　　实际上遇到的函数都是指数阶函数。只要 σ 值取足够大,式(3.3-1) 总是能够满足的,也就是说,实际信号的单边拉氏变换总是存在的。有些函数随时间增长的速度较指数函数的还快,如 $\mathrm{e}^{t^2} u(t)$,$t \mathrm{e}^{t^2} u(t)$,$t^{t^2} u(t)$ 等函数,不论 σ 取何值,式(3.3-1) 都不能满足,拉氏变换不存在。然而这些函数在实用中不会遇到,因此也就没有讨论的必要。

　　现在,讨论双边拉氏变换的收敛域。

　　双边拉氏变换可以看成是两个单边拉氏变换的迭加。例如

$$f(t) = \begin{cases} f_1(t) & t > 0 \\ f_2(t) & t < 0 \end{cases}$$

则
$$F(s) = \int_{-\infty}^{\infty} f(t)e^{-st}\mathrm{d}t = \int_{-\infty}^{0} f_2(t)e^{-st}\mathrm{d}t + \int_{0}^{\infty} f_1(t)e^{-st}\mathrm{d}t$$

其中第二项就是单边拉氏变换式,而在第一项的积分中,若将 t 换成 $-t$,则得

$$F(s) = \int_{0}^{\infty} f_2(-t)e^{st}\mathrm{d}t + \int_{0}^{\infty} f_1(t)e^{-st}\mathrm{d}t$$

故双边拉氏变换的收敛域有两个有限边界:

当 $t > 0$ 时,$f_1(t)$ 的变换对应收敛域的左边界,以 σ_1 表示;

当 $t < 0$ 时,$f_2(t)$ 的变换对应收敛域的右边界,以 σ_2 表示。

如果 $\sigma_2 > \sigma_1$,两部分变换有公共收敛域,则双边拉氏变换存在,如果 $\sigma_2 < \sigma_1$,两部分变换无公共收敛域,则双边拉氏变换不存在。

例 3.3-5 求 $f(t)$ 的双边拉氏变换的收敛域。

$$f(t) = \begin{cases} f_1(t) = 1 & t > 0 \\ f_2(t) = e^t & t < 0 \end{cases}$$

解
$$\int_{-\infty}^{\infty} f(t)e^{-\sigma t}\mathrm{d}t = \int_{0}^{\infty} f_2(-t)e^{\sigma t}\mathrm{d}t + \int_{0}^{\infty} f_1(t)e^{-\sigma t}\mathrm{d}t =$$

$$\int_{0}^{\infty} e^{-t}e^{\sigma t}\mathrm{d}t + \int_{0}^{\infty} e^{-\sigma t}\mathrm{d}t = \int_{0}^{\infty} e^{(\sigma-1)t}\mathrm{d}t + \int_{0}^{\infty} e^{-\sigma t}\mathrm{d}t$$

可以看出,第一项的收敛边界 $\sigma_2 = 1$,第二项的收敛边界为 $\sigma_1 = 0$,故收敛域为 $0 < \sigma < 1$。如图 3.3-5 所示。在此范围内,$f(t)e^{-\sigma t}$ 满足收敛条件,双边拉氏变换存在;对 σ 的其他

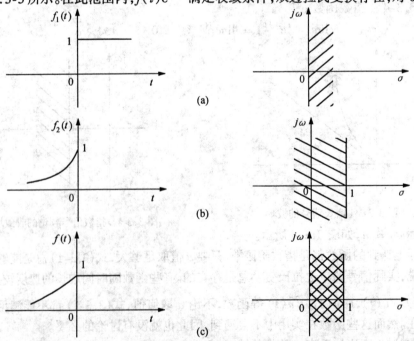

图 3.3-5 例 3.3-5 图

值,双边变换不存在。

由于本节只讨论单边拉氏变换,所以其收敛域必定存在。故在以后的讨论中就不再说明函数的拉氏变换是否收敛的问题了。

3.4 常用函数的拉普拉斯变换

如果函数 $f(t)$ 的拉氏变换收敛域包括 $j\omega$ 轴在内,则 $f(t)$ 的拉氏变换与傅里叶变换存在下列关系

$$F(s) = F(\omega)\mid_{j\omega = s}$$

或者

$$F(\omega) = F(s)\mid_{s = j\omega}$$

设 $f(t)$ 均为有始函数,即只讨论常用函数的单边拉氏变换。

1. 阶跃函数 $u(t)$

$$\mathscr{L}[u(t)] = \int_0^\infty e^{-st}dt = -\frac{e^{-st}}{s}\bigg|_0^\infty = \frac{1}{s}$$

则

$$u(t) \longleftrightarrow \frac{1}{s}$$

2. 指数函数 e^{at}

$$\mathscr{L}[e^{at}] = \int_0^\infty e^{at}e^{-st}dt = \frac{1}{s - a}$$

则

$$e^{at} \longleftrightarrow \frac{1}{s - a}$$

显然,若令常数 a 等于零,就得到 1 的结果。

3. t^n(n 为正整数)

$$\mathscr{L}[t^n] = \int_0^\infty t^n e^{-st}dt$$

使用分部积分法,则有

$$\int_0^\infty t^n e^{-st}dt = -\frac{t^n}{s}e^{-st}\bigg|_0^\infty + \frac{n}{s}\int_0^\infty t^{n-1}e^{-st}dt = \frac{n}{s}\int_0^\infty t^{n-1}e^{-st}dt$$

即

$$\mathscr{L}[t^n] = \frac{n}{s}\mathscr{L}[t^{n-1}]$$

依次类推,可得

$$\mathscr{L}[t^n] = \frac{n}{s}\mathscr{L}[t^{n-1}] = \frac{n}{s}\cdot\frac{n-1}{s}\mathscr{L}[t^{n-2}] =$$

$$\frac{n}{s}\cdot\frac{n-1}{s}\cdots\frac{2}{s}\frac{1}{s}\frac{1}{s} = \frac{n!}{s^{n+1}}$$

即

$$t^n \longleftrightarrow \frac{n!}{s^{n+1}}$$

当 $n = 1$ 时

$$t \longleftrightarrow \frac{1}{s^2}$$

4. 正弦函数 $\sin\omega t$

$$\sin\omega t = \frac{1}{2j}(e^{j\omega t} - e^{-j\omega t})$$

$$\mathscr{L}[\sin\omega t] = \mathscr{L}\left[\frac{1}{2j}[e^{j\omega t} - e^{-j\omega t}]\right] =$$

$$\frac{1}{2j}\left[\frac{1}{s - j\omega} - \frac{1}{s + j\omega}\right] = \frac{\omega}{s^2 + \omega^2}$$

即

$$\sin\omega t \longleftrightarrow \frac{\omega}{s^2 + \omega^2}$$

同理可得

$$\cos\omega t \longleftrightarrow \frac{s}{s^2 + \omega^2}$$

5. 衰减正弦函数 $e^{-at}\sin\omega t$

$$e^{-at}\sin\omega t = \frac{1}{2j}[e^{-(a-j\omega)t} - e^{-(a+j\omega)t}]$$

$$\mathscr{L}[e^{-at}\sin\omega t] = \frac{1}{2j}\mathscr{L}[e^{-(a-j\omega)t} - e^{-(a+j\omega)t}] =$$

$$\frac{1}{2j}\left[\frac{1}{s + a - j\omega} - \frac{1}{s + a + j\omega}\right] = \frac{\omega}{(s + a)^2 + \omega^2}$$

即

$$e^{-at}\sin\omega t \longleftrightarrow \frac{\omega}{(s + a)^2 + \omega^2}$$

同理可得

$$e^{-at}\cos\omega t \longleftrightarrow \frac{s + a}{(s + a)^2 + \omega^2}$$

6. 双曲正弦函数 $\text{sh}\beta t$

$$\text{sh}\beta t = \frac{1}{2}(e^{\beta t} - e^{-\beta t})$$

$$\mathscr{L}[\text{sh}\beta t] = \frac{\beta}{s^2 - \beta^2}$$

即

$$\text{sh}\beta t \longleftrightarrow \frac{\beta}{s^2 - \beta^2}$$

同理可得

$$\text{ch}\beta t \longleftrightarrow \frac{s}{s^2 - \beta^2}$$

7. 冲激函数 $\delta(t)$

$$\mathscr{L}[\delta(t)] = \int_{0^-}^{\infty}\delta(t)e^{-st}dt = 1$$

即

$$\delta(t) \longleftrightarrow 1$$

同理可得

$$\delta(t - t_0) \longleftrightarrow e^{-st_0}$$

为便于研究信号在 $t = 0$ 点发生跳变和有冲激函数的情况，我们规定单边拉氏变换

式的积分下限为 0^-,即

$$F(s) = \int_{0^-}^{\infty} f(t)\mathrm{e}^{-st}\mathrm{d}t$$

即采用所谓拉氏变换 0^- 系统。

常用函数的拉氏变换列于表 3.4-1,以备查用。

表 3.4-1　常用函数的拉氏变换表

序　　号	$f(t)$　$(t > 0)$	$F(s) = \mathscr{L}[f(t)]$
1	$\delta(t)$	1
2	$u(t)$	$\dfrac{1}{s}$
3	t	$\dfrac{1}{s^2}$
4	t^n	$\dfrac{n!}{s^{n+1}}$
5	e^{at}	$\dfrac{1}{s - a}$
6	$t\mathrm{e}^{at}$	$\dfrac{1}{(s - a)^2}$
7	$t^n\mathrm{e}^{at}$	$\dfrac{n!}{(s - a)^{n+1}}$
8	$\sin\omega t$	$\dfrac{\omega}{s^2 + \omega^2}$
9	$\cos\omega t$	$\dfrac{s}{s^2 + \omega^2}$
10	$\mathrm{sh}\beta t$	$\dfrac{\beta}{s^2 - \beta^2}$
11	$\mathrm{ch}\beta t$	$\dfrac{s}{s^2 - \beta^2}$
12	$\mathrm{e}^{at}\sin\omega t$	$\dfrac{\omega}{(s - a)^2 + \omega^2}$
13	$\mathrm{e}^{at}\cos\omega t$	$\dfrac{s - a}{(s - a)^2 + \omega^2}$
14	$t\sin\omega t$	$\dfrac{2\omega s}{(s^2 + \omega^2)^2}$
15	$t\cos\omega t$	$\dfrac{s^2 - \omega^2}{(s^2 + \omega^2)^2}$
16	$2r\mathrm{e}^{at}\cos(\omega t + \varphi)$	$\dfrac{r\mathrm{e}^{\mathrm{j}\varphi}}{s - a - \mathrm{j}\omega} + \dfrac{r\mathrm{e}^{-\mathrm{j}\varphi}}{s - a + \mathrm{j}\omega}$
17	$\dfrac{1}{\omega_n\sqrt{1 - \zeta^2}}\mathrm{e}^{-\zeta\omega_n t}\sin(\omega_n\sqrt{1 - \zeta^2})t$	$\dfrac{1}{s^2 + 2\zeta\omega_n s + \omega_n^2}$

3.5 拉普拉斯反变换

现在讨论由像函数求原函数的问题,这主要有两种方法:部分分式展开法和围线积分法。

一、部分分式展开法

设 $F(s)$ 为有理函数,由两个多项式之比表示,即

$$F(s) = \frac{N(s)}{D(s)} = \frac{b_m s^m + b_{m-1} s^{m-1} + \cdots + b_1 s + b_0}{s^n + a_{n-1} s^{n-1} + \cdots + a_1 s + a_0} \qquad (3.5\text{-}1)$$

式中,a_i, b_i 均为实数;m, n 为正整数。当 $F(s)$ 为有理函数时,其逆变换的条件是 $m < n$,即仅适用真分式。

当 $m \geqslant n$ 时,式(3.5-1)为假分式,应首先将其化为真分式。例如

$$F(s) = \frac{3s^2 - 2s^2 - 7s + 1}{s^2 + s - 1}$$

经长除后得到

$$F(s) = 3s - 5 + \frac{s - 4}{s^2 + s - 1}$$

将假分式分解为多项式与真分式之和。上式中多项式常数项的反变换为

$$\mathscr{L}^{-1}[5] = 5\delta(t)$$

由下节拉氏变换的微分性质可知

$$\mathscr{L}^{-1}[3s] = 3\delta'(t)$$

一般情况下,像函数为真分式。下面将讨论真分式分解为部分分式的情况。

1. $D(s) = 0$ 的根为实根且无重根

设 $D(s)$ 是 s 的 n 次多项式,进行因式分解使得

$$F(s) = \frac{N(s)}{D(s)} = \frac{N(s)}{(s - P_1)(s - P_2)\cdots(s - P_n)}$$

将上式展开为 n 个简单的分式之和,即

$$F(s) = \left[\frac{K_1}{s - P_1} + \frac{K_2}{s - P_2} + \cdots + \frac{K_i}{s - P_i} + \cdots + \frac{K_n}{s - P_n} \right] =$$

$$\sum_{i=1}^{n} \frac{K_i}{s - P_i} \qquad (3.5\text{-}2)$$

式中,K_i 为待定系数。

为了确定系数 K_i,在式(3.5-2)两边乘以 $(s - P_i)$,再令 $s = P_i$,则得

$$K_i = \left[(s - P_i) \frac{N(s)}{D(s)} \right]_{s = P_i} \qquad (3.5\text{-}3)$$

还有另一种求系数 K_i 的公式。由式(3.5-3)可见,当 $s = P_i$ 时,$(s - P_i)$ 和 $D(s)$ 均为零,所以 $\dfrac{(s - P_i)N(s)}{D(s)}$ 为 $\dfrac{0}{0}$ 型不定式,由罗比塔法则可以求得

$$K_i = \left\{ \lim_{s \to P_i} \left[\frac{(s - P_i)N(s)}{D(s)} \right] \right\} = \left\{ \lim_{s \to P_i} \frac{\dfrac{\mathrm{d}}{\mathrm{d}s}[(s - P_i)N(s)]}{\dfrac{\mathrm{d}}{\mathrm{d}s}D(s)} \right\} =$$

$$\left[\frac{N(s)}{D'(s)} \right]_{s = P_i} \tag{3.5-4}$$

将式(3.5-3)或(3.5-4)代入式(3.5-2),即可求得下式

$$f(t) = \mathscr{L}^{-1} \left[\frac{N(s)}{D(s)} \right] = \mathscr{L}^{-1} \left[\sum_{i=1}^{n} \frac{K_i}{s - P_i} \right] =$$

$$\sum_{i=1}^{n} \left[(s - P_i) \frac{N(s)}{D(s)} \right]_{s = P_i} \mathrm{e}^{P_i t} \tag{3.5-5}$$

或者

$$f(t) = \sum_{i=1}^{n} \left[\frac{N(s)}{D'(s)} \right]_{s = P_i} \mathrm{e}^{P_i t} \tag{3.5-6}$$

上面两式又称为海维赛展开定理。

例 3.5-1 已知像函数 $F(s) = \dfrac{10(s + 2)(s + 5)}{s(s + 1)(s + 3)}$,试求原函数 $f(t)$。

解 将 $F(s)$ 展开为部分分式

$$F(s) = \frac{K_1}{s} + \frac{K_2}{s + 1} + \frac{K_3}{s + 3}$$

式中

$$K_1 = sF(s) \Big|_{s=0} = \frac{100}{3}$$

$$K_2 = (s + 1)F(s) \Big|_{s=-1} = -20$$

$$K_3 = (s + 3)F(s) \Big|_{s=-3} = -\frac{10}{3}$$

所以

$$f(t) = \mathscr{L}^{-1}[F(s)] = \mathscr{L}^{-1} \left[\frac{\dfrac{100}{3}}{s} + \frac{-20}{s + 1} + \frac{-\dfrac{10}{3}}{s + 3} \right] =$$

$$\left[\frac{100}{3} - 20\mathrm{e}^{-t} - \frac{10}{3}\mathrm{e}^{-3t} \right] u(t)$$

例 3.5-2 已知 $F(s) = \dfrac{4s^2 + 11s + 10}{2s^2 + 5s + 3}$,试求原函数 $f(t)$。

解 将 $F(s)$ 化为真分式并展开为部分分式

$$F(s) = 2 + \frac{s + 4}{2s^2 + 5s + 3} = 2 + \frac{1}{2} \left[\frac{K_1}{s + 1} + \frac{K_2}{s + \dfrac{3}{2}} \right]$$

$$K_1 = (s + 1) \frac{s + 4}{D(s)} \Big|_{s=-1} = 6$$

$$K_2 = \left(s + \frac{3}{2}\right) \frac{s+4}{D(s)} \Big|_{s=-\frac{3}{2}} = -5$$

其中 $\qquad D(s) = s^2 + \frac{5}{2}s + \frac{3}{2} = (s+1)\left(s + \frac{3}{2}\right)$

所以

$$f(t) = \mathscr{L}^{-1}[F(s)] = \mathscr{L}^{-1}\left[2 + \frac{1}{2}\left(\frac{6}{s+1} + \frac{-5}{s+\frac{3}{2}}\right)\right] =$$

$$\left[2\delta(t) + 3e^{-t} - \frac{5}{2}e^{-\frac{3}{2}t}\right]u(t)$$

2. $D(s) = 0$ 的根包含有共轭复根的情况

这种情况仍可采用上述实数根情况求解系数的方法,但往往比较麻烦。此时可以利用共轭复数的特点使求解过程简单些。

设函数 $F(s)$ 含有一对共轭复根 $-\alpha \pm \beta$,则

$$F(s) = \frac{N(s)}{D_1(s)[(s+\alpha)^2 + \beta^2]} = \frac{N(s)}{D_1(s)(s+\alpha-j\beta)(s+\alpha+j\beta)}$$

设 $D_1(s)$ 为 $D(s)$ 中除去一对共轭复根的其余部分,并设 $F_1(s) = \dfrac{N(s)}{D_1(s)}$,则

$$F(s) = \frac{F_1(s)}{(s+\alpha-j\beta)(s+\alpha+j\beta)} = \frac{K_1}{s+\alpha-j\beta} + \frac{K_2}{s+\alpha+j\beta} + \cdots$$

式中

$$K_1 = (s+\alpha-j\beta)F(s)\Big|_{s=-\alpha+j\beta} = \frac{F_1(-\alpha+j\beta)}{2j\beta}$$

$$K_2 = (s+\alpha+j\beta)F(s)\Big|_{s=-\alpha-j\beta} = \frac{F_1(-\alpha-j\beta)}{-2j\beta}$$

可见 K_1, K_2 具有共轭关系,假设

$$K_1 = A + jB$$

$$K_2 = A - jB = K_1^*$$

故 $F(s)$ 中前两项(共轭)的反变换 $f_c(t)$ 可写为

$$f_c(t) = \mathscr{L}^{-1}\left[\frac{K_1}{s+\alpha-j\beta} + \frac{K_2}{s+\alpha+j\beta}\right] =$$

$$e^{-\alpha t}(K_1 e^{j\beta t} + K_1^* e^{-j\beta t}) = 2e^{-\alpha t}(A\cos\beta t - B\sin\beta t) \qquad (3.5\text{-}7)$$

由此可见,对应于一对共轭复根的时间函数见式(3.5-7),只需根据一个系数 K_1 就可以确定。

例 3.5-3 已知 $F(s) = \dfrac{s^2 + 3}{(s^2 + 2s + 5)(s+2)}$,试求 $\mathscr{L}^{-1}[F(s)]$。

解

$$F(s) = \frac{s^2+3}{(s+2)(s+1-j2)(s+1+j2)} =$$

$$\frac{K_0}{s+2} + \frac{K_1}{s+1-j2} + \frac{K_2}{s+1+j2}$$

式中

$$K_0 = (s + 2) F(s) \Big|_{s=-2} = \frac{7}{5}$$

$$K_1 = \frac{s^2 + 3}{(s + 1 + j2)(s + 2)} \Big|_{s=-1+j2} = \frac{-1 + j2}{5}$$

即

$$A = -\frac{1}{5} \quad B = \frac{2}{5}$$

所以

$$f(t) = \mathscr{L}^{-1}[F(s)] = \frac{7}{5} e^{-2t} - 2e^{-t} \left(\frac{1}{5} \cos 2t + \frac{2}{5} \sin 2t \right)$$

根据拉氏变换表可知,凡是具有共轭极点的像函数 $F(s)$,其原函数 $f(t)$ 中必然含有正弦或余弦项。因此,可以在 $D(s)$ 中按照正弦和余弦的像函数形式配成完全平方。这种方法往往会使变换过程更简便些。

例 3.5-4 已知 $F(s) = \dfrac{s}{s^2 + 2s + 5}$,试求 $\mathscr{L}^{-1}[F(s)]$。

解

$$F(s) = \frac{s}{(s^2 + 2s + 1) + 4} = \frac{s}{(s + 1)^2 + 4} =$$

$$\frac{s + 1}{(s + 1)^2 + 2^2} - \frac{\frac{1}{2} \cdot 2}{(s + 1)^2 + 2^2}$$

容易看出

$$f(t) = e^{-t} \cos 2t - \frac{1}{2} e^{-t} \sin 2t$$

3. $D(s) = 0$ 的根包含有重根的情况

设 $D(s) = 0$ 有一 r 次重根,将 $F(s)$ 展开为部分分式

$$\frac{N(s)}{D(s)} = \left[\frac{K_{1r}}{(s - P_1)^r} + \frac{K_{1(r-1)}}{(s - P_1)^{r-1}} + \cdots + \frac{K_{12}}{(s - P_1)^2} + \right.$$

$$\left. \frac{K_{11}}{s - P_1} + \frac{K_{r+1}}{s - P_{r+1}} + \cdots + \frac{K_n}{s - P_n} \right] \tag{3.5-8}$$

为了确定系数 K_{1r},将上式两边同乘以 $(s - P_1)^r$,则有

$$(s - P_1)^r \frac{N(s)}{D(s)} = \left[K_{1r} + K_{1(r-1)}(s - P_1) + \cdots + K_{12}(s - P_1)^{r-2} + \right.$$

$$\left. K_{11}(s - P_1)^{r-1} \right] + (s - P_1)^r \left[\frac{K_{r+1}}{s - P_{r+1}} + \frac{K_{r+2}}{s - P_{r+2}} + \cdots + \frac{K_n}{s - P_n} \right] \tag{3.5-9}$$

令 $s = P_1$,则

$$K_{1r} = \left[(s - P_1)^r \frac{N(s)}{D(s)} \right]_{s=P_1}$$

为了确定系数 $K_{1(r-1)}$,将式(3.5-9)两边对 s 求导,得

$$\frac{\mathrm{d}}{\mathrm{d}s} \left[(s - P_1)^r \frac{N(s)}{D(s)} \right] = \left[K_{1(r-1)} + K_{1(r-2)} 2(s - P_1) + \cdots + K_{11}(r - 1)(s - P_1)^{r-2} \right] +$$

$$\frac{\mathrm{d}}{\mathrm{d}s}\Big[(s-P_1)^r\Big(\frac{K_{r+1}}{s-P_{r+1}}+\cdots+\frac{K_n}{s-P_n}\Big)\Big]$$

再令 $s=P_1$，则得

$$K_{1(r-1)}=\Big\{\frac{\mathrm{d}}{\mathrm{d}s}\Big[(s-P_1)^r\frac{N(s)}{D(s)}\Big]\Big\}_{s=P_1}$$

依次类推，可求得系数 $K_{1r},K_{1(r-1)},\cdots,K_{11}$，其一般公式为

$$K_{1K}=\frac{1}{(r-K)!}\Big\{\frac{\mathrm{d}^{r-K}}{\mathrm{d}s^{r-K}}\Big[(s-P_1)^r\frac{N(s)}{D(s)}\Big]\Big\}_{s=P_1} \tag{3.5-10}$$

式(3.5-8)中其余各单根项的系数求法，与式(3.5-3)、(3.5-4)相同。

根据式(3.5-8)中的各部分分式，可直接查表，写出各自对应的时间函数，即

$$f(t)=\mathscr{L}^{-1}\Big[\frac{N(s)}{D(s)}\Big]=$$

$$\Big[\frac{K_{1r}}{(r-1)!}t^{r-1}+\frac{K_{1(r-1)}}{(r-2)!}t^{r-2}+\cdots+K_{12}t+K_{11}\Big]\mathrm{e}^{P_1t}+$$

$$\sum_{i=r+1}^{n}K_i\mathrm{e}^{P_1t} \tag{3.5-11}$$

例 3.5-5 已知 $F(s)=\dfrac{s+2}{s(s+3)(s+1)^2}$，试求 $\mathscr{L}^{-1}[F(s)]$

解

$$F(S)=\frac{N(s)}{D(s)}=\frac{K_1}{s}+\frac{K_2}{s+3}+\frac{K_{32}}{(s+1)^2}+\frac{K_{31}}{s+1}$$

式中

$$K_1=sF(s)\Big|_{s=0}=\frac{2}{3}$$

$$K_2=(s+3)F(s)\Big|_{s=-3}=\frac{1}{12}$$

$$K_{32}=(s+1)^2\frac{N(s)}{D(s)}\Big|_{s=-1}=\Big[\frac{s+2}{s(s+3)}\Big]_{s=-1}=-\frac{1}{2}$$

$$K_{31}=\Big\{\frac{\mathrm{d}}{\mathrm{d}s}\Big[\frac{s+2}{s(s+3)}\Big]\Big\}_{s=-1}=$$

$$\Big[\frac{s(s+3)-(s+2)(2s+3)}{s^2(s+3)^2}\Big]_{s=-1}=-\frac{3}{4}$$

所以

$$f(t)=\Big[\frac{2}{3}+\frac{1}{12}\mathrm{e}^{-3t}-\Big(\frac{1}{2}t+\frac{3}{4}\Big)\mathrm{e}^{-t}\Big]u(t)$$

二、围线积分法(留数法)

像函数 $F(s)$ 的拉普拉斯反变换为

$$f(t)=\frac{1}{2\pi\mathrm{j}}\int_{\sigma-\mathrm{j}\infty}^{\sigma+\mathrm{j}\infty}F(s)\mathrm{e}^{st}\mathrm{d}s$$

根据复变函数理论中的留数定理知，若函数 $f(z)$ 在区域 D 内除有限个奇点外处处解析，

C 为 D 内包围诸奇点的一条正向简单闭曲线,则有

$$\oint_c f(z)\mathrm{d}z = 2\pi\mathrm{j}\sum \mathrm{Res}[f(z),z_i]$$

现在 $F(s)\mathrm{e}^{st}$ 作为闭曲线积分的被积函数,则有

$$\frac{1}{2\pi\mathrm{j}}\oint_c F(s)\mathrm{e}^{st}\mathrm{d}s = \sum_{i=1}^{n}\mathrm{Res}P_i \qquad (3.5\text{-}12)$$

式(3.5-12) 中,$F(s)\mathrm{e}^{st}$ 为被积函数,C 为闭合曲线,P_i 为 C 内的被积函数的极点。

为了能应用留数定理计算拉氏反变换的积分,可从积分限 $\sigma_0 - \mathrm{j}\infty$ 到 $\sigma_0 + \mathrm{j}\infty$ 补足一条积分路径,以构成一闭合围线。现取积分路径是半径为无限大的圆弧如图 3.5-1 所示,这样闭合围线积分

$$\frac{1}{2\pi\mathrm{j}}\oint_{ACBA} F(s)\mathrm{e}^{st}\mathrm{d}s = \frac{1}{2\pi\mathrm{j}}\int_{\sigma_0-\mathrm{j}\infty}^{\sigma_0+\mathrm{j}\infty} F(s)\mathrm{e}^{st}\mathrm{d}s + \frac{1}{2\pi\mathrm{j}}\int_{\widehat{ACB}} F(s)\mathrm{e}^{st}\mathrm{d}s$$

如果补充的路径 ACB 上能满足

$$\int_{\widehat{ACB}} F(s)\mathrm{e}^{st}\mathrm{d}s = 0 \qquad (3.5\text{-}13)$$

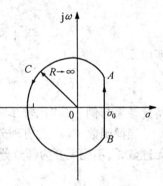

则由式(3.5-12) 可见,$F(s)$ 的拉氏反变换就等于围线 $ACBA$ 所包围 $F(s)\mathrm{e}^{st}$ 的极点的留数之和。下面研究式(3.5-13) 成立的条件。

根据复变函数中的约当辅助定理,若 ① 圆弧半径 $|s| = R \to \infty$,$|F(s)|$ 对于 s 一致地趋于零,即 $F(s)$ 为真分式的情况;② $\mathrm{Re}(st) = \sigma t < \sigma_0 t$,即 ACB 应在左半平面,其中,$t > 0$,σ_0 为一固定常数;则式(3.5-13) 成立,即

图 3.5-1　$F(s)$ 的围线积分途径

$$\lim_{R\to\infty}\int_{\widehat{ACB}} F(s)\mathrm{e}^{st}\mathrm{d}s = 0 \qquad t > 0$$

上述第一个条件一般都能满足,只在单位冲激函数的像函数 $F(s) = 1$ 时除外。第二个条件,当 $t > 0$ 时,$\sigma < \sigma_0$,积分应沿左半圆弧进行;在 $t < 0$ 时应沿右半圆弧进行,但此时 $t < 0$,$f(t) = 0$,故沿右半圆积分应为零,即被积函数 $F(s)\mathrm{e}^{st}$ 在右半面无极点,所有极点都在 BA 线的左半面。这就是单边拉氏变换的收敛条件。

综上所述,当 $t > 0$ 时,$F(s)$ 的拉氏反变换,为

$$f(t) = \frac{1}{2\pi\mathrm{j}}\int_{\sigma-\mathrm{j}\infty}^{\sigma+\mathrm{j}\infty} F(s)\mathrm{e}^{st}\mathrm{d}s = \sum_{i=1}^{n}\mathrm{Res}P_i \qquad (3.5\text{-}14)$$

式中,$\mathrm{Res}P_i$ 是 $F(s)\mathrm{e}^{st}$ 在 $s = P_i$ 处的留数。如果 $F(s)\mathrm{e}^{st}$ 在 $s = P_i$ 时有单极点,则该极点的留数

$$\mathrm{Res}P_i = \left[(s - P_i)F(s)\mathrm{e}^{st}\right]_{s=P_i} \qquad (3.5\text{-}15)$$

如果 $F(s)\mathrm{e}^{st}$ 在 $s = P_i$ 时有 r 重极点,则该极点的留数

$$\mathrm{Res}P_i = \frac{1}{(r-1)!}\left[\frac{\mathrm{d}^{r-1}}{\mathrm{d}s^{r-1}}(s - P_i)^r F(s)\mathrm{e}^{st}\right]_{s=P_i} \qquad (3.5\text{-}16)$$

例 3.5-6　已知 $F(s) = \dfrac{s+2}{s(s+3)(s+1)^2}$,试用围线积分法求拉氏反变换 $\mathscr{L}^{-1}[F(s)]$。

解 $F(s)\mathrm{e}^{st}$ 有四个极点,分别为 $P_1 = 0, P_2 = -3$(为单极点),$P_3 = -1$(为二重极点)。$F(s)\mathrm{e}^{st}$ 在各极点的留数分别为

$$\mathrm{Res}P_1 = \left[(s - P_1)F(s)\mathrm{e}^{st}\right]_{s=P_1} = \frac{2}{3}$$

$$\mathrm{Res}P_2 = \left[(s - P_2)F(s)\mathrm{e}^{st}\right]_{s=P_2} = \frac{(s+2)\mathrm{e}^{st}}{s(s+1)^2}\bigg|_{s=-3} = \frac{1}{12}\mathrm{e}^{-3t}$$

$$\mathrm{Res}P_3 = \frac{1}{(r-1)!}\left[\frac{\mathrm{d}^{r-1}}{\mathrm{d}s^{r-1}}(s-P_3)^r F(s)\mathrm{e}^{st}\right]_{s=P_3} =$$

$$\left[\frac{\mathrm{d}}{\mathrm{d}s}\left(\frac{s+2}{s(s+3)}\mathrm{e}^{st}\right)\right]_{s=-1} =$$

$$\left[\left(\frac{-(s^2+4s+6)}{s^2(s+3)^2}\right)\mathrm{e}^{st} + \left(\frac{s+2}{s(s+3)}\mathrm{e}^{st}\cdot t\right)\right]_{s=-1} =$$

$$-\frac{3}{4}\mathrm{e}^{-1} - \frac{1}{2}t\mathrm{e}^{-t}$$

所以

$$f(t) = \mathscr{L}^{-1}[F(s)] = \left[\frac{2}{3} + \frac{1}{12}\mathrm{e}^{-3t} - \frac{1}{2}\left(t + \frac{3}{2}\right)\mathrm{e}^{-t}\right]u(t)$$

将此结果与例 3.5-5 比较,结果完全相同。

当像函数 $F(s)$ 为有理分式时,用留数法求拉氏变换并无突出的优点,但当 $F(s)$ 为无理数时,不能展开为部分分式,就只能使用留数法了。

3.6 拉普拉斯变换的基本性质

在实际应用中,常常不是使用定义式计算拉氏变换,而是利用拉氏变换的一些基本性质。这些性质与傅里叶变换性质极为相似。

一、线性

若函数 $f_1(t)$ 和 $f_2(t)$ 的像函数分别为 $F_1(s)$ 和 $F_2(s)$,则 $a_1 f_1(t) + a_2 f_2(t)$ 的拉普拉斯变换为 $a_1 F_1(s) + a_2 F_2(s)$。

若

$$f_1(t) \longleftrightarrow F_1(s)$$
$$f_2(t) \longleftrightarrow F_2(s) \tag{3.6-1}$$

则

$$a_1 f_1(t) + a_2 f_2(t) \longleftrightarrow a_1 F_1(s) + a_2 F_2(s)$$

其中,a_1, a_2 为常数。

式(3.6-1)可根据拉氏变换定义式证明。

二、时间平移(延时)

若

$$f(t) \longleftrightarrow F(s)$$

则

$$f(t - t_0)u(t - t_0) \longleftrightarrow F(s)\mathrm{e}^{-st_0} \tag{3.6-2}$$

证明

$$\mathscr{L}\left[f(t-t_0)u(t-t_0)\right] = \int_0^\infty f(t-t_0)u(t-t_0)\mathrm{e}^{-st}\mathrm{d}t = \int_{t_0}^\infty f(t-t_0)\mathrm{e}^{-st}\mathrm{d}t$$

令 $\tau = t - t_0$,则 $t = \tau + t_0$

代入上式得

$$\mathscr{L}\left[f(t-t_0)u(t-t_0)\right] = \int_0^\infty f(\tau)\mathrm{e}^{-st_0}\mathrm{e}^{-s\tau}\mathrm{d}\tau = \mathrm{e}^{-st_0}F(s)$$

此性质表明:若函数的波形延迟 t_0,则它的拉氏变换应乘以 e^{-st_0}。

例 3.6-1   求锯齿波的拉氏变换。

解   锯齿波 $f_1(t)$ 可以分解为三部分,如图 3.6-1 所示,即

$$f_1(t) = f_a(t) + f_b(t) + f_c(t)$$

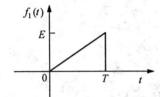
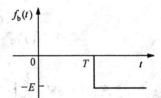
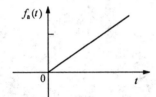
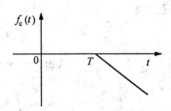

图 3.6-1　例 3.6-1 图 Ⅰ

其中

$$f_a(t) = \frac{E}{T}tu(t)$$

$$f_b(t) = -Eu(t-T)$$

$$f_c(t) = -\frac{E}{T}(t-T)u(t-T)$$

分别求出三个分量的像函数,为

$$\frac{E}{T}tu(t) \longleftrightarrow \frac{E}{T}\frac{1}{s^2}$$

$$-Eu(t-T) \longleftrightarrow -E\frac{\mathrm{e}^{-sT}}{s}$$

$$-\frac{E}{T}(t-T)u(t-T) \longleftrightarrow -\frac{E}{T}\frac{\mathrm{e}^{-sT}}{s^2}$$

所以 $f_1(t)$ 的像函数为

$$F_1(s) = \frac{E}{T}\frac{1}{s^2} - E\frac{\mathrm{e}^{-sT}}{s} - \frac{E}{T}\frac{\mathrm{e}^{-sT}}{s^2} =$$

$$\frac{E}{Ts^2}[1 - (Ts + 1)e^{-sT}]$$

如果锯齿波周期重复出现,如图 3.6-2 所示,即为有始周期 函数 $f(t)$

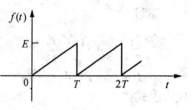

图 3.6-2 例 3.6-1 图 Ⅱ

$$f(t) = f_1(t) + f_1(t - T)u(t - T) +$$
$$f_1(t - 2T)u(t - 2T) + \cdots$$

则此周期锯齿波的像函数为

$$F(s) = F_1(s) + F_1(s)e^{-sT} + F_1(s)e^{-2sT} + \cdots =$$
$$F_1(s)[1 + e^{-sT} + e^{-2sT} + \cdots] = \frac{F_1(s)}{1 - e^{-sT}}$$

三、s 域平移

若
$$f(t) \longleftrightarrow F(s)$$

则
$$f(t)e^{s_0 t} \longleftrightarrow F(s - s_0) \tag{3.6-3}$$

证明

$$\mathscr{L}[f(t)e^{s_0 t}] = \int_0^\infty f(t)e^{-(s-s_0)t}dt = F(s - s_0)$$

四、尺度变换

若
$$f(t) \longleftrightarrow F(s)$$

则
$$f(at) \longleftrightarrow \frac{1}{a}F\left(\frac{s}{a}\right) \qquad a > 0 \tag{3.6-4}$$

证明

$$\mathscr{L}[f(at)] = \int_0^\infty f(at)e^{-st}dt$$

设 $\tau = at$,则上式变为

$$\mathscr{L}[f(at)] = \int_0^\infty f(\tau)e^{-\left(\frac{s}{a}\right)\tau}d\left(\frac{\tau}{a}\right) =$$
$$\frac{1}{a}\int_0^\infty f(\tau)e^{-\left(\frac{s}{a}\right)\tau}d\tau = \frac{1}{a}F\left(\frac{s}{a}\right)$$

五、时域微分

若
$$f(t) \longleftrightarrow F(s)$$

则
$$\frac{df(t)}{dt} \longleftrightarrow sF(s) - f(0^-) \tag{3.6-5}$$

证明

$$\mathscr{L}\left[\frac{df(t)}{dt}\right] = \int_0^\infty \frac{df(t)}{dt}e^{-st}dt =$$
$$f(t)e^{-st}\Big|_0^\infty + s\int_{0^-}^\infty f(t)e^{-st}dt = sF(s) - f(0^-)$$

同理可以推证

$$\frac{\mathrm{d}^n f(t)}{\mathrm{d}t^n} \longleftrightarrow s^n F(s) - s^{n-1}f(0^-) - s^{n-2}f'(0^-) - \cdots - f^{(n-1)}(0^-) \qquad (3.6\text{-}6)$$

当 $f(t)$ 为有始函数时，$f(0^-), f'(0^-), \cdots, f^{(n-1)}(0^-)$ 均为零，则式(3.6-5)和(3.6-6)化为

$$\frac{\mathrm{d}f(t)}{\mathrm{d}t} \longleftrightarrow sF(s) \qquad (3.6\text{-}7)$$

$$\frac{\mathrm{d}^n f(t)}{\mathrm{d}t^n} \longleftrightarrow s^n F(s) \qquad (3.6\text{-}8)$$

例 3.6-2　已知函数 $f(t) = \mathrm{e}^{-at}u(t)$，试求 $\dfrac{\mathrm{d}f(t)}{\mathrm{d}t}$ 的像函数。

解　可用两种方法完成。

1. 根据拉氏变换定义式

$$\frac{\mathrm{d}f(t)}{\mathrm{d}t} = \frac{\mathrm{d}}{\mathrm{d}t}[\mathrm{e}^{-at}u(t)] = \mathrm{e}^{-at}\delta(t) - \alpha \mathrm{e}^{-at}u(t) = \delta(t) - \alpha \mathrm{e}^{-at}u(t)$$

有

$$\mathscr{L}\left[\frac{\mathrm{d}f(t)}{\mathrm{d}t}\right] = 1 - \frac{\alpha}{s+\alpha} = \frac{s}{s+\alpha}$$

2. 根据微分性质

因为

$$f(t) \longleftrightarrow F(s) = \frac{1}{s+\alpha}, \quad f(0^-) = 0$$

所以由式(3.6-7)可得

$$\mathscr{L}\left[\frac{\mathrm{d}f(t)}{\mathrm{d}t}\right] = sF(s) = \frac{s}{s+\alpha}$$

六、时域积分

若

$$f(t) \longleftrightarrow F(s)$$

则

$$\int_0^t f(\tau)\mathrm{d}\tau \longleftrightarrow \frac{F(s)}{s}$$

证明

$$\mathscr{L}\left[\int_0^t f(\tau)\mathrm{d}\tau\right] = \int_0^\infty \left[\int_0^t f(\tau)\mathrm{d}\tau\right]\mathrm{e}^{-st}\mathrm{d}t =$$

$$\frac{-\mathrm{e}^{-st}}{s}\int_0^t f(\tau)\mathrm{d}\tau \bigg|_0^\infty + \int_0^\infty \frac{1}{s}f(t)\mathrm{e}^{-st}\mathrm{d}t = \frac{1}{s}F(s)$$

如果函数的积分区间不是从零开始，而是从 $-\infty$ 开始，则可表示为

$$\int_{-\infty}^t f(\tau)\mathrm{d}\tau = \int_{-\infty}^0 f(\tau)\mathrm{d}\tau + \int_0^t f(\tau)\mathrm{d}\tau$$

此时

$$\int_{-\infty}^t f(\tau)\mathrm{d}\tau \longleftrightarrow \frac{F(s)}{s} + \frac{\displaystyle\int_{-\infty}^0 f(\tau)\mathrm{d}\tau}{s} \qquad (3.6\text{-}10)$$

七、s 域微分特性

若

$$f(t) \longleftrightarrow F(s)$$

则
$$\frac{dF(s)}{ds} \longleftrightarrow -tf(t) \tag{3.6-11a}$$

$$\frac{d^n F(s)}{ds^n} \longleftrightarrow (-t)^n f(t) \tag{3.6-11b}$$

证明 根据定义

$$F(s) = \int_0^\infty f(t)e^{-st}dt$$

所以
$$\frac{dF(s)}{ds} = \frac{d}{ds}\int_0^\infty f(t)e^{-st}dt = \int_0^\infty f(t)\frac{d}{ds}e^{-st}dt =$$

$$\int_0^\infty [-tf(t)]e^{-st}dt = \mathscr{L}[-tf(t)]$$

同理可推出

$$\frac{d^n F(s)}{ds^n} = \int_0^\infty (-t)^n f(t)e^{-st}dt = \mathscr{L}[(-t)^n f(t)]$$

例 3.6-3 求函数 $te^{-\lambda t}$ 的拉氏变换

解 已知

$$\mathscr{L}[e^{-\lambda t}] = \frac{1}{s+\lambda}$$

根据式(3.6-11a)可直接算出

$$\mathscr{L}[te^{-\lambda t}] = -\frac{d}{ds}\left(\frac{1}{s+\lambda}\right) = \frac{1}{(s+\lambda)^2}$$

同理也可得出

$$\mathscr{L}[t^n e^{-\lambda t}] = (-1)^n \frac{d^n}{ds^n}\left(\frac{1}{s+\lambda}\right) = \frac{n!}{(s+\lambda)^{n+1}}$$

八、s 域积分特性

若
$$f(t) \longleftrightarrow F(s)$$

则
$$\int_s^\infty F(s_1)ds_1 \longleftrightarrow \frac{f(t)}{t} \tag{3.6-12}$$

证明

$$\int_s^\infty F(s_1)ds_1 = \int_s^\infty \left[\int_0^\infty f(t)e^{-s_1 t}dt\right]ds_1 =$$

$$\int_0^\infty f(t)\left[\int_s^\infty e^{-s_1 t}ds_1\right]dt =$$

$$\int_0^\infty f(t)\frac{e^{-st}}{t}dt = \mathscr{L}\left[\frac{f(t)}{t}\right]$$

九、初值定理

设函数 $f(t)$ 及其导数 $f'(t)$ 存在并有拉氏变换,则 $f(t)$ 的初值为
$$f(0^+) = \lim_{t \to 0^+} f(t) = \lim_{s \to \infty} sF(s) \tag{3.6-13}$$

证明

由时域微分性质可知

$$sF(s) - f(0^-) = \int_{0^-}^{\infty} \frac{\mathrm{d}f(t)}{\mathrm{d}t} e^{-st} \mathrm{d}t =$$

$$\int_{0^-}^{0^+} \frac{\mathrm{d}f(t)}{\mathrm{d}t} e^{-st} \mathrm{d}t + \int_{0^+}^{\infty} \frac{\mathrm{d}f(t)}{\mathrm{d}t} e^{-st} \mathrm{d}t =$$

$$f(t) \Big|_{0^-}^{0^+} + \int_{0^+}^{\infty} \frac{\mathrm{d}f(t)}{\mathrm{d}t} e^{-st} \mathrm{d}t =$$

$$f(0^+) - f(0^-) + \int_{0^+}^{\infty} \frac{\mathrm{d}f(t)}{\mathrm{d}t} e^{-st} \mathrm{d}t$$

当 $s \to \infty$，上式中积分项为 0，故得

$$f(0^+) = \lim_{s \to \infty} sF(s)$$

十、终值定理

若函数 $f(t)$ 及其导数 $f'(t)$ 有拉氏变换，且 $sF(s)$ 的所有极点都位于 s 平面的左半面(原点处可有单极点) 则 $f(t)$ 的终值为

$$f(\infty) = \lim_{t \to \infty} f(t) = \lim_{s \to 0} sF(s) \tag{3.6-14}$$

证明 由时域微分性质

$$sF(s) - f(0^-) = \int_{0^-}^{\infty} \frac{\mathrm{d}f(t)}{\mathrm{d}t} e^{-st} \mathrm{d}t$$

令 $s \to 0$，上式变为

$$\lim_{s \to 0} sF(s) - f(0^-) = \lim_{s \to 0} \int_{0^-}^{\infty} \frac{\mathrm{d}f(t)}{\mathrm{d}t} e^{-st} \mathrm{d}t = f(\infty) - f(0^-)$$

所以

$$f(\infty) = \lim_{s \to 0} sF(s)$$

十一、卷积定理

若
$$f_1(t) \longleftrightarrow F_1(s), \quad f_2(t) \longleftrightarrow F_2(s)$$

则
$$f_1(t) * f_2(t) \longleftrightarrow F_1(s) F_2(s) \tag{3.6-15}$$

证明

因为
$$f_1(t) * f_2(t) = \int_0^{\infty} f_1(\tau) f_2(t - \tau) \mathrm{d}\tau$$

所以
$$\mathscr{L}[f_1(t) * f_2(t)] = \int_0^{\infty} \left[\int_0^{\infty} f_1(t) f_2(t - \tau) \mathrm{d}\tau \right] e^{-st} \mathrm{d}\tau =$$

$$\int_0^{\infty} f_1(\tau) \left[\int_0^{\infty} f_2(t - \tau) e^{-st} \mathrm{d}t \right] \mathrm{d}\tau =$$

$$\int_0^{\infty} f_1(\tau) F_2(s) e^{-s\tau} \mathrm{d}\tau = F_1(s) F_2(s)$$

上式称为时域卷积定理。

同理可得 s 域卷积定理，其表示式为

$$\mathscr{L}[f_1(t)f_2(t)] = \frac{1}{2\pi j}\int_{\sigma-j\infty}^{\sigma+j\infty} F_1(z)F_2(s-z)\mathrm{d}z = \frac{1}{2\pi j}F_1(s) * F_2(s) \quad (3.6\text{-}16)$$

其证明方法同前。

习　题　3

3-1　求下列函数的拉氏变换

1. $(1 - e^{-\sigma t})u(t)$　　　　2. $(\sin t + 2\cos t)u(t)$

3. $(te^{-2t})u(t)$　　　　4. $e^{-t}\sin 2t u(t)$

5. $(1 + 2t)e^{-t}u(t)$　　　　6. $(1 - \cos at)e^{-\beta t}u(t)$

7. $(t^2 + 2t)u(t)$　　　　8. $2\delta(t) - 3e^{-7t}u(t)$

9. $e^{-st}\mathrm{sh}\beta t u(t)$　　　　10. $\cos^2 \Omega t u(t)$

3-2　求下列函数的拉氏变换

1. $\dfrac{1}{\beta - \alpha}(e^{-\sigma t} - e^{-\beta t})u(t)$　　2. $e^{-(t+\sigma)}\cos \omega t u(t)$

3. $te^{-(t-2)}u(t-1)$　　　　4. $t^3\cos 3t u(t)$

5. $t^2\cos 2t u(t)$　　　　6. $\dfrac{1}{t}(1 - e^{-at})u(t)$

7. $\dfrac{e^{-3t} - e^{-5t}}{t}u(t)$　　　8. $\dfrac{\sin at}{t}u(t)$

9. $te^{-t}\sin t u(t)$　　　　10. $t^2 u(t-1)$

11. $2\delta(t - t_0) + 3\delta(t)$　　12. $e^{-t}[u(t) - u(t-2)]$

3-3　若已知 $\mathscr{L}[f(t)] = F(s)$，求下式的拉氏变换

1. $e^{-\frac{1}{a}}f\left(\dfrac{t}{a}\right)$　　　　2. $e^{-at}f\left(\dfrac{t}{a}\right)$

3-4　求下列函数的像函数

1. $\sin \pi t u(t)$　　　　2. $\mathrm{ch}at u(t)$

3. $\sin \beta t \cos \beta t u(t)$　　　4. $te^{-st}\cos \beta t u(t)$

3-5　对下列三组函数,粗略画出波形,并利用拉氏变换性质分别求像函数

1. $u(t)\sin \pi t$；$u(t)\sin \pi(t-1)$；

　$u(t-1)\sin \pi t$；$u(t-1)\sin \pi(t-1)$

2. $tu(t)$；$tu(t-2)$；$tu(3t-2)$；

　$(3t-2)u(t)$；$(3t-2)u(3t-2)$

3. $u(t)\sin \pi t$；$\displaystyle\int_0^t u(t)\sin \pi t \mathrm{d}t$，

　$\dfrac{\mathrm{d}}{\mathrm{d}t}[u(t)\sin \pi t]$；$\dfrac{\mathrm{d}^2}{\mathrm{d}t^2}[u(t)\sin \pi t]$

3-6　若 $\mathscr{L}[f(t)] = F(s)$，试证

$$\mathscr{L}\left[\frac{1}{a}e^{-\frac{b}{a}t}f\left(\frac{t}{a}\right)\right] = F(as + b)$$

3-7　求下列像函数的拉氏反变换

1. $\dfrac{1}{s+1}$

2. $\dfrac{4}{2s+3}$

3. $\dfrac{4}{s(2s+3)}$

4. $\dfrac{1}{s(s^2+5)}$

5. $\dfrac{3}{(s+4)(s+2)}$

6. $\dfrac{3s}{(s+4)(s+2)}$

7. $\dfrac{1}{s^2+1}+1$

8. $\dfrac{1}{s^2+3s+2}$

9. $\dfrac{1}{s(RCs+1)}$　$(R,C\ 为常数)$

10. $\dfrac{1-RCs}{s(1+RCs)}$　　$(R,C\ 为常数)$

11. $\dfrac{\omega}{(s^2+\omega^2)}\cdot\dfrac{1}{(RCs+1)}$　　$(R,C\ 为常数)$

12. $\dfrac{4s+5}{s^2+5s+6}$

13. $\dfrac{100(s+50)}{(s^2+201s+200)}$

14. $\dfrac{s+3}{(s+1)^3(s+2)}$

15. $\dfrac{A}{s^2+K^2}$

16. $\dfrac{1}{(s^2+3)^2}$

17. $\dfrac{e^{-s}}{4s(s^2+1)}$

18. $\ln\left(\dfrac{s}{s+9}\right)$

3-8　求下列函数的拉氏反变换

1. $\dfrac{1-e^{-\tau s}}{s^2+1}$

2. $\dfrac{se^{-\pi s}}{s^2+5s+6}$

3. $\left(\dfrac{1-e^{-s}}{s}\right)^2$

4. $\dfrac{s}{1-e^{-s}}$

5. $\dfrac{1}{1+e^{-2s}}$

6. $\dfrac{1}{s\,\mathrm{chs}}$

7. $\dfrac{1-e^{-(s+1)}}{(s+1)(1-e^{-2s})}$

8. $\ln\left(\dfrac{s+1}{s}\right)$

3-9　求下列函数拉氏反变换的初值与终值

1. $\dfrac{s+6}{(s+2)(s+5)}$

2. $\dfrac{10(s+2)}{s(s+5)}$

3. $\dfrac{1}{(s+3)^2}$

4. $\dfrac{s+3}{(s+1)^2(s+2)}$

5. $\dfrac{A}{sK(s)}$

6. $\dfrac{1}{s}+\dfrac{1}{s+1}$

第4章 Z变换

在前面两章中,介绍了连续时间信号的傅里叶变换和拉普拉斯变换,本章讨论一种用于离散信号和系统的线性变换——Z变换。

4.1 Z变换及其收敛域

一、Z变换

Z变换的定义可以由抽样信号的拉氏变换引出,也可以直接对离散信号给予定义。

我们先来看抽样信号的拉氏变换。

若连续信号 $x(t)$ 经均匀冲激抽样,其抽样信号 $x_s(t)$ 的表示式为

$$x_s(t) = x(t)\delta_T(t) = \sum_{n=-\infty}^{\infty} x(nT)\delta(t - nT)$$

如果考虑取样信号为单边函数,则上式可表示为

$$x_s(t) = \sum_{n=0}^{\infty} x(nT)\delta(t - nT)$$

式中,T 为抽样间隔。对上式两边取拉氏变换,得到

$$X_s(t) = \int_0^\infty x_s(t)e^{-st}dt = \int_0^\infty \Big[\sum_{n=0}^{\infty} x(nT)\delta(t - nT) \Big] e^{-st}dt$$

将上式中积分与取和的次序对调,便可得到抽样信号的拉氏变换

$$X_s(s) = \sum_{n=0}^{\infty} x(nT)e^{-snT} \tag{4.1-1}$$

此时如果引入一个新的复变量 z,使

$$z = e^{sT} \quad 或 \quad s = \frac{1}{T}\ln z$$

则式(4.1-1)变为复变量 z 的函数式 $X(z)$,即

$$X(z) = \sum_{n=0}^{\infty} x(nT)z^{-n}$$

通常取 $T = 1$,则上式变为

$$X(z) = \sum_{n=0}^{\infty} x(n)z^{-n} \tag{4.1-2}$$

式(4.1-2)就是由拉氏变换引导出来的离散信号 $x(nT)$ 的 Z变换表示式。

下面直接给出离散时间序列的 Z变换定义。

序列 $x(n)$ 的 Z变换定义为

$$X(z) = \mathscr{Z}[x(n)] = \sum_{n=0}^{\infty} x(n)z^{-n} \qquad (4.1\text{-}3)$$

和
$$X(z) = \mathscr{Z}[x(n)] = \sum_{n=-\infty}^{\infty} x(n)z^{-n} \qquad (4.1\text{-}4)$$

式(4.1-3)为单边 Z 变换,式(4.1-4)为双边 Z 变换。如果 $x(n)$ 为单边序列,则双边 Z 变换和单边 Z 变换是相同的。

二、Z 变换的收敛域

对于任意给定的有界序列 $x(n)$,使其 Z 变换式收敛的所有 z 值的集合,**称为 Z 变换 $X(z)$ 的收敛域**。根据级数理论,式(4.1-4) 所示级数收敛的充分必要条件是满足绝对可和的要求,即

$$\sum_{n=-\infty}^{\infty} |x(n)z^{-n}| < \infty \qquad (4.1\text{-}5)$$

关于 $X(z)$ 的收敛域,大致有以下几种情况。

1. 有限长序列:只在有限范围内有值的序列

$$x(n) = \begin{cases} x(n) & N_1 \leqslant n \leqslant N_2 \\ 0 & 其他\ n \end{cases}$$

如图 4.1-1 所示,其 Z 变换为

$$X|z| = \sum_{n=N_1}^{N_2} x(n)z^{-n}$$

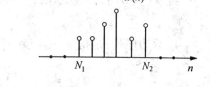

图 4.1-1 有限长序列

根据式(4.1-5),只要 $|x(n)| < \infty$,则其收敛域应为 $0 \leqslant |z| \leqslant \infty$,即全平面收敛。但必须考虑下面两种情况,即

当 $N_1 < 0$ 时,$|z| = \infty$ 点须从收敛域中除去,因为此时 z^{-n} 将趋于无穷;

当 $N_2 > 0$ 时,$|z| = 0$ 点须从收敛域中剔除,因为此时 z^{-n} 将趋于无穷。

2. 右边序列:即当 $n < N_1$ 时,$x(n) = 0$ 的序列

$$x(n) = \begin{cases} x(n) & N_1 \leqslant n < \infty \\ 0 & 其他\ n \end{cases}$$

如图 4.1-2 所示,其 Z 变换为

$$X(z) = \sum_{n=N_1}^{\infty} x(n)z^{-n}$$

根据式(4.1-5),当 $N_1 > 0$ 时,可以写成

$$\sum_{n=N_1}^{\infty} \frac{|x(n)|}{|z|^n} < \infty \qquad (4.1\text{-}6)$$

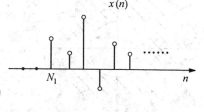

图 4.1-2 右边序列

由于 $x(n)$ 为有限值,n 为正值,只要 z 值取足够大,上式总是可以满足的。假设使上式不成立的最大 z 值为 R_1,则 $X(z)$ 的收敛域为 $|z| > R_1$,显然,这是 z 平面上以原点为圆心,R_1 为半径的圆外,如图 4.1-4 所示。

当 $N_1 < 0$ 时,欲使式(4.1-6)成立,必须剔除 $z = \infty$ 点,故此收敛域应为

$$R_1 < |z| < \infty$$

3. 左边序列:即当 $n > N_2$ 时 $x(n)$ 的序列

$$x(n) = \begin{cases} x(n) & -\infty < n \leqslant N_2 \\ 0 & \text{其他 } n \end{cases}$$

如图 4.1-3 所示。其 Z 变换为

$$X(z) = \sum_{n=-\infty}^{N_2} x(n) z^{-n}$$

根据式(4.1-5),令 $m = -n$,则

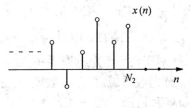

图 4.1-3 左边序列

$$\sum_{m=-N_2}^{\infty} |x(-m)| |z|^m < \infty \qquad (4.1\text{-}7)$$

当 $N_2 < 0$ 时,只要 z 值取足够小,上式一定可以满足。假设使式(4.1-7)不成立的最小 z 值为 R_2,则 $X(z)$ 的收敛为 $|z| < R_2$,显然,这是 z 平面上以原点为圆心,R_2 为半径的圆内,如图 4.1-5 所示。

当 $N_2 > 0$ 时,欲使式(4.1-7)成立,必须剔除 $z = 0$ 点,故此收敛域应为

$$0 < |z| < R_2$$

4. 双边序列:是指 n 从 $-\infty$ 到 $+\infty$ 的序列,其 Z 变换为

$$X(z) = \sum_{n=-\infty}^{\infty} x(n) z^{-n} \qquad (4.1\text{-}8)$$

将式(4.1-8)改写成

$$X(z) = \sum_{n=0}^{\infty} x(n) z^{-n} + \sum_{n=-\infty}^{-1} x(n) z^{-n}$$

第一项为右边序列的 Z 变换,其收敛域为 $|z| > R_1$;第二项为左边序列的 Z 变换,其收敛域为 $|z| < R_2$;显然,两项的公共收敛域才是 $X(z)$ 的收敛域,即 $R_1 < |z| < R_2$,这是 z 平面上以原点为圆心的一个圆环,如图 4.1-6 所示。如果出现 $R_2 < R_1$ 的情况,没有公共收敛域,则式(4.1-8)的级数不收敛。

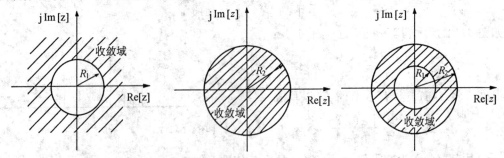

图 4.1-4 右边序列 Z 变换
的收敛域　　图 4.1-5 左边序列 Z 变换的
收敛域　　图 4.1-6 双边序列 Z 变换的
收敛域

例 4.1-1 单边序列 $x(n) = a^n u(n)$,a 为正实数,求 $x(n)$ 的 Z 变换并确定其收敛域。

解 根据 Z 变换的定义

$$X(z) = \sum_{n=-\infty}^{\infty} x(n)z^{-n} = \sum_{n=0}^{\infty}(az^{-1})^n$$

若要级数绝对可和,即 $\sum\limits_{n=0}^{\infty} | (az^{-1})^n | < \infty$,必须使 $| az^{-1} | < 1$,即收敛域为 $| z | > a$,如图4.1-7中以原点为圆心、a 为半径的圆外阴影部分所示。于是得到

$$X(z) = \frac{1}{1 - az^{-1}} = \frac{z}{z - a} \qquad (| z | > a)$$

这样就将无穷级数表示为一种闭合形式。容易看出 $X(z)$ 有一个零点 $z = 0$ 和一个极点 $z = a$,在图中分别用圆圈"○"和叉"×"标示。

例 4.1-2 求序列 $x(n) = a^n u(n) - b^n u(-n-1)$ 的 Z 变换,并确定它的收敛域(其中 $a > 0, b > 0, b > a$)。

解 这是一个双边序列,其双边 Z 变换为

$$X(z) = \sum_{n=-\infty}^{\infty} x(n)z^{-n} = \sum_{n=-\infty}^{\infty} [a^n u(n) - b^n u(-n-1)]z^{-n} =$$

$$\sum_{n=0}^{\infty} a^n z^{-n} - \sum_{n=-\infty}^{-1} b^n z^{-n} = \sum_{n=0}^{\infty} a^n z^{-n} + 1 - \sum_{n=0}^{\infty} b^{-n} z^n$$

当 $| z | > a$ 和 $| z | < b$ 时,上面的级数收敛,得

$$X(z) = \frac{z}{z - a} + \frac{z}{z - b} = \frac{z[2z - (a+b)]}{(z-a)(z-b)}$$

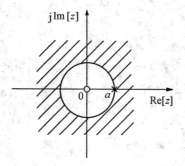

图 4.1-7 例 4.1-1 图

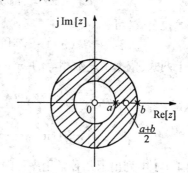

图 4.1-8 例 4.1-8 图

由上式可见,双边 Z 变换式 $X(z)$ 有两个零点 $z = 0$ 和 $z = (a+b)/2$,两个极点 $z = a$ 和 $z = b$。收敛域为 $b > | z | > a$ 的圆环形区域。如图4.1-8所示。由此例题可以看出,由于 $X(z)$ 在收敛域内是解析函数,因此收敛域内不应该包含任何极点。一般来说,收敛域是以极点为边界的。如果该例题给定条件为 $b < a$,则 $X(z)$ 将在全 z 平面不收敛,即序列 $x(n)$ 的 Z 变换不存在。

三、典型序列的 Z 变换

1. 单位函数序列 $\delta(n)$ 的 Z 变换,为

$$\mathscr{Z}[\delta(n)] = \sum_{n=-\infty}^{\infty} \delta(n)z^{-n} = 1 \tag{4.1-6}$$

可见,与连续系统单位冲激函数 $\delta(t)$ 的拉氏变换类似,单位函数序列 $\delta(n)$ 的 Z 变换等于

1,收敛域为全平面。

2.单位阶跃序列 $u(n)$ 的 Z 变换,为

$$\mathscr{Z}[u(n)] = \sum_{n=-\infty}^{\infty} u(n)z^{-n} = \sum_{n=0}^{\infty} z^{-n}$$

若 $|z| > 1$,则该级数收敛,等于

$$\mathscr{Z}[u(n)] = \frac{z}{z-1} \qquad (4.1-7)$$

可见单位阶跃序列 $u(n)$ 的 Z 变换收敛域为 z 平面上以原点为圆心的单位圆外部,如图4.1-9所示。

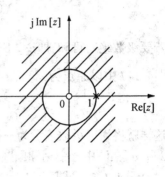

图 4.1-9

3.指数序列 $a^n u(n)$ 的 Z 变换,为

$$\mathscr{Z}[a^n u(n)] = \sum_{n=-\infty}^{\infty} a^n u(n)z^{-n} = \frac{z}{z-a}$$

收敛域为 $|z| > a$

4.单边正弦序列 $\sin\omega_0 n u(n)$ 和余弦序列 $\cos\omega_0 n u(n)$ 的 Z 变换

在指数序列 $a^n u(n)$ 的 Z 变换中,若令 $a = e^{j\omega_0}$,则得复指数 $e^{j\omega_0 n}u(n)$ 的 Z 变换为

$$\mathscr{Z}[e^{j\omega_0 n}u(n)] = \frac{z}{z - e^{j\omega_0}}$$

其收敛域为 $|z| > |e^{j\omega_0}| = 1$,即单位圆外。上式可以分解为实部和虚部,即

$$\mathscr{Z}[e^{j\omega_0 n}u(n)] = \frac{z}{z - \cos\omega_0 - j\sin\omega_0} = \frac{z(z - \cos\omega_0) + jz\sin\omega_0}{z^2 - 2z\cos\omega_0 + 1}$$

又根据尤拉公式,可有

$$\mathscr{Z}[e^{j\omega_0 n}u(n)] = \mathscr{Z}[\cos\omega_0 n u(n)] + j\mathscr{Z}[\sin\omega_0 n u(n)]$$

比较以上两式,依据两复数相等的条件:若两复数相等,则其实部和虚部应分别相等,可得

$$\mathscr{Z}[\cos\omega_0 n u(n)] = \frac{z(z - \cos\omega_0)}{z^2 - 2z\cos\omega_0 + 1} \qquad (4.1-8)$$

$$\mathscr{Z}[\sin\omega_0 n u(n)] = \frac{z\sin\omega_0}{z^2 - 2z\cos\omega_0 + 1} \qquad (4.1-9)$$

表 4.1-1 中列出了几种常用序列的 Z 变换。

表 4.1-1　常用序列的 Z 变换

序号	序列 $x(n)$　$n \geqslant 0$	Z 变换 $X(z)$	收敛域
1	$\delta(n)$	1	$|z| \geqslant 0$
2	$u(n)$	$\dfrac{z}{z-1}$	$|z| > 1$
3	a^n	$\dfrac{z}{z-a}$	$|z| > |a|$
4	$a^{n-1}u(n-1)$	$\dfrac{1}{z-a}$	$|z| > |a|$
5	n	$\dfrac{z}{(z-1)^2}$	$|z| > 1$
6	n^2	$\dfrac{z(z+1)}{(z-1)^3}$	$|z| > 1$

序号	序列 $x(n)$ $n \geqslant 0$	Z变换 $X(z)$	收敛域
7	n^3	$\dfrac{z(z^2 + 4z + 1)}{(z-1)^4}$	$\lvert z \rvert > 1$
8	na^{n-1}	$\dfrac{z}{(z-a)^2}$	$\lvert z \rvert > \lvert a \rvert$
9	na^n	$\dfrac{az}{(z-a)^2}$	$\lvert z \rvert > \lvert a \rvert$
10	$n^2 a^n$	$\dfrac{az(z+a)}{(z-a)^3}$	$\lvert z \rvert > \lvert a \rvert$
11	e^{an}	$\dfrac{z}{z - e^a}$	$\lvert z \rvert > e^a$
12	$ne^{a(n-1)}$	$\dfrac{z}{(z - e^a)^2}$	$\lvert z \rvert > e^a$
13	$\cos n\omega_0$	$\dfrac{z(z - \cos\omega_0)}{z^2 - 2z\cos\omega_0 + 1}$	$\lvert z \rvert > 1$
14	$\sin n\omega_0$	$\dfrac{z\sin\omega_0}{z^2 - 2z\cos\omega_0 + 1}$	$\lvert z \rvert > 1$
15	$e^{-an}\cos\omega_0 n$	$\dfrac{z(z - e^{-a}\cos\omega_0)}{z^2 - 2ze^{-a}\cos\omega_0 + e^{-za}}$	$\lvert z \rvert > e^{-a}$
16	$e^{-an}\sin\omega_0 n$	$\dfrac{ze^{-a}\sin\omega_0}{z^2 - 2ze^{-a}\cos\omega_0 + e^{-2a}}$	$\lvert z \rvert > e^{-a}$
17	$\mathrm{ch}(\beta n)$	$\dfrac{z(z - \mathrm{ch}\beta)}{z^2 - 2z\mathrm{ch}\beta + 1}$	$\lvert z \rvert > e^\beta$
18	$\mathrm{sh}(\beta n)$	$\dfrac{z\mathrm{sh}\beta}{z^2 - 2z\mathrm{ch}\beta + 1}$	$\lvert z \rvert > e^\beta$
19	$\dfrac{(n+1)(n+2)\cdots(n+m)}{m!} a^n u(n)$	$\dfrac{z^{m+1}}{(z-a)^{m+1}}$	$\lvert z \rvert > \lvert a \rvert$
20	$\dfrac{n(n-1)\cdots(n-m+1)}{m!} u(n)$	$\dfrac{z}{(z-1)^{m+1}}$	$\lvert z \rvert > 1$
21	$\dfrac{n!}{(n-j+1)!(j-1)!} a^{n-j+1} u(n)$ $n \geqslant j-1$	$\dfrac{z}{(z-a)^j}$	$\lvert z \rvert > a$

表 4.1-2 左边序列 Z 变换

序 号	序列 $x(n)$ $n < 0$	Z变换 $X(z)$	收 敛 域
1	$-u(-n-1)$	$\dfrac{z}{z-1}$	$\lvert z \rvert < 1$
2	$-a^n u(-n-1)$	$\dfrac{z}{z-a}$	$\lvert z \rvert < \lvert a \rvert$
3	$-u(-n)$	$\dfrac{1}{z-1}$	$\lvert z \rvert < 1$
4	$-a^n u(-n)$	$\dfrac{1}{z-a}$	$\lvert z \rvert < \lvert a \rvert$
5	$-nu(-n)$	$\dfrac{1}{(z-1)^2}$	$\lvert z \rvert < 1$
6	$-(n+1)a^n u(-n-1)$	$\dfrac{z^2}{(z-1)^2}$	$\lvert z \rvert < \lvert a \rvert$

4.2 Z 反变换

求 Z 反变换的方法有三种：幂级数展开法、部分分式展开法和围线积分法。

一、幂级数展开法(长除法)

由 Z 变换的定义

$$X(z) = \sum_{n=0}^{\infty} x(n)z^{-n} = x(0) + x(1)z^{-1} + x(2)z^{-2} + \cdots$$

不难看出，如果已知像函数 $X(z)$，则只要在给定的收敛域内把 $X(z)$ 按 z^{-1} 的幂展开，那么级数的系数就是序列 $x(n)$ 的值。

例 4.2-1 已知 $X(z) = \dfrac{z}{(z-1)^2}$，收敛域为 $|z| > 1$，试求其 Z 反变换 $x(n)$。

解 由于 $X(z)$ 的收敛域是 z 平面上的圆外部分，因而 $x(n)$ 必然是右边序列。此时将 $X(z)$ 的分子、分母多项式按 z 的降幂排列(如是左边序列则为升幂排列) 成下列形式

$$X(z) = \frac{z}{z^2 - 2z + 1}$$

进行长除

$$
\begin{array}{r}
z^{-1} + 2z^{-2} + 3z^{-3} + \cdots \\
z^2 - 2z + 1 \overline{\smash{\big)}\ z \phantom{{}-2+z^{-1}}} \\
\underline{z - 2 \phantom{{}+{}} + z^{-1}} \\
2 \phantom{{}+{}} - z^{-1} \\
\underline{2 \phantom{{}+{}} - 4z^{-1} + 2z^{-2}} \\
3z^{-1} - 2z^{-2} \\
\underline{3z^{-1} - 6z^{-2}} \\
4z^{-1} - 3z^{-3} \\
\cdots
\end{array}
$$

即

$$X(z) = z^{-1} + 2z^{-2} + 3z^{-3} + \cdots = \sum_{n=0}^{\infty} nz^{-n}$$

所以原函数

$$x(n) = nu(n)$$

实用中，如果只需求出序列 $x(n)$ 的前 N 个值，那么使用长除法就很方便。使用长除法还可以检验用其他反变换方法求出的序列。使用长除法求 Z 反变换的缺点是有时不易求得 $x(n)$ 的闭合形的表示式。

二、部分分式展开法

如果 Z 变换 $X(z)$ 是有理分式

$$X(z) = \frac{N(z)}{D(z)} = \frac{b_M z^M + b_{M-1} z^{M-1} + \cdots + b_1 z + b_0}{a_N z^N + a_{N-1} z^{N-1} + \cdots + a_1 z + a_0} \tag{4.2-1}$$

对于单边序列,即 $n < 0$ 时,$x(n) = 0$ 的序列,其 Z 变换的收敛域为 $|z| > R$,包括 $z = \infty$ 处,故 $X(z)$ 的分母的阶次不能低于分子的阶次,即必须满足 $M \leqslant N$。

类似于拉氏反变换中的部分分式展开法,在这里也是将 $X(z)$ 展开成简单的部分分式之和。分别求出各部分分式的反变换,再把各反变换所得序列相加,即可得到 $x(n)$。

由常用序列 Z 变换表可以看出,Z 变换最基本的形式是 1 和 $z/(z - a)$,它们对应的序列分别是 $\delta(n)$ 和 $a^n u(n)$。因此,Z 变换的部分分式展开法,通常是先将 $X(z)/z$ 展开为部分分式,然后各项再乘以 z,这样就可以得到最基本的 $z/(z - a)$ 形式了。

如果 $X(z)$ 只含有单阶极点,则 $X(z)/z$ 可展开为

$$\frac{X(z)}{z} = \frac{A_0}{Z} + \frac{A_1}{z - Z_1} + \frac{A_2}{z - Z_2} + \cdots + \frac{A_N}{z - Z_N} =$$

$$\sum_{i=0}^{N} \frac{A_i}{z - Z_i}$$

将等式两边各乘以 z,可得

$$X(z) = \sum_{i=0}^{N} \frac{A_i z}{z - Z_i} \tag{4.2-2}$$

式中,Z_i 是 $\dfrac{X(z)}{z}$ 的极点;A_i 是极点 Z_i 的留数,即

$$A_i = \left[(z - Z_i) \frac{X(z)}{z} \right]_{z = Z_i} \tag{4.2-3}$$

式(4.2-2)还可表示成

$$X(z) = A_0 + \sum_{i=1}^{N} \frac{A_i z}{z - Z_i} \tag{4.2-4}$$

式中,A_0 是位于原点的极点的留数

$$A_0 = \left[X(z) \right]_{z=0} = \frac{b_0}{a_0}$$

由 Z 变换表可以直接得到式(4.2-2)的反变换为

$$x(n) = A_0 \delta(n) + \sum_{i=1}^{N} A_i (Z_i)^n u(n) \tag{4.2-5}$$

如果 $X(z)$ 在 $z = Z_i$ 处有一 r 阶重极点,其余为单阶极点,此 $X(z)$ 展开为

$$X(z) = A_0 + \sum_{j=1}^{r} \frac{B_j z}{(z - Z_1)^j} + \sum_{i=r+1}^{N} \frac{A_i z}{z - Z_1} \tag{4.2-6}$$

式中,系数 A_i 仍用式(4.2-3)确定,而相应于重极点的各部分分式的系数 B_j 为

$$B_j = \frac{1}{(r - j)!} \left[\frac{\mathrm{d}^{r-j}}{\mathrm{d} z^{r-j}} (z - Z_1)^r \frac{X(z)}{z} \right]_{z = Z_1} \tag{4.2-7}$$

此式的推导过程与第三章的式(3.5-10)相类似。由 Z 变换表可以查得式(4.2-6)的反变换为

$$x(n) = A_0 \delta(n) + \sum_{j=1}^{r} B_j \frac{n!}{(n - j + 1)!(j - 1)!} (Z_1)^{n-j+1} u(n) + \sum_{i=r+1}^{N} A_i (Z_i)^n u(n)$$

$$\tag{4.2-8}$$

例 4.2-2 已知 $X(z) = \dfrac{z^2}{z^2 - 1.5z + 0.5}$，$X(z)$ 的收敛域为 $|z| > 1$，试求其 Z 反变换。

解 由于 $X(z) = \dfrac{z^2}{z^2 - 1.5z + 0.5} = \dfrac{z^2}{(z-1)(z-0.5)}$

且 $X(z)$ 有两个极点：1 和 0.5，由此可求得极点上的留数，分别为

$$A_1 = \left[(z-1)\frac{X(z)}{z} \right]_{Z=1} = 2$$

$$A_2 = \left[(z-0.5)\frac{X(z)}{z} \right]_{Z=0.5} = -1$$

$$A_0 = \left[X(z) \right]_{Z=0} = 0$$

所以 $X(z)$ 展开为

$$X(z) = \frac{2z}{z-1} - \frac{z}{z-0.5}$$

故其 Z 反变换所得序列为

$$x(n) = [2 - (0.5)^n] u(n)$$

三、围线积分法（留数法）

已知序列 $x(n)$ 的 Z 变换为

$$X(z) = \sum_{n=-\infty}^{\infty} x(n)z^{-n}$$

在 $X(z)$ 的收敛域内选取一条包围坐标原点的闭合围线 C。为求得反变换 $x(n)$，将上式两边分别乘以 z^{m-1}，然后沿围线 C 逆时针方向积分，得

$$\oint_C X(z)z^{m-1}\mathrm{d}z = \oint_C \sum_{n=-\infty}^{\infty} x(n)z^{-n+m-1}\mathrm{d}z$$

将上式右边积分与求和的次序互换，成为

$$\oint_C X(z)z^{m-1}\mathrm{d}z = \sum_{n=-\infty}^{\infty} x(n)\oint_C z^{-n+m-1}\mathrm{d}z \qquad (4.2\text{-}9)$$

根据复变函数理论中的柯西积分公式可知

$$\oint_C z^{-n+m-1}\mathrm{d}z = \begin{cases} 2\pi\mathrm{j} & m = n \\ 0 & m \neq n \end{cases}$$

将此结果代入方程式 (4.2-9)，则方程右边只存在 $n = m$ 一项，其余各项均为零。于是式 (4.2-9) 变为

$$\oint_C X(z)z^{m-1}\mathrm{d}z = 2\pi\mathrm{j}x(m)$$

此时，若将上式中的 m 重新用 n 置换，则得

$$x(n) = \frac{1}{2\pi\mathrm{j}} \oint_C X(z)z^{n-1}\mathrm{d}z \qquad (4.2\text{-}10)$$

这就是 $X(z)$ 的反变换的围线积分表示式。

通常 $X(z)z^{n-1}$ 是 z 的有理函数，其极点都是孤立极点，故可借助于留数定理计算式

(4.2-10) 的围线积分,即

$$x(n) = \frac{1}{2\pi\mathrm{j}} \oint_C X(z) z^{n-1} \mathrm{d}z = \sum_i \mathrm{Res}[X(z) z^{n-1}, Z_i] \qquad (4.2\text{-}11)$$

式中,Z_i 为 $X(z) z^{n-1}$ 的极点。

如果 $X(z) z^{n-1}$ 在 $z = Z_i$ 处有 r 阶极点,则其留数由下式计算

$$\mathrm{Res}[X(z) z^{n-1}, Z_i] = \frac{1}{(r-1)!} \left\{ \frac{\mathrm{d}^{r-1}}{\mathrm{d}z^{r-1}} [(z - Z_i)^r X(z) z^{n-1}] \right\}_{z = Z_i} \qquad (4.2\text{-}12)$$

若 $r = 1$,即单极点情况,则上式变为

$$\mathrm{Res}[X(z) z^{n-1}, Z_i] = [(z - Z_i) X(z) z^{n-1}]_{z = Z_i} \qquad (4.2\text{-}13)$$

在应用式(4.2-11),(4.2-12),(4.2-13) 时,应当随时注意收敛域内的围线所包围的极点情况,对于不同的 n 值,在 $z = 0$ 处的极点可能具有不同的阶次。

例 4.2-3 已知 $X(z) = \dfrac{z^2 - z}{(z+1)(z-2)}$,收敛域 $|z| > 2$,试求其 Z 反变换。

解 因为 $X(z)$ 收敛域 $|z| > 2$,所以 $x(n)$ 必为右边序列。根据式(4.2-11) 得

$$x(n) = \sum_i \mathrm{Res}[X(z) z^{n-1}, Z_i]$$

当 $n \geq 0$ 时,$X(z) z^{n-1}$ 有两个极点 $Z_1 = -1, Z_2 = 2$,此时

$$x(n) = \left[\frac{z-1}{z-2} z^n \right]_{z=-1} + \left[\frac{z-1}{z+1} z^n \right]_{z=2} = \frac{2}{3}(-1)^n + \frac{1}{3} 2^n$$

当 $n < 0$ 时,$X(z) z^{n-1}$ 除 $-1, 2$ 两个极点外,在 $z = 0$ 处有多阶极点,(阶次与 n 取值有关)

$$n = -1: \quad x(n) = \left[\frac{z-1}{z-2} z^{-1} \right]_{z=-1} + \left[\frac{z-1}{z+1} z^{-1} \right]_{z=2} + \left[\frac{z-1}{(z+1)(z-2)} \right]_{z=0} =$$

$$-\frac{2}{3} + \frac{1}{6} + \frac{1}{2} = 0$$

$$n = -2: \quad x(n) = \left[\frac{z-1}{z-2} z^{-2} \right]_{z=-1} + \left[\frac{z-1}{z+1} z^{-2} \right]_{z=2} + \left[\frac{\mathrm{d}}{\mathrm{d}z} \left(\frac{z-1}{(z+1)(z-2)} \right) \right]_{z=0} =$$

$$\frac{2}{3} + \frac{1}{12} - \frac{3}{4} = 0$$

依次类推,对于 $n < 0$ 皆有 $\sum \mathrm{Res}[X(z) z^{n-1}, Z_i] = 0$,也就是 $x(n) = 0$,所以

$$x(n) = \left[\frac{2}{3}(-1)^n + \frac{1}{3} 2^n \right] u(n)$$

由上例可见,当 $n < 0$ 时在 $z = 0$ 处出现的多重极点给留数的计算带来麻烦,此时可采用留数辅助定理求留数。

留数辅助定理 如果围线积分的被积函数 $F(z)$ 在整个 z 平面上除有限个极点外都是解析的,且当 z 趋向于无穷大时,$F(z)$ 以不低于二阶无穷小的速度趋近于零,则当围线 C 的半径趋于无穷大时,围线积分 $\oint_{C\infty} F(z) \mathrm{d}z$ 以不低于二阶无穷小的速度趋于零,即

$$\oint_{C\infty} F(z) \mathrm{d}z = 0, 或$$

$$\frac{1}{2\pi j}\oint_{C\infty} F(z)\mathrm{d}z = \Sigma\mathrm{Res}[F(z),全部极点] = 0$$

此时,对于 $F(z)$ 解析域内的任一闭合围线 C,存在下面的关系式

$$\Sigma\mathrm{Res}[F(z),C\ 内极点] = -\Sigma\mathrm{Res}[F(z),C\ 外极点] \qquad (4.2\text{-}14)$$

从而得到求 Z 反变换的另一种形式的留数定理

$$x(n) = \frac{1}{2\pi j}\oint_C X(z)z^{n-1}\mathrm{d}z = -\Sigma\mathrm{Res}[X(z)z^{n-1},C\ 外极点] \qquad (4.2\text{-}15)$$

对于例4.2-3,当 $n < 0$ 时,$X(z)z^{n-1}$ 在 z 的无穷远点处零点高于极点二阶以上,故可以使用式(4.2-15)计算 $x(n)$。由于收敛域 $|z| > 2$,围线 C 在收敛域内且包围原点,故围线 C 外没有极点,式(4.2-15)的留数为零,即

$$x(n) = -\Sigma\mathrm{Res}[X(z)z^{n-1},C\ 外极点] = 0 \qquad (n < 0)$$

例 4.2-4 已知序列的 Z 变换 $X(z) = \dfrac{z(2z-a-b)}{(z-a)(z-b)}$,$|a| < |z| < |b|$,求原序列 $x(n)$。

解
$$x(n) = \frac{1}{2\pi j}\oint_C \frac{2z-a-b}{(z-a)(z-b)}z^n\mathrm{d}z$$

当 $n \geq 0$ 时,C 内只有一个极点 $z_1 = a$,所以

$$x_1(n) = \mathrm{Res}[X(z)z^{n-1},a] = \left[\frac{2z-a-b}{z-b}z^n\right]_{z=a} = a^n$$

当 $n < 0$ 时,C 内有极点 $z_1 = a$,$z_2 = 0$,(n 重极点),而 C 外只有一个极点 $z = b$,所以应用式(4.2-14)计算 C 外极点的留数。

$$x_2(n) = -\mathrm{Res}[X(z)z^{n-1},b] = -\left[\frac{2z-a-b}{z-a}z^n\right]_{z=b} = -b^n$$

所以

$$x(n) = x_1(n) + x_2(n) = a^n u(n) - b^n u(-n-1)$$

4.3 Z 变换的性质

由 Z 变换定义可以推出许多性质。这些性质表示离散序列在时域和 z 域间的关系,其中一些性质与拉氏变换性质相类似。

一、线性

若
$$\mathscr{Z}[x(n)] = X(z) \quad (R_{X1} < |z| < R_{X2})$$
$$\mathscr{Z}[y(n)] = Y(z) \quad (R_{Y1} < |z| < R_{Y2})$$

则
$$\mathscr{Z}[ax(n) + by(n)] = aX(z) + bY(z) \quad (R_1 < |z| < R_2) \qquad (4.3\text{-}1)$$

式中 a、b 为任意常数。R_1 取 R_{X1} 和 R_{Y1} 中的较大者,R_2 取 R_{X2} 和 R_{Y2} 中较小者,记做 $\max(R_{X1}, R_{Y1}) < |z| < \min(R_{X2}, R_{Y2})$,即相加后序列的 Z 变换收敛域一般为两个收敛域的重迭部分。

二、位移性

位移性表示序列位移后的 Z 变换与原序列 Z 变换的关系。在实用中又有左移和右移

两种情况。

1. 双边 Z 变换

若
$$\mathscr{Z}[x(n)] = X(z)$$

则
$$\mathscr{Z}[x(n \pm m)] = z^{\pm m}X(z) \qquad\qquad (4.3\text{-}2)$$

证明 根据双边 Z 变换定义可得

$$\mathscr{Z}[x(n+m)] = \sum_{n=-\infty}^{\infty} x(n+m)z^{-n}$$

令 $k = n + m$,则上式变为

$$\mathscr{Z}[x(n+m)] = z^m \sum_{K=-\infty}^{\infty} x(k)z^{-k} = z^m X(z)$$

同理可证

$$\mathscr{Z}[x(n-m)] = z^{-m}X(z)$$

从上述结果可以看出,序列位移可能会使 Z 变换在 $z=0$ 或 $z=\infty$ 处的零极点情况发生变化。如果 $x(n)$ 是双边序列,$X(z)$ 的收敛域为环形区域(即 $R_{X1} < |z| R_{X2}$),序列位移将不会使 Z 变换收敛域发生变化。

2. 单边 Z 变换

若 $x(n)$ 是双边序列,其单边 Z 变换为

$$\mathscr{Z}[x(n)] = X(z)$$

则
$$\mathscr{Z}[x(n+m)u(n)] = z^m\left[X(z) - \sum_{k=0}^{m-1} x(k)z^{-k}\right] \qquad (4.3\text{-}3)$$

证明

$$\mathscr{Z}[x(n+m)u(n)] = \sum_{n=0}^{\infty} x(n+m)z^{-n}$$

令 $k = n + m$

则
$$\mathscr{Z}[x(n+m)u(n)] = z^m \sum_{k=m}^{\infty} x(k)z^{-k} =$$

$$z^m\left[\sum_{k=0}^{\infty} x(k)z^{-k} - \sum_{k=0}^{m-1} x(k)z^{-k}\right] =$$

$$z^m\left[X(z) - \sum_{k=0}^{m-1} x(k)z^{-k}\right]$$

同理可证

$$\mathscr{Z}[x(n-m)u(n)] = z^{-m}\left[X(z) + \sum_{k=-m}^{-1} x(k)z^{-k}\right] \qquad (4.3\text{-}4)$$

对于 $m = 1,2$ 的情况,有

$$\mathscr{Z}[x(n+1)u(n)] = zX(z) - zx(0)$$

$$\mathscr{Z}[x(n+2)u(n)] = z^2X(z) - z^2x(0) - zx(1)$$

$$\mathscr{Z}[x(n-1)u(n)] = z^{-1}X(z) + x(-1)$$

$$\mathscr{Z}[x(n-2)u(n)] = z^{-2}X(z) + z^{-1}x(-1) + x(-2)$$

如果 $x(n)$ 是单边序列,则式(4.3-4)变为

$$\mathscr{Z}[x(n-m)u(n)] = z^{-m}X(z) \qquad (4.3\text{-}5)$$

由于实际使用的多为单边序列,所以表示单边 Z 变换位移性的式(4.3-5)和(4.3-3)最为常用。

例 4.3-1 求周期序列 $x(n)$ 的 Z 变换。

解 若周期序列 $x(n)$ 的周期为 N,即

$$x(n) = x(n+N) \qquad n \geqslant 0$$

令 $x_1(n)$ 表示 $x(n)$ 的第一个周期,其 Z 变换为

$$X_1(z) = \sum_{n=0}^{N-1} x_1(n)z^{-n} \qquad |z| > 0$$

周期序列 $x(n)$ 可用 $x_1(n)$ 表示为

$$x(n) = x_1(n) + x_1(n-N) + x_1(n-2N) + \cdots$$

其 Z 变换为

$$X(z) = X_1(z)[1 + z^{-N} + z^{-2N} + \cdots] = X_1(z)\Big[\sum_{m=0}^{\infty} z^{-mN}\Big]$$

若 $|z| > 1$,则上式中的级数收敛,并且

$$\sum_{m=0}^{\infty} z^{-mN} = \sum_{m=0}^{\infty} (z^{-N})^m = \frac{z^N}{z^N - 1}$$

所以周期序列的 Z 变换为

$$X(z) = \frac{z^N}{z^N - 1} X_1(z) \qquad (4.3\text{-}6)$$

若周期序列

$$x(n) = x(n+N) \quad n < 0$$

经推导可得其 Z 变换为

$$X(z) = \frac{z^{-N}}{z^{-N} - 1}$$

其收敛域为 $|z| < 1$

三、序列线性加权(z 域微分)

若

$$\mathscr{Z}[x(n)] = X(z)$$

则

$$\mathscr{Z}[nx(n)] = -z\frac{\mathrm{d}X(z)}{\mathrm{d}z} \qquad (4.3\text{-}7)$$

证明 根据 Z 变换定义

$$X(z) = \sum_{n=-\infty}^{\infty} x(n)z^{-n}$$

将上式两边对 z 求导数,得

$$\frac{\mathrm{d}X(z)}{\mathrm{d}z} = \frac{\mathrm{d}}{\mathrm{d}z}\Big[\sum_{n=-\infty}^{\infty} x(n)z^{-n}\Big] = \sum_{n=-\infty}^{\infty} x(n)\frac{\mathrm{d}z^{-n}}{\mathrm{d}z} =$$

$$-z^{-1}\sum_{n=-\infty}^{\infty} nx(n)z^{-n} = -z^{-1}\mathscr{Z}[nx(n)]$$

所以

$$\mathscr{Z}[nx(n)] = -z\frac{\mathrm{d}X(z)}{\mathrm{d}z}$$

由此可见,序列线性加权(乘 n)等效于对其 Z 变换取导数并乘以($-z$)。

同理可得

$$\mathscr{Z}[n^m x(n)] = \left[-z\frac{\mathrm{d}}{\mathrm{d}z}\right]^m X(z) \tag{4.3-8}$$

式中,符号 $\left[-z\dfrac{\mathrm{d}}{\mathrm{d}z}\right]^m$ 表示求导 m 次。

例 4.3-2 已知 $\mathscr{Z}[u(n)] = \dfrac{z}{z-1}$,求斜变序列 $nu(n)$ 的 Z 变换。

解

$$\mathscr{Z}[nx(n)] = -z\frac{\mathrm{d}}{\mathrm{d}z}\mathscr{Z}[u(n)] = -z\frac{\mathrm{d}}{\mathrm{d}z}\left(\frac{z}{z-1}\right) = \frac{z}{(z-1)^2}$$

四、序列除 $n+m$(z 域积分)

若

$$\mathscr{Z}[x(n)] = X(z)$$

则

$$\mathscr{Z}\left[\frac{x(n)}{n+m}\right] = z^m\int_z^\infty x(z_1)z_1^{-(m+1)}\mathrm{d}z_1 \qquad (n+m>0)$$

证明 根据 Z 变换定义

$$\mathscr{Z}\left[\frac{x(n)}{n+m}\right] = \sum_{n=0}^\infty \frac{x(n)}{n+m}z^{-n} = z^m\sum_{n=0}^\infty x(n)\frac{z^{-(n+m)}}{n+m} =$$

$$z^m\sum_{n=0}^\infty x(n)\int_z^\infty z_1^{-(n+m+1)}\mathrm{d}z_1 =$$

$$z^m\int_z^\infty \sum_{n=0}^\infty x(n)z_1^{-n}\cdot z^{-(m+1)}\mathrm{d}z_1 =$$

$$z^m\int_z^\infty x(z_1)z^{-(m+1)}\mathrm{d}z_1 \tag{4.3-9}$$

若 $m=0$ 时,则有

$$\mathscr{Z}\left[\frac{x(n)}{n}\right] = \int_z^\infty x(z_1)z^{-1}\mathrm{d}z_1 \qquad (n>0) \tag{4.3-10}$$

例 4.3-3 求序列 $\dfrac{a^{n+1}}{n+1}$ 的 Z 变换($n+1>0$)。

解 由于 $\mathscr{Z}[a^{n+1}] = \dfrac{az}{z-a}$

运用式(4.3-9)可得($m=1$)

$$\mathscr{Z}\left[\frac{a^{n+1}}{n+1}\right] = z\int_z^\infty \frac{az_1}{z_1-a}z_1^{-2}\mathrm{d}z_1 =$$

$$z\int_z^\infty\left(\frac{1}{z_1-a} - \frac{1}{z_1}\right)\mathrm{d}z_1 =$$

$$z\ln\frac{z_1-a}{z_1}\bigg|_z^\infty = z\ln\frac{z}{z-a}$$

五、序列指数加权（z 域尺度变换）

若
$$X(z) = \mathscr{Z}[x(n)] \qquad (R_{X1} < |z| < R_{X2})$$

则
$$\mathscr{Z}[a^n x(n)] = X\left(\frac{z}{a}\right) \qquad \left(R_{X1} < \left|\frac{z}{a}\right| < R_{X2}\right)$$

证明
$$\mathscr{Z}[a^n x(n)] = \sum_{n=-\infty}^{\infty} a^n x(n) z^{-n} = \sum_{n=-\infty}^{\infty} x(n)\left(\frac{z}{a}\right)^{-n}$$

所以
$$\mathscr{Z}[a^n x(n)] = X\left(\frac{z}{a}\right) \tag{4.3-11}$$

同理可得
$$\mathscr{Z}[a^{-n} x(n)] = X(az) \qquad R_{X1} < |az| < R_{X2} \tag{4.3-12}$$
$$\mathscr{Z}[(-1)^n x(n)] = X(-z) \qquad R_{X1} < |z| < R_{X2} \tag{4.3-13}$$

六、时间反转

若
$$\mathscr{Z}[x(n)] = X(z) \qquad R_{X1} < |z| < R_{X2}$$

则
$$\mathscr{Z}[x(-n)] = X(z^{-1}) \qquad \frac{1}{R_{X2}} < |z| < \frac{1}{R_{X1}} \tag{4.3-14}$$

证明
$$\mathscr{Z}[x(-n)] = \sum_{n=-\infty}^{\infty} x(-n) z^{-n}$$

令 $m = -n$

则
$$\mathscr{Z}[x(-n)] = \sum_{n=-\infty}^{\infty} x(m)(z^{-1})^{-m} = x(z^{-1})$$

七、初值定理

若 $x(n)$ 是单边序列，且 $\mathscr{Z}[x(n)] = X(z)$

则
$$x(0) = \lim_{z \to \infty} X(z) \tag{4.3-15}$$

证明 根据定义
$$X(z) = \sum_{n=0}^{\infty} x(n) z^{-n} = x(0) + x(1) z^{-1} + x(2) z^{-2} + \cdots$$

当 $z \to \infty$ 时，上式中除第一项 $x(0)$ 外，其余各项都趋于零，所以
$$x(0) = \lim_{z \to \infty} X(z)$$

八、终值定理

若 $x(n)$ 为单边序列，且 $\mathscr{Z}[x(n)] = X(z)$，则
$$\lim_{n \to \infty} X(z) = \lim_{z \to 1}[(z-1) X(z)]$$

证明
$$\mathscr{Z}[x(n+1) - x(n)] = z X(z) - z x(0) - X(z) = (z-1) X(z) - z x(0)$$

等式两边取极限
$$\lim_{z \to 1}(z-1) X(z) = x(0) + \lim_{z \to 1} \sum_{n=0}^{\infty}[x(n+1) - x(n)] z^{-n} =$$

$$x(0) + [x(1) - x(0)] + [x(2) - x(1)] + \cdots = x(\infty)$$

所以

$$x(\infty) = \lim_{z \to 1}[(z-1)X(z)] \tag{4.3-16}$$

读者应注意终值定理的使用条件：① 在时域，当 $n \to \infty$ 时 $x(n)$ 收敛；或者 ② 在 z 域，$X(z)$ 的极点必须位于单位圆内（若在单位圆上只能位于 $z = +1$ 点，且是一阶极点）。这两个条件是等效的。

九、时域卷积定理

若
$$X(z) = \mathscr{Z}[x(n)] \qquad (R_{X1} < |z| < R_{X2})$$
$$Y(z) = \mathscr{Z}[y(n)] \qquad (R_{Y1} < |z| < R_{Y2})$$

则
$$\mathscr{Z} = [x(n) * y(n)] = X(z)Y(z) \tag{4.3-17}$$

在一般情况下，其收敛域是 $X(z)$ 和 $Y(z)$ 收敛域的重迭部分，即 $\max(R_{X1}, R_{Y1}) < |z| < \min(R_{X2}, R_{Y2})$。若位于某一 Z 变换收敛域边缘上的极点被另一 Z 变换的零点抵消，则收敛域将会扩大。

证明

$$\mathscr{Z}[x(n) * y(n)] = \sum_{n=-\infty}^{\infty}[x(n) * y(n)]z^{-n} =$$
$$\sum_{n=-\infty}^{\infty}\left[\sum_{m=-\infty}^{\infty} x(m)y(n-m)\right]z^{-n}$$

在上式中交换求和的次序，则

$$\mathscr{Z}[x(n) * y(n)] = \sum_{m=-\infty}^{\infty} x(m)\sum_{n=-\infty}^{\infty} y(n-m)z^{-n} = \sum_{m=-\infty}^{\infty} x(m)z^{-m}Y(z) = X(z)Y(z)$$

所以 $\qquad \mathscr{Z}[x(n) * y(n)] = X(z)Y(z)$

例 4.3-4 求下面两序列 $x_1(n)$ 和 $x_2(n)$ 的卷积 $y(n)$。

$$x_1(n) = u(n)$$
$$x_2(n) = a^n u(n) - a^{n-1}u(n-1)$$

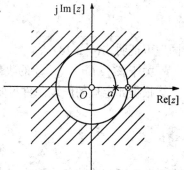

图 4.3-1 例 4.3-4 图

解 两序列的 Z 变换分别为

$$X_1(z) = \frac{z}{z-1} \qquad |z| > 1$$

$$X_2(z) = \frac{z}{z-a} - \frac{z}{z-a}z^{-1} = \frac{z-1}{z-a} \qquad |z| > a$$

根据卷积定理

$$Y(z) = X_1(z)X_2(z) = \frac{z}{z-1}\frac{z-1}{z-a} = \frac{z}{z-a} \qquad (|z| > a)$$

所以，$Y(z)$ 的反变换

$$y(n) = a^n u(n)$$

显然，$X_1(z)$ 的极点 $z = 1$ 被 $X_2(z)$ 的零点所抵消，若 $|a| < 1$，则 $Y(z)$ 的收敛域比原来的重迭部分扩大了，如图 4.3-1 所示。

十、z 域卷积定理(序列相乘)

若两序列 $x(n)$ 和 $h(n)$ 的 Z 变换分别为

$$\mathscr{Z}[x(n)] = X(z) \qquad (R_{X1} < |z| < R_{X2})$$

$$\mathscr{Z}[h(n)] = H(z) \qquad (R_{H1} < |z| < R_{H2})$$

则

$$\mathscr{Z}[x(n)h(n)] = \frac{1}{2\pi j}\oint_{C1} X\left(\frac{z}{v}\right)H(v)v^{-1}dv \qquad (4.3-18)$$

或

$$\mathscr{Z}[x(n)h(n)] = \frac{1}{2\pi j}\oint_{C2} X(v)H\left(\frac{z}{v}\right)v^{-1}dv \qquad (4.3-19)$$

式中，C_1，C_2 分别为 $X\left(\frac{z}{v}\right)$ 与 $H(v)$ 或 $X(v)$ 与 $H\left(\frac{z}{v}\right)$ 的收敛域重迭部分内的逆时针围线。而 $\mathscr{Z}[x(n)h(x)]$ 的收敛域至少为

$$R_{X1} \cdot R_{H1} < |z| < R_{X2} \cdot R_{H2} \qquad (4.3-20)$$

证明 根据定义

$$\mathscr{Z}[x(n)h(n)] = \sum_{n=-\infty}^{\infty}[x(n)h(n)]z^{-n}$$

将 $x(n)$ 用 $X(z)$ 的逆变换式表示(注意,逆变换式中复变量 z 以 v 代替),则有

$$\mathscr{Z}[x(n)h(n)] = \sum_{n=-\infty}^{\infty}\left[\frac{1}{2\pi j}\oint_{C2} X(v)v^{n-1}dv\right]h(n)z^{-n}$$

变换积分与求和的次序,则

$$\mathscr{Z}[x(n)h(n)] = \frac{1}{2\pi j}\sum_{n=-\infty}^{\infty}\left[\oint_{C2} X(v)v^n\frac{dv}{d}\right]h(n)z^{-n} =$$

$$\frac{1}{2\pi j}\oint_{C2} X(v)\left[\sum_{n=-\infty}^{\infty}h(n)\left(\frac{z}{v}\right)^{-n}\right]\frac{dv}{v} =$$

$$\frac{1}{2\pi j}\oint_{C2} X(v)H\left(\frac{z}{v}\right)v^{-1}dv$$

同理可证明式(4.3-18)。

关于 $\mathscr{Z}[x(n)h(n)]$ 的收敛域可做如下证明:

根据此定理的假设条件可知

$$R_{X1} < |v| < R_{X2}$$

$$R_{H1} < \left|\frac{z}{v}\right| < R_{H2}$$

由于此二不等式的各项均为正实数,故将二不等式各对应项相乘而得到的不等式必然成立,即为

$$R_{X1} \cdot R_{H1} < |z| < R_{X2}R_{H2}$$

十一、帕色伐尔定理

若 $x(n)$，$h(n)$ 为复序列,并有

$$\mathscr{Z}[x(n)] = X(z)$$

$$\mathscr{Z}[h(n)] = H(z)$$

则
$$\sum_{n=-\infty}^{\infty} x(n)h^*(n) = \frac{1}{2\pi \mathrm{j}} \oint_C X(z) H^*\left(\frac{1}{z^*}\right) z^{-1}\mathrm{d}z \qquad (4.3\text{-}21)$$

证明 由 z 域卷积定理

$$\mathscr{Z}[x(n)h(n)] = \frac{1}{2\pi \mathrm{j}} \oint_C X(v) H\left(\frac{z}{v}\right) v^{-1}\mathrm{d}v \qquad (4.3\text{-}22)$$

根据 Z 变换定义式容易证明,复共轭序列的 Z 变换式为

$$\mathscr{Z}[h^*(n)] = H^*(z^*) \qquad (4.3\text{-}23)$$

将式(4.3-23)的结果应用于式(4.3-22),则有

$$\sum_{n=-\infty}^{\infty} x(n)h^*(n)z^{-n} = \frac{1}{2\pi \mathrm{j}} \oint_C X(v) H^*\left(\frac{z^*}{v^*}\right) v^{-1}\mathrm{d}v$$

令 $z = 1$,则上式变为

$$\sum_{n=-\infty}^{\infty} x(n)h^*(n) = \frac{1}{2\pi \mathrm{j}} \oint_C X(v) H^*\left(\frac{1}{v^*}\right) v^{-1}\mathrm{d}v$$

令 $v = z$,则上式为

$$\sum_{n=-\infty}^{\infty} x(n)h^*(n) = \frac{1}{2\pi \mathrm{j}} \oint_C X(z) H^*\left(\frac{1}{z^*}\right) z^{-1}\mathrm{d}z \qquad (4.3\text{-}24)$$

如果 $X(z)$, $H(z)$ 的收敛域包括单位圆,可令 $z = \mathrm{e}^{\mathrm{j}\omega}$,则式(4.3-24) 变为

$$\sum_{n=-\infty}^{\infty} x(n)h^*(n) = \frac{1}{2\pi} \int_{-\pi}^{\pi} X(\omega) H^*(\omega)\mathrm{d}\omega \qquad (4.3\text{-}25)$$

当 $x(n) = h(n)$ 时,上式变为

$$\sum_{n=-\infty}^{\infty} |x(n)|^2 = \frac{1}{2\pi} \int_{-\pi}^{\pi} |X(\omega)|^2\mathrm{d}\omega \qquad (4.3\text{-}26)$$

此式称为傅里叶变换的能量等式。

Z 变换的一些定理和性质列于表 4.3-1。

表 4.3-1 Z 变换的性质和定理

序号	名　　称	序　　列	Z 变　换
1	线性	$a_1 x_1(n) + a_2 x_2(n)$	$a_1 X_1(z) + z_2 X_2(z)$
2	移位(迟延)	$x(n-m)u(n-m)$	$z^{-m}X(z)$
3	移位(提前)	$x(n+m)u(n)$	$z^m\left[X(z) - \sum_{i=0}^{m-1} x(i)z^{-1}\right]$
4	z 域微分	$nx(n)$	$-z\dfrac{\mathrm{d}X(z)}{\mathrm{d}z}$
5		$n^m x(n)$	$\left[-z\dfrac{\mathrm{d}}{\mathrm{d}z}\right]^m X(z)$
6	z 域积分	$\dfrac{x(n)}{n+m}$	$z^m \displaystyle\int_z^{\infty} x(z_1) z_1^{-(m+1)}\mathrm{d}z_1$

序号	名　称	序　列	Z　变　换
7	z 域尺度变换	$a^n x(n)$	$X\left(\dfrac{z}{a}\right)$
8		$(-1)^n x(n)$	$X(-z)$
9	时间反转	$x(-n)$	$X(z^{-1})$
10	初值定理	$x(0)$	$\lim\limits_{z \to \infty} X(z)$
11	终值定理	若 $\dfrac{z-1}{z}X(z)$ 在 $\lvert z \rvert \geqslant 1$ 解析	$x(\infty) = \lim\limits_{z \to 1}[(z-1)X(z)]$
12	卷积定理	$x(n) * y(n)$	$X(z)Y(z)$
13	序列相乘	$x(n)h(n)$	$\dfrac{1}{2\pi j}\oint_{C1} X\left(\dfrac{z}{v}\right)H(v)v^{-1}dv$ $\dfrac{1}{2\pi j}\oint_{C2} X(v)H\left(\dfrac{z}{v}\right)v^{-1}dv$
14	帕色伐尔定理	$\displaystyle\sum_{n=-\infty}^{\infty} x(n)h^*(n)$	$\dfrac{1}{2\pi j}\oint_{C} X(z)H^*\left(\dfrac{1}{z^*}\right)z^{-1}dz$

4.4　Z 变换与拉普拉斯变换的关系

一、z 平面与 s 平面的映射关系

已知复变量 z 与 s 有下列关系

$$z = e^{sT} \quad 或 \quad s = \frac{1}{T}\ln z$$

将 s 表示为直角坐标形式，z 表示为极坐标形式，即

$$s = \sigma + j\omega$$
$$z = \lvert z \rvert e^{j\varphi} \tag{4.4-1}$$

则有

$$z = \lvert z \rvert e^{j\varphi} = e^{(\sigma + j\omega)T}$$

其中

$$\lvert z \rvert = e^{\sigma T} \tag{4.4-2a}$$

$$\varphi = \omega T \tag{4.4-2b}$$

式(4.4-2)表示了复变量 z 的模量和幅角与复变量 s 的实部和虚部的关系，$s \sim z$ 平面的映身关系如图 4.4-1 所示。从图 4.4-1 及式(4.4-2)可得下列的映射关系。

1. s 平面上的虚轴($\sigma = 0$)映射到 z 平面是单位圆 $\lvert z \rvert = 1$；s 的左半面($\sigma > 0$)映身到 z 平面是单位圆外 $\lvert z \rvert > 1$；s 的右半面($\sigma < 1$)映射到 z 平面是单位圆的圆内 $\lvert z \rvert < 1$。

2. s 平面的原点 $s = 0$，映射到 z 平面是 $z = 1$，即单位圆与正实轴的交点。如图中 a 点和 a' 点。

3. s 平面的实轴($\omega = 0$)映射到 s 平面是正实轴($\varphi = 0$)。

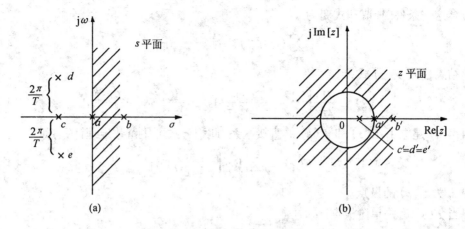

图 4.4-1　z 平面与 s 平面的映射关系

4. $z \sim s$ 的映射关系不是单值的。因为在 s 平面上沿虚轴移动对应于在 z 平面上沿单位圆周期性旋转。在 s 平面每平移 $2\pi/T$，则对应在 z 平面沿单位圆转一圈。如图中 c,d,e 具有相同的实部而虚部相差 $2\pi/T$，映射到 z 平面是同一点 $c' = d' = e'$。

二、Z 变换与拉氏变换的关系

实际工作中，常会遇到这样的要求：已知一连续信号的拉氏变换，欲求对此信号抽样后所得到离散序列的 Z 变换。显然，在已知两个变换关系的基础上，就可以直接由拉氏变换求得 Z 变换，而不必先由拉氏变换求原函数，再经抽样而进行 Z 变换的过程。

例如

$$\text{拉氏变换 } F(s) \Longrightarrow \text{Z 变换 } F(z)$$

$$\Downarrow \quad \text{（抽样）} \quad \Uparrow$$

$$\text{连续信号 } f(t) \Longrightarrow \text{离散信号 } f(n)$$

为了得到 Z 变换与拉氏变换的直接关系，先由拉氏反变换开始，由像函数 $F(s)$ 求原函数 $f(t)$，即

$$f(t) = \frac{1}{2\pi j}\int_{\sigma-j\infty}^{\sigma+j\infty} F(s)e^{st}ds$$

将时间函数 $f(t)$ 以抽样间隔 T 进行抽样，得

$$f(nT) = \frac{1}{2\pi j}\int_{\sigma-j\infty}^{\sigma+j\infty} F(s)e^{snT}ds \qquad (n = 0,1,2,\cdots)$$

对此抽样信号进行 Z 变换，有

$$F(z) = \sum_{n=0}^{\infty} f(nT)z^{-n} = \sum_{n=0}^{\infty}\left[\frac{1}{2\pi j}\int_{\sigma-j\infty}^{\sigma+j\infty} F(s)e^{snT}ds\right]z^{-n} =$$

$$\frac{1}{2\pi j}\int_{\sigma-j\infty}^{\sigma+j\infty} F(s)\left[\sum_{n=0}^{\infty}(e^{sT}z^{-1})^n\right]ds$$

上式的收敛条件是

$$|e^{sT}z^{-1}| < 1$$

即

$$|z| > |e^{sT}|$$

当符合这一条件时,取和式变为

$$\sum_{n=0}^{\infty}(e^{sT}z^{-1})^n = \frac{1}{1 - e^{sT}z^{-1}} \tag{4.4-3}$$

将此结果代入 $F(z)$ 式,则

$$F(z) = \frac{1}{2\pi j}\int_{\sigma-j\infty}^{\sigma+j\infty} \frac{F(s)}{1 - e^{sT}z^{-1}}\mathrm{d}s = \frac{1}{2\pi j}\int_{\sigma-j\infty}^{\sigma+j\infty} \frac{zF(s)}{z - e^{sT}}\mathrm{d}s \tag{4.4-4}$$

式(4.4-4) 建立了 $F(z)$ 和 $F(s)$ 的直接联系。此积分式可用留数定理计算,即

$$F(z) = \sum_i \mathrm{Res}\left[\frac{zF(s)}{z - e^{sT}}, s_i\right] \tag{4.4-5}$$

其中 s_i 为 $F(s)$ 的极点。

当 $F(s)$ 有一单阶极点 s_1 时

$$\mathrm{Res}\left[\frac{zF(s)}{z - e^{sT}}, s_1\right] = \frac{z(s - s_1)F(s)}{z - e^{sT}} = \frac{K_1 z}{z - e^{s_1 T}} = \frac{K_1 z}{z - z_1} \tag{4.4-6}$$

式中, $K_1 = (s - s_1)F(s)\mid_{s=s_1}$ 为 $F(s)$ 在极点 s_1 处的留数; $z_1 = e^{s_1 T}$ 为 s 平面中 $F(s)$ 的极点 s_1 所对应的 z 平面中 $F(z)$ 的极点。

当 $F(s)$ 有 N 个单阶极点时

$$F(z) = \sum_{r=1}^{N} \frac{K_r z}{z - e^{s_r T}} = \sum_{r=1}^{N} \frac{K_r z}{z - z_r} \tag{4.4-7}$$

由式(4.4-7) 可见,此时 $F(z)$ 在 z 平面中也有 N 个极点 $e^{s_1 T}, e^{s_2 T}, \cdots, e^{s_N T}$ 。

此处有一点值得注意: $F(s)$ 、 $F(z)$ 在此虽然使用了同一函数符号 $F(*)$,但它们所代表的并不是同一函数。

4.5　信号线性变换小结

	FT	LT	ZT
定义式 (正、反变换)	$F(\omega) = \int_{-\infty}^{\infty} f(t)e^{-j\omega t}\mathrm{d}t$ $f(t) = \frac{1}{2\pi}\int_{-\infty}^{\infty} F(\omega)e^{j\omega t}\mathrm{d}\omega$	$F(s) = \int_{-\infty}^{\infty} f(t)e^{-st}\mathrm{d}t$ $f(t) = \frac{1}{2\pi j}\int_{\sigma-j\infty}^{\sigma+j\infty} F(s)e^{st}\mathrm{d}s$	$X(z) = \sum_{n=-\infty}^{\infty} x(n)z^{-n}$ $x(n) = \frac{1}{2\pi j}\oint_C X(z)z^{n-1}\mathrm{d}z$
变换存在的条件	① $f(t)$ 符合狄里赫利条件 ② $\oint_{-\infty}^{\infty} \mid f(t)\mid \mathrm{d}t < \infty$	单边拉氏变换:指数阶函数,即 $\lim_{t\to\infty} f(t)e^{-\sigma t} = 0, \sigma > \sigma_0$	$\sum_{n=-\infty}^{\infty} \mid x(n)z^{-n}\mid < \infty$
逆变换的计算方法		部分分式展开法、围线积分法、查表	幂级数展开法、部分分式展开法、围线积分法、查表
变换的性质	线性、时移、频移、尺度变换、对称性、微分、积分、卷积	线性、时移、 s 平移、尺度变换、微分、积分、初值、终值、卷积	线性、位移性、 z 域微分、 z 域积分、指数加权、时间反转、初值、终值、卷积、帕色伐尔定理

续表

	FT	LT	ZT
相互关系 （复平面 映射）		收敛域包含虚轴时 $F(\omega)=F(s)\mid_{s=\mathrm{j}\omega}$ $F(s)=F(\omega)\mid_{\mathrm{j}\omega=s}$	① $z=\mathrm{e}^{sT}$, $\mid z\mid=\mathrm{e}^{\sigma T}$, $\varphi=\omega T$ ② $F(z)=\dfrac{1}{2\pi\mathrm{j}}\oint_C\dfrac{zF(s)}{z-\mathrm{e}^{sT}}\mathrm{d}s$
典型函数 的变换	$\sigma(t)\longleftrightarrow 1$ $u(t)\longleftrightarrow\pi\delta(\omega)+\dfrac{1}{\mathrm{j}\omega}$ $\mathrm{e}^{at}u(t)\longleftrightarrow\dfrac{1}{\mathrm{j}\omega-a}$ $tu(t)\longleftrightarrow\mathrm{j}\pi\delta(\omega)-\dfrac{1}{\omega^2}$	$\delta(t)\longleftrightarrow 1$ $u(t)\longleftrightarrow\dfrac{1}{s}$ $\mathrm{e}^{at}u(t)\longleftrightarrow\dfrac{1}{s-a}$ $tu(t)\longleftrightarrow\dfrac{1}{s^2}$	$\delta(n)\longleftrightarrow 1$ $u(n)\longleftrightarrow\dfrac{z}{z-1}$, $\mid z\mid>1$ $a^nu(n)\longleftrightarrow\dfrac{z}{z-a}$, $\mid z\mid>\mid a\mid$ $nu(n)\longleftrightarrow\dfrac{z}{(z-1)^2}$ $\mid z\mid>1$

习 题 4

4-1 求下列函数的 Z 变换，并标明收敛域。

1. $3\delta(n-2)+2\delta(n-5)$ 2. $\delta(n)-\dfrac{1}{8}\delta(n-3)$

3. $\delta(n+1)$ 4. $u(n)-u(n-2)$

5. $\left(\dfrac{1}{2}\right)^n u(n)$ 6. $\left(\dfrac{1}{2}\right)^n u(n-2)$

7. $\left(\dfrac{1}{3}\right)^{-n}u(n)$ 8. $\left(\dfrac{1}{3}\right)^n u(-n)$

9. $-\left(\dfrac{1}{2}\right)^n u(-n-1)$ 10. $\left(\dfrac{1}{2}\right)^n[u(n)-u(n-10)]$

11. $\left(\dfrac{1}{2}\right)^n u(n)+\left(\dfrac{1}{3}\right)^n u(n)$ 12. $\dfrac{1}{2}nu(n)$

13. $(n+1)u(n)$ 14. $n^2u(n)$

15. $n\mathrm{e}^{an}u(n)$

4-2 求双边序列 $x(n)=\left(\dfrac{1}{2}\right)^{\mid n\mid}$ 的 Z 变换，并标明收敛域及绘出极零点图。

4-3 求下列序列的 Z 变换，并标明收敛域，绘出极零点图。

1. $\mathrm{e}^{an}\cos n\theta u(n)$

2. $Ar^n\cos(n\omega_0+\varphi)u(n)$ $(0<r<1)$

3. $x(n)=\begin{cases}1 & 0\leqslant n\leqslant N-1\\0 & 其他\end{cases}$

4. $x(n)=\begin{cases}n & 1\leqslant n\leqslant N\\2N-n & N+1\leqslant n\leqslant 2N\\0 & 其他 n\end{cases}$

4-4　求下列函数的 Z 反变换

1. $\dfrac{1}{1 + 0.5z^{-1}}$ 　 $|z| > 0.5$ 　　 2. $\dfrac{1}{1 - 0.5z^{-1}}$ 　 $|z| > 0.5$

3. $\dfrac{1 - \dfrac{1}{2}z^{-1}}{1 + \dfrac{3}{4}z^{-1} + \dfrac{1}{8}z^{-2}}$ 　 $|z| > \dfrac{1}{2}$ 　　 4. $\dfrac{1 - \dfrac{1}{2}z^{-1}}{1 - \dfrac{1}{4}z^{-2}}$ 　 $|z| > \dfrac{1}{2}$

5. $\dfrac{1 - az^{-1}}{z^{-1} - a}$ 　 $|z| > \dfrac{1}{|a|}$ 　　 6. $\dfrac{z - a}{1 - az}$ 　 $|z| > \left|\dfrac{1}{a}\right|$

7. $\dfrac{z^2}{z^2 + 3z + 2}$ 　 $|z| > 2$ 　　 8. $\dfrac{z^2 + z + 1}{z^2 + 3z + 2}$ 　 $|z| > 2$

9. $\dfrac{z^{-1}}{1 - 1.5z^{-1} + 0.5z^{-2}}$ 　 $|z| > 1$ 　　 10. $\dfrac{1 + 2z^{-1} + z^{-2}}{1 - 0.4z^{-1} - 0.6z^{-2}}$ 　 $|z| > 1$

11. $\dfrac{z}{(z - 1)(z^2 - 1)}$ 　 $|z| > 1$ 　　 12. $\dfrac{z^2 - az}{(z - a)^3}$ 　 $|z| > |a|$

4-5　利用三种 Z 反变换方法求 $X(z)$ 的反变换 $x(n)$

$$X(z) = \dfrac{10z}{(z - 1)(z - 2)} \quad |z| > 2$$

4-6　利用留数定理求下列 $X(z)$ 的反变换

1. $X(z) = \dfrac{z}{(z - 1)^2(z - 2)}$ 　 $|z| > 2$

2. $X(z) = \dfrac{z^2}{(ze - 1)^3}$ 　 $|z| > \dfrac{1}{e}$

4-7　利用幂级数展开法求 $X(z) = e^z(|z| < \infty)$ 所对应的序列 $x(n)$。

4-8　求下列 $X(z)$ 的反变换 $x(n)$

$$X(z) = z^{-1} + 6z^{-4} - 2z^{-7} \quad |z| > 0$$

4-9　画出 $X(z) = \dfrac{-3z^{-1}}{2 - 5z^{-1} + 2z^{-2}}$ 的零极图,在下列三种收敛域下,哪种情况对应左边序列、右边序列、双边序列?并求各对应序列。

(1) $|z| > 2$ 　　　 (2) $|z| < 0.5$ 　　　 (3) $0.5 < |z| < 2$

4-10　已知单边序列的 Z 变换 $X(z)$,求序列的初值 $x(0)$ 和终值 $x(\infty)$。

1. $X(z) = \dfrac{1 + z^{-1} + z^{-2}}{(1 - z^{-1})(1 - 2z^{-1})}$

2. $X(z) = \dfrac{1}{(1 - 0.5z^{-1})(1 + 0.5z^{-1})}$

3. $X(z) = \dfrac{z^{-1}}{1 - 1.5z^{-1} + 0.5z^{-2}}$

4-11　利用卷积定理求 $y(n) = x(n) * h(n)$,已知

1. $x(n) = a^n u(n)$ 　　 $h(n) = b^n u(-n)$

2. $x(n) = a^n u(n)$ 　　 $h(n) = \delta(n - 2)$

3. $x(n) = a^n u(n)$ 　　 $h(n) = u(n - 1)$

4-12　利用 Z 域卷积定理求序列 $e^{-bn}\sin\omega_0 n u(n)$ 的 Z 变换。

4-13　已知 $x(n)$、$y(n)$ 的 Z 变换,用逆变换法和 z 域卷积定理求序列乘积 $(x(n)\cdot y(n))$ 的 Z 变换。

1. $X(z) = \dfrac{1}{1 - 0.5z^{-1}}$ $\qquad$ $|z| > 0.5$

$\quad$ $Y(z) = \dfrac{1}{1 - 2z}$ $\qquad$ $|z| < 0.5$

2. $X(z) = \dfrac{0.99}{(1 - 0.1z^{-1})(1 - 0.1z)}$ $\qquad$ $0.1 < |z| < 10$

$\quad$ $Y(z) = \dfrac{1}{1 - 10z}$ $\qquad$ $|z| < 0.1$

第5章　信号相关分析原理

信号的相关特性是描述信号特征的一种重要方法。本章将简单介绍相关函数、相关定理等概念,以及它们与信号的能谱和功率谱密度之间的关系。

5.1　信号的互能量与互能谱

一、信号的能量与功率

将信号电压(或电流)加到 1 欧姆电阻所消耗的能量,定义为信号 $f(t)$ 的归一化能量,以 E 表示,则

$$E = \int_{-\infty}^{\infty} \mid f(t) \mid^2 dt$$

若 $f(t)$ 为实数,则

$$E = \int_{-\infty}^{\infty} f^2(t) dt \tag{5.1-1}$$

对于能量信号,E 为有限值。

信号 $f(t)$ 的平均功率定义为信号电压(或电流)在 1 欧姆电阻上所消耗的功率,以 P 表示,称

$$\frac{1}{T_2 - T_1} \int_{T_1}^{T_2} \mid f(t) \mid^2 dt$$

为 $f(t)$ 在时间区间 $[T_1, T_2]$ 上的平均功率。而把整个时间轴 $[-\infty, +\infty]$ 上的平均功率

$$P = \lim_{T \to \infty} \frac{1}{T} \int_{-\frac{T}{2}}^{\frac{T}{2}} \mid f(t) \mid^2 dt$$

称为 $f(t)$ 的平均功率。

若 $f(t)$ 为实函数,则

$$P = \lim_{T \to \infty} \frac{1}{T} \int_{-\frac{T}{2}}^{\frac{T}{2}} f^2(t) dt \tag{5.1-2}$$

T 为从 $f(t)$ 中截取的时间区间。

对于功率信号,平均功率 P 为有限值。对于周期信号,其平均功率在数值上就等于信号的一个周期上的功率。

二、能量谱与功率谱

式(5.1-1)表示由信号的时间函数计算信号能量,即

$$E = \int_{-\infty}^{\infty} f^2(t) dt$$

若用傅里叶反变换式

$$f(t) = \frac{1}{2\pi}\int_{-\infty}^{\infty}F(\omega)e^{j\omega t}d\omega$$

表示其中一个 $f(t)$，则式(5.1-1)可写成

$$E = \int_{-\infty}^{\infty}f(t)\left[\frac{1}{2\pi}\int_{-\infty}^{\infty}F(\omega)e^{j\omega t}d\omega\right]dt$$

由于 t 和 ω 是两个相互独立的变量，所以上式可以交换积分次序，变成为

$$E = \frac{1}{2\pi}\int_{-\infty}^{\infty}F(\omega)\left[\int_{-\infty}^{\infty}f(t)e^{j\omega t}dt\right]d\omega = \frac{1}{2\pi}\int_{-\infty}^{\infty}F(\omega)F(-\omega)d\omega$$

由于 $|F(\omega)|$ 是 ω 的偶函数，而相位 $\varphi(\omega)$ 是 ω 的奇函数，故 $F(\omega)F(-\omega) = |F(\omega)|^2$，于是

$$E = \int_{-\infty}^{\infty}f^2(t)dt = \frac{1}{2\pi}\int_{-\infty}^{\infty}|F(\omega)|^2d\omega \tag{5.1-3}$$

式(5.1-3)称为帕色伐尔定理，又称瑞利公式。它表明：对于能量信号，在时域内计算信号的能量与在频域内计算信号的能量相等，即信号经傅里叶变换，其总能量保持不变。

式(5.1-3)中 $|F(\omega)|^2$ 表明了信号能量在频域的分布情况，称为能量频谱密度，简称能谱。它表示单位带宽内信号能量随频率的变化，通常记作 $W(\omega)$，即

$$W(\omega) = |F(\omega)|^2$$

所以，信号能量又可表示为

$$E = \frac{1}{2\pi}\int_{-\infty}^{\infty}W(\omega)d\omega = \int_{-\infty}^{\infty}W(f)df \tag{5.1-4}$$

由于 $W(\omega)$ 是 ω 的实偶函数，因此上式又可写成

$$E = \frac{1}{\pi}\int_{0}^{\infty}W(\omega)d\omega = 2\int_{0}^{\infty}W(f)df \tag{5.1-5}$$

在利用能谱研究信号时，不可避免地损失了包含在信号相位谱中的信息，因为能谱是频谱密度模的平方，与相位谱无关。例如，对波形相同而时间位置不同的所有信号，其能谱是完全相同的。

例 5.1-1 求矩形脉冲(图 5.1-1)的能谱

解 矩形脉冲的频谱为

$$F(\omega) = A\tau\mathrm{Sa}\left(\frac{\omega\tau}{2}\right) = A\tau\frac{\sin\left(\frac{\omega\tau}{2}\right)}{\frac{\omega\tau}{2}}$$

能量密度谱为

$$W(\omega) = |F(\omega)|^2 = A^2\tau^2\frac{\sin^2\left(\frac{\omega\tau}{2}\right)}{\left(\frac{\omega\tau}{2}\right)^2}$$

由图 5.1-2 的能谱图可以明显看出，信号能量主要集中在低频段。

功率有限信号的平均功率为

$$P = \lim_{T_0\to\infty}\frac{1}{T_0}\int_{-\frac{T_0}{2}}^{\frac{T_0}{2}}f^2(t)dt$$

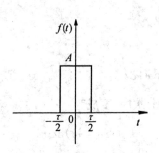

图 5.1-1　例 5.1-1 图 I

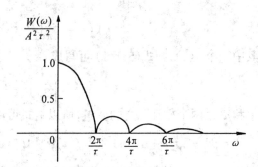

图 5.1-2　例 5.1-1 图 II

如果令 $f_{T_0}(t)$ 为 $f(t)$ 的截短函数,其表示式为

$$f_{T_0}(t) = \begin{cases} f(t) & |t| \leqslant \dfrac{T_0}{2} \\ 1 & |t| > \dfrac{T_0}{2} \end{cases} \tag{5.1-6}$$

此时 $f_{T_0}(t)$ 的能量为

$$E_{T_0} = \int_{-\infty}^{\infty} f_{T_0}^2(t)\mathrm{d}t = \frac{1}{2\pi}\int_{-\infty}^{\infty} |F_{T_0(\omega)}|^2 \mathrm{d}\omega \tag{5.1-7}$$

由于

$$\int_{-\infty}^{\infty} f_{T_0}^2(t)\mathrm{d}t = \int_{-\frac{T_0}{2}}^{\frac{T_0}{2}} f^2(t)\mathrm{d}t \tag{5.1-8}$$

所以 $f(t)$ 的平均功率为

$$P = \lim_{T_0 \to \infty} \frac{1}{T_0}\int_{-\frac{T_0}{2}}^{\frac{T_0}{2}} f^2(t)\mathrm{d}t = \lim_{T_0 \to \infty} \frac{1}{T_0}\int_{-\infty}^{\infty} f_{T_0}^2(t)\mathrm{d}t =$$

$$\frac{1}{2\pi}\int_{-\infty}^{\infty} \lim_{T_0 \to \infty} \frac{|F_{T_0}(\omega)|^2}{T_0} \mathrm{d}\omega \tag{5.1-9}$$

当 T_0 增大时,$f_{T_0}(t)$ 的能量增加, $|F_{T_0}(\omega)|$ 也增加。当 $T_0 \to \infty$ 时,$f_{T_0}(t) \to f(t)$, $\dfrac{|F_{T_0}(\omega)|^2}{T_0}$ 可能趋近于一极限。若此极限存在,我们定义它是 $f(t)$ 的功率频谱密度函数,**简称功率谱**,记作 $S(\omega)$。

$$S(\omega) = \lim_{T_0 \to \infty} \frac{|F_{T_0}(\omega)|^2}{T_0} \tag{5.1-10}$$

将式(5.1-10)代入式(5.1-9)得信号功率

$$P = \frac{1}{2\pi}\int_{-\infty}^{\infty} S(\omega)\mathrm{d}\omega \tag{5.1-11}$$

可见,功率谱 $S(\omega)$ 表示单位频带内的信号功率随频率的变化情况。

三、两信号的经能量

由式(5.1-1)可知,单一信号 $x(t)$ 的能量可表示为

$$E_x = \int_{-\infty}^{\infty} x^2(t)\mathrm{d}t$$

而两信号 $x(t)$、$y(t)$ 之和的能量可表示为

$$E_{\sum} = \int_{-\infty}^{\infty} (x(t) + y(t))^2 \mathrm{d}t =$$

$$\int_{-\infty}^{\infty} x^2(t)\mathrm{d}t + \int_{-\infty}^{\infty} y^2(t)\mathrm{d}t + 2\int_{-\infty}^{\infty} x(t)y(t)\mathrm{d}t = E_x + E_y + E_{xy} \qquad (5.1\text{-}12)$$

由上式可见,两信号之和的能量,除了包括两信号各自的能量外,还有一项

$$E_{xy} = 2\int_{-\infty}^{\infty} x(t)y(t)\mathrm{d}t$$

称为信号 $x(t)$、$y(t)$ 的互能量。如果使用矢量代数的术语,则式(5.1-13)中的积分称为信号 $x(t)$ 和 $y(t)$ 的标量积 (x,y),即

$$(x,y) = \int_{-\infty}^{\infty} x(t)y(t)\mathrm{d}t \qquad (5.1\text{-}14)$$

可见,两信号的互能量与其标量积成正比。

四、广义瑞利公式、互能谱

若信号 $x(t)$ 和 $y(t)$ 为二实函数,其频谱密度分别为 $X(\omega)$ 和 $Y(\omega)$,则

$$(x,y) = \int_{-\infty}^{\infty} x(t)y(t)\mathrm{d}t = \frac{1}{2\pi}\int_{-\infty}^{\infty} X(\omega)Y^*(\omega)\mathrm{d}\omega \qquad (5.1\text{-}15)$$

式(5.1-15)称为**广义瑞利公式**,也称帕色伐尔方程。

证明

$$(x,y) = \int_{-\infty}^{\infty} x(t)y(t)\mathrm{d}t$$

使用傅里叶反变换式表示 $x(t)$,即

$$x(t) = \frac{1}{2\pi}\int_{-\infty}^{\infty} X(\omega)\mathrm{e}^{\mathrm{j}\omega t}\mathrm{d}\omega$$

则

$$(x,y) = \int_{-\infty}^{\infty} y(t)\left[\frac{1}{2\pi}\int_{-\infty}^{\infty} X(\omega)\mathrm{e}^{\mathrm{j}\omega t}\mathrm{d}\omega\right]\mathrm{d}t$$

交换积分次序,可得

$$(x,y) = \frac{1}{2\pi}\int_{-\infty}^{\infty} X(\omega)\left[\int_{-\infty}^{\infty} y(t)\mathrm{e}^{\mathrm{j}\omega t}\mathrm{d}t\right]\mathrm{d}\omega =$$

$$\frac{1}{2\pi}\int_{-\infty}^{\infty} X(\omega)Y(-\omega)\mathrm{d}\omega =$$

$$\frac{1}{2\pi}\int_{-\infty}^{\infty} X(\omega)Y^*(\omega)\mathrm{d}\omega$$

应当注意,在式(5.1-15)中,尽管等式左边明显的是实函数,但等式右边的被积函数表达式却是复函数。这是由于在对称的积分限上,两对称点 $\pm\omega$ 的被积函数是互为复共轭的,即

$$X(-\omega)Y^*(-\omega) = X^*(\omega)Y(\omega) = [X(\omega)Y^*(\omega)]^* \qquad (5.1\text{-}16)$$

因为对于任何复数 z,均有

$$z + z^* = 2\mathrm{Re}\,|\,z\,| \tag{5.1-17}$$

所以我们引用函数

$$W_{XY}(\omega) = X(\omega)Y^*(\omega) \tag{5.1-18}$$

此时,广义瑞利公式可表示为下列形式

$$(x, y) = \int_{-\infty}^{\infty} x(t)y(t)\mathrm{d}t = \frac{1}{2\pi}\int_{-\infty}^{\infty} W_{XY}(\omega)\mathrm{d}\omega \tag{5.1-19}$$

将函数 $W_{XY}(\omega)$ 称为信号 $x(t)$ 和 $y(t)$ 的互能谱密度,简称**互能谱**。

例 5.1-2 已知两个相距 t_0 的相同形状的指数信号 (图 5.1-3)

$$x(t) = \mathrm{e}^{-at}u(t)$$
$$y(t) = \mathrm{e}^{-a(t-t_0)}u(t-t_0)$$

试求 $x(t), y(t)$ 的互能谱。

解 信号 $x(t)$ 和 $y(t)$ 的频谱函数为

$$X(\omega) = \frac{1}{\alpha + \mathrm{j}\omega}, \quad Y(\omega) = \frac{1}{\alpha + \mathrm{j}\omega}\mathrm{e}^{-\mathrm{j}\omega t_0}$$

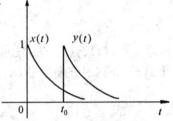

图 5.1-3　例 5.1-2 图 I

则互能谱

$$W_{XY}(\omega) = X(\omega)Y^*(\omega) = \frac{1}{\alpha + \mathrm{j}\omega}\frac{1}{\alpha - \mathrm{j}\omega}\mathrm{e}^{\mathrm{j}\omega t_0} = \frac{1}{\alpha^2 + \omega^2}\mathrm{e}^{\mathrm{j}\omega t_0}$$

互能谱实部

$$\mathrm{Res}[X(\omega)Y^*(\omega)] = \frac{\cos\omega t_0}{\alpha^2 + \omega^2}$$

如图 5.1-4 所示。实用中,当给定参数 α 后,互能谱 $W_{XY}(\omega)$ 的频率特性将完全由信号的时间位移 t_0 决定。当脉冲信号间严重重迭时,互能谱具有明显的低频特性。为了使信号能很好地分离开,可以使用高通滤波器,滤除频谱中的低频分量,使输出端脉冲宽度明显减小,脉冲的重迭可以消除,从而可以提高脉冲间隔的测量精度。

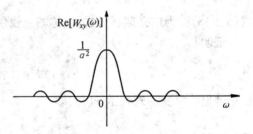

图 5.1-4　例 5.1-2 图 II

5.2　信号的相关分析

在现代无线电电子设备中,一个重要的问题是选择"最佳"信号形式,以便能以最大效率完成预定的任务。关于"最佳"信号的标准,还要在有关课程中不断加以研究。此处先看一个对信号的特殊选择特性如何提出要求的实例。

一、时移信号比较

讨论一个很简单的测量目标距离的脉冲雷达工作原理,如图 5.2-1 所示。$x(t)$ 为雷达探测信号,$x(t-\tau)$ 为接收的回波信号,两者波形相同,τ 是探测信号与接收信号之间的时间延迟。显然,有关目标距离的信息就包含在数值 τ 内。

图 5.2-2 表示测距用的雷达信号处理设备的结构图。该系统由一排延迟单元组成,它们将发送的标准信号分别产生 $\tau_1, \tau_2, \cdots, \tau_N$ 的固定延迟时间。被延迟的信号与接收回波信号一起加到按下述原理工作的比较装置上:比较装置的输出信号只在两个输入信号互为"副本"时才出现。根据产生输出信号的通道号,就可得知相应目标的距离。信号与其时移"副本"相距愈大,测量结果愈精确。如果相距不远,则可能出现非唯一读数。此时,信号将在几个相邻比较电路输出端同时出现。

对于这种应用来说,可以得到的"最佳"信号应是持续期足够窄的脉冲信号。这个问题的理解与信号能谱理论有最直接的关系。

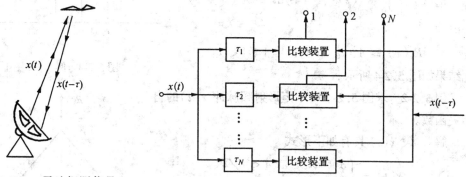

图 5.2-1 雷达探测信号及其回波信号

图 5.2-2 雷达测距信号处理设备结构图

二、信号的自相关函数

为了定理地确定信号 $x(t)$ 与其时移副本 $x(t-\tau)$ 的差别程度或相似程度,通常使用自相关函数 $R(\tau)$,它等于两个信号的标量积,即

$$R_x(\tau) = \int_{-\infty}^{\infty} x(t)x(t-\tau)\mathrm{d}t \qquad (5.2\text{-}1)$$

假设 $x(t)$ 为有限时间信号,则式(5.2-1)的积分显然是存在的。

自相关函数具有一些鲜明的特点:

1. 自相关函数是偶函数

$$R(\tau) = R(-\tau) \qquad (5.2\text{-}2)$$

在式(5.2-2)中,令 $t' = (t-\tau)$,即可得到证明。

2. 由式(5.2-1)可以直接得出,当 $\tau = 0$ 时自相关函数等于信号的能量,即

$$R_x(0) = \int_{-\infty}^{\infty} x^2(t)\mathrm{d}t = E_x \qquad (5.2\text{-}3)$$

3. $R_x(0)$ 为自相关函数的最大值,即

$$|R_x(\tau)| \leqslant R_x(0) = E_x \qquad (5.2\text{-}4)$$

这样,自相关函数 $R(\tau)$ 可用具有正的最大中心值的对称曲线表示。随着信号形式不同,其自相关函数可能具有单调衰减或振荡的形式。

例 5.2-1 求矩形视频脉冲 x(t) 的自相关函数。

解 视频脉冲 $x(t)$ 持续期为 t_0，根据图 5.2-3 的结构，计算式 (5.2-1) 的积分。实际上，乘积 $x(t) \cdot x(t-\tau)$ 仅在信号重叠时间内才有非零值。

当 $0 < \tau < t_0$ 时

$$R_x(\tau) = \int_\tau^{t_0} x(t)x(t-\tau)\mathrm{d}t = A^2(t_0-\tau)$$

当 $-t_0 < \tau < 0$ 时

$$R_x(\tau) = \int_0^{t_0+\tau} x(t)x(t-\tau)\mathrm{d}t = A^2(t_0+\tau)$$

所以

$$R_x(\tau) = A^2(t_0-|\tau|) \qquad |\tau| < t_0$$

此结果如图 5.2-4 所示。

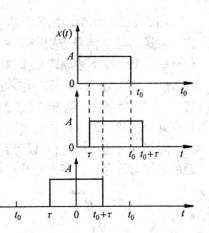

图 5.2-3　例 5.2-1 图 I

例 5.2-2 求图 5.2-5 所示矩形射频脉冲 $x(t)$ 的自相关函数。

解 设 $x(t)$ 具有如下形式

$$x(t) = \begin{cases} A\cos\omega t & |t| < t_0/2 \\ 0 & \text{其他} \end{cases}$$

因为自相关函数具有偶函数性质，所以只在 $0 < \tau < t_0$ 时计算式 (5.2-1) 的积分

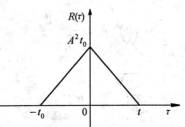

图 5.2-4　例 5.2-1 图 II

$$R_x(\tau) = A^2\int_{-\frac{t_0}{2}+\tau}^{\frac{t_0}{2}} \cos\omega t\cos\omega(t-\tau)\mathrm{d}t =$$

$$\frac{A^2}{2}(t_0-\tau)\cos\omega\tau + \frac{A^2}{2}\int_{-\frac{t_0}{2}+\tau}^{\frac{t_0}{2}} \cos(2\omega t-\tau)\mathrm{d}t$$

最后计算三角积分，有

$$R_x(\tau) = \frac{A^2}{2}(t_0-|\tau|)\left[\cos\omega\tau + \frac{\sin\omega(t_0-|\tau|)}{\omega(t_0-|\tau|)}\right]$$

上式结果可以用图 5.2-6 表示，显然，射频脉冲的自相关函数具有典型的振荡形式。

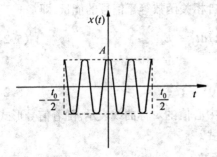

图 5.2-5　例 5.2-2 图 I

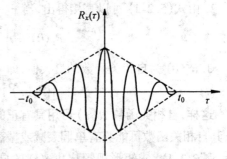

图 5.2-6　例 5.2-2 图 II

例 5.2-3　求矩形视频脉冲序列 $x(t)$ 的自相关函数。

解　图 5.2-7(a) 表示三个同样的矩形脉冲组成的脉冲串 $x(t)$，它的自相关函数按式(5.2-1)计算，其结果如图 5.2-7(b) 所示。因计算完全重复例 5.2-1 中的方法，故此处不再详细计算。

显而易见，在 $\tau = 0$ 时，自相关函数达到最大值，形成自相关函数的主瓣。而当延迟时间 τ 为序列周期的整数倍(例如，$\tau = \pm T, \pm 2T$ 时)，自相关函数 $R_x(\tau)$ 将出现其高度可与主瓣相比拟的副瓣。因此，可以说该信号的相关结构有某种不完备性。

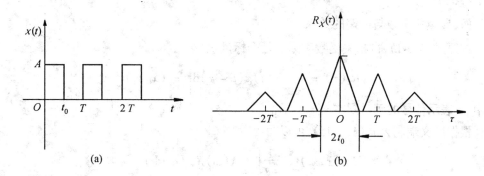

图 5.2-7　例 5.2-3 图

三、无限长信号的自相关函数

如果研究无限长序列的相关性，则在方法上将略有不同。可以认为，这种信号是由有限时间信号(即脉冲信号)的持续期 T_0 趋于无穷大时获得的。为了使所得 $R(\tau)$ 表达式不发散，定义信号与其移时副本的标量积的平均值为新的自相关函数

$$R_x(\tau) = \lim_{T_0 \to \infty} \frac{1}{T_0} \int_{-\frac{T_0}{2}}^{\frac{T_0}{2}} x(t) x(t - \tau) \mathrm{d}t \tag{5.2-6}$$

此时，自相关函数等于这两个信号的平均互功率。

如果 $x(t)$ 是周期为 T 的周期函数，那么乘积 $x(t)x(t - \tau)$ 也是周期为 T 的周期函数。因此，在式(5.2-6) 中的平均互功率就等于周期函数 $x(t)x(t - \tau)$ 的一个周期上的平均功率，即

$$R_x(\tau) = \frac{1}{T} \int_{-\frac{T}{2}}^{\frac{T}{2}} x(t) x(t - \tau) \mathrm{d}t \tag{5.2-7}$$

式(5.2-7)就是周期功率信号自相关函数的定义式。

周期信号的自相关函数是时差 τ 的函数，并且是 τ 的周期函数，周期亦为 T。当 $\tau = 0$ 或周期 T 的整数倍时，$x(t - \tau) = x(t)$，$R_x(\tau)$ 达到最大值，等于周期信号 $x(t)$ 的平均功率，即

$$R_x(\tau) = \frac{1}{T} \int_{-\frac{T}{2}}^{\frac{T}{2}} x^2(t) \mathrm{d}t \tag{5.2-8}$$

例 5.2-4　求余弦信号 $x(t) = A\cos\omega t$ 的自相关函数。

解 根据式(5.2-7)计算自相关函数

$$R_x(\tau) = \frac{1}{T}\int_{-\frac{T}{2}}^{\frac{T}{2}} A^2\cos\omega t\cos\omega(t-\tau)\mathrm{d}t =$$

$$\frac{1}{T}\int_{-\frac{T}{2}}^{\frac{T}{2}} \frac{A^2}{2}[\cos(2\omega-\tau)+\cos\omega\tau]\mathrm{d}t = \frac{A^2}{2}\cos\omega\tau$$

可见,自相关函数是 τ 的周期函数。当 $\tau = 0$ 或 $\pm T$, $\pm 2T$, $\cdots$ 时,$R_x(\tau) = A^2/2$,即信号的平均功率。

四、自相关函数与能谱的关系

按照式(5.2-1),自相关函数实际上是个标量积

$$R_x(\tau) = \int_{-\infty}^{\infty} x(t)x(t-\tau)\mathrm{d}t = (x, x_\tau)$$

式中 x_τ 表示信号的延时副本 $x(t-\tau)$。

根据广义瑞利公式(5.2-15),可以写出

$$(x, x_\tau) = \frac{1}{2\pi}\int_{-\infty}^{\infty} X(\omega)X_\tau^*(\omega)\mathrm{d}\omega$$

式中 $X(\omega)$ 和 $X_\tau(\omega)$ 分别为 $x(t)$ 和 $x(t-\tau)$ 的频谱密度函数。显然

$$X_\tau(\omega) = X(\omega)\mathrm{e}^{-\mathrm{j}\omega\tau}$$

而

$$X_\tau^*(\omega) = X^*(\omega)\mathrm{e}^{\mathrm{j}\omega\tau}$$

这样,就可以得出一个重要结果

$$R_x(\tau) = \frac{1}{2\pi}\int_{-\infty}^{\infty} |X(\omega)|^2\mathrm{e}^{\mathrm{j}\omega\tau}\mathrm{d}\omega = \frac{1}{2\pi}\int_{-\infty}^{\infty} W_x(\omega)\mathrm{e}^{\mathrm{j}\omega\tau}\mathrm{d}\omega \qquad (5.2\text{-}9\mathrm{a})$$

式(5.2-9a)表明,自相关函数等于信号能谱的傅里叶变换。由此容易得出

$$W_x(\omega) = \int_{-\infty}^{\infty} R_x(\tau)\mathrm{e}^{-\mathrm{j}\omega\tau}\mathrm{d}\tau \qquad (5.2\text{-}9\mathrm{b})$$

由式(5.2-9)可见,信号的自相关函数与能谱是一傅里叶变换对。即

$$R_x(\tau) \longleftrightarrow W_x(\omega) = |X(\omega)|^2 \qquad (5.2\text{-}10)$$

式(5.2-9)或式(5.2-10)表示的关系是重要的。第一,它能够根据信号能谱估计信号相关特性。信号频带愈宽,自相关函数的主瓣愈窄。由此可知,为了能够精确测量信号出现的时刻,应使用宽频带信号。第二,式(5.2-9)给出了实验确定能谱的方法,通常,先获得自相关函数,然后利用傅里叶变换求得信号的能谱。

例 5.2-5 求图 5.2-8 所示有限频带内具有均匀能谱的信号的自相关函数。

解 设

$$W(\omega) = \begin{cases} W_0 & |\omega| > \omega_B \\ 0 & \text{其他} \end{cases}$$

根据式(5.2-9a),自相关函数为

$$R(\tau) = \frac{W_0}{2\pi}\int_{-\omega_B}^{\omega_B} \mathrm{e}^{\mathrm{j}\omega\tau}\mathrm{d}\omega = \frac{W_0}{\pi}\int_0^{\omega_B}\cos\omega\tau\,\mathrm{d}\omega =$$

$$\frac{W_0\omega_B}{\pi}\frac{\sin\omega_B\tau}{\omega_B\tau} = \frac{W_0\omega_B}{\pi}Sa(\omega_B\tau)$$

自相关函数 $R(\tau)$ 图(5.2-9) 具有明显的瓣状结构。

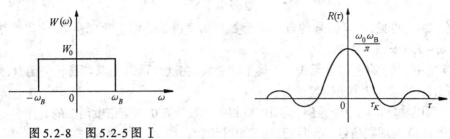

图 5.2-8　图 5.2-5 图 I

图 5.2-9　图 5.2-5 图 II

为了表示自相关函数的主瓣宽度,引入一个参数 —— 相关间隔 τ_k。由图 5.2-9可见,$\omega_B\tau_k = \pi$,于是

$$\tau_k = \frac{\pi}{\omega_B} = \frac{1}{2f_B} \tag{5.2-11}$$

由此可见,信号能谱的上限频率愈高,则自相关函数的主瓣宽度愈小。

应该注意,任何信号的能谱总是正值。因此,用来计算信号能谱的自相关函数不能是任意的,而应当受此限制。

五、自相关函数与功率谱的关系

设 $x(t)$ 为功率信号,由式(5.2-6)写出无限长信号的自相关函数

$$R_x(\tau) = \lim_{T_0\to\infty}\frac{1}{T_0}\int_{-\frac{T_0}{2}}^{\frac{T_0}{2}}x(t)x(t-\tau)\mathrm{d}t$$

对上式两边取傅里叶变换

$$\mathscr{F}[R_x(\tau)] = \int_{-\infty}^{\infty}\left[\lim_{T_0\to\infty}\frac{1}{T_0}\int_{-\frac{T_0}{2}}^{\frac{T_0}{2}}x(t)x(t-\tau)\mathrm{d}t\right]e^{-j\omega\tau}\mathrm{d}\tau =$$

$$\int_{-\infty}^{\infty}\left[\lim_{T_0\to\infty}\frac{1}{T_0}\int_{-\infty}^{\infty}x_{T_0}tx_{T_0}(t-\tau)\mathrm{d}t\right]e^{-j\omega\tau}\mathrm{d}\tau =$$

$$\lim_{T_0\to\infty}\frac{1}{T_0}\int_{-\infty}^{\infty}x_{T_0}(t)\left[\int_{-\infty}^{\infty}x_{T_0}(t-\tau)e^{-j\omega\tau}\mathrm{d}\tau\right]\mathrm{d}t =$$

$$\lim_{T_0\to\infty}\frac{1}{T_0}\int_{-\infty}^{\infty}x_{T_0}(t)e^{-j\omega\tau}X_{T_0}{}^*(\omega)\mathrm{d}t =$$

$$\lim_{T_0\to\infty}\frac{1}{T_0}X_{T_0}(\omega)X_{T_0}^*(\omega) = \lim_{T_0\to\infty}\frac{|X_{T_0}(\omega)|^2}{T_0}$$

由式(5.1-10)可知

$$\lim_{T_0\to\infty}\frac{|X_{T_0}(\omega)|^2}{T_0} = S(\omega)$$

$S(\omega)$ 为信号 $x(t)$ 的功率谱密度。于是得到

$$S(\omega) = \int_{-\infty}^{\infty} R(\tau)e^{-j\omega\tau}d\tau \tag{5.2-12a}$$

$$R(\tau) = \frac{1}{2\pi}\int_{-\infty}^{\infty} S(\omega)e^{j\omega\tau}d\omega \tag{5.2-12b}$$

由式(5.2-12)可见,功率信号的自相关函数与功率谱是一傅里叶变换对,称为**维纳-辛钦** (Wiener – Khintchine)**关系**。

实用中,对于有些信号无法求其傅里叶变换,在这里可以先求其自相关函数,然后利用式(5.2-12)求其功率谱密度函数。

下面以功率周期信号为例,说明由自相关函数计算功率谱密度函数的方法。

设 $x(t)$ 为周期信号,可以展开为傅里叶级数

$$x(t) = \sum_{n=-\infty}^{\infty} c_n e^{jn\omega_1 t}$$

其中

$$c_n = \frac{1}{T}\int_{-\frac{T}{2}}^{\frac{T}{2}} x(t)e^{-jn\omega_1 t}dt, \quad \omega_1 = \frac{2\pi}{T}$$

周期信号的自相关函数为

$$R(\tau) = \frac{1}{T}\int_{-\frac{T}{2}}^{\frac{T}{2}} x(t)x(t-\tau)dt$$

在上式中,将 $x(t)$ 改用级数表示,可得

$$R(\tau) = \frac{1}{T}\int_{-\frac{T}{2}}^{\frac{T}{2}}\Big[\sum_{n=-\infty}^{\infty} c_n e^{jn\omega_1 t}\Big]x(t-\tau)dt =$$

$$\sum_{n=-\infty}^{\infty} c_n\Big[\frac{1}{T}\int_{-\frac{T}{2}}^{\frac{T}{2}} x(t-\tau)e^{jn\omega_1 t}dt\Big] =$$

$$\sum_{n=-\infty}^{\infty} c_n c_{-n}e^{jn\omega_1 t} = \sum_{n=-\infty}^{\infty} |c_n|^2 e^{jn\omega_1 t} \tag{5.2-13}$$

对式(5.2-13)取傅里叶变换,可得

$$\mathscr{F}[R(\tau)] = 2\pi\sum_{n=-\infty}^{\infty} |c_n|^2\delta(\omega - n\omega_1) \tag{5.2-14}$$

由式(5.2-12)可知,周期信号的功率谱密度函数

$$S(\omega) = 2\pi\sum_{n=-\infty}^{\infty} |c_n|^2\delta(\omega - n\omega_1) \tag{5.2-15}$$

按照式(5.2-15),可以很容易地计算出 $S(\omega)$。

5.3 离散信号的自相关函数

根据连续信号自相关函数定义

$$R(\tau) = \int_{-\infty}^{\infty} x(t)x(t-\tau)dt \tag{5.3-1}$$

可以容易地推广到离散信号。很显然，如果将上式中连续信号 $x(t)$、$x(t-\tau)$ 作单位时间间隔的抽样，可得离散序列 $x(j)$、$x(j-n)$。此时积分运算将变为取和运算，连续变量一律使用正或负的整数代替。因此，式(5.3-1)可变为下列形式的离散信号自相关函数

$$R(n) = \sum_{j=-\infty}^{\infty} x(j)x(j-n) \tag{5.3-2}$$

离散信号自相关函数具有与连续自相关函数相同的性质。如离散自相关函数是偶函数

$$R(n) = R(-n) \tag{5.3-3}$$

在 $n=0$ 时，自相关函数就是离散信号的能量

$$R_x(0) = \sum_{j=-\infty}^{\infty} x^2(j) = E_x \tag{5.3-4}$$

例 5.3-1 计算具有相同值的三位信号 $x = \{1,1,1\}$ 的自相关函数。

解 将此信号及其移动 1，2 和 3 位的副本一起列出

$$\cdots 0\,0\,0\,1\,1\,1\,0\,0\,0\cdots x(j)$$
$$\cdots 0\,0\,0\,0\,1\,1\,1\,0\,0\cdots x(j-1)$$
$$\cdots 0\,0\,0\,0\,0\,1\,1\,1\,0\cdots x(j-2)$$
$$\cdots 0\,0\,0\,0\,0\,0\,1\,1\,1\cdots x(j-3)$$

可以看出，在 $n=3$ 时信号和副本已经不再互相重合，因此 $n \geqslant 3$ 时式(5.3-2)中的乘积等于零。若计算总和，则可得

$$R(0) = 1+1+1 = 3$$
$$R(1) = 1+1 = 2$$
$$R(2) = 1$$

与三个视频脉冲的自相关情况类似，此处的自相关函数旁瓣随 n 的增加而单调衰减，如图5.3-1所示。

例 5.3-2 求三位信号 $x = \{1,1,-1\}$ 的自相关函数。

解 对于此信号，使用与上例中类似的方法计算自相关函数值

$$R(0) = 1+1+1 = 3$$
$$R(1) = 1-1 = 0$$
$$R(2) = -1$$

从相关特性的角度来看，图 5.3-2 所示自相关函数具有最小的旁瓣电平。

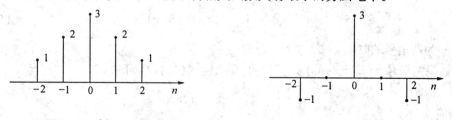

图 5.3-1 例 5.3-1 图   图 5.3-2 例 5.3-2 图

从实用观点看来，自相关函数的瓣状结构形式无关紧要，重要的是旁瓣对主瓣的相对比值。

为了寻找具有最好自相关函数结构的信号,无线电技术理论和应用数学专家在60年代之前就已致力探求。目前已经找到具有十分完美相关特性的一类信号。在这些信号中,所谓巴克码信号是最著名的。

巴克码信号　该信号具有下述的独特性质:按式(5.3-2)计算的自相关函数值,在 $n \neq 0$ 时,其值与位数 M 无关均不超过1。该信号的能量,即 $R(0)$,在数值上等于 M。

已经发现,只有位数 $M = 2,3,4,5,7,11$ 和13时才能实现巴克码信号。表5.3-1中列出了巴克码信号的数学模型及其相应的自相关函数。

表 5.3-1　巴克码及其自相关函数

M	信　号　模　型	自　相　关　函　数
3	1,1,1	3,0, − 1
4	1,1,1, − 1	4,1,0, − 1
	1,1, − 1,1	4,1,0,1
5	1,1,1, − 1,1	5,0,1,0,1
7	1,1,1, − 1, − 1,1, − 1	7,0, − 1,0, − 1,0, − 1
11	1,1,1, − 1, − 1, − 1,1 − 1, − 1,1, − 1	11,0, − 1,0, − 1,0, − 1,0, − 1,0, − 1
13	1,1,1,1,1, − 1, − 1,1,1, − 1,1, − 1,1	13,0,1,0,1,0,1,0,1,0,1 0,1

现在已经证明,不存在大于13的奇数位巴克码信号。能否存在大于4的偶数位巴克码信号,到目前为止,仍然没有结论。

5.4　信号的互相关函数

在学习自相关函数的基础上,本节介绍两个信号之间的互相关函数的概念。利用这种函数既可以描述两信号波形的相似程度,又可以描述它们在时间轴上的位置差别。

一、互相关函数

设 $x(t)$、$y(t)$ 为能量信号,则 $x(t)$ 与 $y(t)$ 的互相关函数定义为

$$R_{xy}(\tau) = \int_{-\infty}^{\infty} x(t)y(t - \tau)\mathrm{d}t \tag{5.4-1}$$

$$R_{yx}(\tau) = \int_{-\infty}^{\infty} y(t)x(t - \tau)\mathrm{d}t \tag{5.4-2}$$

式中 τ 为两信号的时差。

如果两信号 $x(t)$ 与 $y(t)$ 是正交的,那么由式(1.4-9)可知

$$\int_{-\infty}^{\infty} x(t)y(t)\mathrm{d}t = 0$$

也就是说,正交信号之间彼此毫无相似之处。

如果 $x(t)$、$y(t)$ 是功率信号,其互相关函数定义为

$$R_{xy}(\tau) = \lim_{T_0 \to \infty} \frac{1}{T_0} \int_{-\frac{T_0}{2}}^{\frac{T_0}{2}} x(t)y(t-\tau)dt \qquad (5.4\text{-}3)$$

$$R_{yx}(\tau) = \lim_{T_0 \to \infty} \frac{1}{T_0} \int_{-\frac{T_0}{2}}^{\frac{T_0}{2}} y(t)x(t-\tau)dt \qquad (5.4\text{-}4)$$

如果 $x(t)$、$y(t$ 是具有相同周期 T 的周期功率信号,则它们的互相关函数定义为

$$R_{xy}(\tau) = \frac{1}{T} \int_{-\frac{T}{2}}^{\frac{T}{2}} x(t)y(t-\tau)dt \qquad (5.4\text{-}5)$$

$$R_{yx}(\tau) = \frac{1}{T} \int_{-\frac{T}{2}}^{\frac{T}{2}} y(t)x(t-\tau)dt \qquad (5.4\text{-}6)$$

在上述情况中,如果 $x(t) = y(t)$,则互相关函数将变为自相关函数。

如果和自相关函数比照,互相关函数具有下列性质:

1. 互相关函数不是偶函数,$R_{xy}(\tau) \neq R_{xy}(-\tau)$,$R_{yx}(\tau) \neq R_{yx}(-\tau)$。

2. $R_{xy}(\tau)$ 和 $R_{yx}(\tau)$ 不是同一个函数,即 $R_{xy}(\tau) \neq R_{yx}(\tau)$,但存在下列关系

$$R_{xy}(\tau) = R_{yx}(-\tau) \qquad (5.4\text{-}7)$$

例 5.4-1 已知矩形脉冲 $x(t) = A[u(t) - u(t-T)]$,三角形脉冲 $y(t) = A\dfrac{t}{T}[u(t) - u(t-T)]$(图 5.4-1),求两信号互相关函数 $R_{xy}(\tau)$。

解 根据式(5.4-1)分段积分,当 $0 < \tau < T$ 时

$$R_{xy}(\tau) = \frac{A^2}{T} \int_{\tau}^{T} (t-\tau)dt = \frac{A^2T}{2}\left(1 - \frac{\tau}{T}\right)^2$$

当 $-T < \tau < 0$ 时

$$R_{xy}(\tau) = \frac{A^2}{T} \int_{0}^{T-|\tau|} (t+|\tau|)dt = \frac{A^2T}{2}\left(1 - \frac{|\tau|^2}{T^2}\right)$$

图 5.4-2 表示互相关函数波形,可见,$R_{xy}(\tau)$ 不是对称图形。

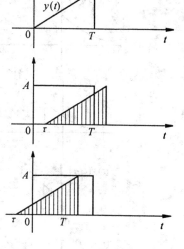

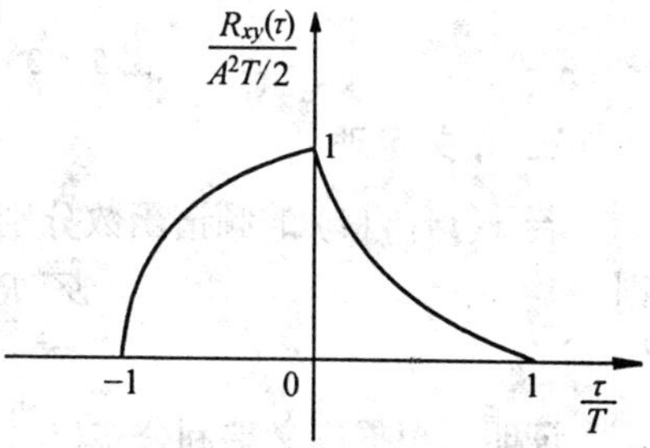

图 5.4-1 例 5.4-1 图 Ⅰ

图 5.4-2 例 5.4-1 图 Ⅱ

二、相关与卷积的关系

根据式(1.8-1)可知 $x(t)$ 和 $g(t)$ 的卷积为

$$x(t) * g(t) = \int_{-\infty}^{\infty} x(\tau)g(t-\tau)d\tau \qquad (5.4\text{-}8)$$

由式(5.4-1)知两信号 $x(t)$,$y(t)$ 的互相关函数为

$$R_{xy}(t) = \int_{-\infty}^{\infty} x(\tau)y(\tau-t)d\tau \qquad (5.4\text{-}9)$$

在上两式中,若令 $g(t) = y(-t)$,则可得到相关与卷积的关系

$$R_{xy}(t) = x(t) * y(-t) \tag{5.4-10}$$

相关运算与卷积类似,也可用图解法说明其运算过程。这两种运算过程都包含位移、相乘、积分三个步骤。其差别在于相关运算不要求对 $y(t)$ 进行反褶,而卷积运算需要反褶。如果 $x(t)$ 或 $y(t)$ 为实偶函数,则卷积和相关运算完全相同。

图 5.4-3 表示两种运算过程比较。

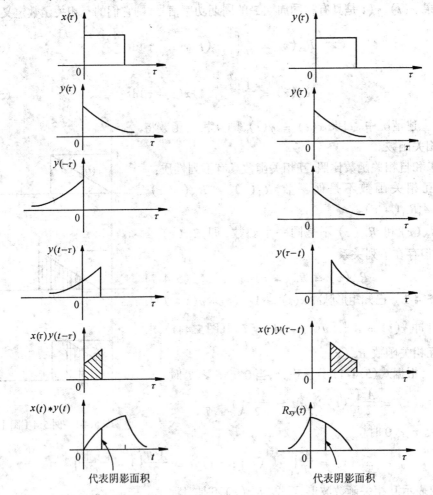

图 5.4-3 相关运算与卷积运算过程比较

三、相关定理

若 $x(t)$、$y(t)$ 的频谱函数分别为 $X(\omega)$,$Y(\omega)$

则
$$\mathscr{F}[R_{xy}(\tau)] = X(\omega)Y^*(\omega) \tag{5.4-11}$$

$$\mathscr{F}[R_{yx}(\tau)] = Y(\omega)X^*(\omega) \tag{5.4-12}$$

证明 根据广义瑞利公式(5.1-15)和(5.4-1)可得

$$R_{xy}(\tau) = (x, y_\tau) = \frac{1}{2\pi}\int_{-\infty}^{\infty} X(\omega)Y_\tau^*(\omega)\mathrm{d}\omega$$

又因为时间位移信号的频谱

$$Y_\tau(\omega) = Y(\omega)\mathrm{e}^{-\mathrm{j}\omega\tau}$$

所以得
$$R_{xy}(\tau) = \frac{1}{2\pi}\int_{-\infty}^{\infty} X(\omega)Y^*(\omega)\mathrm{e}^{\mathrm{j}\omega\tau}\mathrm{d}\omega \tag{5.4-13}$$

即得
$$\mathscr{F}[R_{xy}(\tau)] = X(\omega)Y^*(\omega)$$

同理可证
$$\mathscr{F}[R_{yx}(\tau)] = Y(\omega)X^*(\omega)$$

考虑到在式(5.4-13)中

$$W_{xy}(\omega) = X(\omega)Y^*\omega$$

则
$$R_{xy}(\tau) = \frac{1}{2\pi}\int_{-\infty}^{\infty} W_{xy}(\omega)\mathrm{e}^{\mathrm{j}\omega\tau}\mathrm{d}\omega \tag{5.4-14}$$

$$W_{xy}(\omega) = \int_{-\infty}^{\infty} R_{xy}(\tau)\mathrm{e}^{-\mathrm{j}\omega\tau}\mathrm{d}\tau \tag{5.4-15}$$

由此可见,两信号的互相关函数和互能谱是一傅里叶变换对,即

$$R_{xy}(\tau) \longleftrightarrow W_{xy}(\omega) = X(\omega)Y^*(\omega) \tag{5.4-16}$$

应当指出,互能谱不同于单一信号的能谱,前者包含不同频谱分量的相位信息。如果

$$X(\omega) = |X(\omega)|\mathrm{e}^{\mathrm{j}\varphi_x(\omega)}$$
$$Y(\omega) = |Y(\omega)|\mathrm{e}^{\mathrm{j}\varphi_y(\omega)}$$

则,互能谱的幅角由信号频谱幅角之差确定,即

$$W_{xy}(\omega) = |X(\omega)|\cdot|Y(\omega)|\mathrm{e}^{\mathrm{j}(\varphi_x(\omega)-\varphi_y(\omega))} \tag{5.4-17}$$

四、离散信号的互相关函数

在连续信号的互相关函数定义式(5.4-1)中,将 $x(t)$ 和 $y(t-\tau)$ 进行单位间隔抽样,变为离散信号,此时积分运算变为求和,从而得出离散信号互相关函数定义式

$$R_{xy}(n) = \sum_{j=-\infty}^{\infty} x(j)y(j-n) \tag{5.4-18}$$

式中 n 表示移位的位数。

例 5.4-2 求两个四位巴克码信号的互相关函数

解 设

$$x(j) = \{1,1,1,-1\}$$
$$y(j) = \{1,1,-1,1\}$$

按照式(5.4-17)计算

当 $n \geqslant 0$ 时

$$R_{xy}(0) = 0, \quad R_{xy}(1) = 3, \quad R_{xy}(2) = 0, \quad R_{xy}(3) = -1$$

当 $n < 0$ 时

$$R_{xy}(-1) = 1, \quad R_{xy}(-2) = 0, \quad R_{xy}(-3) = 1$$

由图 5.4-4 可见,这两个信号互相关函数的图形具有明显的不对称性。

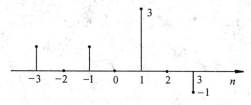

图 5.4-4 例 5.4-2图

习 题 5

5-1 试确定下列信号的功率,并画出它们的功率谱

1. $A\cos(2000\pi t) + B\sin(200\pi t)$
2. $[A + \sin(200\pi t)]\cos(2000\pi t)$
3. $A\cos(200\pi t)\cos(2000\pi t)$
4. $A\sin(200\pi t)\cos(2000\pi t)$
5. $A\sin(300\pi t)\cos(2000\pi t)$
6. $A\sin^2(200\pi t)\cos(2000\pi t)$

5-2 若信号 $f(t)$ 的功率谱为 $S_f(\omega)$,试证明 $\dfrac{\mathrm{d}f(t)}{\mathrm{d}t}$ 信号的功率谱 $\omega^2 S_f(\omega)$。

5-3 求下列信号的自相关函数

1. $f(t) = \mathrm{e}^{-at}u(t)$ $(a > 0)$
2. $f(t) = E\cos\omega_0 t u(t)$

5-4 计算位移为 t_0 的两个相同矩形脉冲的互能谱,如图 5-4 所示。

5-5 计算指数脉冲 $f(t) = E\mathrm{e}^{-at}u(t)$ 的能谱。

5-6 证明题 5-5 中指数脉冲的自相关函数为

$$R(\tau) = \frac{E^2}{2}\mathrm{e}^{-a|\tau|}$$

5-7 已知信号 $f(t)$ 的频谱密度 $F(\omega)$ 集中在 $[\omega_1, \omega_2]$ 的频率范围内(图 5-7),且为实函数,求 $f(t)$ 的自相关函数。

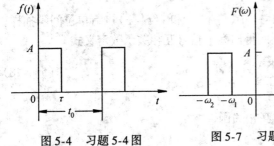

图 5-4 习题 5-4 图   图 5-7 习题 5-7 图

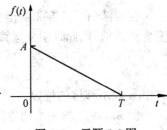

图 5-8 习题 5-8 图

5-8 计算图 5-8 所示三角脉冲的自相关函数。

5-9 已知某信号的自相关函数 $R(\tau) = \dfrac{1}{4}\mathrm{e}^{-2a|\tau|}$,求它的能谱密度 $S(\omega)$。

5-10 已知某信号的自相关函数 $R(\tau) = \dfrac{1}{2}\cos\omega_0\tau$,求它的能谱密度 $S(\omega)$。

5-11 求离散信号$\{1,1,1, -1, -1,1,1\}$的自相关函数。

5-12 证明互相关函数和互能量谱密度的下列性质

$$R_{21}(\tau) = R_{12}(-\tau)$$
$$R_{21}(\omega) = R_{12}*(\omega)$$

5-13 计算 $M = 5$ 和 $M = 7$ 时两个巴克码信号的互相关函数。

系统篇——线性系统分析

第6章 连续系统的时域分析

6.1 系统概述

一、系统的概念

什么是系统? 广义地说,系统就是由一些相互作用和相互依赖的事物组成的具有特定功能的整体。如通信系统,自动控制系统,机械系统,以及生产管理,交通运输,生物的群落,自然界中水的循环,太阳系等。系统的含义是极其广泛的。其中包括物理系统和非物理系统,人工系统和自然系统。

根据上述系统定义,一个物理系统是由某些元件或部件以特定方式连接而成的整体,每个物理系统都能对给定的作用完成某些要求的功能。一个电系统的功能,可用图 6.1-1 的方框来表示。图中的方框代表某种系统; $e(t)$ 是 输入信号,称为激励,一般都是电压或电流; $r(t)$ **是输出信号,称为响应,**是该系统中某一支路的电压或电流。这里所表示的是单输入单输出的系统。复杂的系统可以有多个输入和多个输出。

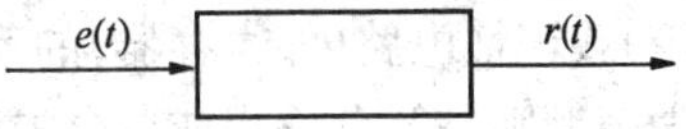

图 6.1-1　系统的方框图

通常,组成一个电系统的主要部件是各种类型的电路。**电路也称为电网络,**二者并无区别,但习惯上在研究一般性的抽象规律时多用网络一词,而在讨论一些指定的具体问题时则称之为**电路。**

无线电电子学中,信号与系统之间有着十分密切的联系。离开了信号,网络和系统将失去存在的意义。信号是消息的表现形式,并可以看作是运载消息的工具,而网络和系统则是完成对信号传输、加工处理的设备。系统的核心是输入输出之间的关系或者称运算功能,而网络问题的着眼点则在于应有怎样的结构和参数。通常认为,系统是比网络更复杂,规模更大的组合,但实际上却很难从复杂程度或规模大小来区分网络和系统。确切地说,系统与网络二者的区别应体现在观察事物的着眼点或处理问题的角度上。系统问题注意全局,而网络问题则关心局部。例如仅由一个电阻和一个电容组成的 RC 电路,在网络分析中,注意研究其各支路和回路的电流或电压,而从系统的观点来看,可以确定它如何构成具有积分或微分功能的运算器。

二、系统的分类

一般,系统的物理特性都可以用数学模型来描述。不同类型的系统其数学模型的表现形式也有差别。通常,系统有以下几种分类方式。

线性系统与非线性系统　一般说,线性系统是由线性元件组成的系统;非线性系统则是含有非线性元件的系统。例如由线性元件 L、C、R 组成的系统就是线性系统;含有非线性元件(例如晶体管)的系统就是非线性系统。

时变系统与非时变系统　如果系统的参数不随时间而变化,则称此系统为非时变系统或定常系统,如果系统的参量随时间改变,则称其为时变系统或参变系统。

综合以上两方面的情况,我们可以遇到线性非时变、线性时变、非线性非时变,非线性时变等四种不同类型的系统。其中线性非时变系统的数学模型是常系数线性微分方程;线性时变系统的数学模型是变参数线性微分方程;非线性非时变系统的数学模型是常系数非线性微分方程;非线性时变系统的数学模型是变参数非线性微分方程。

连续时间系统与离散时间系统　若系统的输入和输出都是连续时间信号,则称此系统为连续时间系统。若系统的输入和输出都是离散时间信号,则称此系统为离散时间系统。一般的 L、C、R 电路都是连续时间系统,而数字计算机就是一个典型的离散时间系统。实际上离散时间系统经常与连续时间系统组合运用,此时称为混合系统。连续时间系统的数学模型是微分方程,而离散时间系统的数学模型是差分方程。

即时系统与动态系统　如果系统的输出信号只决定于同时刻的激励信号,与它过去的工作状态无关。则称此系统为即时系统或无记忆系统。例如,只由电阻元件组成的系统就是即时系统。如果系统的输出信号不仅取决于同时刻的激励信号,而且与它过去的工作状态有关,这种系统叫动态系统或记忆系统。凡是含有记忆元件(如电容、电感磁芯等)或记忆电路(如寄存器)的系统都属此类。即时系统可用代数方程描述,动态系统的数学模型则是微分方程或差分方程。

集总参数系统与分布参数系统　只由集总参数元件组成的系统称为集总参数系统;含有分布参数元件(如传输线、波导等)的系统是分布参数系统。集总参数系统的数学模型是常微分方程,而分布参数系统的数学模型是偏微分方程,这时描述系统的独立变量不仅是时间变量,而且还要考虑到空间位置。

本书主要研究集总参数线性非时变系统,包括连续时间系统和离散时间系统。

三、线性非时变系统的基本性质

线性特性　线性包含齐次性(均匀性)和迭加性两方面的内容。如果给定系统对于激励 $e(t)$ 产生的响应是 $r(t)$,则由激励 $ae(t)$ 产生的系统响应是 $ar(t)$,即输入激励改变为原来的 a 倍时,输出响应也相应地改变为原来的 a 倍,这就是系统的齐次性。如果 $r_1(t)$ 为系统在 $e_1(t)$ 单独作用时的响应,$r_2(t)$ 为同一系统在 $e_2(t)$ 单独作用时的响应,则激励 $e_1(t) + e_2(t)$ 作用于此系统时的响应为 $r_1(t) + r_2(t)$,这就是系统的迭加性。

若系统同时具有此两种性质,则当激励是 $a_1e_1(t) + a_2e_2(t)$ 时,(a_1、a_2 为常数) 系统的响应为 $a_1r_1(t) + a_2r_2(t)$。如图 6.1-2 所示。

非时变特性　对于非时变系统,由于系统参数本身不随时间变化,因此,在同样起始状态下,系统的响应与激励施加于系统的时刻无关。

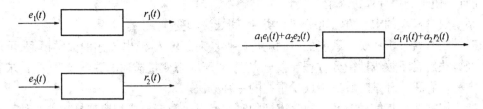

图 6.1-2　系统线性特性示意图

如果激励为 $e(t)$,产生的响应为 $r(t)$,则当激励为 $e(t-t_0)$ 时,响应为 $r(t-t_0)$。如图6.1-3 所示。它表明当激励延迟一段时间 t_0 时,其输出响应也同样延迟 t_0 时间,而波形形状不变。

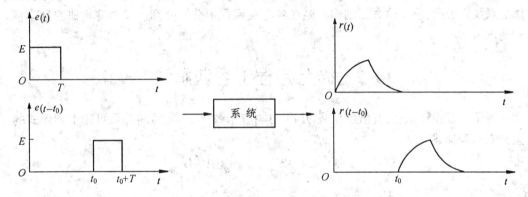

图 6.1-3　系统非变特性示意图

因果性　如果 $t<t_0$ 时,系统的激励信号等于零,相应的输出信号在 $t<t_0$ 时也等于零,这样的系统称为因果系统。如果系统的输出信号与未来的激励有关,则为非因果系统。因果系统没有预知未来的能力,只有在激励加入之后,才能有响应输出。也就是说,激励是产生响应的原因,响应是激励引起的后果,这种特性,就称为因果性。任何实际的物理系统都是因果系统,而非因果系统在物理上是不可实现的。

四、系统的分析方法

系统理论主要研究两类问题:分析与综合。系统分析是对给定的某具体系统求出它对于给定激励的响应;系统综合是根据实际提出的对于给定激励和响应的要求,设计出具体的系统。分析与综合虽各有不同的条件和方法,但二者是密切相关的,分析是综合的基础。本书主要讨论线性非时变系统的分析问题。

为了能够对系统进行分析,就需要把系统的工作用数学形式表示,即所谓建立系统的数学模型,这是进行系统分析的第一步。第二步就是运用数学方法求解数学模型,例如解出系统在一定的初始条件和一定的激励下的输出响应。

在建立系统模型方面,系统的数学描述方法可分为两大类:输入-输出描述法和状态变量描述法。输入-输出描述法着眼于激励和响应之间的关系,并不关心系统内部变量的情况。对于常见的单输入、单输出系统,应用这种方法较方便。状态变量描述法不仅可以

· 157 ·

给出系统的响应,还可提供系统内部各变量的情况,用于多输入、多输出系统时更显得优越,而且还便于利用计算机求解。

系统数学模型的求解方法可分两大类:时间域法和变换域法。

时域法直接分析和研究系统的时间响应特性。对于输入-输出描述的数学模型,可以利用经典法解常系数线性微分方程和差分方程;对于状态变量描述的数学模型,则需求解矩阵方程。卷积积分是时域法中最受重视的一种方法。

变换域方法是将信号与系统数学模型的时间变量函数变换成相应变换域的某种变量函数。主要有分析连续时间系统的傅里叶变换法和拉普拉斯变换法;分析离散时间系统的 Z 变换法和离散傅里叶变换等。变换域方法可以将时域分析中的微分、积分运算转化为代数运算,将卷积积分变换为乘法,在解决实际问题时亦有许多方便之处。

建立一个合理的数学模型是对于各种系统进行科学分析的一个首要问题,须结合具体的系统来进行,所以这方面的内容要在各有关课程中分别介绍。本书着重研究数学模型的求解问题。

6.2 微分方程的经典解法

对于一个线性系统,其激励信号 $e(t)$ 与响应函数 $r(t)$ 之间的关系可用下列形式的微分方程来描述

$$a_n \frac{\mathrm{d}^n r(t)}{\mathrm{d}t^n} + a_{n-1} \frac{\mathrm{d}^{n-1} r(t)}{\mathrm{d}t^{n-1}} + \cdots + a_1 \frac{\mathrm{d}r(t)}{\mathrm{d}t} + a_0 r(t) =$$

$$b_m \frac{\mathrm{d}^m e(t)}{\mathrm{d}t^n} + b_{m-1} \frac{\mathrm{d}^{m-1} e(t)}{\mathrm{d}t^{m-1}} + \cdots + b_1 \frac{\mathrm{d}e(t)}{\mathrm{d}t} + b_0 e(t) \qquad (6.2-1)$$

对于线性非时变系统,组成系统的元件都是参数恒定的线性元件,因此式中系数 a、b 都是常数,于是,式(6.2-1)是一个常系数 n 阶线性微分方程。

按照经典解法,此方程的完全解由齐次解和特解两部分组成,即

$$r(t) = r_c(t) + B(t) \qquad (6.2-2)$$

其中,$r_c(t)$ 为齐次解,$B(t)$ 为特解。

一、齐次解

齐次解,就是满足方程

$$a_n \frac{\mathrm{d}^n r(t)}{\mathrm{d}t^n} + a_{n-1} \frac{\mathrm{d}^{n-1} r(t)}{\mathrm{d}t^{n-1}} + \cdots + a_1 \frac{\mathrm{d}r(t)}{\mathrm{d}t} + a_0 r(t) = 0 \qquad (6.2-3)$$

的解,一般具有 $A\mathrm{e}^{\alpha t}$ 的函数形式。令 $r(t) = A\mathrm{e}^{\alpha t}$,代入式(6.2-2)可得该微分方程式的特征方程

$$a_n \alpha^n + a_{n-1} \alpha^{n-1} + \cdots + a_1 \alpha + a_0 = 0 \qquad (6.2-4)$$

特征方程的根 $\alpha_1, \alpha_2, \cdots, \alpha_n$ 称为微分方程的特征根。

当特征根各不相同(无重根)时,微分方程的齐次解为

$$r_c(t) = A_1 \mathrm{e}^{\alpha_1 t} + A_2 \mathrm{e}^{\alpha_2 t} + \cdots + A_n \mathrm{e}^{\alpha_n t} = \sum_{i=1}^{n} A_i \mathrm{e}^{\alpha_i t} \qquad (6.2-5)$$

在有重根的情况下,齐次解的形式将略有不同。假设 α_1 是特征方程的 K 重根,则微分方程的齐次解为

$$r_c(t) = \sum_{i=1}^{K} A_i t^{i-1} e^{\alpha_1 t} + \sum_{i=k+1}^{n} A_i e^{\alpha t} \qquad (6.2\text{-}6)$$

式(6.2-5)和式(6.2-6)中的系数 A_i 将由微分方程的边界条件决定,即由 $t = 0$ 时的初始条件 $\{r(0^+), r'(0)\cdots\}$ 决定。

例 6.2-1 求微分方程

$$\frac{d^2 r(t)}{dt^2} + 5\frac{dr(t)}{dt} + 6r(t) = e(t)$$

的齐次解。

解 特征方程为

$$\alpha^2 + 5\alpha + 6 = 0$$

特征根为 $\quad \alpha_1 = -2, \alpha_2 = -3$

齐次解为 $\qquad\qquad r_c(t) = A_1 e^{-2t} + A_2 e^{-3t}$

例 6.2-2 求微分方程

$$\frac{d^3 r(t)}{dt^3} + 7\frac{d^2 r(t)}{dt^2} + 16\frac{dr(t)}{dt} + 12r(t) = e(t)$$

的齐次解。

解 特征方程为

$$\alpha^3 + 7\alpha^2 + 16\alpha + 12 = 0$$
$$(\alpha + 2)^2(\alpha + 3) = 0$$

特征根为 $\qquad\qquad \alpha_1 = \alpha_2 = -2 \quad \alpha_3 = -3$

齐次解为 $\qquad r_c(t) = (A_1 t + A_2)e^{-2t} + A_3 e^{-3t}$

表 6.2-1 与几种典型激励函数相应的特解函数形式

激励函数 $e(t)$	响应函数 $r(t)$ 的特解函数形式 $B(t)$
E(常数)	B
t^p	$B_1 t^p + B_2 t^{p-1} + \cdots + B_p t + B_{p+1}$
$e^{\alpha t}$	$Be^{\alpha t}$[如特解与齐次解形式相同,则为$(B_1 + B_2 t)e^{\alpha t}$ 或 $(B_1 + B_2 t + B_3 t^2)e^{\alpha t}$]
$\cos\omega t$	$B_1\cos\omega t + B_2\sin\omega t$
$\sin\omega t$	
$t^p e^{\alpha t}\cos\omega t$	$(B_1 t^p + B_2 t^{p-1} + \cdots + B_p t + B_{p+1})e^{\alpha t}\cos\omega t +$
$t^p e^{\alpha t}\sin\omega t$	$(D_1 t^p + D_2 t^{p-1} + \cdots + D_p t + D_{p+1})e^{\alpha t}\sin\omega t$

二、特解

特解的函数形式与激励函数形式有关。将激励函数代入微分方程式(6.2-1)的右端,代入后右端的函数式称为"**自由项**"。通常,由观察自由项在表 6.2-1 中试选特解函数式,

并代入方程,然后求得特解函数式中的特定系数,即可得特解。

例6.2-3 给定微分方程式

$$\frac{\mathrm{d}^2 r(t)}{\mathrm{d}t^2} + 2\frac{\mathrm{d}r(t)}{\mathrm{d}t} + 3r(t) = \frac{\mathrm{d}e(t)}{\mathrm{d}t} + e(t)$$

若已知 $e(t) = t^2$,求此方程特解 $B(t)$。

解 将 $e(t)$ 代入方程右端得自由项为

$$t^2 + 2t$$

由表 6.2-1 选函数式为

$$B(t) = B_1 t^2 + B_2 t + B_3$$

将此式代入方程得

$$3B_1 t^2 + (4B_1 + 3B_2)t + (2B_1 + 2B_2 + 3B_3) = t^2 + 2t$$

根据等式两端各相同幂次项的系数应相等的原则,可得

$$\begin{cases} 3B_1 = 1 \\ 4B_1 + 3B_2 = 2 \\ 2B_1 + 2B_2 + 3B_3 = 0 \end{cases}$$

联立解得到 $B_1 = \dfrac{1}{3}, B_2 = \dfrac{2}{9}, B_3 = -\dfrac{10}{17}$

所以特解为

$$B(t) = \frac{1}{3}t^2 + \frac{2}{9}t - \frac{10}{27}$$

三、完全解 $r(t)$

将齐次解和特解相加就得到完全解的函数形式

$$r(t) = r_c(t) + B(t) = A_1 \mathrm{e}^{\alpha_1 t} + A_3 \mathrm{e}^{\alpha_2 t} + \cdots + A_n \mathrm{e}^{\alpha_n t} + B(t)$$

式中,待定系数 $A_1, A_2, \cdots, A_n$ 还要根据方程式的初始条件 $\{r(0^+), r'(0^+), r''(0^+), \cdots\}$ 决定。为此,首先要建立一组方程式

$$\left. \begin{array}{l} r(0^+) = A_1 + A_2 + \cdots + A_n + B(0^+) \\ r'(0^+) = A_1\alpha_1 + A_2\alpha_2 + \cdots + A_n\alpha_n + B'(0^+) \\ \cdots\cdots \\ r^{(n-1)}(0^+) = A_1\alpha_1^{n-1} + A_2\alpha_2^{n-1} + \cdots + A_n\alpha_n^{n-1} + B^{(n-1)}(0^+) \end{array} \right\} \qquad (6.2\text{-}7)$$

这是一组代数方程式,由此可以解出全部齐次解的待定系数 $A_1, A_2, \cdots, A_n$。

特征方程中有重根的情况也可以用类似方法求得。

例6.2-4 已知图 6.2-1 所示电路中,激励信号 $e(t) = \sin 2t\, u(t)$,电容两端初始电压为零,求输出信号 $u_{c_2}(t)$ 的表示式。

解 1. 列写微分方程式:根据电路基本定律列写节点电流方程和回路电压方程

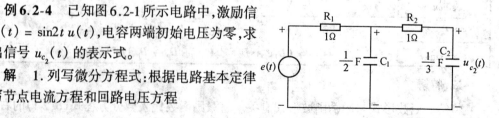

图 6.2-1 例 6.2-4 图

$$\frac{1}{2}\frac{\mathrm{d}u_{c_1}}{\mathrm{d}t} + \frac{1}{3}\frac{\mathrm{d}u_{c_2}}{\mathrm{d}t} = e(t) - u_{c_1} \qquad ①$$

$$u_{c_1} = \frac{1}{3}\frac{\mathrm{d}u_{c_2}}{\mathrm{d}t} + u_{c_2}(t) \qquad ②$$

将②代入式①可得

$$\frac{\mathrm{d}^2 u_{c_2}(t)}{\mathrm{d}t^2} + 7\frac{\mathrm{d}u_{c_2}(t)}{\mathrm{d}t} + 6u_{c_2}(t) = 6\sin 2t \quad (t \geqslant 0)$$

2. 求齐次解:写出特征方程

$$\alpha^2 + 7\alpha + 6 = 0$$

特征根为 $\alpha_1 = -1 \quad \alpha_2 = -6$
齐次解是

$$r_c(t) = A_1\mathrm{e}^{-1} + A_2\mathrm{e}^{-6t}$$

3. 查表6-1,可知特解函数形式为

$$B(t) = B_1\sin 2t + B_2\cos 2t$$

代入原方程得

$$-4B_1\sin 2t - 4B_2\cos 2t + 14B\cos 2t - 14B_2\sin 2t + 6B_1\sin 2t + 6B_2\cos 2t = 6\sin 2t$$

经化简得

$$(2B_1 - 14B_2)\sin 2t + (14B_1 + 2B_2)\cos 2t = 6\sin 2t$$

因此有

$$\left.\begin{array}{r} 2B_1 - 14B_2 = 6 \\ 14B_1 + 2B_2 = 0 \end{array}\right\}$$

解得

$$B_1 = \frac{3}{50}, \quad B_2 = -\frac{21}{50}$$

于是,特解为

$$B(t) = \frac{3}{50}\sin 2t - \frac{21}{50}\cos 2t$$

4. 完全解

$$u_{c_2}(t) = A_1\mathrm{e}^{-t} + A_2\mathrm{e}^{-6t} + \frac{3}{50}\sin 2t - \frac{21}{50}\cos 2t$$

由于已知电容两端初始电压为零,即 $u_{c_1}(0) = 0, u_{c_2}(0) = 0$,因此由方程 ② 求得

$$\left.\frac{\mathrm{d}u_{c_2}(t)}{\mathrm{d}t}\right|_{t=0} = 0 \quad 即 \quad u_{c_2}{}'(0) = 0$$

根据初始条件可以写出方程

$$0 = A_1 + A_2 - \frac{21}{50}$$

$$0 = -A_1 - 6A_2 + \frac{6}{50}$$

联立求解得

$$A_1 = \frac{24}{50}, \ A_2 = \frac{-3}{50}$$

所以完全解

$$u_{c_2}(t) = \frac{24}{50}e^{-t} - \frac{3}{50}e^{-6t} + \frac{3}{50}\sin 2t - \frac{21}{50}\cos 2t \quad (t \geqslant 0)$$

6.3 零输入响应

由经典法分析可知,线性系统的微分方程的完全解由两部分组成,即齐次解和特解。齐次解的函数特性仅依赖于系统本身特性,与激励信号的函数形式无关。因此,**齐次解也称为系统的自由响应分量**。但应注意,齐次解的系数 A 是与激励信号有关的。特解的形式由激励函数决定,因而称为系统的强迫响应(或受迫响应)分量。

综上可见,产生系统响应的原因有两个:系统初始状态和输入信号。因此,对任何系统依据产生系统响应的原因可以将完全响应分解为零输入响应和零状态响应两个分量,即

$$r(t) = r_{zi}(t) + r_{zs}(t) \tag{6.3-1}$$

式中,$r_{zi}(t)$ 为零输入响应;$r_{zs}(t)$ 为零状态响应。

零输入响应定义为:没有外加激励信号的作用,只由起始状态($t = 0^-$)所产生的响应。零状态响应的定义为:不考虑起始时刻($t = 0^-$)系统储能的作用,仅由系统的外加激励信号所产生的响应。也就是说,可以把激励信号与起始状态两种不同因素引起的系统响应分别进行计算,然后再迭加得到完全响应。

应当指出,6.1 节讲到的系统线性特性应该包括两个方面:零输入线性和零状态线性。也就是说,当输入为零时,系统响应对初始状态具有线性特性;而当初始状态为零时,系统响应对输入具有线性特性。一般认为,同时具有零输入线性和零状态线性的系统才称为线性系统;否则为非线性系统。

一、系统的初始条件

由式(6.3-1)可知,当 $t = 0$ 时,系统的初始条件也由两部分组成,即

$$r(0) = r_{zi}(0) + r_{zs}(0) \tag{6.3-2}$$

但是,如果考虑到系统响应 $r(t)$ 在 $t = 0$ 点可能存在冲激函数或阶跃函数的分量,则式(6.3-2)中所表示的初始条件可分别以 $t = 0^-$ 和 $t = 0^+$ 两种情况表示,即

$$r(0^-) = r_{zi}(0^-) + r_{zs}(0^-) \tag{6.3-3}$$

和

$$r(0^+) = r_{zi}(0^+) + r_{zs}(0^+) \tag{6.3-4}$$

我们已经假定,在 $t < 0$ 时,激励信号是不存在的,故而仅由外加激励信号所产生的零状态响应也不存在,即 $r_{zs}(0^-)$ 是不存在的,于是式(6.3-3)变成为

$$r(0^-) = r_{zi}(0^-) \tag{6.3-5}$$

也就是说,系统在 $t < 0$ 时的初始条件,与外加激励信号无关,仅由系统的初始储能决定,

称为 0^- 初始条件,或 0^- 条件。根据 0^- 条件可以计算得到零输入响应。

在式(6.3-4) 中,$r_{zi}(0^+)$ 是零输入响应 $r_{zi}(t)$ 的初始值,$r_{zs}(0^+)$ 是零状态响应 $r_{zs}(t)$ 的初始值,作为两初始值之和的 $r(0^+)$ 称之为 0^+ 初始条件或 0^+ 条件。可见,$r(0^+)$ 是由系统的初始储能和外加激励信号共同决定的。

为了加深对系统初始条件的理解,仔细分析系统响应 $r(t)$ 在 $t = 0$ 点的变化是必要的。

我们注意到,由于激励信号的作用,响应 $r(t)$ 及其各阶导数可能在 $t = 0$ 处发生跳变,其跳变量以 $[r(0^+) - r(0^-)]$ 表示。对于非时变系统,其内部参数不发生变动,因而有
$$r_{zi}(0^+) = r_{zi}(0^-)$$
同时考虑到 $r_{zs}(0^-) \equiv 0$,所以
$$r(0^+) - r(0^-) = [r_{zi}(0^+) + r_{zs}(0^+)] - [r_{zi}(0^-) + r_{zs}(0^-)] = r_{zs}(0^+)$$
可见,所谓 $t = 0$ 处的跳变量是指 $r_{zs}(0^+)$ 之值。

同理可以推得 $r(t)$ 各阶导数的跳变量
$$r'(0^+) - r'(0^-) = r'_{zs}(0^+)$$
$$r''(0^+) - r''(0^-) = r''_{zs}(0^+)$$

关于这些跳变量的数值,可以根据微分方程两边 δ 函数平衡的原理来计算。例如,已知系统的微分方程为
$$\frac{\mathrm{d}r(t)}{\mathrm{d}t} + 3r(t) = 2\frac{\mathrm{d}e(t)}{\mathrm{d}t}$$
设初始条件 $r(0^-) = 1$,激励信号 $e(t) = u(t)$,试计算起始点的跳变值及 $r(0^+)$ 值。

δ 函数平衡,应首先考虑方程两边最高阶项的平衡;有 $r'(t) \to 2\delta(t)$,即最高阶项 $r'(t)$ 中应有 $2\delta(t)$,则 $r(t) \to 2u(t)$
由此可知 $r(t)$ 在 $t = 0$ 处有跳变,其值为
$$r(0^+) - r(0^-) = r_{zs}(0^+) = 2$$
所以
$$r(0^+) = 2 + 1 = 3$$
又如,系统微分方程为
$$\frac{\mathrm{d}^2r(t)}{\mathrm{d}t^2} + 5\frac{\mathrm{d}r(t)}{\mathrm{d}t} + 6r(t) = \frac{\mathrm{d}e(t)}{\mathrm{d}t} - 2e(t)$$
若初始条件 $r(0^-) = 1, r'(0^-) = 2$,激励信号 $e(t) = u(t)$,试计算跳变值及 $r(0^+)$、$r'(0^+)$ 值。

首先看最高阶项 $\qquad r''(t) \to \delta(t)$
显然 $\qquad r'(t) \to u(t), r(t)$ 无跳变
所以 $\qquad r'(0^+) - r'(0^-) = 1, r'(0^+) = 1 + 2 = 3$
$$r(0^+) - r(0^-) = 0, r(0^+) = 0 + 1 = 1$$

对于更复杂的情况,例如微分方程右端可能出现 $\delta(t)$ 各阶导数的情况,其跳变值的计算相当烦琐,而采用分别计算系统的零状态响应和零输入响应的办法更为方便。

二、零输入响应

系统的零输入响应与经典法中的齐次解类似,它们都是由起始状态产生的,都能满足齐次方程的解。因此零输入响应也具有指数函数形式,即 $Ce^{\alpha t}$,其中 α 为特征方程的根。但是指数函数的系数确定方法不同于齐次解。由式(6.2-6)可见,齐次解的系数 A 要同时由系统的起始状态(0^+ 条件)和激励信号来决定,而零输入响应的系数与激励信号无关,仅由系统的起始状态(0^- 条件)决定。

设系统的数学模型以 n 阶微分方程表示,即

$$a_n \frac{\mathrm{d}^n r(t)}{\mathrm{d}t^n} + a_{n-1} \frac{\mathrm{d}^{n-1} r(t)}{\mathrm{d}t^{n-1}} + \cdots + a_0 r(t) =$$

$$b_m \frac{\mathrm{d}^m e(t)}{\mathrm{d}t^m} + b_{m-1} \frac{\mathrm{d}^{m-1} e(t)}{\mathrm{d}t^{m-1}} + \cdots + b_0 e(t)$$

其特征方程为　　$a_n \alpha^n + a_{n-1} \alpha^{n-1} + \cdots + a_0 = 0$

若 $\alpha_1, \alpha_2, \cdots, \alpha_n$ 为 n 阶微分方程式的特征根,则该系统的零输入响应表示为

$$r_{zi}(t) = C_1 e^{\alpha_1 t} + C_2 e^{\alpha_2 t} + \cdots + C_n e^{\alpha_n t} = \sum_{i=1}^{n} C_i e^{\alpha_i t} \tag{6.3-6}$$

如果系统的初始条件(这里指 0^- 条件)为 $r_{zi}(0^-), r'_{zi}(0^-), \cdots, r_{zi}^{n-1}(0^-)$(或者写成 $r(0), r'(0), \cdots, r^{(n-1)}(0)$ 将这些条件代入式(6.3-6)及其各阶导数,得

$$\begin{cases} r(0) = C_1 + C_2 + \cdots + C_n \\ r'(0) = C_1 \alpha_1 + C_2 \alpha_2 + \cdots + C_n \alpha_n \\ \vdots \\ r^{(n-1)}(0) = C_1 \alpha_1^{n-1} + C_2 \alpha_2^{n-1} + \cdots + C_n \alpha_n^{n-1} \end{cases} \tag{6.3-7}$$

由式(6.3-7)可以解得系数 $C_1, C_2, \cdots, C_n$。

式(6.3-7)可以写成矩阵形式

$$\begin{bmatrix} r(0) \\ r'(0) \\ \vdots \\ r^{(n-1)}(0) \end{bmatrix} = \begin{bmatrix} 1 & 1 & \cdots & 1 \\ \alpha_1 & \alpha_2 & \cdots & \alpha_n \\ \cdots\cdots\cdots\cdots\cdots\cdots \\ \alpha_1^{n-1} & \alpha_2^{n-1} & \cdots & \alpha_n^{n-1} \end{bmatrix} \begin{bmatrix} C_1 \\ C_2 \\ \vdots \\ C_n \end{bmatrix} \tag{6.3-8}$$

上式中由 α_i 组成的矩阵称为范德蒙(Vandermonde)矩阵,可用 V 表示,即

$$V = \begin{bmatrix} 1 & 1 & \cdots & 1 \\ \alpha_1 & \alpha_2 & \cdots & \alpha_n \\ \cdots\cdots\cdots\cdots\cdots\cdots \\ \alpha_1^{n-1} & \alpha_1^{n-2} & \cdots & \alpha_n^{n-1} \end{bmatrix}$$

将式(6.3-8)前乘以 V^{-1},就可以解得各系数 C_i 的列矩阵为

$$\begin{bmatrix} C_1 \\ C_2 \\ \vdots \\ C_n \end{bmatrix} \begin{bmatrix} r(0) \\ r'(0) \\ \vdots \\ r^{(n-1)}(0) \end{bmatrix} = \begin{bmatrix} 1 & 1 & \cdots & 1 \\ \alpha_1 & \alpha_2 & \cdots & \alpha_n \\ \cdots\cdots\cdots\cdots\cdots\cdots \\ \alpha_1^{n-1} & \alpha_2^{n-1} & \cdots & \alpha_n^{n-1} \end{bmatrix} \tag{6.3-9}$$

在求逆矩阵 V^{-1} 时,需要求出矩阵 V 的行列式值。可以证明,范德蒙 Vandermonde)矩阵的行列式值为

$$\det V = (\alpha_2 - \alpha_1)(\alpha_3 - \alpha_1)(\alpha_4 - \alpha_1)\cdots(\alpha_n - \alpha_1)$$
$$(\alpha_3 - \alpha_2)(\alpha_4 - \alpha_2)\cdots(\alpha_n - \alpha_2)$$
$$(\alpha_4 - \alpha_3)\cdots(\alpha_n - \alpha_3)$$
$$\cdots\cdots \qquad\qquad = \prod_{\substack{i>j \\ 1<i\leqslant n \\ 1\leqslant j<n}} (\alpha_i - \alpha_j) \quad (6.3\text{-}10)$$
$$(\alpha_n - \alpha_{n-1})$$

当 $n = 2$ 时

$$\det V = (\alpha_2 - \alpha_1)$$

当 $n = 3$ 时

$$\det V = (\alpha_2 - \alpha_1)(\alpha_3 - \alpha_1)(\alpha_3 - \alpha_2)$$

如果微分方程的特征根有重根,例如 α_1 是 K 重根,其余 $(n - K)$ 个根 $\alpha_{K+1}\cdots\alpha_n$ 都是单根,则系统的零输入响应为

$$r_{zi}(t) = \sum_{i=1}^{K} C_i t^{i-1} e^{\alpha_1 t} + \sum_{j=K+1}^{n} C_j e^{\alpha_j t} \qquad (6.3\text{-}11)$$

式中各系数 C_i, C_j 由初始条件(0^- 条件)决定。

例如, $r_{zi}(t) = (C_1 + C_2 t + C_3 t^2)e^{\alpha_1 t} + C_4 e^{\alpha_4 t} + C_5 e^{\alpha_5 t}$
则由初始条件可得

$$\begin{cases} r(0) = C_1 + C_4 + C_5 \\ r'(0) = C_1\alpha_1 + C_2 + C_4\alpha_4 + C_5\alpha_5 \\ r''(0) = C_1\alpha_1^2 + 2C_2\alpha_1 + 2C_3 + C_4\alpha_4^2 + C_5\alpha_5^2 \\ r'''(0) = C_1\alpha_1^3 + 3C_2\alpha_1^2 + 4C_3\alpha_1 + C_4\alpha_4^3 + C_5\alpha_5^3 \\ r^{(4)}(0) = C_1\alpha_1^4 + 4C_2\alpha_1^3 + 8C_3\alpha_1^2 + C_4\alpha_4^4 + C_5\alpha_5^4 \end{cases}$$

由此式可解得系数 C_i。

例 6.3-1

$$\frac{d^2 r(t)}{dt^2} + 3\frac{dr(t)}{dt} + 2r(t) = e(t)$$

起始状态 $r_{zi}(0^-) = 1$, $r'_{zi}(0^-) = 2$,求系统的零输入响应。

解 此系统的特征方程为

$$\alpha^2 + 3\alpha + 2 = 0$$

其特征根为 $\alpha_1 = -1, \alpha_2 = -2$,根据式(6.3-6)可得

$$r_{zi}(t) = C_1 e^{-t} + C_2 e^{-2t}$$

它的导数为

$$r'_{zi}(t) = -C_1 e^{-t} - 2C_2 e^{-2t}$$

它的 将 $t = 0$ 代入以上二式,并考虑到起始条件,可得

$$r_{zi}(0) = C_1 + C_2 = 1$$

$$r'_{zi}(0) = -C_1 - 2C_2 = 2$$

对以上二式联立求解得 $C_1 = 4, C_2 = -3$,于是

$$r_{zi}(t) = (4e^{-t} - 3e^{-2t})u(t)$$

例 6.3-2 已知系统方程式为

$$\frac{d^2 r(t)}{dt^2} + 2\frac{dr(t)}{dt} + 5r(t) = e(t)$$

起始条件为 $r_{zi}(0) = 1, r'_{zi}(0) = 7$,求其零输入响应。

解 上述微分方程的特征方程为

$$\alpha^2 + 2\alpha + 5 = 0$$

其特征根为

$$\alpha_1 = -1 + j2, \quad \alpha_2 = -1 - j2$$

由式(6.3-6)可得

$$r_{zi}(t) = C_1 e^{(-1+j2)t} + C_2 e^{(-1-j2)t}$$

将各特征根及初始值代入式(6.3-8)得

$$C_1 + C_2 = 1$$
$$(-1 + j2)C_1 + (-1 - j2)C_2 = 7$$

由以上方程可解得

$$C_1 = \frac{1}{2} - j2, \quad C_2 = \frac{1}{2} + j2$$

于是得

$$r_{zi}(t) = \left(\frac{1}{2} - j2\right)e^{(-1+j2)t} + \left(\frac{1}{2} + j2\right)e^{(-1-j2)t} =$$

$$e^{-t}\cos 2t + 4e^{-t}\sin 2t = e^{-t}(\cos 2t + 4\sin 2t)u(t)$$

例 6.3-3 图 6.3-1 所示为 RLC 串联电路,设 $L = 1H, C = 1F, R = 2\Omega$,若激励电压源 $e(t)$ 为零,且电路的初始条件为

1. $i(0) = 0, i'(0) = 1A/s$ 2. $i(0) = 0, u_c(0) = 10V$

这里设压降 u_c 的正方向与电流的正方向一致,分别求上述两种初始条件时电路的零输入响应电流。

解 先列写电路的微分方程式为

$$L\frac{di(t)}{dt} + Ri(t) + \frac{1}{C}\int_{-\infty}^{t} i(\tau)d\tau = e(t)$$

$$L\frac{d^2 i(t)}{dt^2} + R\frac{di(t)}{dt} + \frac{1}{C}i(t) = \frac{de(t)}{dt}$$

将元件值代入,并且 $e(t) = 0$,则此式成为齐次方程

$$\frac{d^2 i(t)}{dt^2} + 2\frac{di(t)}{dt} + i(t) = 0$$

其特征方程为

$$\alpha^2 + 2\alpha + 1 = 0$$

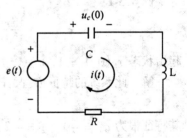

图 6.3-1 例 6.3-1 图

特征根为 $\alpha_1 = \alpha_2 = -1$,为二重根,于是

$$i(t) = C_1 e^{-t} + C_2 t e^{-t} = (C_1 + C_2 t)e^{-t}$$

1. 初始条件 $i(0) = 0, i'(0) = 1A/s$ 的情况

先求 $i(t)$ 时间导数

$$i'(t) = -C_1 e^{-t} + C_2 e^{-t} - C_2 t e^{-t}$$

将初始条件代入 $i(t)$ 和 $i'(t)$ 式,可得系数

$$C_1 = 0 \qquad C_2 = 1$$

故得零输入响应电流为

$$i(t) = t e^{-t} u(t)A$$

2. 初始条件 $i(0) = 0, u_c(0) = 10V$ 的情况

题目的已知条件中没有给出 $i'(0)$,而是给出 $u_c(0)$,因此为了计算系数 C 应当首先求出 $i'(0)$。

电路的微分方程可以写成

$$L\frac{di(t)}{dt} + Ri(t) + u_c(t) = e(t)$$

代入 $e(t) = 0$ 和元件值,可得

$$i'(0) + 2i(0) + u_c(0) = 0$$

代入初始值 $i(0) = 0$,则得

$$i'(0) = -u_c(0) = -10A/s$$

同上由 $i(0)$ 和 $i'(0)$ 求得系数

$$C_1 = 0 \qquad C_2 = -10$$

最后将零输入响应的电流为

$$i(t) = -10 t e^{-t} u(t)A$$

这里 $i(t)$ 为负值,表示电容放电电流的实际方向和图示方向相反。

6.4　冲激响应与阶跃响应

以单位冲激信号 $\delta(t)$ 作激励时,系统产生的零状态响应称为**单位冲激响应**,或简称**冲激响应**。以 $h(t)$ 表示。

以单位阶跃信号 $u(t)$ 作激励时,系统产生的零状态响应称为**单位阶跃响应**,或简称**阶跃响应**。以 $g(t)$ 表示。

冲激函数和阶跃函数是两种典型信号,在信号的时域分析中通常被用作基本单元信号。

为了计算系统对某激励信号的零状态响应,可先将激励信号表示为许多冲激信号或阶跃信号等基本单元之和,然后分别对各单元信号计算系统冲激响应或阶跃响应,最后迭加即得到所需结果。这就是用迭加积分求零状态响应的基本原理。

阶跃响应与冲激响应完全是由系统本身决定的,与外界因素无关,因此,$h(t)$ 和 $g(t)$ 是系统特性的时域表示,并且这两种响应之间必然存在着相互依从关系。

根据线性非时变系统的基本特性可知,若对系统施加激励函数 $e(t)$ 时,得到响应函数 $r(t)$,则施加激励函数

$$\lim_{\Delta t \to 0} \frac{e(t) - e(t - \Delta t)}{\Delta t}$$

将得到响应函数

$$\lim_{\Delta t \to 0} \frac{r(t) - r(t - \Delta t)}{\Delta t}$$

将得 也就是说,当激励函数为 $\dfrac{\mathrm{d}e(t)}{\mathrm{d}t}$ 时,响应函数为 $\dfrac{\mathrm{d}r(t)}{\mathrm{d}t}$。上此可以得出结论,由于单位冲激函数是单位阶跃函数的导数,所以单位冲激响应应当是单位阶跃响应的导数,即

$$h(t) = \frac{\mathrm{d}g(t)}{\mathrm{d}t} \tag{6.4-1}$$

反过来,也可以得到单位阶跃响应是单位冲激响应的积分的结论。根据线性非时变系统的特性,如果给系统施加激励函数 $\int_{0^-}^{t} e(\tau)\mathrm{d}\tau$ 后,其响应函数为 $\int_{0^-}^{t} r(\tau)\mathrm{d}\tau$。这里认为激励函数 $e(t)$ 是一单边函数,即当 $t < 0$ 时函数值为零。考虑到在 $t = 0$ 处,可能有奇异函数或其导数存在,故积分下限取为 0^-。由此可以得出结论,由于阶跃函数是冲激函数的积分,所以阶跃响应应当是冲激响应的积分,即

$$g(t) = \int_{0^-}^{t} h(\tau)\mathrm{d}\tau \tag{6.4-2}$$

由式(6.4-1)和式(6.4-2)可见,阶跃响应与冲激响应之间存在着简单地取导数或取积分的互求关系,两者之中只要知道一个,就可以求另一个。由于冲激响应对线性系统的分析更常用些,因此下面将主要讨论冲激响应的求法。

计算系统的单位冲激响应 $h(t)$ 的步骤。

(1)根据方程两端 δ 函数平衡原理,确定 $h(t)$ 中的冲激函数及其导数项

若已知系统的微分方程式为

$$a_n \frac{\mathrm{d}^n r(t)}{\mathrm{d}t^n} + a_{n-1} \frac{\mathrm{d}^{n-1} r(t)}{\mathrm{d}t^{n-1}} + \cdots + a_1 \frac{\mathrm{d}r(t)}{\mathrm{d}t} + a_0 r(t) =$$

$$b_m \frac{\mathrm{d}^m e(t)}{\mathrm{d}t^m} + b_{m-1} \frac{\mathrm{d}^{n-1} e(t)}{\mathrm{d}t^{m-1}} + \cdots + b_1 \frac{\mathrm{d}e(t)}{\mathrm{d}t} + b_0 e(t)$$

当 $e(t) = \delta(t)$ 时,$r(t) = h(t)$,则上式变为

$$a_n \frac{\mathrm{d}^n h(t)}{\mathrm{d}t^n} + a_{n-1} \frac{\mathrm{d}^{n-1} h(t)}{\mathrm{d}t^{n-1}} + \cdots + a_1 \frac{\mathrm{d}h(t)}{\mathrm{d}t} + a_0 h(t) =$$

$$b_m \frac{\mathrm{d}^m \delta(t)}{\mathrm{d}t^m} + b_{m-1} \frac{\mathrm{d}^{m-1} \delta(t)}{\mathrm{d}t^{m-1}} + \cdots + b_1 \frac{\mathrm{d}\delta(t)}{\mathrm{d}t} + b_0 \delta(t) \tag{6.4-3}$$

式(6.4-3)右端是冲激函数和它的各次导数,左端是冲激响应 $h(t)$ 和它的各次导数。待求的 $h(t)$ 函数式应保证式(6.4-3)左、右两端 δ 函数项相平衡。也就是说,当 $m < n$ 时,方程式左端的 $\dfrac{\mathrm{d}^n h(t)}{\mathrm{d}t^n}$ 项应包含冲激函数的 m 阶导数 $\dfrac{\mathrm{d}^m \delta(t)}{\mathrm{d}t^m}$,以便与右端匹配,而 $h(t)$ 项将不包含 $\delta(t)$ 及其各阶导数项。若 $m = n$ 时,$h(t)$ 中包含 $\delta(t)$ 项,当 $m > n$ 时,$h(t)$ 中包含

$\delta(t)$ 及其导数项。

(2) 确定冲激响应 $h(t)$ 的函数形式

$\delta(t)$ 及其各阶导数在 $t > 0$ 时都等于零。于是式(6.4-3)右端在 $t > 0$ 时恒等于零,因此冲激响应 $h(t)$ 应与零输入响应具有相同的形式。对于特征方程只包括单根的情况:

当 $m < n$ 时

$$h(t) = \sum_{i=1}^{n} K_i e^{\alpha_i t} u(t) \tag{6.4-4}$$

当 $m \geqslant n$ 时(例如 $m = n + 1$)

$$h(t) = \sum_{i=1}^{n} K_i e^{\alpha_i t} u(t) + K_{n+1} \delta(t) + K_{n+2} \delta'(t) \tag{6.4-5}$$

此结果表明,$\delta(t)$ 信号的加入,引起了系统能量的储存,而在 $t = 0^+$ 以后,系统的外加激励不复存在,只有冲激 $\delta(t)$ 引入的能量起作用,即把冲激信号源转换为非零的起始条件,故此响应形式必然与零输入响应相同。

(3) 确定 $h(t)$ 表示式中各项系数 K_i

先将 $\delta(t)$ 代入式(6.4-3)右端得 $\delta(t)$ 及其各次导数项,再将 $h(t)$ 函数式(6.4-5)代入式(6.4-3)左端,得 $\delta(t)$ 及其各次导数项。令左右两端对应项系数相等,列出 n 个代数方程,联立求解,即得系数 K_i。

例 6.4-1 设系统的微分方程式为

$$\frac{d^2 r(t)}{dt^2} + 4 \frac{dr(t)}{dt} + 3r(t) = \frac{de(t)}{dt} + 2e(t)$$

试求其冲激响应。

解 特征方程为

$$\alpha^2 + 4\alpha + 3 = 0$$
$$(\alpha + 1)(\alpha + 3) = 0$$

所以特征根为 $\qquad \alpha_1 = -1, \quad \alpha_2 = -3$

冲激响应为

$$h(t) = (K_1 e^{-t} + K_2 e^{-3t}) u(t)$$

对 $h(t)$ 求导数得

$$\frac{dh(t)}{dt} = (K_1 + K_2) \delta(t) + (-K_1 e^{-t} - 3K_2 e^{-3t}) u(t)$$

$$\frac{d^2 h(t)}{dt^2} = (K_1 + K_2) \delta'(t) + (-K_1 - 3K_2) \delta(t) + (K_1 e^{-t} + 9K_2 e^{-3t}) u(t)$$

将 $r(t) = h(t)$,$e(t) = \delta(t)$ 代入给定的微分方程,其左端得到

$$(K_1 + K_2) \delta'(t) + (-K_1 - 3K_2) \delta(t) + (K_1 e^{-t} +$$
$$9K_2 e^{-3t}) u(t) + 4(K_1 + K_2) \delta(t) + 4(-K_1 e^{-t} - 3K_2 e^{-3t}) u(t) +$$
$$3(K_1 e^{-t} + K_2 e^{-3t}) u(t) = (K_1 + K_2) \delta'(t) + (3K_1 + K_2) \delta(t)$$

其右端得

$$\delta'(t) + 2\delta(t)$$

令左、右两端 $\delta'(t)$ 及 $\delta(t)$ 等项系数对应相等,则得到

$$\begin{cases} K_1 + K_2 = 1 \\ 3K_1 + K_2 = 2 \end{cases}$$

解之得

$$K_1 = \frac{1}{2}, \ K_2 = \frac{1}{2}$$

则得系统冲激响应表示式为

$$h(t) = \frac{1}{2}(e^{-t} + e^{-3t})u(t)$$

例 6.4-2 RC 串联电路如图 6.4-1 所示,其初始状态态为零,激励电压 $e(t) = \delta(t)$,求响应电流 $i(t)$。

解 电路的微分方程为

$$Ri(t) + \frac{1}{C}\int_{-\infty}^{t} i(\tau)\mathrm{d}\tau = \delta(t)$$

将方程两边微分,得

$$\frac{\mathrm{d}i(t)}{\mathrm{d}t} + \frac{1}{RC}i(t) = \frac{1}{R}\frac{\mathrm{d}\delta(t)}{\mathrm{d}t}$$

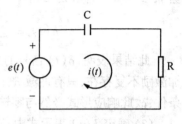

图 6.4-1 例 6.4-2 图

特征根为 $a = -\dfrac{1}{RC}$,由于等式双方最高阶次相同,即 $m = n$,故 $i(t)$ 中必包含 $\delta(t)$ 项,故响应电流的表示式为

$$i(t) = K_1\delta(t) + K_2 e^{\frac{-1}{RC}t}u(t)$$

求 $i(t)$ 的导数

$$\frac{\mathrm{d}i(t)}{\mathrm{d}t} = K_1\delta'(t) + K_2\delta(t) + \left(-\frac{K_2}{RC}e^{-\frac{t}{RC}}\right)u(t)$$

将 $i(t)$ 和 $i'(t)$ 代入微分方程左端,得

$$K_1\delta'(t) + K_2\delta(t) + \left(-\frac{K_2}{RC}e^{-\frac{t}{RC}}\right)u(t) +$$

$$\frac{K_1}{RC}\delta(t) + \frac{K_2}{RC}e^{-\frac{t}{RC}}u(t) =$$

$$K_1\delta'(t) + \left(\frac{K_1}{RC} + K_2\right)\delta(t)$$

其右端,得

$$\frac{1}{R}\delta'(t)$$

根据方程两端 δ 函数项应平衡的原理,令两端 $\delta'(t)$ 和 $\delta(t)$ 项系数相等,则有

$$\begin{cases} K_1 = \frac{1}{R} \\ \frac{K_1}{RC} + K_2 = 0 \end{cases}$$

解之,得

$$K_1 = \frac{1}{R}, \ K_2 = -\frac{1}{R^2 C}$$

所以电路的冲激响应电流为

$$i(t) = \frac{1}{R}\delta(t) - \frac{1}{R^2C}e^{-\frac{1}{RC}}u(t)$$

例 6.4-3 已知系统的微分方程为

$$\frac{d^2r(t)}{dt^2} + 4\frac{dr(t)}{dt} + 4r(t) = e(t)$$

求系统的冲激响应。

解 特征方程为

$$\alpha^2 + 4\alpha + 4 = 0$$
$$(\alpha + 2)^2 = 0$$

特征根 $\alpha_1 = \alpha_2 = -2$，为二重根。所以根据式(6.3-11)可知系统的冲激响应形式为

$$h(t) = K_2te^{-2t}u(t) + K_1e^{-2t}u(t)$$

对 $h(t)$ 求一次导数

$$h'(t) = K_2e^{-2t}u(t) + K_2te^{-2t}\delta(t) + (-2tK_2e^{-2t}u(t) +$$
$$K_1\delta(t) + (-2K_1e^{-2t})u(t) =$$
$$K_1\delta(t) + (K_2 - 2K_1)e^{-2t}u(t) + (-2K_2te^{-2t})u(t)$$

求二次导数

$$h''(t) = K_1\delta'(t) + (K_2 - 2K_1)\delta(t) + (4K_1 - 2K_2)e^{-2t}u(t) -$$
$$2K_2e^{-2t}u(t) + (-2K_2te^{-2t}) + 4(K_2 - 2K_1)e^{-2t}u(t) +$$
$$K_1\delta'(t) + (K_2 - 2K_1)\delta(t) + 4(K_1 - K_2)e^{-2t}u(t) + 4K_2te^{-2t}u(t)$$

将 $h(t), h'(t)$ 及 $h''(t)$ 代入微分方程左边得

$$K_1\delta'(t) + (K_2 - 2K_1)\delta(t) + [4K_1 - 4K_2]e^{-2t}u(t) +$$
$$4K_2te^{-2t}u(t) + 4K_1\delta(t) + 4K_1\delta(t) + 4(K_2 - 2K_1)e^{-2t})u(t) +$$
$$4(-2K_2te^{-2t})u(t) + 4K_1e^{-2t}u(t) + 4K_2te^{-2t}u(t) =$$
$$K_1\delta'(t) + (K_2 + 2K_1)\delta(t)$$

方程右端为 $\delta(t)$

令左、右两端 $\delta'(t)$ 及 $\delta(t)$ 项系数相等,则得

$$K_1 = 0, \quad K_2 = 1$$

所以系统的冲激响应为

$$h(t) = te^{-2t}u(t)$$

从以上的讨论中可以看出,利用方程式两端 δ 函数平衡的办法求取系统冲激响应是比较麻烦的,特别是在方程阶次较高时,更是如此。在下一章将会看到,求冲激响应的一种简便、实用的方法,即拉普拉斯变换的方法。

6.5 零状态响应

为了求得线性系统的零状态响应,常用的方法是将激励信号分解为冲激函数、阶跃函数等这样一些基本函数的组合,根据迭加原理,将这些基本函数的响应取和即可得到原激

励信号引起的响应。

卷积积分方法是连续系统时域分析的一个重要方法。就是将激励信号看作为冲激信号之和,然后借助系统的冲激响应而求解系统对任意激励信号的零状态响应。

由第一章式(1.6-3)可知,任意激励信号 $e(t)$ 可以近似表示为冲激函数的线性组合,即

$$e(t) \approx \sum_{k=0}^{\infty} e(k\Delta t)\Delta t\delta(t - k\Delta t)$$

$$(6.5\text{-}1)$$

式中 $e(k\Delta t)\Delta t$ 为冲激函数的冲激强度。如果系统对冲激函数 $\delta(t)$ 之响应为 $h(t)$,则根据线性非时变系统的基本特性可知,系统对激励信号 $e(t)$ 的响应 $r(t)$,可用各冲激函数之响应的线性组合来近似表示。即

$$r(t) \approx \sum_{k=0}^{\infty} e(k\Delta t)\Delta th(t - k\Delta t)$$

$$(6.5\text{-}2)$$

此过程如图6.5-1所示。其中图(a)表示式(6.5-1)中激励信号 $e(t)$ 分解为冲激函数的组合;图(b)表示第 k 个冲激函数引起的响应分量 $e(k\Delta t)\Delta th(t - k\Delta t)$,图(c)表示各冲激函数分别引起的响应分量迭加而成的响应 $r(t)$。

当时间是隔 Δt 无限趋小时,Δt 将以微分变量 $d\tau$ 表示,不连续的时间变量 $k\Delta t$ 将用连续的时间变量 τ 表示,式(6.5-1)和(6.5-2)近似求和等式将变成精确的积分等式

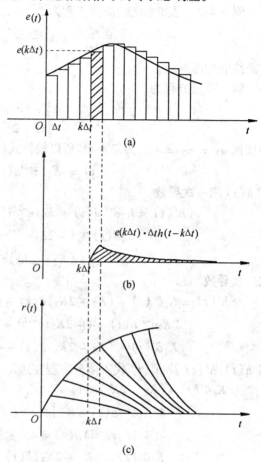

图 6.5-1　零状态响应的形成过程

$$e(t) = \int_{0^-}^{t} e(\tau)\delta(t - \tau)\mathrm{d}\tau \qquad (6.5\text{-}3)$$

$$r(t) = \int_{0^-}^{t} e(\tau)h(t - \tau)\mathrm{d}\tau \qquad (6.5\text{-}4)$$

式(6.5-4)的积分运算称为卷积积分。也可表示为

$$r(t) = e(t) * h(t)$$

如果已知系统的冲激响应 $h(t)$ 以及激励信号 $e(t)$,应用此积分式可求得系统的零状态响应 $r_{zs}(t)$。

仔细观察式(6.5-4)可以发现它包含有三个时间变量:τ、t 和 $(t - \tau)$,它们各有不同的含意。其中 τ 表示激励信号加入的时刻,t 表示响应输出的时间,$(t - \tau)$ 是输出与输入

的时间差,表示系统的记忆时间。

在以上的讨论中,我们把卷积积分的应用限于线性非时变系统。对于非线性系统,由于违反迭加原理,而不能应用;对于线性时变系统,则仍可借助卷积求零状态响应。但应注意,由于系统的时变特征,冲激响应是两个变量的函数,这两个参量是:激励加入时间 τ,响应观测时间 t,因此冲激响应的表示式为 $h(t,\tau)$,求零状态响应的卷积积分写作

$$r(t) = \int_0^t e(\tau) h(t,\tau) \mathrm{d}\tau \tag{6.5-5}$$

前面研究的非时变系统仅仅是时变系统的一个特例,对于非时变系统冲激响应由观测时刻与激励接入时刻的差值决定,于是式(6.5-5)中的 $h(t,\tau)$ 简化为 $h(t-\tau)$,即式(6.5-4)的结果。

根据本节和上一节的分析,系统的零状态响应分量和零输入响应分量组成系统的全响应

$$r(t) = r_{zi}(t) + r_{zs}(t) = \sum_{i=1}^{n} C_i e^{\alpha_i t} + \sum_{i=1}^{n} K_i e^{\alpha_i t} * e(t) \tag{6.5-6}$$

这就是系统特征方程无重根时,计算系统响应的一般公式。当特征方程有重根时,上式中的有关项将具有式(6.3-11)的形式。

例 6.5-1 RC 电路如图 6.5-2 所示,$R = 1\Omega$,$C = 1F$,激励电压 $e(t) = (1 + e^{-3t}) u(t)$,电容上的初始电压为 $u_c(0) = 2V$,求电容上响应电压 $u_c(t)$。

解 列电路微分方程(以 $u_c(t)$ 为响应电压)

$$RC \frac{\mathrm{d}u_c(t)}{\mathrm{d}t} + u_c(t) = e(t)$$

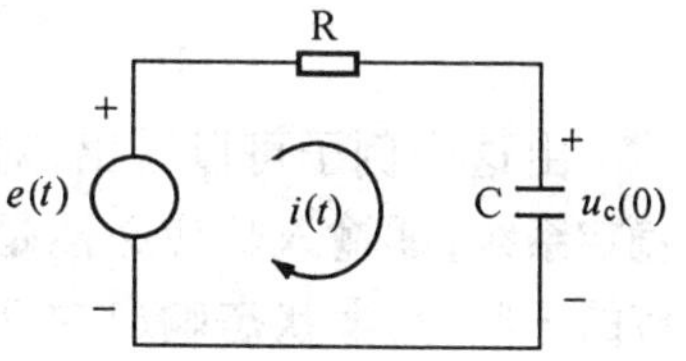

代入元件值

$$\frac{\mathrm{d}u_c(t)}{\mathrm{d}t} + u_c(t) = e(t)$$

图 6.5-2 例 6.5-1图

特征方程为 $\alpha + 1 = 0$,特征根 $\alpha = -1$,所以零输入响应为

$$u_{czi}(t) = C_1 e^{-t} u(t)$$

代入初始条件可得 $C_1 = 2$

故

$$u_{czi}(t) = 2e^{-t} u(t)$$

为求零状态响应,必须求得电路的冲激响应 $h(t)$。

由 $\alpha = -1$,可得

$$h(t) = K e^{-t} u(t)$$

求其一阶导数

$$h'(t) = K e^{-t} \delta(t) - K e^{-t} u(t) = K\delta(t) - K e^{-t} u(t)$$

将 $h(t)$ 和 $h'(t)$ 代入微分方程左端得

$$K\delta(t) - K e^{-t} u(t) + K e^{-t} u(t) = K\delta(t)$$

方程右端为 $\delta(t)$

所以根据方程的平衡条件,得 $K = 1$

故

$$h(t) = e^{-t} u(t)$$

电路的零状态响应电压

$$u_{czs}(t) = e(t) * h(t) = (1 + e^{-3t})u(t) * e^{-t}u(t) =$$

$$\int_0^t (1 + e^{-3\tau})e^{-(t-\tau)}d\tau =$$

$$e^{-(t-\tau)}\Big|_0^t + \int_0^t e^{-(t+2\tau)}d\tau =$$

$$1 - e^{-t} + \frac{-1}{2}e^{-(t+2\tau)}\Big|_0^t =$$

$$1 - e^{-t} - \frac{1}{2}e^{-3t} + \frac{1}{2}e^{-t} = \left(1 - \frac{1}{2}e^{-t} - \frac{1}{2}e^{-3t}\right)u(t)$$

全响应为

$$u_c(t) = 2\underbrace{e^{-t}u(t)}_{\text{零输入响应}} + \underbrace{\left(1 - \frac{1}{2}e^{-t} - \frac{1}{2}e^{-3t}\right)u(t)}_{\text{零状态响应}} =$$

$$\underbrace{\frac{3}{2}e^{-t}u(t)}_{\text{自然响应}} + \underbrace{\left(1 - \frac{1}{2}e^{-3t}\right)u(t)}_{\text{受迫响应}} =$$

$$\underbrace{\left(\frac{3}{2}e^{-t} - \frac{1}{2}e^{-3t}\right)u(t)}_{\text{瞬态响应}} + \underbrace{u(t)}_{\text{稳态响应}}$$

由这个例子可以看出,对于一个**稳定系统**,零输入响应必然是自然响应的一部分,零状态响应中又可分为**自然响应和受迫响应两部分**。零输入响应和零状态响应中的自然响应必然是瞬态响应。受迫响应中随时间增长而衰减消失的部分也是**瞬态响应**,随时间增长仍继续存在并趋于稳定的部分是是**稳态响应**。图 6.5-3 为表示各响应分量之间关系的示意图。

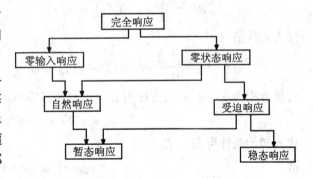

图 6.5-3　系统响应的分类及其相互关系

此外,如果 $e(t)$ 和 $h(t)$ 包含有相同函数形式项,例如 $e^{\alpha_1 t}$,则在零状态响应中可能会出现混合形式 $(1 + t)e^{\alpha_1 t}$,其中 $te^{\alpha_1 t}$ 为受迫响应,。如果系统特征根出现 $\alpha = 0$ 的情况,则在其零输入响应和自由响应中可能会有稳定响应出现,但在实际系统中此情况极少。

计算系统的零状态响应,除了使用系统的冲激响应 $h(t)$ 外,还可使用系统的阶跃响应 $g(t)$。其计算公式为

$$r_{zs}(t) = e(0)g(t) + \int_0^t e'(\tau)g(t - \tau)d\tau =$$

$$e(0)g(t) + e'(t) * g(t) \tag{6.5-7}$$

式(6.5-7) 称为杜阿美尔积分。实际上,这也是卷积积分的一种形式,只不过多了

$e(0)g(t)$ 一项,二者没有本质的区别。

习 题 6

6-1 已知系统的微分方程,试判断下列各系统是线性系统还是非线性系统,时变系统还是非时变系统。

1. $\dfrac{\mathrm{d}r(t)}{\mathrm{d}t} + 2r(t) = e(t+1)$

2. $\dfrac{\mathrm{d}^2 r(t)}{\mathrm{d}t^2} + 2\dfrac{\mathrm{d}r(t)}{\mathrm{d}t} + 2r^2(t) = \dfrac{\mathrm{d}e(t)}{\mathrm{d}t} + 2e(t)$

3. $\dfrac{\mathrm{d}^2 r(t)}{\mathrm{d}t^2} + 3r(t)\dfrac{\mathrm{d}r(t)}{\mathrm{d}t} + r(t) = 2e(t)$

4. $2t\dfrac{\mathrm{d}^2 r(t)}{\mathrm{d}t^2} + 3r(t) = e^2(t)$

5. $t^2\dfrac{\mathrm{d}r(t)}{\mathrm{d}t} + \sin 3t\, r(t) = t^2 e(t)$

6-2 已知系统初始状态为 $r(0)$,输入为 $e(t)$,全响应为 $r(t)$,试判断下列系统是否是线性系统,是否是非时变系统。

1. $r(t) = 4r(0) + 2e(t)$　　　　2. $r(t) = e^{-t}e(t) + 1$

3. $r(t) = r^2(0) + \displaystyle\int_0^t e(\tau)\mathrm{d}(\tau)$　　　　4. $r(t) = t\,r(0)\sin 3t + \log e(t)$

5. $r(t) = |\,e(t)\,|$

6-3 设系统输入为 $e(t)$,输出为 $r(t)$,试判别下列系统的线性,时不变性和因果性。

1. $r(t) = \begin{cases} 1 & t < \tau \\ 3e(t) & t \geqslant \tau \end{cases}$　　3. $r(t) = \displaystyle\sum_{n=-\infty}^{\infty} e(t)\delta(t-nT)$

2. $r(t) = 9e(2t)$　　　　4. $r(t) = e(1-t)$

6-4 已知系统微分方程相应的齐次方程

1. $\dfrac{\mathrm{d}^2 r(t)}{\mathrm{d}t^2} + 3\dfrac{\mathrm{d}r(t)}{\mathrm{d}t} + 2r(t) = 0$　　2. $\dfrac{\mathrm{d}^2 r(t)}{\mathrm{d}t^2} + 2\dfrac{\mathrm{d}r(t)}{\mathrm{d}t} + 2r(t) = 0$

3. $\dfrac{\mathrm{d}^2 r(t)}{\mathrm{d}t^2} + 2\dfrac{\mathrm{d}r(t)}{\mathrm{d}t} + r(t) = 0$

若以上三种情况的初始条件都是 $r(0) = 1, r'(0) = 2$,试求每种情况的零输入响应,并粗略画出波形。

6-5 根据下列已知系统微分方程和初始条件求零输入响应

1. $\dfrac{\mathrm{d}^3 r(t)}{\mathrm{d}t^3} + 3\dfrac{\mathrm{d}^2 r(t)}{\mathrm{d}t^2} + 2\dfrac{\mathrm{d}r(t)}{\mathrm{d}t} = 0,\quad r(0) = 0, r'(0) = 1, r''(0) = 0$

2. $\dfrac{\mathrm{d}^3 r(t)}{\mathrm{d}t^3} + 2\dfrac{\mathrm{d}^2 r(t)}{\mathrm{d}t^2} + \dfrac{\mathrm{d}r(t)}{\mathrm{d}t} = 0,\quad r(0) = r'(0) = 0, r''(0) = 1$

6-6 给定系统微分方程、起始条件及激励信号分别为以下三种情况

1. $\dfrac{\mathrm{d}r(t)}{\mathrm{d}t} + 2r(t) = e(t), r(0^-) = 0, e(t) = u(t)$

2. $\dfrac{dr(t)}{dt} + 2r(t) = 3\dfrac{de(t)}{dt}$, $r(0^-) = 0$, $e(t) = u(t)$

3. $2\dfrac{d^2r(t)}{dt^2} + 3\dfrac{dr(t)}{dt} + 4r(t) = \dfrac{de(t)}{dt}$, $r(0^-) = 1$, $r'(0^-) = 1$, $e(t) = u(t)$

试判断在起始点是否发生跳变,据此对 1、2 分别写出其 $r(0^+)$ 值,对于 3 写出 $r(0^+)$、$r'(0^+)$ 值。

6-7 给定下列系统微分方程,起始条件和激励信号,试分别求其完全响应。并指出其零输入响应、零状态响应、自由响应、受迫响应各分量,写出 0^+ 时刻的边界值。

1. $\dfrac{d^2r(t)}{dt^2} + 3\dfrac{dr(t)}{dt} + 2r(t) = \dfrac{de(t)}{dt} + 3e(t)$

$r(0^-) = 1$, $r'(0^-) = 2$, $e(t) = u(t)$

2. $\dfrac{d^2r(t)}{dt^2} + 2\dfrac{dr(t)}{dt} + r(t) = \dfrac{de(t)}{dt}$

$r(0^-) = 1$, $r'(0^-) = 2$, $e(t) = e^{-t}u(t)$

6-8 若激励为 $e(t)$,响应为 $r(t)$ 的系统微分方程由下式描述,分别求其冲激响应和阶跃响应

1. $\dfrac{dr(t)}{dt} + 2r(t) = e(t)$

2. $\dfrac{d^2r(t)}{dt^2} + \dfrac{dr(t)}{dt} + r(t) = \dfrac{de(t)}{dt} + e(t)$

3. $\dfrac{d^3r(t)}{dt^3} + 6\dfrac{d^2r(t)}{dt^2} + 11\dfrac{dr(t)}{dt} + 6r(t) = \dfrac{d^2e(t)}{dt^2} + e(t)$

6-9 若激励为 $e(t)$,响应为 $r(t)$,求下列微分方程所代表系统的冲激响应

1. $\dfrac{dr(t)}{dt} + 3r(t) = 2\dfrac{de(t)}{dt}$

2. $\dfrac{dr(t)}{dt} + 2r(t) = \dfrac{d^2e(t)}{dt^2} + 3\dfrac{de(t)}{dt} + 3e(t)$

6-10 电路如图 6-10 所示。若以电阻两端电压为输出,试求冲激响应和阶跃响应

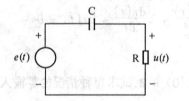
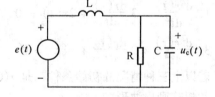

图 6-10　习题 6-10 图　　　　　　图 6-11　习题 6-11 图

6-11 已知图 6-11 所示电路中,$L = \dfrac{1}{2}$H, $C = 1$F, $R = \dfrac{1}{3}\Omega$,以电容电压 $u_c(t)$ 为输出响应,试求冲激响应和阶跃响应。

6-12 已知图 6-12 所示网络中,$L = 2$H, $C = \dfrac{1}{2}$F, $R = 1\Omega$,以电容电压 $u_c(t)$ 为响应,试求冲激响应和阶跃响应。

6-13 已知图6-13中,激励信号 $e(t) = Ee^{-\alpha t}u(t)$,电容起始电压为零,求输出响应 $u_c(t)$。

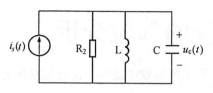

图6-12 习题6-12图

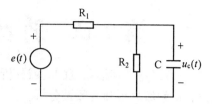

图6-13 习题6-13图

6-14 电路如图6-14所示,已知 $e(t) = \sin tu(t)$,电感起始电流为零,求响应电压 $v_0(t)$。

6-15 在图6-15所示的电路中,$e(t) = Eu(t)$,元件参数满足 $\dfrac{1}{2RC} < \dfrac{1}{\sqrt{LC}}$,求 $i(t)$ 的零状态响应。

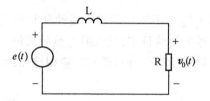

图6-14 习题6-14图

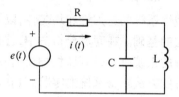

图6-15 习题6-15图

6-16 图6-16所示系统是由几个"子系统"组合而成,各子系统的冲激响应分别为 $h_D = \delta(t-1)$,$h_G = u(t) - u(t-3)$,试求总的系统的冲激响应 $h(t) = ?$

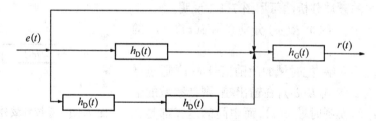

图6-16 习题6-16图

6-17 某一阶线性时不变系统,在相同的初始状态下,当输入为 $f(t)$ 时其全响应

$$r(t) = (2e^{-t} + \cos 2t)u(t)$$

当输入为 $2f(t)$ 时,其全响应

$$r(t) = (2e^{-t} + \cos 2t)u(t)$$

试求在同样的初始条件下,若输入为 $4f(t)$ 时,系统的全响应。

第7章 连续系统的频域分析

前一章讨论了连续系统的时域分析,从本章开始用两章的篇幅讨论连续系统的变换域分析,即频域分析和复频域分析。

本章还将建立信号通过线性系统的一些重要概念,其中包括无失真传输条件,理想低通滤波器的冲激响应,阶跃响应及系统的物理可实现条件等。

7.1 傅里叶变换分析法

一、频域分析原理

线性系统的迭加性和均匀性,以及非时变系统的时不变性是建立线性非时变系统分析方法的基础。在时域分析法中,首先将激励信号分解为许多冲激函数,然后求每一个冲激函数的系统响应,即延时、加权的冲激响应,最后将所有的冲激函数响应相迭加,运用卷积积分的方法求得系统的零状态响应,即

$$r_{zs}(t) = h(t) * e(t) \tag{7.1-1}$$

频域分析法的基本思想与时域分析法是一致的,求解过程也是类似的。在频域分析法中,先将激励信号分解为一系列不同幅度,不同频率的等幅正弦信号,然后求出每一正弦信号单独通过系统时的响应,并将这些响应迭加,即得到系统的零状态响应。

线性系统的频域分析法可用图 7.1-1 说明。

图 7.1-1 中,$E(\omega)$,$R(\omega)$ 分别表示 $e(t)$、$r(t)$ 的频谱函数。

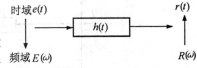

在系统的输入端,把时域的激励信号 $e(t)$ 通过傅里叶变换转换到频域 $E(\omega)$,在输出端,则把频域的输出响应 $R(\omega)$ 转换到时域 $r(t)$,而中间的运算都是在频域进行的。

图 7.1-1 系统频域分析示意图

设 $H(\omega)$ 表示系统冲激响应 $h(t)$ 的傅里叶变换,即

$$H(\omega) = \mathscr{F}[h(t)] \quad \text{或} \quad h(t) = \mathscr{F}^{-1}[H(\omega)]$$

根据傅里叶变换的时域卷积定理,由式(7.1-1)可得出

$$R(\omega) = H(\omega)E(\omega) \tag{7.1-2}$$

式中,$H(\omega)$ 称为系统函数。从物理概念来说,如果激励信号的频谱密度函数为 $E(\omega)$,则响应的频谱密度函数便是 $H(\omega)E(\omega)$,可见,通过系统的作用改变了激励信号的频谱。系统的功能,就是对激励信号的各频率分量幅度进行加权,并且使每个频率分量都产生各自的相位移。

例如对频率分量 ω_i,则有

$$R(\omega_i) = H(\omega_i)E(\omega_i) = |H(\omega_i)|e^{j\varphi_h(\omega_i)}|E(\omega_i)|e^{j\varphi_e(\omega_i)} = |R(\omega_i)|e^{j\varphi_r(\omega_i)}$$

其中

$$|R(\omega_i)| = |H(\omega_i)||E(\omega_i)|$$

$$\varphi_r(\omega_i) = \varphi_e(\omega_i) + \varphi_h(\omega_i)$$

二、非周期信号激励下系统的响应

在频域进行系统分析和在时域分析时一样,也将系统响应分为零输入响应和零状态响应两部分,即

$$r(t) = r_{zi}(t) + r_{zs}(t)$$

零输入响应的求解与时域分析法相同(见式(6.3-6)和(6.3-11))。即

$$r_{zi}(t) = \sum_{i=1}^{n} C_i e^{\alpha_i t}$$

当特征根中 α_i 为 K 重根时

$$r_{zi}(t) = \sum_{i=1}^{K} C_i t^{i-1} e^{\alpha_i t} + \sum_{j=K+1}^{n} C_j e^{\alpha_j t}$$

因此,这里只讨论零状态响应的求解方法。

根据上节的分析,使用频域分析法计算系统零状态响应一般可按下列步骤:

1. 将激励信号分解为正弦分量,即对激励信号 $e(t)$ 运用傅里叶积分,将其表示为无穷多个频率的正弦分量之和,即

$$e(t) = \frac{1}{2\pi}\int_{-\infty}^{\infty} E(\omega)e^{j\omega t}d\omega = \frac{1}{2}\int_{-\infty}^{\infty} \frac{E(\omega)d\omega}{\pi}e^{j\omega t}$$

各频率分量复振幅的相对值,就是信号 $e(t)$ 的傅里叶变换 $E(\omega)$,即

$$E(\omega) = \int_{-\infty}^{\infty} e(t)e^{-j\omega t}dt \tag{7.1-3}$$

而各频率分量的复数振幅是

$$\frac{E(\omega)d\omega}{\pi}$$

2. 求出系统函数 $H(\omega)$ 　系统函数定义为系统输出与输入信号的复振幅之比,即

$$H(\omega) = \frac{\dfrac{R(\omega)d\omega}{\pi}}{\dfrac{E(\omega)d\omega}{\pi}} = \frac{R(\omega)}{E(\omega)}$$

对于具体网络系统,$H(\omega)$ 可以使用电路的基本定理进行计算。

3. 求出各频率分量的响应　对频率为 ω 的分量来说,其响应的复振幅应为

$$\frac{R(\omega)d\omega}{\pi} = \frac{E(\omega)d\omega}{\pi}H(\omega)$$

对于激励中所有的频率分量,上述关系都是成立的,因此响应 $r(t)$ 的频谱函数应为

$$R(\omega) = E(\omega)H(\omega) \tag{7.1-4}$$

4. 将各频率分量响应迭加,也就是求 $R(\omega)$ 的傅里叶反变换,得响应 $r(t)$。即

$$r_{zs}(t) = \frac{1}{2\pi}\int_{-\infty}^{\infty} E(\omega)H(\omega)e^{j\omega t}d\omega \tag{7.1-5}$$

例7.1-1　图7.1-2(a)所示为一RC低通网络,激励电压 $e(t) = E[u(t) - u(t-\tau)]$。求电容器上的响应 $v_c(t)$。

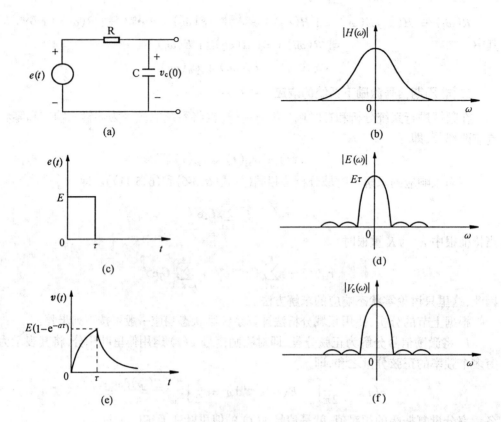

图 7.1-2　例 7.1-1 图

解　1. 将 $e(t)$ 分解为等幅正弦分量，即求输入信号 $e(t)$ 的频谱

$$E(\omega) = \mathscr{F}[e(t)] = E\left[\pi\delta(\omega) + \frac{1}{j\omega}\right] - E\left[\pi\delta(\omega) + \frac{1}{j\omega}\right]e^{-j\omega\tau} =$$

$$\frac{E}{j\omega}[1 - e^{-j\omega\tau}]$$

2. 求系统函数

$$H(\omega) = \frac{\dfrac{1}{j\omega C}}{R + \dfrac{1}{j\omega C}} = \frac{\dfrac{1}{RC}}{j\omega + \dfrac{1}{RC}} = \frac{\alpha}{j\omega + \alpha}$$

式中，$\alpha = \dfrac{1}{RC}$ 为衰减系数。

3. 求响应函数的频谱

$$V_c(\omega) = H(\omega)E(\omega) = \frac{\alpha}{j\omega + \alpha} \cdot \frac{E}{j\omega}(1 - e^{-j\omega\tau})$$

4. 求 $V_c(\omega)$ 的傅里叶反变换得 $v_c(t)$

$$V_c(\omega) = \frac{\alpha}{(j\omega + \alpha)} \cdot \frac{E}{j\omega}(1 - e^{-j\omega\tau}) =$$

$$E\left(\frac{1}{j\omega} - \frac{1}{\alpha + j\omega}\right)(1 - e^{-j\omega\tau}) =$$

$$\frac{E}{j\omega}(1 - e^{-j\omega\tau}) - \frac{E}{\alpha + j\omega}(1 - e^{-j\omega\tau})$$

于是 $v_c(t) = E[u(t) - u(t - \tau)] - E[e^{-\alpha t}u(t) - e^{-\alpha(t-\tau)}u(t - \tau)] =$

$$E(1 - e^{-\alpha t})u(t) - E[1 - e^{-\alpha(t-\tau)}]u(t - \tau)$$

例 7.1-2   上例中若输入信号电压 $e(t)$ 为单位阶跃函数 $u(t)$，试求电容电压 $v_c(t)$。

解   单位阶跃函数的频谱为

$$E(\omega) = \mathscr{F}[u(t)] = \pi\delta(\omega) + \frac{1}{j\omega}$$

输出电压 $v_c(t)$ 的频谱为

$$V_c(\omega) = E(\omega)H(\omega) = \left[\pi\delta(\omega) + \frac{1}{j\omega}\right]\frac{\alpha}{\alpha + j\omega} =$$

$$\frac{\alpha\pi\delta(\omega)}{\alpha + j\omega} + \frac{\alpha}{j\omega(\alpha + j\omega)} =$$

$$\pi\delta(\omega) + \frac{1}{j\omega} - \frac{1}{\alpha + j\omega}$$

所以输出响应为

$$v_c(t) = \mathscr{F}^{-1}[V_c(\omega)] = \mathscr{F}^{-1}\left[\pi\delta(\omega) + \frac{1}{j\omega}\right] - \mathscr{F}^{-1}\left[\frac{1}{\alpha + j\omega}\right] =$$

$$u(t) - e^{-\alpha t}u(t) = (1 - e^{-\alpha t})u(t)$$

三、周期信号激励下系统的响应

上节讨论了非周期信号通过线性系统的响应，现在研究利用傅里叶变换方法求周期信号通过线性系统的响应问题。

设激励 $e(t)$ 是周期为 T_1 的周期信号，$e_1(t)$ 为 $e(t)$ 的一个周期，二者之间可有如下的关系式

$$e(t) = \sum_{n=-\infty}^{\infty} e_1(t - nT_1) = e_1(t) * \sum_{n=-\infty}^{\infty} \delta(t - nT_1) =$$

$$e_1(t) * \delta_{T_1}(t) \tag{7.1-6}$$

式中 $\delta_{T_1}(t)$ 为均匀冲激序列。可见，周期信号 $e(t)$ 等于 $e_1(t)$ 与均匀冲激序列的卷积。

根据卷积定理，欲求周期信号 $e(t)$ 的傅里叶变换 $E(\omega)$，可先求 $e_1(t)$ 和 $\delta_{T_1}(t)$ 的傅里叶变换，即

$$\mathscr{F}[e_1(t)] = E_1(\omega) = \int_{-\infty}^{\infty} e_1(t)e^{-j\omega t}dt \tag{7.1-7}$$

$$\mathscr{F}[\delta_{T_1}(t)] = \frac{2\pi}{T_1}\sum_{n=-\infty}^{\infty} \delta(\omega - n\omega_1) = \omega_1\delta_{\omega_1}(\omega) \tag{7.1-8}$$

其中，$\omega_1 = \frac{2\pi}{T_1}$

所以周期信号 $e(t)$ 的频谱函数为

$$E(\omega) = \mathscr{F}[e_1(t)] \cdot \mathscr{F}[\delta_{T_1}(t)] = E_1(\omega) \cdot \omega_1 \delta_{\omega_1}(\omega) \qquad (7.1\text{-}9)$$

可见,周期信号的频谱是离散谱,由一系列冲激函数组成,其冲激强度由 $e_1(t)$ 的傅里叶变换 $E_1(\omega)$ 决定。

若系统传输函数为 $H(\omega)$,根据上节的分析可得系统响应的频谱函数为

$$R(\omega) = H(\omega)E(\omega) = H(\omega)E_1(\omega)\omega_1 \sum_{n=-\infty}^{\infty} \delta(\omega - n\omega_1) =$$

$$\omega_1 \sum_{n=-\infty}^{\infty} H(n\omega_1)E_1(n\omega_1)\delta(\omega - n\omega_1) \qquad (7.1\text{-}10)$$

由式(7.1-10)可以看到,输出响应的频谱也是离散谱,是由一系列与周期激励信号频谱相同的冲激函数组成,并且各冲激函数的强度,被系统函数 $H(n\omega_1)$ 加权。

将式(7.1-10)进行傅里叶反变换,可得到输出响应 $r(t)$,即

$$r(t) = \frac{1}{2\pi} \int_{-\infty}^{\infty} R(\omega)e^{j\omega t}\mathrm{d}\omega =$$

$$\frac{\omega_1}{2\pi} \int_{-\infty}^{\infty} \Big[\sum_{n=-\infty}^{\infty} H(n\omega_1)E_1(n\omega_1)\delta(\omega - n\omega_1) \Big] e^{j\omega t}\mathrm{d}\omega =$$

$$\frac{1}{T_1} \sum_{n=-\infty}^{\infty} H(n\omega_1)E_1(n\omega_1)e^{jn\omega_1 t} \int_{-\infty}^{\infty} \delta(\omega - n\omega_1)\mathrm{d}\omega =$$

$$\frac{1}{T_1} \sum_{n=-\infty}^{\infty} H(n\omega_1)E_1(n\omega_1)e^{jn\omega_1 t} \qquad (7.1\text{-}11)$$

式(7.1-11)表示了输出响应的时间函数,呈傅里叶级数的形式。

例 7.1-3 求图 7.1-3(b) 所示周期三角形信号 $e(t)$ 通过 RC 低通滤波电路的响应电压 $r(t)$。

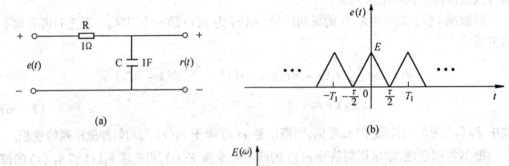

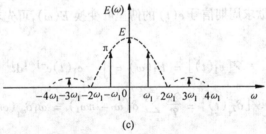

图 7.1-3　例 7.1-3 图

解 RC 电路的频率特性为

$$H(\omega) = \frac{\dfrac{1}{j\omega C}}{R + \dfrac{1}{j\omega C}} = \frac{1}{j\omega + 1}$$

激励信号的单周期函数 $e_1(t)$ 的傅里叶变换(查表)

$$E_1(\omega) = \frac{ET_1}{2} Sa^2\left(\frac{\omega T_1}{4}\right)$$

$$E(\omega) = E_1(\omega) \cdot \omega_1 \delta_{\omega_1}(\omega) = \pi E Sa^2\left(\frac{\omega\pi}{4}\right) \sum_{n=-\infty}^{\infty} \delta(\omega - n\omega_1)$$

所以可得输出响应

$$r(t) = \frac{1}{T_1} \sum_{n=-\infty}^{\infty} H(n\omega_1) E_1(n\omega_1) \cdot e^{jn\omega_1 t} =$$

$$\frac{1}{T_1} \sum_{n=-\infty}^{\infty} \frac{1}{jn\omega_1 + 1} \frac{ET_1}{2} Sa^2\left(\frac{n\omega_1 T_1}{4}\right) e^{jn\omega_1 t} =$$

$$\frac{E}{2} \sum_{n=-\infty}^{\infty} \frac{1}{\sqrt{(n\omega_1)^2 + 1}} Sa^2\left(\frac{n\pi}{2}\right) e^{j[n\omega_1 t - \arctan(n\omega_1)]}$$

由此可以画出输出响应的幅度频谱和相位频谱。

7.2 无失真传输条件

一个给定的线性非时变系统如图7.2-1所示,在输入激励 $e(t)$ 的作用下,将会产生输出响应 $r(t)$。系统的这种功能,在时域分析和频域分析中可分别表示为

$$r(t) = e(t) * h(t)$$

$$R(\omega) = E(\omega) \cdot H(\omega)$$

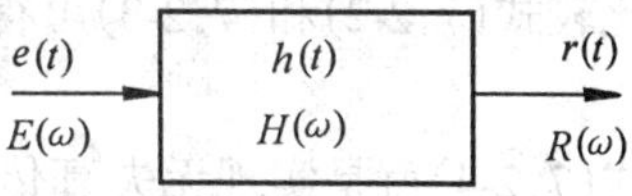

图 7.2-1 线性非时变系统示意框图

这就是说,信号通过系统以后,将会改变原来的形状,成为新的波形;若从频率来说,系统改变了原有信号的频谱结构,而组成了新的频谱。显然,这种波形的改变或频谱的改变,将直接取决于系统本身的传输函数 $H(\omega)$。线性非时变系统的功能就像是一个滤波器。信号通过系统以后,某些频率分量的幅度保持不变,而另外一些频率分量的幅度衰减了。信号的每一频率分量在传输以后,受到了不同程度的衰减和相移。也就是说,信号在通过系统传输的过程中产生了失真。

线性系统引起的失真主要是由两方面因素造成的,一是系统对信号中各频率分量的幅度产生不同程度的衰减,使各频率分量幅度的相对比例产生变化,造成幅度失真。另一个因素是系统对各频率分量产生的相移不与频率成正比,结果各频率分量在时间轴上的相对位置产生变化,造成相位失真。

应该指出,线性系统的幅度失真和相位失真都不产生新的频率分量,称为线性失真。而非线性系统将会在所传输的信号中产生出新的频率分量,这就是所谓的非线性失真。

在信号传输技术中,除在某些场合需要用电路进行特定的波形变换外,总是希望在传

输过程中造成信号的失真愈小愈好。本节将讨论线性系统无失真传输的条件。

我们假定,如果响应信号与激励信号相比,只是幅度大小和出现的时间不同,而无波形上的变化,就称为无失真传输。

设激励信号为 $e(t)$,响应信号为 $r(t)$,则无失真传输的条件是

$$r(t) = Ke(t - t_0) \tag{7.2-1}$$

式中 K、t_0 均为常数。当满足此条件时,$r(t)$ 波形与 $e(t)$ 波形相同,仅在时间上滞后 t_0,幅度上有系数 K 倍的变化。如图 7.2-2 所示。

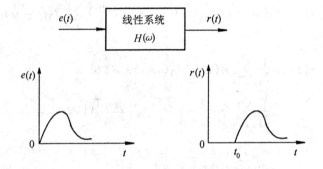

图 7.2-2 系统无失真传输信号的示意图

设激励信号的频谱函数为 $E(\omega)$,响应的频谱为 $R(\omega)$,欲满足式(7.2-1)的条件,则由傅里叶变换的延时定理可有

$$R(\omega) = KE(\omega)e^{-j\omega t_0} \tag{7.2-2}$$

而

$$R(\omega) = H(\omega)E(\omega) \tag{7.2-3}$$

比较式(7.2-2)和(7.2-3)可得系统频率特性为

$$H(\omega) = Ke^{-j\omega t_0} \tag{7.2-4}$$

式(7.2-4)就是实现无失真传输的条件。显然,欲使信号在通过线性系统时不产生失真,要求系统的幅频特性是一常数,相频特性是一通过原点的直线,如图 7.2-3 所示。

还可以从物理概念上直观地解释这种无失真传输条件。由于系统函数的幅度 $|H(\omega)|$ 为常数 K,响应中各频率分量幅度的相对大小将与激励信号的情况一样,因而没有幅度失真。要保证没有相位失真,必须使响应中各频率分量与激励中各对应分量滞后同样的时间,这一要求反映到相位特性就是一条通过原点的直线。现举例说明。

设激励信号 $e(t)$ 由基波和二次谐波两个频率分量组成,表示式为

$$e(t) = E_1\sin\omega_1 t + E_2\sin2\omega_1 t \tag{7.2-5}$$

响应 $r(t)$ 的表示式

$$r(t) = KE_1\sin(\omega_1 t - \varphi_1) + KE_2(2\omega_1 t - \varphi_2) =$$

$$KE_1\sin\omega_1\left(t - \frac{\varphi_1}{\omega_1}\right) + KE_2\sin2\omega_1\left(t - \frac{\varphi_2}{2\omega_1}\right) \tag{7.2-6}$$

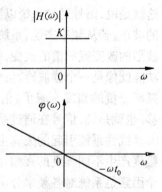

图 7.2-3 无失真传输系统的
幅频和相频特性

为了使基波和二次谐波得到相同的延迟时间，以保证不产生相位失真，应有(见图7.2-4)。

$$\frac{\varphi_1}{\omega_1} = \frac{\varphi_2}{2\omega_1} = t_0 = 常数 \qquad (7.2\text{-}7)$$

因此，各谐波分量的相移须满足以下关系

$$\frac{\varphi_1}{\varphi_2} = \frac{\omega_1}{2\omega_1} \qquad (7.2\text{-}8)$$

这个关系很容易推广到其他高次谐波频率，于是可以得出结论：**为使信号传输不产生相位失真，信号通过线性系统时各谐波的相移必须与其频率成正比**。也就是说系统的相位特性应该是一条经过原点的直线，即

$$\varphi(\omega) = -\omega t_0 \qquad (7.2\text{-}9)$$

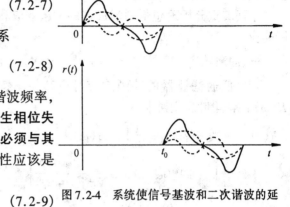

图7.2-4 系统使信号基波和二次谐波的延时相同

这就是式(7.2-4)和图(7.2-3)所示的结果。显然信号通过系统的延迟时间 t_0，即为相位特性的斜率，即

$$\frac{\mathrm{d}\varphi(\omega)}{\mathrm{d}\omega} = -t_0 \qquad (7.2\text{-}10)$$

如果在式(7.2-10)中 $t_0 = 0$，也就是说，相频特性是一条斜率为零的直线，即横坐标轴，此时，该系统对任何频率的信号都不产生相移，信号的延迟时间为零，这种系统就称为**即时系统**。我们已经知道，由纯电阻元件构成的系统就属此类。但有时对于包含有电抗元件的电路，如果适当选择元件参数和联接方式，也可使系统不产生相移，对任何频率信号的延迟时间均为零。

图7.2-3表明，系统函数的幅频特性应当在无限大的频宽中保持常量。显然，这种要求在实际中是不可能实现的。但是由于在实际信号中，能量总是随着频率增大而减小，因此，实际系统只要具有足够大的频宽，以保证包含绝大多数能量的频率分量能够通过，就可以获得比较满意的无失真传输。对于系统函数的相频特性的要求也可作类似的处理。只要求在一定的频宽范围内，相移特性为一直线就可以了。

为了保证较高的通信质量，必须减小通信过程中的各类失真。因此，正确理解和掌握信号传输的不失真条件以及信号通过线性系统的特性，对于通信技术具有重要的实际意义。

7.3 理想低通滤波器

按照定义，一个理想的低通滤波器允许低于截止频率 ω_c 的所有频率分量无失真地通过，而对于高于 ω_c 的所有频率分量能够完全抑制。它的频率特性表示为

$$H(\omega) = \mid H(\omega) \mid e^{j\varphi(\omega)} \qquad (7.3\text{-}1)$$

其中，$\mid H(\omega) \mid = \begin{cases} 1, & -\omega_c < \omega < \omega_c \\ 0, & \mid \omega \mid > \omega_c \end{cases}$

$$\varphi(\omega) = -\omega t_{\mathrm{d}}$$

式中 t_{d} 为延迟时间。图 7.3-1 示出了理想低通滤波器的幅频特性 $|H(\omega)|$ 和相频特性 $\varphi(\omega)$。

下面着重分析理想低通滤波器的冲激响应和阶跃响应。

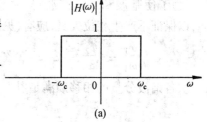

一、冲激响应

理想低通滤波器的冲激响应可由其频率特性 $H(\omega)$ 的傅里叶反变换求得

$$h(t) = \mathscr{F}^{-1}[H(\omega)] = \frac{1}{2\pi}\int_{-\infty}^{\infty} H(\omega)e^{j\omega t}d\omega =$$

$$\frac{1}{2\pi}\int_{-\omega_{\mathrm{c}}}^{\omega_{\mathrm{c}}} e^{-j\omega t_{\mathrm{d}}}e^{j\omega t}d\omega = \frac{1}{2\pi}\frac{e^{j\omega(t-t_{\mathrm{d}})}}{j(t-t_{\mathrm{d}})}\bigg|_{-\omega_{\mathrm{c}}}^{\omega_{\mathrm{c}}} =$$

$$\frac{\omega_{\mathrm{c}}}{\pi}\cdot\frac{\sin\omega_{\mathrm{c}}(t-t_{\mathrm{d}})}{\omega_{\mathrm{c}}(t-t_{\mathrm{d}})} =$$

$$\frac{\omega_{\mathrm{c}}}{\pi}\mathrm{Sa}[\omega_{\mathrm{c}}(t-t_{\mathrm{d}})] \tag{7.3-2}$$

图 7.3-1　理想低通滤波器的频率特性

冲激响应 $h(t)$ 的波形如图 7.3-2 所示。这是一个峰值位于 t_{d} 时刻的 $\mathrm{Sa}(t)$ 函数。

从图 7.3-2 上 $h(t)$ 的波形可以看出：①$\delta(t)$ 在 $t=0$ 时刻作用于系统，而系统响应在 $t=t_{\mathrm{d}}$ 时刻才达到最大峰值，这表明系统有延时作用；②$h(t)$ 比 $\delta(t)$ 的波形展宽了许多，这表示冲激函数 $\delta(t)$ 的高频分量被滤波器衰减掉了；③ 在输入信号 $\delta(t)$ 作用于系统之前，即 $t<0$ 时，$h(t)\neq0$，这表明理想低通滤波器是一个非因果系统，因此它是一个物理上不可实现的系统。根据推理，同样可以证明其他理想滤波器（如高通滤波器，带通滤波器等）也是物理上不可实现的系统。

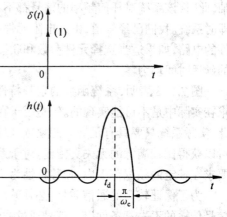

图 7.3-2　理想低通滤波器的冲激响应波形

判断物理可实现系统的时域准则是：响应不能在激励加入之前发生，这就是因果条件。于是物理可实现系统的冲激响应 $h(t)$ 必须是单边的，即 $t<0$ 时，$h(t)=0$。

可以证明，物理可实现系统的频域条件是幅频特性 $|H(\omega)|$ 必须满足下面的关系式

$$\int_{-\infty}^{\infty} \frac{|\ln|H(\omega)||}{1+\omega^2}d\omega < \infty \tag{7.3-3}$$

其中，$|H(\omega)|$ 必须是平方可积的，即

$$\int_{-\infty}^{\infty} |H(\omega)|^2 d\omega < \infty \qquad (7.3\text{-}4)$$

式(7.3-3) 称为佩利-维纳准则。可以看出,如果系统函数的幅值在某一有限的频带中为零,即 $|H(\omega)| = 0$,则因为 $|\ln|H(\omega)|| = \infty$,式(7.3-3) 的积分也为无穷大,该系统将不符合因果性,也就是说该系统在物理上是无法实现的。因此,对于物理可实现系统,只允许 $|H(\omega)|$ 在某些离散频率上为零,而不允许在一个有限宽的频带内为零。所以很明显,理想滤波器(包括理想低通、高通、带通、带阻滤波器) 在实际上都是不能实现的。

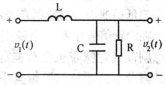

图 7.3-3　RLC 组成的低通滤波器

图 7.3-3 表示一个简单的 RLC 网络组成的低通滤波器,这个滤波器的系统转移函数为

$$H(\omega) = \frac{V_2(\omega)}{V_1(\omega)} = \frac{\dfrac{1}{\dfrac{1}{R} + j\omega_c}}{j\omega L + \dfrac{1}{\dfrac{1}{R} + j\omega_c}} = \frac{1}{1 - \omega^2 LC + j\omega \dfrac{L}{R}}$$

若取 $R = \sqrt{\dfrac{L}{C}}$,并定义 $\omega_c = \dfrac{1}{\sqrt{LC}}$,则上式可写为

$$H(\omega) = \frac{1}{1 - \left(\dfrac{\omega}{\omega_c}\right)^2 + j\dfrac{\omega}{\omega_c}} = |H(\omega)| e^{j\varphi(\omega)} \qquad (7.3\text{-}5)$$

其中

$$|H(\omega)| = \frac{1}{\sqrt{\left[1 - \left(\dfrac{\omega}{\omega_c}\right)^2\right]^2 + \left[\dfrac{\omega}{\omega_c}\right]^2}}$$

$$\varphi(\omega) = -\arctan\left[\frac{\dfrac{\omega}{\omega_c}}{1 - \left(\dfrac{\omega}{\omega_c}\right)^2}\right]$$

$|H(\omega)|$ 和 $\varphi(\omega)$ 如图 7.3-4 所示。

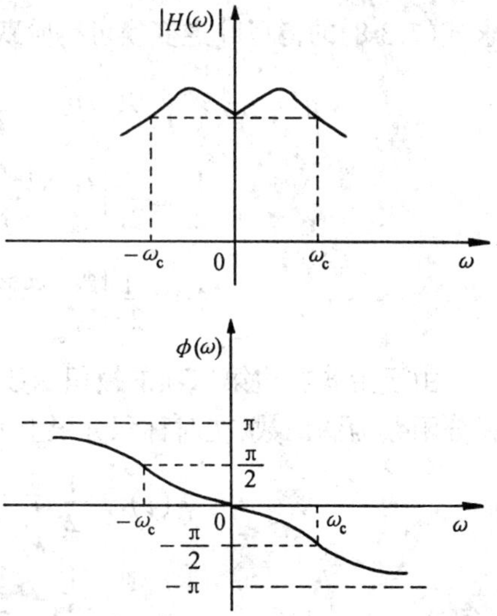

为了求得冲激响应,可将式(7.3-5) 的 $H(\omega)$ 写成以下的形式

$$H(\omega) = \frac{2\omega_c}{\sqrt{3}} \frac{\dfrac{\sqrt{3}}{2}\omega_c}{\left(\dfrac{\omega_c}{2} + j\omega\right)^2 + \left(\dfrac{\sqrt{3}}{2}\omega_c\right)^2}$$

$$\qquad (7.3\text{-}6)$$

图 7.3-4　RLC 低通滤波器的频率特性

由此可求得冲激响应

$$h(t) = \mathscr{F}^{-1}[H(\omega)] = \frac{2\omega_c}{\sqrt{3}} e^{-\frac{\omega_c t}{2}} \sin\left(\frac{\sqrt{3}}{2}\omega_c t\right) \qquad (7.3\text{-}7)$$

图 7.3-5 所示为 $h(t)$ 的波形。由此图可以看到,冲激响应波形与图 7.3-2 所示波形相似,但起始时间是从 $t = 0$ 开始的,因为这是一个物理可实现的网络。

二、阶跃响应

阶跃函数是一个很有实用意义的信号,本节研究理想低通滤波器对阶跃信号的响应。

在阶跃信号中有一个跃变点,这种信号随时间的急剧改变意味着包含有丰富的高频分量,如果这些高频分量由于滤波器带宽小而被滤除,则输出将不再有跃变点,而表现为一个逐渐上升的时间波形,此上升时间与滤波器的截止频率成反比关系。截止频率越低,输出信号上升的越慢。

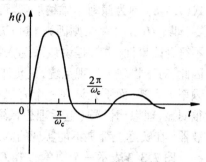

图 7.3-5 RLC 低通滤波器的冲激响应

已知理想低通滤波器的频率特性为

$$H(\omega) = \begin{cases} e^{-j\omega t_d} & -\omega_c < \omega < \omega_c \\ 0 & |\omega| > \omega_c \end{cases}$$

阶跃信号的傅里叶变换

$$E(\omega) = \mathscr{F}[u(t)] = \pi\delta(\omega) + \frac{1}{j\omega}$$

于是阶跃响应的傅里叶变换为

$$G(\omega) = E(\omega)H(\omega) = \left[\pi\delta(\omega) + \frac{1}{j\omega}\right]e^{-j\omega t_d} \qquad (-\omega_c < \omega < \omega_c) \quad (7.3\text{-}8)$$

求式(7.3-8)的傅里叶逆变换可得阶跃响应

$$g(t) = \mathscr{F}^{-1}[G(\omega)] = \frac{1}{2\pi}\int_{-\omega_c}^{\omega_c}\left[\pi\delta(\omega) + \frac{1}{j\omega}\right]e^{-j\omega t_d}e^{j\omega t}d\omega =$$

$$\frac{1}{2} + \frac{1}{2\pi}\int_{-\omega_c}^{\omega_c}\frac{e^{j\omega(t-t_d)}}{j\omega}d\omega =$$

$$\frac{1}{2} + \frac{1}{2\pi}\int_{-\omega_c}^{\omega_c}\frac{\cos\omega(t-t_d)}{j\omega}d\omega + \frac{1}{2\pi}\int_{-\omega_c}^{\omega_c}\frac{\sin\omega(t-t_d)}{\omega}d\omega$$

由于上式右边第二项的被积函数为奇函数,在对称积分限上的积分为零,第三项的被积函数为偶函数,在对称积分限上的积分可以只计算一半,然后乘以 2,所以得

$$g(t) = \frac{1}{2} + \frac{1}{\pi}\int_0^{\omega_c}\frac{\sin\omega(t-t_d)}{\omega}d\omega =$$

$$\frac{1}{2} + \frac{1}{\pi}\int_0^{\omega_c}\frac{\sin\omega(t-t_d)}{\omega(t-t_d)}d\omega(t-t_d)$$

令 $x = \omega(t-t_d)$,代入上式得

$$g(t) = \frac{1}{2} + \frac{1}{\pi}\int_0^{\omega_c(t-t_d)}\frac{\sin x}{x}dx =$$

$$\frac{1}{2} + \frac{1}{\pi}\text{Si}[\omega_c(t-t_d)] \tag{7.3-9}$$

式中
$$\mathrm{Si}[y] = \int_0^y \frac{\sin x}{x} \mathrm{d}x \qquad (7.3\text{-}10)$$
$$y = \omega_c(t - t_d)$$

Si(y)称为正弦积分函数。图 7.3-6(a)(b) 绘出抽样函数 $\frac{\sin x}{x}$ 及相应的正弦积分曲线,图 (c) 绘出相应的阶跃响应的波形。

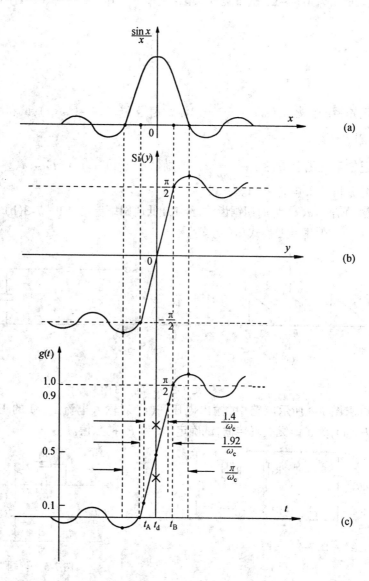

图 7.3-6 理想低通滤波器阶跃响应的形成过程

从图 7.3-6(c) 可以看出:①滤波器的作用使阶跃响应有了时间延迟,如果从 $g(t) = 1/2$ 计算,则延时为 t_d;②阶跃响应有一个上升时间,若以 $g(t_A) = 0$ 和 $g(t_B) = 1$ 为两端点计算,上升时间为

$$t_r = t_B - t_A = \frac{3.84}{\omega_c} \tag{7.3-11}$$

如果从 $g(t) = 0.1$ 到 $g(t) = 0.9$ 的两点计算上升时间为

$$t_r = \frac{2.8}{\omega_c} \tag{7.3-12}$$

上两式说明上升时间与系统带宽成反比。③ 在 $t < 0$ 时，$g(t) \neq 0$，同样表明这是一个非因果系统。

习　题　7

7-1　已知系统函数 $H(\omega) = \dfrac{1}{j\omega + 2}$，激励信号 $e(t) = e^{-3t}u(t)$，试利用傅里叶分析法求响应 $r(t)$。

7-2　已知系统函数 $H(\omega) = \dfrac{1}{j\omega + 1}$，激励信号 $e(t) = t[u(t) - u(t-1)]$，试利用傅里叶分析法求响应 $r(t)$。

7-3　激励信号 $e(t)$ 为周期锯齿波，经 RC 低通网络传输，如图 7-3(b) 所示，试写出响应 $r(t)$ 的傅里叶变换式 $R(\omega)$。

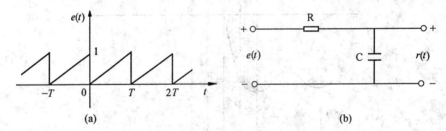

(a)　　　　　　　　　　　　　　　(b)

图 7-3　习题 7-3 图

7-4　试求图 7-4 所示电路中，输出电压 $u(t)$ 对输入电流 $i_s(t)$ 的正弦稳态传输函数 $H(\omega)$，为了能无失真传输，试确定 R_1 和 R_2 的数值。

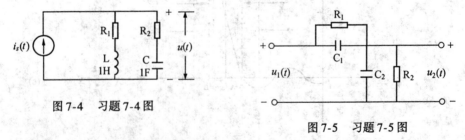

图 7-4　习题 7-4 图

图 7-5　习题 7-5 图

7-5　由电阻 R_1 和 R_2 组成的衰减器用以得到适当的电压 $u(t)$，如图 7-5 所示，为了得到无失真传输，R、C 应满足何种关系？

7-6　一个理想低通滤波器的网络函数 $H(\omega) = |H(\omega)| e^{j\varphi(\omega)}$，如图 7-6 所示，证明此滤波器对于 $\dfrac{\pi}{\omega_c}\delta(t)$ 和 $\dfrac{\sin\omega_c t}{\omega_c t}$ 的响应是一样的。

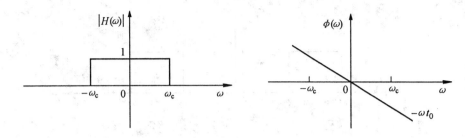

图 7-6 习题 7-6 图

7-7 已知理想低通滤波器的系统函数为

$$H(\omega) = \begin{cases} 1 & |\omega| < \dfrac{2\pi}{\tau} \\ 0 & |\omega| > \dfrac{2\pi}{\tau} \end{cases}$$

激励信号的傅里叶变换式为

$$E(\omega) = \tau \mathrm{Sa}\left(\dfrac{\omega\tau}{2}\right)$$

利用时域卷积定理求响应的时间函数 $r(t)$。

7-8 图 7-8 所示系统中，$H(\omega)$ 为理想低通特性

$$H(\omega) = \begin{cases} \mathrm{e}^{-\mathrm{j}\omega t_0} & |\omega| \leqslant 1 \\ 0 & |\omega| > 1 \end{cases}$$

1. 若 $v_1(t) = u(t)$，写出 $v_2(t)$ 表示式。

2. 若 $v_1(t) = \dfrac{2\sin\left(\dfrac{t}{2}\right)}{t}$，写出 $v_2(t)$ 表示式。

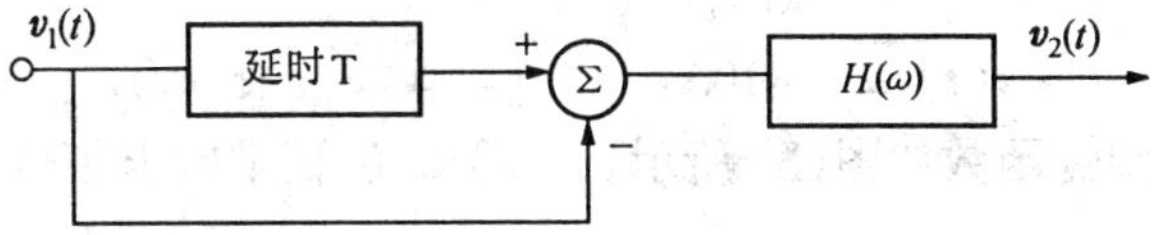

图 7-8 习题 7-8 图

7-9 一个理想带通滤波器的频率特性如图 7-9 所示，求其冲激响应并画出波形，说明此滤波器是否是物理可实现的？

7-10 图 7-10(a) 所示系统中，当信号 $e(t)$ 和 $s(t)$ 输入乘法器后，再经带通滤波器，输出信号为 $r(t)$。带通滤波器传输函数如图(b) 所示，$\varphi(\omega) = 0$，若

$$e(t) = \dfrac{\sin 2t}{2\pi t} \qquad (-\infty < t < \infty)$$

$$s(t) = \cos 1000t \qquad (-\infty < t < \infty)$$

试求输出信号 $r(t)$。

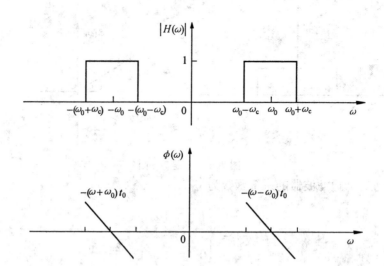

图7-9 习题7-9图

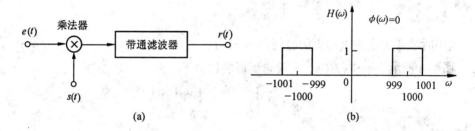

(a)

(b)

图7-10 习题7-10图

7-11 图7-11(a) 是抑制载波振幅调制的接收系统

$$e(t) = \frac{\sin t}{\pi t} \qquad (-\infty < t < \infty)$$

$$s(t) = \cos 1000t \qquad (-\infty < t < \infty)$$

低通滤波器的传输函数如图(b) 所示,$\varphi(\omega) = 0$,试求输出信号 $r(t)$。

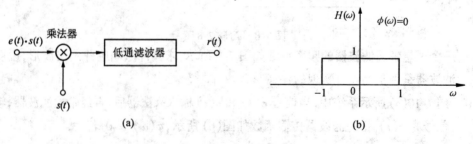

(a)

(b)

图7-11 习题7-11图

第8章 连续系统的复频域分析

本章首先讨论线性系统的复频域分析法，然后比较系统地介绍一些有关系统分析的概念——系统函数、极零点图、频率特性、对数频率特性（Bode 图）等。最后学习表示系统的另两种数学模型——模拟框图和信号流图。

8.1 拉普拉斯变换分析法

一、复频域分析原理

上一章讨论系统的频域分析，它的基本思想是先将任意激励信号分解为无限多个等幅正弦分量，然后分别求线性系统对其中每一个正弦激励的响应分量，最后将各响应分量相加即可得到系统的总响应。频域分析法在有关信号的分析和处理等方面，诸如谐波成分、频率响应、系统带宽、波形失真等问题上，它所给出的结果都具有鲜明的物理意义。它的不足之处是为求时域响应所必须的傅里叶反变换要完成从负无穷大到正无穷大频率范围的积分，这个积分通常比较困难，并且，对于有些常用信号，如阶跃信号，正弦信号，直流信号等，不能进行傅里叶变换，因而限制了它的适用范围。本章将要介绍的拉普拉斯变换法，克服了频域分析法的上述两点不足，运算非常简洁。因此，拉氏变换法是分析线性非时变系统的一个重要而有效的方法。

拉普拉斯变换法与傅里叶变换法的基本原理是一致的。为了求得任意激励信号作用下系统的响应，首先将激励信号分解为基本单元信号。所不同的是此处以指数函数 e^{st} 为基元信号，其中 $s = \sigma + j\omega$ 为复变量，**称为复频率**；这些基本单元信号，分别作用于线性非时变系统所引起的响应，也是同一复频率的指数形式的响应分量，最后将各基本单元信号的响应分量进行迭加（即进行拉普拉斯反变换）就得到系统响应。由于使用复频率 s 作为变换域的自变量，**因此拉氏变换法又称复频域分析法**。

拉普拉斯变换法与频域分析法和时域分析法同是基于线性系统的齐次性和迭加性，因此系统的全响应可分解为零输入响应和零状态响应，即

$$r(t) = r_{zi}(t) + r_{zs}(t)$$

下面讨论系统响应的计算方法。

二、零状态响应

在系统不存在零输入响应的情况下，即系统初始状态为零，仅由输入信号引起的零状态响应就是系统的完全响应。一般求取系统的零状态响应可按下列步骤进行：

1. 将激励信号 $e(t)$ 分解为无穷多个指数分量之和，即

$$e(t) = \frac{1}{2\pi j}\int_{\sigma - j\infty}^{\sigma + j\infty} E(s)e^{st}\mathrm{d}s$$

指数分量 e^{st} 的幅度就是信号 $e(t)$ 的像函数 $E(s)$，其为

$$E(s) = \mathscr{L}[e(t)] = \int_0^\infty e(t)e^{-st}dt \qquad (8.1\text{-}1)$$

2. 求系统传输函数 $H(s)$。复频域中传输函数 $H(s)$ 定义为响应与激励之比，即

$$H(s) = \frac{R(s)}{E(s)} \qquad (8.1\text{-}2)$$

3. 求系统对每一个指数分量所产生的响应分量的像函数，即

$$R(s) = E(s)H(s) \qquad (8.1\text{-}3)$$

4. 将各响应分量迭加，即求 $R(s)$ 的拉普拉斯反变换，得

$$r_{zs}(t) = \mathscr{L}[R(s)] = \frac{1}{2\pi j}\int_{\sigma-j\infty}^{\sigma+j\infty} H(s)E(s)e^{st}ds \qquad (8.1\text{-}4)$$

以上求解零状态响应的过程，可用图 8.1-1 来描述。

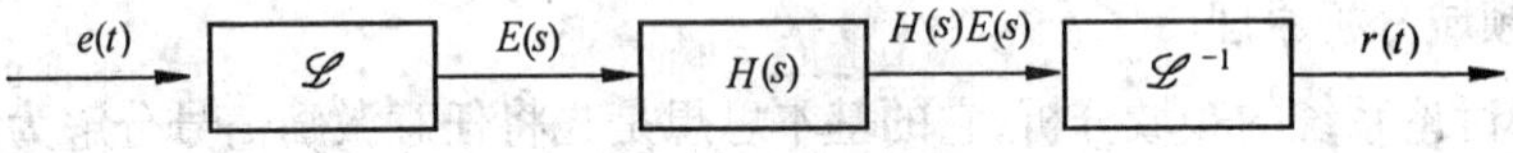

$$e(t) \longrightarrow \boxed{\mathscr{L}} \xrightarrow{E(s)} \boxed{H(s)} \xrightarrow{H(s)E(s)} \boxed{\mathscr{L}^{-1}} \xrightarrow{r(t)}$$

图 8.1-1 零状态响应的求解过程

已经知道，系统对冲激函数 $\delta(t)$ 的响应是冲激响应 $h(t)$。考虑到 $E(s) = \mathscr{L}[\delta(t)] = 1$，故根据式(8.1-3)可得如下关系

$$h(t) = \mathscr{L}^{-1}[H(s)] \qquad (8.1\text{-}5a)$$

$$H(s) = \mathscr{L}[h(t)] \qquad (8.1\text{-}5b)$$

由式(8.1-5)可见，系统的冲激响应 $h(t)$ 和系统函数 $H(s)$ 是一组拉普拉斯变换对。根据此关系式很容易从系统函数 $H(s)$ 求得系统冲激响应，反之亦可。

三、零输入响应

计算零输入响应分量可有两种方法。其一是利用与时域分析时完全相同的方法(见式(6.3-6)和(6.3-11))，即当特征方程只有单根时

$$r_{zi}(t) = \sum_{i=1}^n C_i e^{\alpha_i t} \qquad (8.1\text{-}6a)$$

当特征根中 α_1 为 K 重根时

$$r_{zi}(t) = \sum_{i=1}^K C_i t^{i-1} e^{\alpha_1 t} + \sum_{j=K+1}^n C_j e^{\alpha_j t} \qquad (8.1\text{-}6b)$$

式中 C_i、C_j 是待求系数，由初始条件根据式(6.3-9)确定；α_i 为系统特征方程的根。

值得注意的是，这里的特征根应是根据系统齐次微分方程推导出来的。如果直接利用系统函数的极点作为全部特征根，忽略了 $H(s)$ 中可能出现的零极点相对消的情况，从而可能丢掉了相应的特征根。

例如，二阶系统微分方程为

$$\frac{d^2 r(t)}{dt^2} + 3\frac{dr(t)}{dt} + 2r(t) = \frac{de(t)}{dt} + e(t)$$

显然零输入响应为

$$r_{zi}(t) = C_1 e^{-t} + C_2 e^{-2t}$$

由微分方程求系统函数得

$$H(s) = \frac{s+1}{(s+1)(s+2)} = \frac{1}{s+2}$$

若由 $H(s)$ 的极点作为特征根计算零输入响应,显然就会丢掉一项。

计算 $r_{zi}(t)$ 的另一种方法是等效电源法。即把初始条件 $u_c(0)$,$i_1(0)$ 等转换为等效电源,将每一个等效电源看做激励信号,分别求其零状态响应,再将所得结果相加,即得到系统的零输入响应。

图 8.1-2 表示出将初始条件转换为等效电源的几种情况。

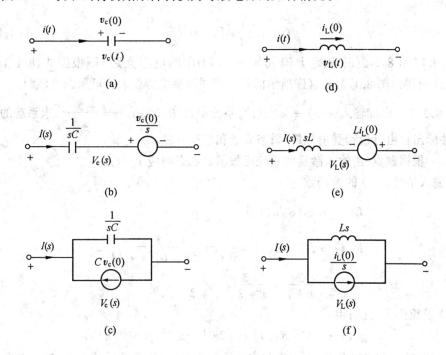

图 8.1-2　初始条件转换为等效电源

在任意时刻,电容两端电压 $v_c(t)$ 与流过它的电流 $i(t)$ 之间的关系,是

$$v_c(t) = \frac{1}{C}\int_{-\infty}^{t} i(\tau)\mathrm{d}\tau =$$

$$\frac{1}{C}\int_{0}^{t} i(\tau)\mathrm{d}\tau + v_c(0) \cdot u(t) \tag{8.1-7}$$

式中,$v_c(0)$ 为电容电压的初始值,等于

$$v_c(0) = \frac{1}{C}\int_{-\infty}^{0} i(\tau)\mathrm{d}\tau$$

将式(8.1-7)两边取拉氏变换,得

$$V_c(s) = \frac{1}{sC}I(s) + \frac{v_c(0)}{s} \tag{8.1-8}$$

上式还可写成

$$I(s) = sCV_c(s) - Cv_c(0) \tag{8.1-9}$$

如果以图 8.1-2(a) 表示两端初始电压为 $v_c(0)$ 的电容支路,则根据式(8.1-8)和(8.1-9)可得出图 8.1-2(b)(c) 所示的等效串联阶跃电势源和并联冲激电流源。

在任意时刻,电感两端的电压与通过它的电流之间的关系是

$$v_1(t) = L\frac{\mathrm{d}i(t)}{\mathrm{d}t} \tag{8.1-10}$$

将上式两边取拉氏变换,得

$$V_1(s) = sLI(s) - Li_1(0) \tag{8.1-11}$$

上式也可写成

$$I(s) = \frac{1}{sL}V_1(s) + \frac{i_1(0)}{s} \tag{8.1-12}$$

如果以图 8.1-2(d) 表示具有初始电流 $i_1(0)$ 的电感支路,则根据式(8.1-11)和(8.1-12)可得出图 8.1-2(e)、(f) 所示的等效串联冲激电势源和并联阶跃电流源。

例 8.1-1 已知输入 $e(t) = e^{-t}u(t)$,系统函数 $H(s) = \dfrac{s+5}{s^2+5s+6}$,求系统的响应 $r(t)$,并标出自由分量和受迫分量,瞬态分量和稳态分量。

解 根据题意,由输入激励和系统函数求零状态响应 $r_{zs}(t)$。

求输入信号 $e(t)$ 的像函数

$$E(s) = \mathcal{L}[e^{-t}u(t)] = \frac{1}{s+1}$$

故

$$R(s) = H(s)E(s) = \frac{s+5}{(s^2+5s+6)(s+1)} =$$
$$\frac{2}{s+1} + \frac{-3}{s+2} + \frac{1}{s+3}$$

对 $R(s)$ 求拉氏反变换,得

$$r_{zs}(t) = \mathcal{L}^{-1}[R(s)] = [2e^{-t} - 3e^{-2t} + e^{-3t}]u(t)$$

其中第一项 $2e^{-t}$ 与激励信号 $e(t)$ 具有相同的函数形式,为受迫响应分量;第二项和第三项均由系统函数的极点形成,为自由响应分量。当 t 趋于无穷大时,这三项都趋于零,因此是暂态响应分量。本题中稳态响应分量为零。

例 8.1-2 图 8.1-3(a) 所示电路中,电路参数为 $C_1 = 1\text{F}, C_2 = 2\text{F}, R = 2\Omega$,初始条件 $u_{C_1}(0) = E\text{V}$,方向如图所示。设开关 K 在 $t = 0$ 时闭合,求通过电容 C_1 的响应电流 $i_{C_1}(t)$。

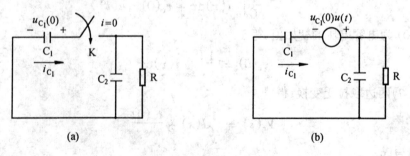

图 8.1-3　例 8.1-2 图

解 根据题意,需求零输入响应。具有初始电压 $u_{C_1}(0)$ 的电容 C_1 可等效为阶跃电压源 $u_{C_1}(0)u(t)$ 与电容 C_1 串联,如图 8.1-3(b) 所示。此时认为 $u_{C_1}(0)u(t)$ 是输入电压,响应为 $i_{C_1}(t)$,则系统函数为输入导纳,即

$$H(s) = \frac{1}{\dfrac{1}{sC_1} + \dfrac{1}{sC_2 + \dfrac{1}{R}}} = \frac{s(6s+1)}{9s+1}$$

等效激励信号的像函数

$$E(s) = \frac{u_{C_1}(0)}{s} = \frac{E}{s}$$

所以响应的像函数为

$$I_{C_1}(s) = H(s)E(s) = E\left(\frac{6s+1}{9s+1}\right) =$$

$$\frac{2E}{3}\left(\frac{s + \dfrac{1}{6}}{s + \dfrac{1}{9}}\right) = \frac{2E}{3}\left(1 + \frac{\dfrac{1}{18}}{s + \dfrac{1}{9}}\right)$$

对 $I_{C_1}(s)$ 进行拉氏反变换,可得

$$i_{C_1}(t) = \mathscr{L}^{-1}[I_{C_1}(s)] = \frac{2E}{3}\left[\delta(t) + \frac{1}{18}e^{-\frac{1}{9}t}\right]u(t)$$

例 8.1-3 在图 8.1-4 所示电路中,已知 $e(t) = 10u(t)$,电路参见 $C = 1F$, $R_{12} = \frac{1}{5}\Omega$, $R_2 = 1\Omega$, $L = \frac{1}{2}H$,初始条件为 $u_C(0) = 5V$, $i_1(0) = 4A$,方向如图示,试求响应电流 $i_1(t)$。

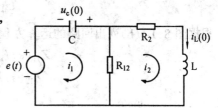

解 先求 $i_{1zs}(t)$,再求 $i_{1zi}(t)$:

1. 求激励信号的拉氏变换

$$E(s) = \frac{10}{s}$$

图 8.1-4 例 8.1-3图 I

2. 求系统的转移函数 $H(s)$。用回路电流法列出回路的运算方程

$$\begin{cases} Z_{11}(s)I_1(s) - Z_{12}(s)I_2(s) = E(s) \\ -Z_{12}(s)I_1(s) + Z_{22}(s)I_2(s) = 0 \end{cases}$$

运用行列式解法,得

$$I_1(s) = \frac{Z_{22}}{\begin{vmatrix} Z_{11} & -Z_{12} \\ -Z_{12} & Z_{22} \end{vmatrix}}E(s) = \frac{Z_{22}E(s)}{Z_{11}Z_{22} - Z_{12}^2} = H(s)E(s)$$

其中

$$Z_{11}(s) = R_{12} + \frac{1}{sC} = \frac{1}{5} + \frac{1}{s}$$

$$Z_{12}(s) = \frac{1}{5}$$

$$Z_{22}(s) = R_{12} + R_2 + sL = \frac{1}{5} + 1 + \frac{s}{2} = \frac{6}{5} + \frac{s}{2}$$

所以
$$H(s) = \frac{Z_{22}}{Z_{11}Z_{22} - Z_{12}^2} = \frac{\frac{6}{5} + \frac{s}{2}}{\left(\frac{1}{5} + \frac{1}{s}\right)\left(\frac{6}{5} + \frac{s}{2}\right)\left(\frac{1}{5}\right)^2} =$$

$$\frac{s(5s + 12)}{s^2 + 7s + 12}$$

$$I_1(s) = H(s)E(s) = \frac{s(5s + 12)}{s^2 + 7s + 12} \cdot \frac{10}{s} = \frac{50s + 120}{s^2 + 7s + 12} =$$

$$- \frac{30}{s + 3} + \frac{80}{s + 4}$$

对 $I_1(s)$ 进行拉氏反变换,得
$$i_{1zs}(t) = \left[- 30e^{-3t} + 80e^{-4t} \right] u(t)$$

3. 求零输入响应。将两个初始条件分别转移为等效电源。

先将电容初始电压,等效为串联电压源 $u_c(0)u(t) = 5V$,如图 8.1-5(a) 所示。由图可见,此时等效电源所处的位置与外加激励源 $e(t)$ 相当,其值现在为 5V,是外加激励电压值的一半,所以根据系统的线性特性,其产生的响应分量也应为 i_{1zs} 的一半,即
$$i_{1c}(t) = \left[- 15e^{-3t} + 40e^{-4t} \right] u(t)$$

再将电感初始电流转移为串联冲激电压源,冲激强度为
$$Li_1(0) = \frac{1}{2} \times 4 = 2$$

根据图 8.1-5(b)列出回路的运算方程
$$Z_{11}(s)I_1(s) - Z_{12}(s)I_2(s) = 0$$
$$- Z_{12}(s)I_1(s) + Z_{22}(s)I_2(s) = 2$$

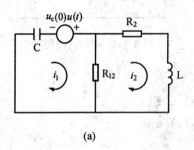 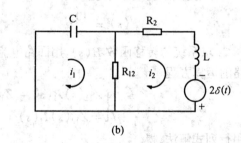

(a)　　　　　　　　　　　(b)

图 8.1-5　例 8.1-3 图 Ⅱ

解得
$$I_1(s) = \frac{Z_{12}}{\begin{vmatrix} Z_{11} & - Z_{12} \\ - Z_{12} & Z_{22} \end{vmatrix}} \times 2 = \frac{4s}{s^2 + 7s + 12} = \frac{- 12}{s + 3} + \frac{16}{s + 4}$$

故有

$$i_{11}(t) = (-12e^{-3t} + 16e^{-4t})u(t)$$

所以零输入响应为

$$i_{1zi}(t) = i_{1C}(t) + i_{11}(t) = [-27e^{-3t} + 56e^{-4t}]u(t)$$

全响应为

$$i_1(t) = i_{1zs}(t) + i_{1zi}(t) = [-57e^{-3t} + 136e^{-4t}]u(t)$$

四、积分微分方程的拉普拉斯变换解法

通过对线性非时变系统的积分微分方程进行拉氏变换可以直接求得系统的全响应,在这种变换过程中,反映系统储能的初始条件被自动引入,计算过程较为简便。

例如,在图 8.1-6 所示的电路中,输入激励电压 $e(t)$,响应电流 $i(t)$,则系统的积分微分方程为

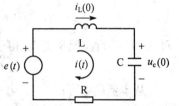

图 8.1-6　简单 RLC 串联电路图

$$L\frac{di(t)}{dt} + Ri(t) + \frac{1}{C}\int_{-\infty}^{t} i(\tau)d\tau = e(t) \tag{8.1-13}$$

对上式两边进行拉氏变换,并利用微分性质和积分性质,可得

$$LsI(s) - Li_1(0) + RI(s) + \frac{1}{Cs}I(s) + \frac{u_C(0)}{s} = E(s) \tag{8.1-14}$$

此时式(8.1-13)的积分微分方程已变成代数方程,从中解出响应电流的像函数

$$I(s) = \frac{E(s) + Li_1(0) - \dfrac{u_C(0)}{s}}{Ls + R + \dfrac{1}{Cs}} =$$

$$\frac{E(s)}{Ls + R + \dfrac{1}{Cs}} + \frac{Li_1(0) - \dfrac{1}{s}u_C(0)}{Ls + R + \dfrac{1}{Cs}} \tag{8.1-15}$$

上式中第一项只与激励 $E(s)$ 有关,是零状态响应 $i_{zs}(t)$ 的像函数,第二项只与初始条件 $i_1(0)$ 和 $u_C(0)$ 有关,因而它是零输入响应 $i_{zi}(t)$ 的像函数。

对式(8.1-15)进行拉氏反变换,即可求得系统的全响应

$$i(t) = \mathscr{L}^{-1}[I(s)] \tag{8.1-16}$$

例 8.1-4　求例 8.1-3 电路的响应电流 $i_1(t)$

解　列出回路的积分微分方程

$$\begin{cases} R_{12}(i_1 - i_2) + \dfrac{1}{C}\int_{-\infty}^{t} i_1 d(\tau) = e(t) \\ R_{12}(i_2 - i_1) + R_2 i_2 + L\dfrac{di_2}{dt} = 0 \end{cases}$$

将上面两个方程的两边取拉氏变换,并经整理,则有

$$\begin{cases} \left(R_{12} + \dfrac{1}{Cs}\right)I_1(s) - R_{12}I_2(s) = E(s) - \dfrac{u_C(0)}{s} \\ -R_{12}I_1(s) + (Ls + R_{12} + R_2)I_2(s) = Li_1(0) \end{cases}$$

代入电路参数,则有

$$\left(\frac{1}{5} + \frac{1}{s}\right)I_1(s) - \frac{1}{5}I_2(s) = \frac{10}{s} + \frac{5}{s}$$

$$-\frac{1}{5}I_1(s) + \left(\frac{s}{2} + \frac{6}{5}\right)I_2(s) = 2$$

联立求解 $I_1(s)$,可得

$$I_1(s) = \frac{79s + 180}{s^2 + 7s + 12} = \frac{-57}{s+3} + \frac{136}{s+4}$$

对 $I_1(s)$ 进行拉氏反变换,得

$$i_1(t) = \left[-57e^{-3t} + 136e^{-4t}\right]u(t)$$

从本例题中可以看出,由于自动引入了初始条件,使解题步骤比较简单,然而这时响应中零状态响应和零输入响应往往是混在一起的,在解题过程中对信号和系统间的相互作用不容易进行物理意义的解释。

8.2 系统函数的表示法

前面曾经引出了系统函数或转移函数的概念,其定义为响应函数 $R(s)$ 与激励函数 $E(s)$ 之比,即

$$H(s) = \frac{R(s)}{E(s)} \tag{8.2-1}$$

其中,$R(s)$ 和 $E(s)$ 分别是时间函数 $r(t)$ 和 $e(t)$ 的拉普拉斯变换式,$H(s)$ 是系统函数在复频域中的表现形式。

当 $s = j\omega$ 时,式(8.2-1) 变为

$$H(\omega) = \frac{R(\omega)}{E(\omega)} \tag{8.2-2}$$

其中 $R(\omega)$ 和 $E(\omega)$ 分别是时间函数 $r(t)$ 和 $e(t)$ 的傅里叶变换,$H(\omega)$ 是系统函数在频域中的表现形式。这里要注意的是式(8.2-1)和式(8.2-2)中的 $R(s)$ 和 $R(\omega)$ 都是指零状态响应函数 $r_{zs}(t)$ 的变换。

系统函数有时也称为网络函数。按照所研究的激励和响应是否属于同一端口,可以将系统函数分为两大类。第一类是激励与响应位于同一端口,**这时系统函数称为策动点函数或输入函数**。当激励为电流源 $I_1(s)$,响应为同一端口上的电压降 $U_1(s)$ 时,系统函数即为策动点阻抗函数或输入阻抗函数 $Z_1(s) = \frac{U_1(s)}{I_1(s)}$。当激励为电压源 $U_1(s)$,响应为流入同一端口的电流 $I_1(s)$ 时,系统函数即为策动点导纳函数或输入导纳函数 $Y_1(s) = \frac{I_1(s)}{U_1(s)}$。显然阻抗 $Z_1(s)$ 和导纳 $Y_1(s)$ 互为

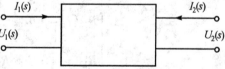

图 8.2-1 系统框图的一般形式

倒量。第二类是激励和响应不在同一端口。**这时的系统函数称为转移函数或传输函数**。按

照激励和响应是电压或是电流,可有表8.2-1中所列的四种类型的系统函数。

表 8.2-1 四种类型的系统函数

端口 1(激励)	端口 2(响应)	系统函数	
电流 $I_1(s)$	电压 $U_2(s)$	转移阻抗函数	$Z_{21} = \dfrac{U_2(s)}{I_1(s)}$
电压 $U_1(s)$	电流 $I_2(s)$	转移导纳函数	$Y_{21} = \dfrac{I_2(s)}{U_1(s)}$
电压 $U_1(s)$	电压 $U_2(s)$	电压传输函数	$T_{u21} = \dfrac{U_2(s)}{U_1(s)}$
电流 $I_1(s)$	电流 $I_2(s)$	电流传输函数	$T_{i21} = \dfrac{I_2(s)}{I_1(s)}$

系统函数的一般表示式是一个分式,它可以由线性非时变系统的数学表示式得出。设系统的微分方程式为

$$a_n \frac{d^n r(t)}{dt^n} + a_{n-1} \frac{d^{n-1} r(t)}{dt^{n-1}} + \cdots + a_1 \frac{dr(t)}{dt} + a_0 r(t) =$$

$$b_n \frac{d^m e(t)}{dt^m} + b_{m-1} \frac{d^{m-1} e(t)}{dt^{m-1}} + \cdots + b_1 \frac{de(t)}{dt} + b_0 e(t) \tag{8.2-3}$$

在系统为零状态的情况下,对上式两边取拉氏变换,经整理可得系统函数的表示式

$$H(s) = \frac{N(s)}{D(s)} = \frac{b_m s^m + b_{m-1} s^{m-1} + \cdots + b_1 s + b_0}{a_n s^n + a_{n-1} s^{n-1} + \cdots + a_1 s + a_0} \tag{8.2-4}$$

由上式可见,$H(s)$ 的分子分母都是复变量 s 的多项式。式中各项系数都是由系统的元件参数构成的,所以均为正实数。

从这样的函数形式,往往不易直观地看出系统的特性。实用中,可以根据不同的需要将系统函数用图示法表示。常用的有:极点零点分布图,频率特性曲线,对数频率特性曲线(波特图),复轨迹等。

极点零点分布图   对于一个由集总参数元件构成的线性系统,它的系统函数 $H(s)$ 为 s 的有理函数。由于实际系统的参数(如 R、L、C 等)为实数,故系统函数 $H(s)$ 的分子分母多项式系数 a 和 b 等必为实数。所以一个实际系统的系统函数必定是复变量 s 的实有理函数。这是系统函数的最基本的性质。

分子、分母多项式既然都是实系数的有理函数,那么令分子或分母多项式为零而形成的方程的根一定是实数根或成对出现的共轭复数根。将式(8.2-4)给出的系统函数的分子、分母进行因式分解,可得

$$H(s) = \frac{N(s)}{D(s)} = H_0 \frac{(s - Z_1)(s - Z_2) \cdots (s - Z_m)}{(s - P_1)(s - P_2) \cdots (s - P_n)} \tag{8.2-5}$$

式中,$H_0 = \dfrac{b_m}{a_n}$ 为一常数,$P_1, P_2, \cdots, P_n$ 是方程 $D(s) = 0$ 的根,称为函数 $H(s)$ 的极点;即当复变量 s 位于极点时,函数 $H(s)$ 的值为无限大。$Z_1, Z_2, \cdots, Z_m$ 是方程 $N(s) = 0$ 的根,称为函数 $H(s)$ 的零点。即当复变量 s 位于零点时,函数 $H(s)$ 的值等于零。

由式(8.2-5)可以看出，$H(s)$的分子分母具有相同的形式。当一个系统函数的全部极点、零点以及H_0确定之后，这个系统函数也就可以完全确定。由于H_0只是一个比例常数，对$H(s)$的函数形式没有影响，所以一个系统随变量s变化的特性可以完全由它的极点和零点表示。我们把系统函数的极点和零点标绘在s平面中，就成为极点零点分布图，简称极零图。

例如图8.2-2所示RLC并联电路的阻抗函数为

$$Z(s) = \cfrac{1}{\cfrac{1}{R} + \cfrac{1}{sL} + sC} = \frac{1}{C} \frac{1}{s^2 + \frac{1}{RC}s + \frac{1}{LC}} \tag{8.26a}$$

令

$$\alpha = \frac{1}{2RC}, \quad \omega_0 = \frac{1}{\sqrt{LC}}, \quad \omega_d = \sqrt{\alpha^2 - \omega_0^2}$$

代入上式可得

$$Z(s) = \frac{1}{C} \cdot \frac{s}{s^2 + 2\alpha s + \omega_0^2} = \frac{1}{C} \frac{s}{(s + \alpha - j\omega_d)(s + \alpha + j\omega_d)} \tag{8.2-6b}$$

由式(8.2-6b)可见，此系统函数的零点是$Z = 0$，极点是共轭复数$P_{12} = -\alpha \pm j\omega_d = -\alpha \pm j\sqrt{\alpha^2 - \omega_0^2}$，而$1/C$是比例常数$H_0$。图8.2-3绘出了该电路阻抗函数的极点零点分布图。图中用小叉"×"表示极点，用小圆圈"○"表示零点。

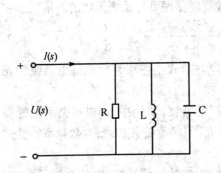

图8.2-2　简单RLC并联电路图

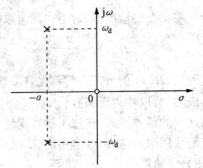

图8.2-3　RLC并联电路阻抗函数的极点零点分布图

频率特性　在系统函数$H(s)$中，当$\sigma = 0$时，就得到系统的频率响应特性$H(\omega)$。它是以频率为变量描述系统的特性，是最为常用的图示方法。一般$H(\omega)$为复数，可以将$H(\omega)$分写为实部$U(\omega)$和虚部$V(\omega)$，或模量$|H(\omega)|$和相位角$\varphi(\omega)$的形式，即

$$H(\omega) = U(\omega) + jV(\omega) = |H(\omega)| e^{j\varphi(\omega)} \tag{8.2-7}$$

例如，若以$Z(\omega)$代表图8.2-2所示并联谐振电路的输入阻抗，可由式(8.2-6)中令$s = j\omega$而得出

$$Z(\omega) = Z(s) \Big|_{s = j\omega} = \frac{1}{C} \frac{j\omega}{(j\omega)^2 + 2\alpha(j\omega) + \omega_0^2} \tag{8.2-8}$$

式(8.2-8)代表的频率特性曲线如图8.2-4所示。图中ω_0为电路的并联谐振频率。$|Z(\omega)|$称为幅频特性曲线，$\varphi(\omega)$称为相频特性曲线。

如果在图 8.2-4 中改用对数坐标,那就是对数频率特性曲线,又称为波特图,这部分内容将在本章 8.5 中讨论。

复轨迹　在 $\sigma = 0$ 条件下,当 ω 从零变到无限大时,将同时得到对应于 ω 的系统函数的模 $|H(\omega)|$ 和相角 $\varphi(\omega)$ 的值,在 $H(\omega)$ 平面作出 $|H(\omega)| \sim \varphi(\omega)$ 的极坐标幅相特性,称其为系统的复轨迹,又称奈魁斯特(Nyquist)图。图 8.2-5 绘出了图 8.2-2 所示电路的阻抗函数的复轨迹。

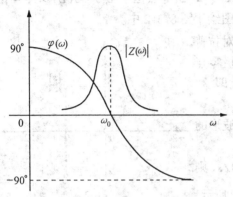

图 8.2-4　RLC 并联电路的频率特性曲线

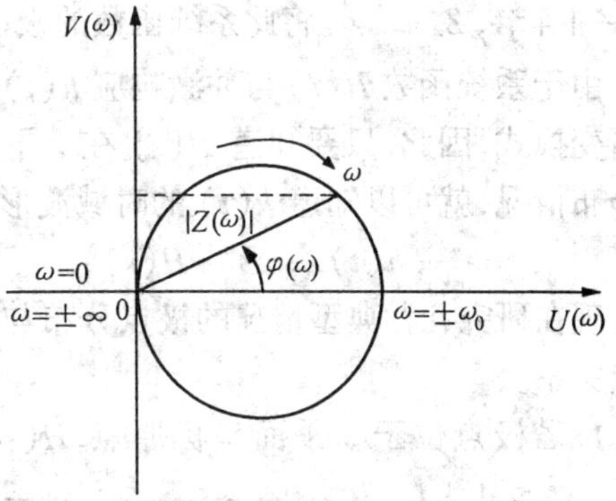

图 8.2-5　RLC 并联电路阻抗函数的复轨
迹图

当 ω 从负无限大到正无限大时,复轨迹顺时针方向沿着圆重画两次。这种系统复轨迹不但给出了该函数的模量和相位间的关系,而且还给出了实部和虚部之间的关系。

8.3　极点零点分布与时域响应特性

一、极零点分布规律

系统函数是复变量 s 的实有理函数,所以它的极点和零点,或者是实数而位于实轴上,或者是成对出现的共轭复数而位于实轴上下对称的位置上。也就是说,系统函数的极点和零点分布必定是对实轴成镜像对称。图 8.3-1 绘出了这种典型分布的示意图。

由式(8.2-5)可以看出,系统函数一般有 n 个有限值的极点和 m 个有限值的零点。如果 $n > m$,则当 s 为无限大时,函数值 $\lim\limits_{s \to \infty} H(s) = \dfrac{b_m s^m}{a_n s^n} = \lim\limits_{s \to \infty} \dfrac{b_m}{a_n s^{n-m}} = 0$,所以 $H(s)$ 在无限大处有一个 $(n - m)$ 阶重零点。如 $n < m$,则当 s 为无限大时,有

$$\lim_{s \to \infty} H(s) = \lim_{s \to \infty} \frac{b_m s^{m-n}}{a_n} \to \infty$$

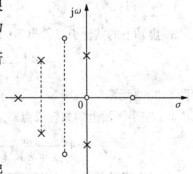

图 8.3-1　典型极零点分布示意图

所以 $H(s)$ 在无限远处有一个 $(m - n)$ 阶重极点。总起来说,系统函数极点和零点的数目是相等的,只是可能有若干极点或零点出现在 s 平面上的无限远处。

关于极点零点分布的上述两条规律,适用于所有线性非时变系统的系统函数。

二、极零点分布与系统时域特性

系统函数 $H(s)$ 的极点、零点的定义与一般像函数 $F(s)$ 的极、零点定义相同。例如

$$H(s) = \frac{s[(s-1)^2+1]}{(s+1)^2(s^2+4)} = \frac{s(s-1+j1)(s-1-j1)}{(s+1)^2(s+j2)(s-j2)} \qquad (8.3-1)$$

其极点位于 $P_{1.2} = -1$(二阶重极点),$P_3 = -j2$,$P_4 = j2$,零点位于 $Z_1 = 0$,$Z_2 = 1-j1$,$Z_3 = 1+j1$,$Z_4 = \infty$。将此系统函数的极、零点图绘于图 8.3-2 中。

由于系统函数 $H(s)$ 与冲激响应 $h(t)$ 是一对拉普拉斯变换式,因此,只要知道 $H(s)$ 在 s 平面中极零点的分布情况,就可以知道 $h(t)$ 的时域波形特性。即

$$h(t) = \mathcal{L}^{-1}[H(s)]$$

现在研究几种典型情况的极点分布与时域波形的对应关系。

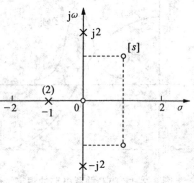

图 8.3-2　极点零点分布图

1.若极点位于 s 平面坐标原点,$H(s) = 1/s$,则 $h(t) = \mathcal{L}^{-1}\left[\dfrac{1}{s}\right] = u(t)$ 为阶跃函数。如图 8.3-3 所示。

2.极点位于 s 平面的实轴上,则冲激响应具有指数函数形式,即 $H(s) = \dfrac{1}{s \pm a}$,则 $h(t) = e^{\mp at}$,若极点 $P = -a < 0$,则 $h(t)$ 为指数衰减形式。若极点 $P = a > 0$,则 $h(t)$ 为指数增长形式。如图 8.3-4 所示。

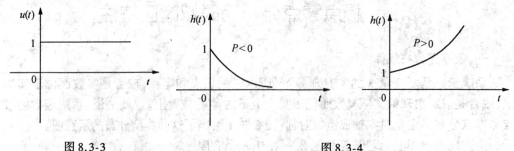

图 8.3-3　　　　　　　　　　　　　　图 8.3-4

3.虚轴上的共轭极点给出等幅振荡

$$\mathcal{L}^{-1}\left[\frac{\omega}{s^2+\omega^2}\right] = \sin\omega t, \quad P_{1,2} = \pm j\omega$$

如图 8.3-5 所示。

4.s 左半平面上的共轭极点对应于衰减振荡

$$\mathcal{L}^{-1}\left[\frac{\omega}{(s+a)^2+\omega^2}\right] = e^{-at}\sin\omega t, \quad P_{1,2} = -a \pm j\omega$$

在 s 右半面的共轭极点对应于增幅振荡

$$\mathcal{L}^{-1}\left[\frac{\omega}{(s-a)^2+\omega^2}\right] = e^{at}\sin\omega t, \quad P_{1,2} = a \pm j\omega$$

如图 8.3-6 所示。

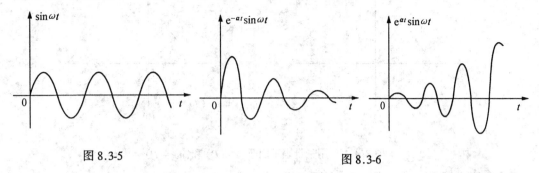

图 8.3-5   图 8.3-6

5. 若 $H(s)$ 具有多重极点,则所对应的时间函数可能具有 t、t^2、t^3… 与指数相乘的形式,t 的幂次由极点阶数决定。

由以上分析可以看出,若 $H(s)$ 极点位于左半面,则 $h(t)$ 波形为衰减形式,若 $H(s)$ 极点位于右半面,则 $h(t)$ 波形为增长形式;位于虚轴上的一阶极点则对应 $h(t)$ 为等幅振荡或阶跃形式,虚轴上的二阶极点则使得 $h(t)$ 为增长形式。根据 $h(t)$ 衰减或增长形式可以将系统划分为稳定系统和不稳定系统两大类;显然根据极点分布在左半和右半平面即可判断系统是否稳定。

可以证明,稳定系统可由下式判断

$$\int_{-\infty}^{\infty} | h(t) | \, \mathrm{d}t < \infty \tag{8.3-2}$$

由以上分析还可看出,时域特性 $h(t)$ 的波形只由极点位置来决定,与零点位置无关。

8.4 极点零点分布与系统频率特性

系统的频率特性包括幅度频率特性和相位频率特性两方面。它表明系统在正弦信号激励下稳态响应随信号频率变化的情况。现在我们从系统函数的观点来观察系统的正弦稳态响应,并根据 $H(s)$ 在 s 平面的极、零点分布绘制频率特性曲线 $| H(\omega) |$ 和 $\varphi(\omega)$。下面介绍这种方法的原理。

已知系统函数 $H(s)$ 的表示式为

$$H(s) = H_0 \frac{(s - Z_1)(s - Z_2) \cdots (s - Z_m)}{(s - P_1)(s - P_2) \cdots (s - P_n)} \tag{8.4-1}$$

式中 s, Z_i, P_i 均为复数,在 s 平面中可用矢量表示。而分子分母中每一因式也都可以用一矢量表示。例如矢量$(s - P)$ 可以标示在图 8.4-1(a) 中,并可用极坐标形式写成

$$s - P = | s - P | e^{j\alpha} = Ae^{j\alpha} \tag{8.4-2}$$

式中,A 为该矢量的模,α 为矢量与正实轴的夹角。

若令 $\sigma = 0$,即 $s = j\omega$,则式(8.4-1) 变为

$$H(\omega) = H_0 \frac{(j\omega - Z_1)(j\omega - Z_2) \cdots (j\omega - Z_m)}{(j\omega - P_1)(j\omega - P_2) \cdots (j\omega - P_n)} \tag{8.4-3}$$

因子$(j\omega - P)$ 的矢量表示如图 8.4-1(b) 所示。我们假设把分母中各因式记为 $Ae^{j\alpha_i}$,把分

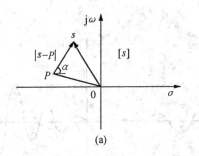 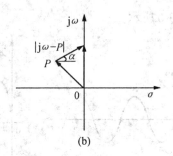

图 8.4-1　用矢量表示因子$(s - P)$和$(j\omega - P)$

子中各因式记为 $B_j e^{j\beta_j}$，式(8.4-3) 可以写为

$$H(\omega) = H_0 \frac{B_1 B_2 \cdots B_m}{A_1 A_2 \cdots A_n} e^{j(\beta_1 + \beta_2 + \cdots + \beta_m - \alpha_1 - \alpha_2 - \cdots - \alpha_n)} =$$

$$\frac{H_0 \prod\limits_{j=1}^{m} B_j}{\prod\limits_{i=1}^{n} A_i} e^{j(\sum\limits_{j=1}^{m}\beta_j - \sum\limits_{i=1}^{n}\alpha_i)} = |H(\omega)| e^{j\varphi(\omega)} \tag{8.4-4}$$

其中

$$|H(\omega)| = \frac{H_0 \prod\limits_{j=1}^{m} B_j}{\prod\limits_{i=1}^{n} A_i} \tag{8.4-5}$$

$$\varphi(\omega) = \sum\limits_{j=1}^{m} \beta_j - \sum\limits_{i=1}^{n} \alpha_i \tag{8.4-6}$$

式(8.4-5) 和式(8.4-6) 分别为幅度频率特性和相位频率特性的表示式。对于某一个频率 ω 值，应用作图法绘出式(8.4-3)中各因式的矢量。各矢量长 A_i 和 B_j 以及矢量角度 α_i 和 β_j 均可以在图中量得，然后根据式(8.4-5) 和式(8.4-6) 即可算出该频率时系统函数的模量和相位。当频率 ω 沿虚轴从零到无限大移动时，在一系列指定的频率值上，算出相应的模量和相位的值，从而得到模量频率特性和相位频率特性曲线。

例 8.4-1　研究图 8.4-2 所示 *RC* 高通滤波网络的频率特性

$$H(\omega) = \frac{V_2(\omega)}{V_1(\omega)}$$

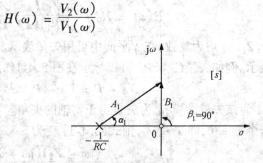

图 8.4-2　例 8.4-1 图 I

图 8.4-3　例 8.4-1 图 II

解　写出网络函数表示式

$$H(s) = \frac{V_2(s)}{V_1(s)} = \frac{R}{R + \frac{1}{sC}} = \frac{s}{s + \frac{1}{RC}}$$

它有一个零点在坐标原点,而极点位于 $-1/RC$ 处,$H(s)$ 的极零点分布图如图 8.4-3 所示。若 $s = j\omega$,$H(s) = H(\omega)$,在虚轴上取值 ω,作出 $H(\omega)$ 分子分母各因式的矢量 $A_1 e^{j\alpha_1}$、$B_1 e^{j\beta_1}$,则

$$H(\omega) = \frac{B_1}{A_1} e^{j(\beta_1 - \alpha_1)}$$

当 ω 从零变到无限大时,可以得出幅频特性 $|H(\omega)|$ 和相频特性曲线 $\varphi(\omega)$ 如图 8.4-4 所示。

例 8.4-2 研究图 8.4-5 所示 RC 低通滤波网络的频率特性 $H(\omega)$。

解 该网络的系统函数为

$$H(s) = \frac{V_2(s)}{V_1(s)} = \frac{\frac{1}{RC}}{s + \frac{1}{RC}}$$

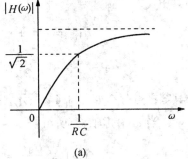

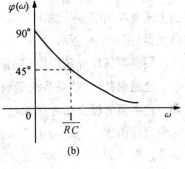

图 8.4-4 例 8.4-1 图 III

其零极点分布如图 8.4-6 所示,可见其只有一个极点 $P_1 = -\frac{1}{RC}$,没有零点(或者说在无穷远点有一个零点)。

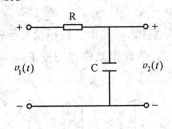

图 8.4-5 例 8.4-2 图 I

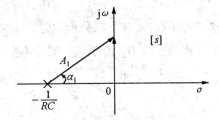

图 8.4-6 例 8.4-2 图 II

$$H(\omega) = \frac{\frac{1}{RC}}{A_1} e^{-j\alpha_1}$$

当 ω 从零变到无限大时,可以绘出幅频特性曲线 $|H(\omega)|$ 和相频特性曲线 $\varphi(\omega)$,如图 8.4-7 所示。

例 8.4-3 研究图 8.2-2 所示 RLC 并联振荡电路频率特性 $Z(\omega)$。

解 该电路的系统函数为

$$Z(s) = \frac{1}{C} \frac{s}{s^2 + \frac{1}{RC}s + \frac{1}{LC}} = H_0 \frac{s}{(s - P_1)(s - P_2)}$$

其中

$$P_{1,2} = -\alpha \pm \sqrt{\alpha^2 - \omega_0^2}$$

$$H_0 = \frac{1}{C}, \quad \alpha = \frac{1}{2RC}, \quad \omega_0 = \frac{1}{\sqrt{LC}}$$

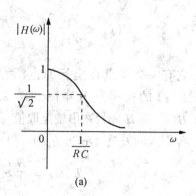

(a)

其零极点分布如图 8.4-8 所示。

当 ω 沿虚轴移动,可得

$$Z(\omega) = \frac{H_0 B_1}{A_1 A_2} e^{j(90° - \alpha_1 - \alpha_2)}$$

由上式可绘出幅频特性 $|H(\omega)|$ 和相频特性 $\varphi(\omega)$ 的曲线,如图 8.4-9 所示。

最后再简单介绍网络理论中常见的两种转移函数。

全通函数　如果系统函数在 s 平面右半面的零点和在左半面的极点相对虚轴互为镜像,则这种网络函数称为全通函数。图 8.4-10 所示就是全通函数的极零图。其函数形式为

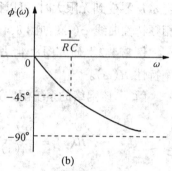

(b)

图 8.4-7　例 8.4-2 图 Ⅲ

$$H(s) = H_0 \frac{(s - Z_1)(s - Z_2)}{(s - P_1)(s - P_2)} \quad (8.4\text{-}7)$$

其中极点和零点之间具有如下关系

$$P_1 = P_2^* = -Z_1^* = -Z_2 \quad (8.4\text{-}8)$$

在这样的函数中,分子和分母的各因式矢量的模量分别相等,结果函数模量等于一个不随频率变化的常数 H_0。由于这种网络不会产生幅度失真,故常用来作相位校正。

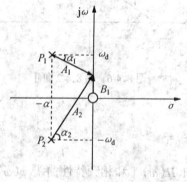

图 8.4-8　例 8.4-3 图 Ⅰ

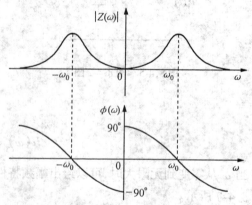

图 8.4-9　例 8.4-3 图 Ⅱ

最小相移函数　如果系统函数 $H(s)$ 不仅全部极点位于 $[s]$ 左半平面,而且全部零点也位于左半平面(包括虚轴),则称这种函数为最小相移函数。如果 $H(s)$ 至少有一个零点位于右半平面,则此函数称为非最小相移函数。图 8.4-11 绘出最小相移函数和非最小

相移函数的极零图。

应用公式 $\varphi(\omega) = \beta_1 - (\alpha_1 + \alpha_2)$，可以计算出相频特性。当频率由 0 到 ∞ 时，图 8.4-11(a) 相位由 $0°$ 变到 $-90°$，而图 8.4-11(b) 的相位由 $180°$ 变到 $-90°$，可见，在频率变化的过程中，最小相移网络的相移较之非最小相移网络相移要小。具有最小相移函数的系统稳定性较好。

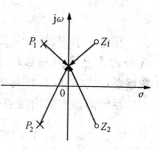

图 8.4-10 全通函数极零点示意图

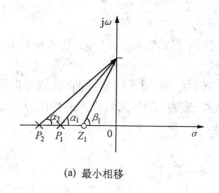

(a) 最小相移

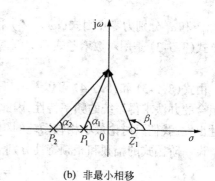

(b) 非最小相移

图 8.4-11

8.5 波 特 图

频率特性曲线是实际中表示系统特性最常用的形式。但是如果直接按式(8.4-3)进行计算，要得到一条频率特性曲线是十分费事的。波特(Bode)提出使用对数坐标绘制频率特性的方法，使得计算和作图大为简化。

下面讲述对数频率特性(Bode 图)的绘制原理

将系统频率特性表示式(8.4-3)重写如下

$$H(\omega) = \frac{H_0 \prod_{j=1}^{m}(j\omega - Z_j)}{\prod_{i=1}^{n}(j\omega - P_i)} = |H(\omega)| e^{j\varphi(\omega)}$$

对上式两边取自然对数，则有

$$\ln[H(\omega)] = \ln|H(\omega)| + j\varphi(\omega) = G(\omega) + j\varphi(\omega) \tag{8.5-1}$$

式中 $G(\omega) = \ln|H(\omega)|$ 称为对数增益，简称增益，单位奈培(Np)；$\varphi(\omega)$ 为相位，单位为弧度(rad)或度。增益更常用的单位是分贝(dB)，此时应对 $|H(\omega)|$ 取常用对数并乘以 20，即

$$G(\omega) = 20\lg|H(\omega)| \text{ (dB)} \tag{8.5-2}$$

分贝与奈培的换算关系为 $\qquad 1 \text{ Np} = 8.686 \text{ dB}$

$$1 \text{ dB} = 0.115 \text{ Np}$$

在电声学中,增益定义为功率比的常用对数,即 $\lg(P_2/P_1)$,并以贝尔(Bel)为单位,取其 $1/10$ 为分贝(deci Bel)。由于系统函数为电压或电流之比,与功率比是平方关系,故此对数增益如式(8.5-2)的形式。

系统函数对数增益的一般表示式为

$$G(\omega) = 20\lg H_0 + 20\sum_{j=1}^{m}\lg|j\omega - Z_j| - 20\sum_{i=1}^{n}\lg|j\omega - P_i| \tag{8.5-3}$$

相位可表示为

$$\varphi(\omega) = \sum_{j=1}^{m}\beta_j - \sum_{i=1}^{n}\alpha_i \tag{8.5-4}$$

式中 β_j 和 α_i 分别为零点因式$(j\omega - Z_j)$和极点因式$(j\omega - P_i)$的相角。

式(8.5-3)是用对数增益表示的频率特性,在作特性曲线时,以 $\lg\omega$ 代表 ω 作横坐标轴。

由式(8.5-3)和(8.5-4)可以看出,只要能得到每一个因式的特性曲线,就可以用加、减组合的办法求得系统的频率特性,因此我们集中研究一阶和二阶因式的作图方法。从实用性出发,我们只讨论最小相移系统的频率特性。

设一阶因式的幅频和相频特性分别表示为

$$G(\omega) = 20\lg|j\omega - Z_1| \tag{8.5-5}$$

$$\varphi(\omega) = \arctan\left(\frac{-\omega}{Z_1}\right) \tag{8.5-6}$$

令 $-Z_1 = \dfrac{1}{T_1}$(Z_1 为实数根,T_1 也是实数)则增益

$$G(\omega) = 20\lg\left|j\omega + \frac{1}{T_1}\right| = 20\lg\frac{1}{T_1}\sqrt{1 + \omega^2 T_1^2} =$$

$$20\lg\frac{1}{T_1} + 10\lg(1 + \omega^2 T_1^2)$$

式中等式右边第一项是不随频率变化的常数,可以归并到式(8.5-3)$20\lg H_0$ 项中去。现在单看第二项,并以 $G_1(\omega)$ 代表该项,则

$$G_1(\omega) = 10\lg(1 + \omega^2 T_1^2) \tag{8.5-7}$$

在 ω 较小的范围内,若 $\omega \ll 1/T_1$,则有

$$G_1(\omega) \approx 10\lg 1 = 0 \tag{8.5-8}$$

式(8.5-8)称为对数频率特性的低频渐近线方程式,它与横坐标轴重合。在 ω 较大的范围内,若 $\omega \gg 1/T_1$,则有

$$G_1(\omega) \approx 20\lg\omega T_1 = 20\lg\omega + 20\lg T_1 = 20\lg\omega - 20\lg\frac{1}{T_1} \tag{8.5-9}$$

这是一个直线方程式,直线的斜率为20,截距是 $\lg(1/T_1)$,式(8.5-9)称为**对数频率特性的高频渐近线方程式**,它与低频渐近线交于 $\omega = 1/T_1$ 处,构成图8.5-1所示的折线,$1/T_1$ 称为**交接频率或断点**。

当频率 ω 远离交接频率 $1/T_1$ 时,此折线可以较精确地表示实际曲线,在断点 $1/T_1$ 附

近，则有一定的误差。在断点处 $\omega = 1/T_1$，实际曲线值 $G_1(\omega) = 10\lg 2 = 3\text{dB}$，而在 $\omega = 2/T_1$ 和 $\omega = 1/(2T_1)$ 处，实际曲线值较渐近折线高出约 1dB，据此三点的增益值即可绘出实际对数幅频特性曲线，如图 8.5-1(a) 所示。

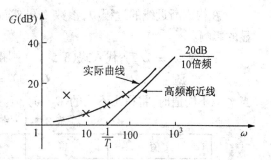

(a) 对数幅频特性

高频渐近线的斜率反映了幅度传输与频率变化之间的对应关系。由式(8.5-9) 可知，频率增高 10 倍，则 G_1 增高 20dB 称为每 10 倍频 20dB，写作 20dB/10 倍频。

下面再看相频特性，由于 $-Z_1 = \dfrac{1}{T_1}$，则式(8.5-6) 变为

$$\varphi(\omega) = \arctan(\omega T_1) \qquad (8.5\text{-}10)$$

当 $\omega \ll 1/T_1$ 时，$\varphi \approx 0$；当 $\omega \gg 1/T_1$ 时，$\varphi \approx 90°$；而 $\omega = 1/T$ 时，$\varphi = 45°$，因此 $\varphi(\omega)$ 曲线用三段直线近似表示，即在远离断点部分可以用两段直线表示，而在断点附近用斜线连接，通常取 $\omega = 1/10T_1$ 和 $\omega = 10/T_1$ 两处作为折线的拐点。如图 8.5-1(b) 所示，图中

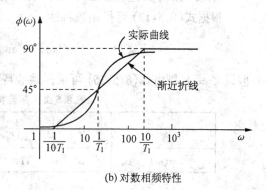

(b) 对数相频特性

图 8.5-1　对数频率特性曲线

同时画出实际相频特性曲线。仔细计算证明，用折线近似表示曲线的最大误差为 5.7°。

系统函数除了有实数的极点和零点外，还有成对出现的共轭复数极点和零点。现在讨论二阶因式的零点。

设二阶因式表示式为

$$(j\omega - Z_2)(j\omega - Z_2^*) = |Z_2|^2 - \omega^2 - j2\omega\sigma_2 \qquad (8.5\text{-}11)$$

其中，σ_2 为 Z_2 的实部，令 $1/|Z_2| = T_2$，则式(8.5-11) 变为

$$(j\omega - Z_2)(j\omega - Z_2^*) = \frac{1}{T_2^2}(1 - \omega^2 T_2^2) + j2\omega\zeta T_2) \qquad (8.5\text{-}12)$$

其中，$\zeta = -\sigma_2 T_2$

由式(8.5-12) 可得，二阶因式幅频特性的对数增益，为

$$G(\omega) = 20\lg\frac{1}{T_2^2} + 20\lg\sqrt{(1 - \omega^2 T^2)^2 + (2\omega\zeta T_2)^2}$$

式中第一项与变量 ω 无关，是常数，可以归并到式(8.5-3) 的 $20\lg H_0$ 项中去。第二项用 G_2 表示，为

$$G_2(\omega) = 20\lg\sqrt{(1 - \omega^2 T_2^2)^2 + (2\omega\zeta T_2)^2} \qquad (8.5\text{-}13)$$

在式(8.5-13) 中，当 $\omega \ll 1/T_2$，$G_2(\omega) \approx 20\lg 1 = 0$ 为低频渐近线，当 $\omega \gg 1/T_2$ 时，$G_2(\omega) \approx 40\lg\omega T_2$，为高频渐近线，其斜率为 40dB/10 倍频。高频渐近线与低频渐近线相交于断点 $1/T_2$ 处，如图 8.5-2(a) 所示。

在构成渐近线的过程中,参数 ζ 虽然没有起到作用,但是它对实际曲线却产生了明显的影响。

现在令 $\omega = 1/T_2$,代入式(8.5-13)则得

$$G_2(\omega) = 20\lg(2\zeta) \tag{8.5-14}$$

当 ζ 取不同值时,将得出不同的 $G_2(\omega)$ 值。见表 8.5-1。

表 8.5-1 各种 ζ 值的增益

ζ 值	1	0.5	0.2	0.1	0
$G_2(\omega)$(dB)	$20\lg2 = 6$	$20\lg1 = 0$	-8	-14	$-\infty$

由表 8.5-1 数值和式(8.5-13)可以画出各种 ζ 值的增益曲线,如图 8.5-2(a) 所示。根据式(8.5-12)可得相频特性

$$\varphi(\omega) = \arctan\left(\frac{2\zeta\omega T_2}{1 - \omega^2 T_2^2}\right) \tag{8.5-15}$$

假设 $\zeta = 1$,则由式(8.5-15)可求得某些特殊频率上的相位值。见表 8.5-2。

表 8.5-2 某些特殊频率上的相位值

ω	0	$\dfrac{1}{10T_2}$	$\dfrac{1}{T_2}$	$\dfrac{10}{T_2}$	∞
$\varphi(\omega)$	0	11.4°	90°	168.6°	180°

依据表 8.5-2 的结果,取 $\omega = 1/(10T_2)$ 和 $\omega = 10/T_2$ 为拐点,作出三段折线的渐近线,如图8.5-2(b) 所示。图中同时绘出 ζ 取不同值时的几条实际相频特性曲线。

例 8.5-1 已知系统函数为

$$H(s) = K\frac{s}{(1 + T_1s)(1 + T_2s)}$$

式中 $K = 0.01, T_1 = \dfrac{1}{31.6}, T_2 = \dfrac{1}{316}$,求作对数频率特性曲线。

解 根据题意,系统函数可写为

$$H(s) = 0.01\frac{s}{\left(1 + \dfrac{s}{31.6}\right)\left(1 + \dfrac{s}{316}\right)}$$

对数增益为
$$G(\omega) = 20\lg0.01 + 20\lg\omega -$$
$$20\lg\sqrt{1 + \left(\frac{\omega}{31.6}\right)^2} - 20\lg\sqrt{1 + \left(\frac{\omega}{316}\right)^2}$$

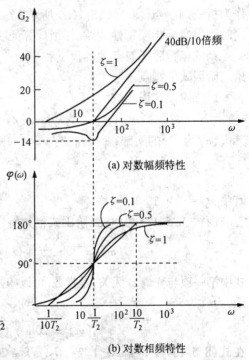

(a) 对数幅频特性

(b) 对数相频特性

图 8.5-2 二阶因式各种 ζ 值的对数频率特性

相位为

$$\varphi(\omega) = 90° - \arctan\frac{\omega}{31.6} - \arctan\frac{\omega}{316}$$

首先画增益特性：第一项为常数 $-40\mathrm{dB}$，第二项为通过 $\omega = 1$ 点，斜率为 20dB/10 倍频的直线，第三项是由断点 $\omega = 31.6$ 起始斜率为 $-20\mathrm{dB}/10$ 倍频的直线，第四项是由断点 $\omega = 316$ 起始斜率为 $-20\mathrm{dB}/10$ 倍频的直线，以上四条直线相加就得到增益特性曲线，如图8.5-3(a) 所示。

相位特性由三项组成，第一项 $90°$，第二项断点 $\omega = 1/T_1 = 31.6$ 处为 $-45°$，$1/(10T_1) = 3.16$ 为 $0°$，$10/T_1 = 316$ 处为 $-90°$，将此三点相联为直线，第三项断点 $\omega = 1/T_1 = 316$ 处为 $-45°$，$1/(10T_2) = 31.6$ 处为 $0°$，$10/T_2 = 3160$ 处为 $-90°$，将此三点相连为直线。此三条折线相加即得总的相位特性曲线，如图 8.5-3(b) 所示。

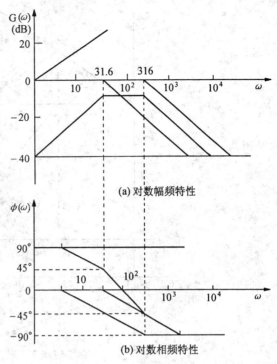

(a) 对数幅频特性

(b) 对数相频特性

图 8.5-3　例 8.5-1 中的对数频率特性

例 8.5-2 已知某网络函数为

$$H(s) = \frac{25s}{s^2 + 4s + 25}$$

试计算此网络的增益和相位频率特性，并画 Bode 图。

解 网络函数

$$H(s) = \frac{s}{0.04s^2 + 0.16s + 1}$$

$$H(\omega) = \frac{\mathrm{j}\omega}{1 - 0.04\omega^2 + \mathrm{j}0.16\omega}$$

此网络函数有一零点和一对共轭极点。与式(8.5-12)比较可得 $T_2 = 0.2, \zeta = 0.4$，此网络的增益和相位特性分别为

$$G(\omega) = 20\lg\omega - 20\lg\sqrt{(1 - 0.04\omega^2)^2 + (0.16\omega)^2}$$

$$\varphi(\omega) = 90° - \arctan\frac{0.16\omega}{1 - 0.04\omega^2}$$

增益特性第一项是通过 $\omega = 1$ 处斜率为 20dB/10 倍频的直线，第二项是二次因式的增益，由断点 $\omega = 1/T_2 = 5$ 起始，斜率为 $-40\mathrm{dB}/10$ 倍频的直线。将两条直线相加，即得总折线形式的增益特性。实际增益特性还要按照 $\zeta = 0.4$ 作适当修正。如图 8.5-4(a) 所示。

相位特性 $\varphi(\omega)$ 第一项是常数 $90°$，第二项可以这样作出：断点 $\omega = 1/T_2 = 5$ 处，相位为 $-90°$，在 $\omega = 1/(10T_2) = 0.5$ 处，相位为 $0°$，在 $\omega = 10/T_2 = 50$ 处，相位为 $-180°$，将此三点相联为直线，就是第二项的结果。将两项相加就是折线形式的 $\varphi(\omega)$。实际的相位曲线还可根据 $\zeta = 0.4$ 作适当修正。

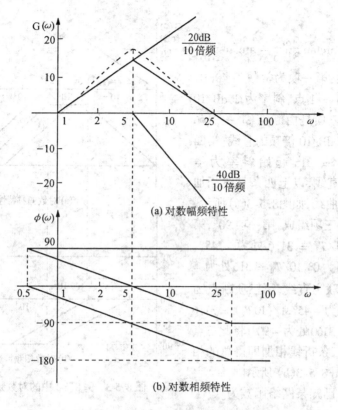

(a) 对数幅频特性

(b) 对数相频特性

图 8.5-4 例 8.5-2 中的对数频率特性

8.6 线性系统的模拟

为了分析和研究线性系统的特性,我们先后研究了时域和频域的分析方法。主要是建立系统的数学模型——微分方程和求解这些方程。能够把一个具体的物理系统进行数学描述和分析,在理论上是很重要的。但有时也需要对一系统进行实验室模拟。通过观察模拟实验,了解系统参数或输入信号改变时对系统输出变化的影响,从而便于确定最佳的系统参数和工作条件。

这里所谓的系统模拟,并不是在实验室内仿制真实系统,而是指数学意义上的模拟。就是说,所用的模拟装置与原系统在输入输出的关系上可以用同样的微分方程来描述。

对于连续系统的模拟,通常是由三种基本运算器组成:加法器、标量乘法器和积分器。其中的加法器和标量乘法器如图 8.6-1 所示。图中除标有时间域的运算关系外,还标有复频域的运算关系,二者是完全等效的。

积分器是模拟微分方程运算过程的核心运算器。在初始条件为零时,积分器输出信号与输入信号间的关系为

$$y(t) = \int_0^t x(\tau) d\tau$$

若初始条件不为零,时,则为

· 214 ·

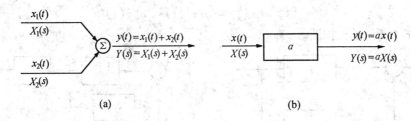

(a)   (b)

图 8.6-1　加法器模拟图

$$y(t) = \int_{-\infty}^{t} x(\tau)\mathrm{d}\tau = \int_{-\infty}^{0} x(\tau)\mathrm{d}\tau + \int_{0}^{t} x(\tau)\mathrm{d}\tau = y(0) + \int_{0}^{t} x(\tau)\mathrm{d}\tau$$

以上两种情况的积分器如图 8.6-2 所示。图中还同时画出将上两式进行拉氏变换所得的复频域模拟图。

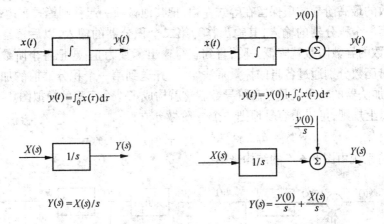

图 8.6-2　积分器模拟图

　　模拟一个系统的微分方程不用微分器而用积分器。这是由于积分器对信号起"平滑"作用,甚至对短时间内信号的剧烈变化也不敏感,而微分器将会使信号"锐化",因而积分器的抗干扰性能比微分器好,运算精度比微分器高。

　　以上三种运算功能都可以在计算机上得到。

　　现在考虑一阶微分方程的模拟。设一阶微分方程为

$$y'(t) + a_0 y(t) = x(t)$$

可以写成

$$y'(t) = x(t) - a_0 y(t)$$

由上式中几个量可以初步分析到:①$y(t)$ 和 $y'(t)$ 之间经过积分器的运算,即 $y'(t)$ 经过积分器得到 $y(t)$;②$y(t)$ 经过标量乘法器得到 $-a_0 y(t)$;③$x(t)$ 和 $-a_0 y(t)$ 经过加法器得到 $y'(t)$。因此这样一个过程可以用一个积分器,一个标量乘法器和一个加法器联成的结构来模拟。如图 8.6-3 所示。

　　对于二阶系统的微分方程

$$y''(t) + a_1 y'(t) + a_0 y(t) = x(t)$$

可以写成

$$y''(t) = x(t) - a_1 y'(t) - a_0 y(t)$$

构成图 8.6-4 所示的模拟图。

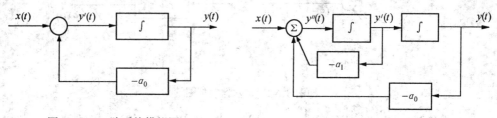

图 8.6-3 一阶系统模拟图

图 8.6-4 二阶系统模拟图

根据一阶系统和二阶系统的模拟,可以得出构成系统模拟图的规则如下:①把微分方程输出函数的最高阶导数项保留在等式左边,把其他各项一起移到等式右边;②将最高阶导数作为第一个积分器的输入,其输出作为第二个积分器的输入,以后每经过一个积分器,输出函数的导数阶数就降低一阶,直到获得输出函数为止;③把各个阶数降低了的导函数及输出函数分别通过各自的标量乘法器,一齐送到第一个积分器前的加法器与输入函数相加,加法器的输出就是最高阶导数。这就构成了一个完整的模拟图。

应用以上规则,可以很容易地把一个 n 阶微分方程

$$y^{(n)} + a_{n-1} y^{(n-1)} + \cdots + a_1 y' + a_0 y = x \tag{8.6-1}$$

描述的 n 阶系统由图 8.6-5 的结构来模拟。

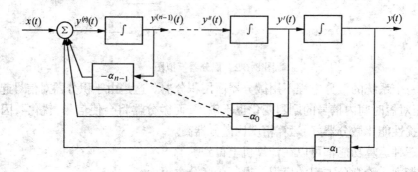

图 8.6-5 n 阶系统模拟图

现在考虑更一般的情况,即微分方程右边含有输入函数导数的情况。例如二阶微分方程

$$y''(t) + a_1 y' + a_0 y = b_1 x' + b_0 x \tag{8.6-2}$$

对于这种系统的模拟,需要引用一辅助函数 $q(t)$,使其满足条件

$$q'' + a_1 q' + a_0 q = x \tag{8.6-3}$$

将式(8.6-3)代入式(8.6-2),可得

$$y'' + a_1 y' + a_0 y = b_1[q'' + a_1 q' + a_0 q]' + b_0[q'' + a_1 q' + a_0 q] =$$
$$(b_1 q' + b_0 q)'' + a_1(b_1 q' + b_0 q)' + a_0(b_1 q' + b_0 q)$$

由此可见

$$y(t) = b_1 q' + b_0 q \quad (8.6\text{-}4)$$

这样一来，式 (8.6-2) 就可以用式 (8.6-3) 和式 (8.6-4) 来等效表示。于是得出图8.6-6 的系统模拟图。

对于一般的 n 阶系统的微分方程

$$y^{(n)} + a_{n-1}y^{(n-1)} + \cdots + a_1 y' + a_0 y = b_m x^{(m)} + b_{m-1}x^{(m-1)} + \cdots + b_1 x' + b_0 x$$
$$(8.6\text{-}5)$$

设式中 $m = n - 1$，则其系统模拟图的结构如图 8.6-7 所示。

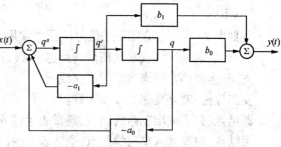

图 8.6-6　一般形式的二阶系统模拟图

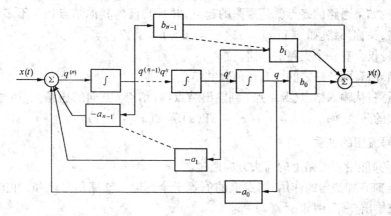

图 8.6-7　一般形式的 n 阶系统模拟图

8.7　信号流图

上一节介绍的系统模拟框图可以描述系统的特性，本节将要介绍的信号流图也可以起到同样的作用，而且比模拟框图更简单。恰当地运用信号流图的化简规则可以迅速求得系统函数 $H(s)$ 的表达式。

系统的信号流图，实际上是用一些点和支路来描述系统。例如图 8.7-1(a) 所示的二阶系统模拟框图，若改用信号流图表示则如图 8.7-1(b) 所示。

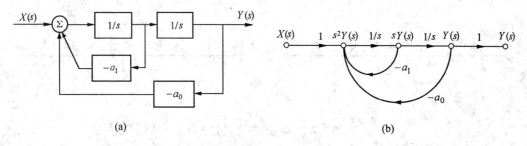

(a)　　　　　　　　　　　　　　　(b)

图 8.7-1　二阶系统模拟图与信号流图的对应关系

一、术语

参照图 8.7-1(b) 介绍一些信号流图中常用的术语。

结点:表示系统中变量或信号的点。如,$X(s)$,$s^2Y(s)$ 等。

支路:连接两个结点之间的定向线段。

支路传输:就是支路的传输函数。

源结点:只有输出支路的结点,通常表示输入信号,如 $X(s)$。

阱结点:只有输入支路的结点,通常表示输出信号,如 $Y(s)$。

混合结点:既有输入支路又有输出支路的结点。如 $s^2Y(s)$,$sY(s)$ 等。

通路:沿支路箭头方向通过各相连支路的途径。

开通路:通路与任一结点相交不多于一次。

闭通路:如果通路的终点就是通路的起点,并且与任何其他结点相交不多于一次,则称为闭通路,又称环路。如 $s^2Y(s) - sY(s) - Y(s) - s^2Y(s)$。

自环路:仅含有一个支路的环路。

不接触环路:两环路之间没有任何公共结点。

前向通路:从输入结点(源结点)到输出结点(阱结点)方向的通路上,通过任何结点不多于一次的路径。如 $X(s) - s^2Y(s) - sY(s) - Y(s) - Y(s)$。

二、信号流图的性质

1. 信号只能沿着支路上的箭头方向通过。

2. 结点兼有加法器的作用。结点上的值等于全部输入支路信号之和,并把总和信号传送到所有输出支路。例如 $s^2Y(s)$ 等。

3. 具有输入和输出支路的混合结点,通过增加一个具有单位传输的支路,可以把它变成输出结点。如图 8.7-1(b) 中的 $Y(s)$。

4. 对于给定系统,信号流图的形式并不是唯一的。这是由于同一系统的方程式可以表示成不同形式,因而可以画出不同的信号流图。

5. 信号流图转置以后,其传输函数保持不变。所谓转置就是流图中各支路的信号传输方向均给以调转,同时把输入输出结点对换。如图 8.7-2(a) 和(b) 所示,两者实际上代表同一个系统,因而转移函数是不变的。转移函数都是

$$H(s) = \frac{b_1 s + b_0}{s + a_0}$$

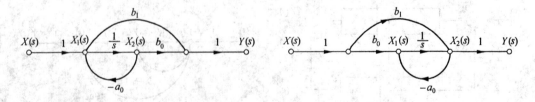

图 8.7-2 信号流图的转置表示

218

三、信号流图的化简规则

现在介绍信号流图等效化简的基本规则。

1. 支路串联的化简：支路串联可以简化为单一支路，其传输值等于各串联支路传输值的乘积。如图 8.7-3(a)。

2. 支路并联的化简：若干支路并联可以简化为一等效支路，其传输值等于各并联支路传输值之和。如图 8.7-3(b)。

3. 混合结点的消除：消除混合结点后，形成各新支路的传输值为其前后结点间通过被消除结点的各顺向支路传输值的乘积。如图 8.7-3(c)。

4. 自环消除：设某结点上有传输值为 t 的自环，则消除此自环后，该结点所有输入支路的传输值都要除以 $(1 - t)$，而输出支路的传输值不变。如图 8.7-3(d)。

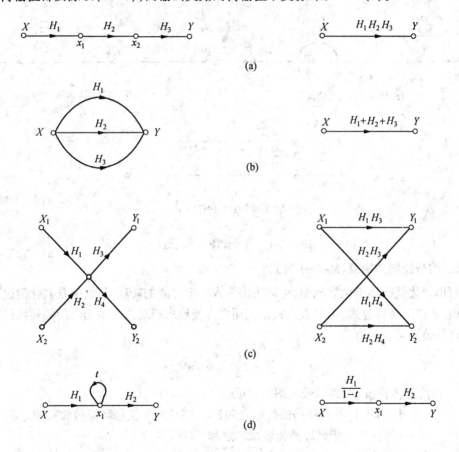

图 8.7-3　信号流图的化简规则

运用这些规则逐步简化流图，最终在源结点和阱结点之间可简化为仅有一条支路的信号流图。显然此支路的传输值就是原信号流图输入到输出间的总传输。如在复频域中，也就是输出信号与激励信号间的转移函数。

下面举一例说明信号流图化简规则的使用方法。其全部化简过程如图 8.7-4 所示。

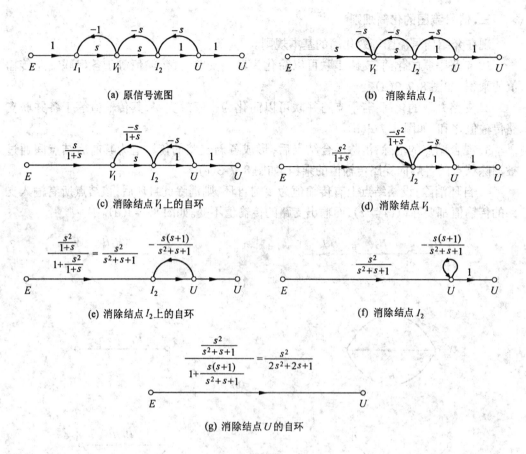

(a) 原信号流图　　　　　　　　　　　　　(b) 消除结点 I_1

(c) 消除结点 V_1 上的自环　　　　　　　(d) 消除结点 V_1

(e) 消除结点 I_2 上的自环　　　　　　　(f) 消除结点 I_2

(g) 消除结点 U 的自环

图 8.7-4　信号流图的化简过程

四、信号流图的梅森(Mason) 公式

利用简化规则逐步化简流图,可以求出输入输出之间的转移函数,但是其化简过程比较繁琐。若应用梅森公式,可以直接根据流图很方便地求得输入与输出之间的转移函数。

梅林公式可表示为

$$H = \frac{1}{\Delta} \sum_k G_K \Delta_K \tag{8.7-1}$$

式中　H 为总传输值;Δ 为信号流图的特征式。

Δ = 1 -(所有不同环路的传输之和)+ (每两互不接触环路传输乘积之和) -
(每三互不接触环路传输乘积之和)+ … =

$$1 - \sum_i L_i + \sum_{i,j} L_i L_j - \sum_{i,j,k} L_i L_j L_k + \cdots$$

G_K 表示由源点到阱点之间第 K 条前向通路的传输值;Δ_k 称为对于第 K 条前向通路的路径因子。它是除去与第 K 条前向通路相接触的环路后,余下部分的流图特征式。

例 8.7-1　用梅森公式求图 8.7-5 所示系统的转移函数。

解　该信号流图有五个环,三条前向路径,各环路的传输值分别为

$$L_1 = 2$$
$$L_2 = 2 \times 4 = 8$$
$$L_3 = -1 \times 1 = -1$$
$$L_4 = 2$$
$$L_5 = -2 \times (-1) \times 2 = 4$$

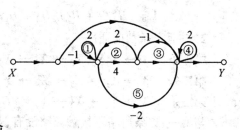

图 8.7-5　例 8.7-1 图

互不接触的两环有 L_1L_3, L_1L_4, L_2L_4 三组,其传输乘积分别为

$$L_1L_3 = -2$$
$$L_1L_4 = 4$$
$$L_2L_4 = 16$$

三环互不接触的情况没有。故可得图行列式为

$$\Delta = 1 - \sum_i L_i + \sum_{i:j} L_iL_j =$$
$$1 - (2 + 8 - 1 + 2 + 4) + (-2 + 4 + 16) = 4$$

三条前向路径的传输值分别为

$$G_1 = 1 \times 1 \times 1 = 1$$
$$G_2 = 1 \times (-1) \times 4 \times 1 \times 1 = -4$$
$$G_3 = 1 \times (-1) \times (-2) \times 1 = 2$$

与 G_1 路径不接触部分中的环路为 L_1 及 L_2,与 G_2、G_3 不接触部分中的环路没有,故路径因子分别为

$$\Delta_1 = 1 - (2 + 8) = -9$$
$$\Delta_2 = \Delta_3 = 1$$

将以上各项结果代入梅森公式即可得到转移函数

$$H = \frac{1}{\Delta}\sum G_K\Delta_K = \frac{-9 - 4 + 2}{4} = -\frac{11}{4}$$

例 8.7-2　用梅森公式求图 8.7-6 所示系统的转移函数。

解　1. 共有四个环路

$$L_1 = (X_3 \to X_4 \to X_3) = -H_4T_1$$
$$L_2 = (X_2 \to Y \to X_1 \to X_2) = -H_7T_2H_2$$
$$L_3 = (X_1 \to X_3 \to X_4 \to Y \to X_1) =$$
$$-H_6H_4H_5T_2$$
$$L_4 = (X_1 \to X_2 \to X_3 \to X_4 \to Y \to X_1) =$$
$$-H_2H_3H_4H_5T_2$$

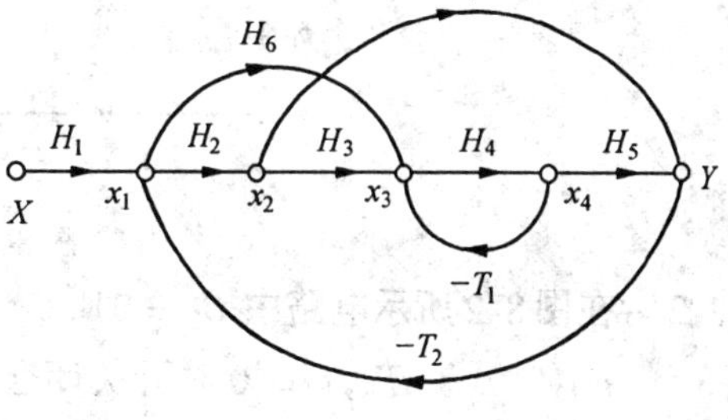

图 8.7-6　例 8.7-2 图

互不接触的两环有

$$L_1L_2 = H_2H_4H_7T_1T_2$$

由此得出

$$\Delta = 1 + (H_4T_1 + H_7T_2H_2 + H_6H_4H_5T_2 + H_2H_3H_4H_5T_2) + H_2H_4H_7T_1T_2$$

2. 共有三条前向通路

第一条 $\quad X \to X_1 \to X_2 \to X_3 \to X_4 \to Y \qquad G_1 = H_1H_2H_3H_4H_5$

第二条 $\quad X \to X_1 \to X_3 \to X_4 \to Y \qquad G_2 = H_1H_6H_4H_5$

第三条 $\quad X \to X_1 \to X_2 \to Y \qquad G_3 = H_1H_2H_7$

与第一、二条通路不接触环路没有,与第三条通路不接触的环路是 L_1,所以

$$\Delta_1 = \Delta_2 = 1$$
$$\Delta_3 = 1 + H_4T_1$$

最后得系统转移函数为

$$H = \frac{Y}{X} = \frac{1}{\Delta}\sum_K G_K\Delta_K =$$

$$\frac{H_1H_2H_3H_4H_5 + H_1H_6H_4H_5 + H_1H_2H_7(1 + H_4T_1)}{1 + H_4T_1 + H_2H_7T_2 + H_4H_5H_6T_2 + H_2H_3H_4H_5T_2 + H_2H_4H_7T_1T_2}$$

习 题 8

8-1 试分别写出图 8-1(a),(b),(c)所示电路的系统转移函数

$$H(s) = \frac{V_2(s)}{V_1(s)}$$

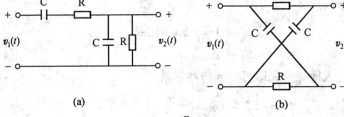

(a) (b)

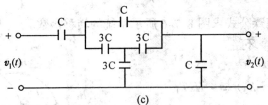

(c)

图 8-1 习题 8-1 图

8-2 在图 8-2 所示电路中 $C_1 = 1F$, $C_2 = 1F$, $R = 2\Omega$,起始条件 $v_{c1}(0^-) = EV$, $t = 0$ 时开关闭合。求 ①$i_1(t) = ?$② 讨论 $t = 0^-$ 和 $t = 0^+$ 瞬间,电容 C_2 两端电荷发生的变化。

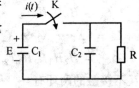

图 8-2 习题 8-2 图

8-3 写出图 8-3 所示网络的电压转移函数

$$H(s) = \frac{V_2(s)}{V_1(s)}$$

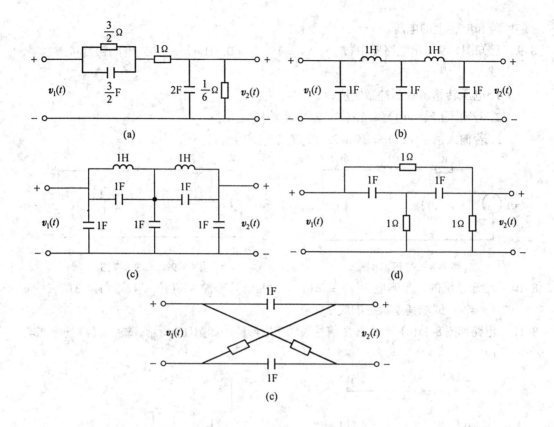

图 8-3 习题 8-3 图

8-4 已知激励信号 $e(t) = e^{-t}u(t)$，零状态响应 $r(t) = \left(\dfrac{1}{2}e^{-t} - e^{-2t} + e^{3t}\right)u(t)$，求此系统的冲激响应 $h(t)$。

8-5 已知系统阶跃响应 $g(t) = (1 - e^{-2t})u(t)$，为使其响应为 $r(t) = (1 - e^{-2t} - te^{-2t})u(t)$，求激励信号 $e(t)$。

8-6 电路如图 8-6 所示，激励信号为指数衰减形式 $e(t) = e^{-2t}u(t)$，求 $v_2(t)$，并指出自由响应和强迫响应分量，暂态响应和稳态响应分量。

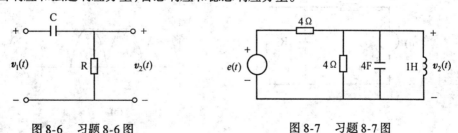

图 8-6 习题 8-6 图   图 8-7 习题 8-7 图

8-7 在图 8-7 所示电路中，$e(t) = 40\sin t \cdot u(t)$。求 $v_2(t)$，并指出其中的自由响应和强迫响应，瞬态响应和稳态响应。

8-8 在图 8-8 所示电路中，$R = 120\Omega, L = 0.1\text{H}, C = 10\mu\text{F}$，电感中初始电流 $i_1(0) = 0.5\text{A}$，电容上初始电压 $u_c(0^-) = 30\text{V}$，激励电压 $e(t) = 100u(t)\text{V}$，试求电路中的电

流和电容上的电压。

8-9 已知图8-9所示电路图中，$R_1 = R_2 = 1\Omega, L = 0.5\mathrm{H}, C = 0.5\mathrm{F}$，电路初始状态为零，试求：

1. 电压转移函数和冲激响应；

2. 若输入信号 $e(t) = 5u(t-2)\mathrm{V}$，求响应 $u_c(t)$；

3. 若输入信号 $e(t) = 10\sin 2tu(t)\mathrm{V}$，求响应 $u_c(t)$。

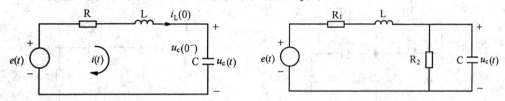

图 8-8　习题 8-8 图　　　　　　　图 8-9　习题 8-9 图

8-10 已知系统的冲激响应 $h(t) = \delta(t) - \mathrm{e}^{-t}u(t)$，若输入 $e(t) = \cos 2(t-2)\mathrm{e}^{-(t-2)}u(t-2)$，试求其零状态响应 $r_{zs}(t)$。

8-11 电路如图8-11(a)所示，激励信号为周期矩形脉冲如图(b)所示，试求 $v_0(t)$ 的稳态响应。

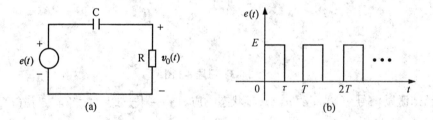

图 8-11　习题 8-11 图

8-12 已知图8-12(a)所示电路中，$R_1 = 1\mathrm{k}\Omega, R_2 = 5\mathrm{k}\Omega, C = 4\mu\mathrm{F}$，激励信号为 $t = 0$ 接入的全波整流正弦信号如图(b)，求 $v_0(t)$ 的稳态响应。

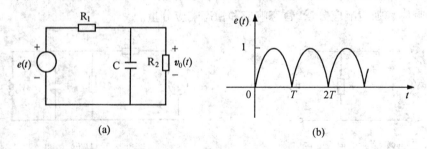

图 8-12　习题 8-12 图

8-13 已知系统函数的零极点分布如图8-13所示，还知道 $H(\infty) = 5$，试求出系统函数表示式 $H(s)$。

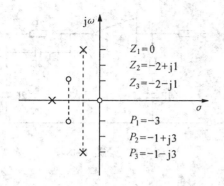

$Z_1 = 0$
$Z_2 = -2 + j1$
$Z_3 = -2 - j1$

$P_1 = -3$
$P_2 = -1 + j3$
$P_3 = -1 - j3$

图 8-13 习题 8-13 图

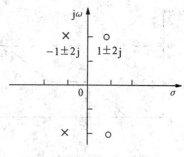

图 8-15 习题 8-15 图

8-14 已知网络函数 $H(s)$ 的极点位于 $s = -3$ 处,零点在 $s = -a$,还知道 $H(\infty) = 1$,此网络的阶跃响应中,包含一项为 Ke^{-3t}。试问,若 a 从 0 变到 5,相应的 K 如何随之变。

8-15 系统函数极零点分布如图 8-15 所示,试求其幅频特性和相频特性。

8-16 若网络函数 $H(s)$ 极零点分布如图 8-16 所示,试分析它们分别是低通、高通、带通、带阻哪种滤波网络。

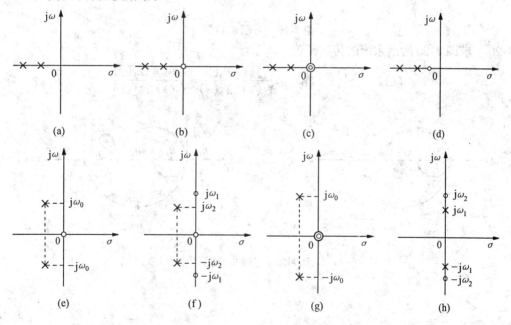

图 8-16 习题 8-16 图

8-17 已知最小相移系统波特图如图 8-17 所示,根据此图写出系统函数 $H(s)$。

8-18 写出图 8-18 所示系统电压转移函数 $H(s) = \dfrac{V_2(s)}{V_1(s)}$,绘制幅频特性波特图。

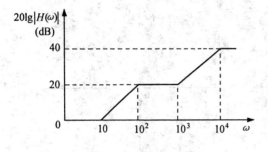

图 8-17　习题 8-17 图

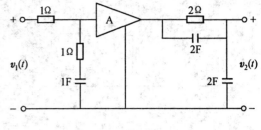

图 8-18　习题 8-18 图

8-19　信号流图如图 8-19 所示,求各系统的转移函数 $H = \dfrac{Y}{X}$。

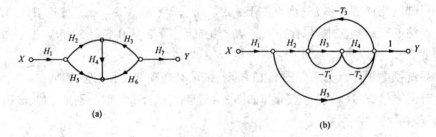

图 8-19　习题 8-19 图

8-20　求图 8-20 所示系统的传输函数

(a) $\dfrac{Y(s)}{X(s)}$;　(b) $\dfrac{Y_1(s)}{X_1(s)}, \dfrac{Y_2(s)}{X_1(s)}, \dfrac{Y_1(s)}{X_2(s)}, \dfrac{Y_2(s)}{X_2(s)}$

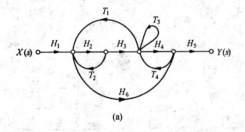

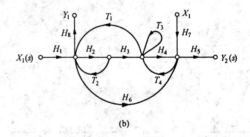

图 8-20　习题 8-20 图

第9章 离散系统的时域分析

9.1 引 言

如果系统的输入信号和输出信号都是离散的时间信号,那么该系统称为离散时间系统。数字计算机就是一个最典型的离散时间系统的例子。在实际应用中,离散时间系统经常与连续时间系统联合运用。同时具有这两者的系统称为混合系统,如实用中的自动控制系统和数字通信系统均属混合系统。

在近代电子技术中对系统的要求越来越苛刻,有时传统的模拟电路(连续系统)已远不能满足要求,只有利用性能优越的数字技术才能得以解决。近年来随着计算机科学的发展和普遍运用,以及数字电路元器件性能的提高和成本的降低,离散时间系统的优越性越来越显露出来。离散时间系统的理论研究和应用日渐重要并迅速发展。目前,离散时间系统的理论体系正在逐步形成,日趋完善。

离散时间系统的分析方法,在许多方面与连续时间系统的分析方法有着平行的相似性。首先,要分析一个系统,必须建立系统的数学模型。我们知道,对于连续时间系统,在时域中是由微分方程来描述的。与之相对应,一个离散时间系统,在时域中是由差分方程描述的。差分方程与微分方程的求解方法在很大程度上是相似的。与连续时间系统分析中的卷积积分相对应,在离散时间系统分析中,求卷积和(简称卷积)的方法亦有其重要地位。在连续时间系统中,普遍采用了变换域方法,利用拉普拉斯变换与傅里叶变换,将求解与分析问题转到复频域或频域处理,并运用了系统函数的概念。相对应的,对离散时间系统,可以利用 Z 变换和离散傅里叶变换,将求解与分析的问题转到 Z 域或频域处理,亦运用系统函数的概念。

本章和下章将分别讨论关于离散时间系统的时域和变换域分析方法。

我们将从连续时间系统的描述和分析方法引出相应的关于离散时间系统的描述和分析方法,这是为着理解上的方便。事实上,离散时间系统理论已形成独自的严密体系,能够自行建立概念和导出分析方法。

9.2 离散系统的描述和模拟

一、离散系统的描述——差分方程

离散时间系统表述了离散信号或序列之间的关系。设激励信号序列为 $x(n)$,响应信号序列为 $y(n)$,离散时间系统可用图 9.2-1 表示。

在连续时间系统中,信号是时间变量的连续函数,系统可用微分积分方程式描述。方程中由连续自变量的函数 $f(t)$ 及其各阶导数 $\dfrac{\mathrm{d}}{\mathrm{d}t}f(t), \dfrac{\mathrm{d}^2}{\mathrm{d}t^2}f(t), \cdots$，或积分等项线性迭加组成。对离散时间系统，信号的自变量 n 是离散的整数值，因此，描述系统特性的数学模型为差分方程。

为了说明对于一系统如何找出描述其特性的差分方程，下面看几个例子。

例 9.2-1 一空运控制系统，用一台计算机每隔一秒钟计算一次某飞机应有的高度 $x(n)$，与此同时还用一雷达对该飞机实测一次高度 $y(n)$，把应有高度 $x(n)$ 与一秒钟之前的实测高度 $y(n-1)$ 相比较得一差值，飞机的高度将根据此差值的大小及其为正或为负来改变。设飞机改变高度的垂直速度正比于此差值，即 $v = K[x(n) - y(n-1)]\,\mathrm{m/s}$，所以从第 $n-1$ 秒到第 n 秒这一秒钟内飞机升高为

$$K[x(n) - y(n-1)] = y(n) - y(n-1)$$

经整理得

$$y(n) + (K-1)y(n-1) = Kx(n)$$

这就是表示控制信号 $x(n)$ 与响应信号 $y(n)$ 之间关系的差分方程，它描述了这个离散时间(每隔一秒计算和实测一次)的空运控制系统。

上例中，差分方程式的离散变量是时间，然而，差分方程只是一种处理离散变量的数学工具，变量的选取因具体函数而异，并不限于时间。我们看下一个例子。

例 9.2-2 图 9.2-2 示出了一个电阻的梯形网络。其中各串臂电阻均为 R，各并臂电阻均为 aR，a 为一正实数。各结点对公共结点的电压为 $u(n)$，$n = 0,1,2,\cdots,N$。已知两边界结点电压为 $u(0) = E$，$u(N) = 0$，要求写出第 n 个结点电压 $u(n)$ 的差分方程式。

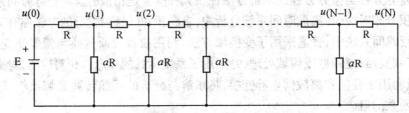

图 9.2-2 电阻梯形网络

解 对任意一结点 $n+1$，运用结点电流定律可写出

$$\frac{u(n) - u(n+1)}{R} + \frac{u(n+2) - u(n+1)}{R} = \frac{u(n+1)}{aR}$$

经整理得

$$u(n+2) - \frac{2a+1}{a}u(n+1) + u(n) = 0 \qquad (9.2-2)$$

由此差分方程，再利用两个边界条件，即可解出 $u(n)$。关于差分方程的求解问题，待下节讨论。

在此例中，各结点电压和支路电流无疑都是时间的连续函数(都是常数)，对时间而言，这些量并非离散值，但对于不同的结点，按顺次的结点电压却表示为一个离散的电压值序列。其中 $u(n)$ 的自变量 n 不表示时间，而仅是代表电路中结点顺序的编号，即序号。

图 9.2-1 离散时间系统

它只能取整数。实际上,在离散时间系统中,自变量 nT 虽然是一离散时间变量,但其中的 n 也不过是个编号,也是一个整数。所以在离散变量的系统中,把函数记为 $x(n)$ 虽然形式上抽象,却具有更普遍的意义。

例9.2-3 假若每对兔子每月可生育一对小兔,新生的小兔要隔一个月才具有生育能力。若第一个月只有一对新生小兔,求第 n 个月兔子对的数目是多少?

解 设 $y(n)$ 表示在第 n 个月兔子对的数目。已知 $y(0) = 0, y(1) = 1$,显然可以推知 $y(2) = 1, y(3) = 2, y(4) = 3, y(5) = 5, \cdots$,并可以推出,在第 n 个月,有 $y(n-2)$ 对兔子具有生育能力,因此这些兔子要从 $y(n-2)$ 对变成 $2y(n-2)$ 对。此外,还有 $[y(n-1) - y(n-2)]$ 对兔子没有生育能力,所以有

$$y(n) = 2y(n-2) + [y(n-1) - y(n-2)]$$

经整理得

$$y(n) - y(n-1) - y(n-2) = 0 \tag{9.2-3}$$

或者可以写成

$$y(n) = y(n-1) + y(n-2)$$

这就是著名的费班纳西(Fibonacci)数列。这个数列中的某个样值等于它的前两个样值之和。当给定不同的初始值就可以得到不同的数列。如若 $y(0) = 0, y(1) = 1$,则数列 $y(n)$ 可写为

$$\{0, 1, 1, 2, 3, 5, 8, 13, \cdots\}$$

上面几个例子所列出的并分方程形式各有不同。它们可分别写为如下形式

$$y(n) + ay(n-1) = bx(n) \tag{9.2-4}$$

$$y(n+2) + ay(n+1) + by(n) = 0 \tag{9.2-5}$$

$$y(n) + ay(n-1) + by(n-2) = 0 \tag{9.2-6}$$

一般,差分方程有两种形式:

1. 向右移序的差分方程

$$y(n) + a_1 y(n-1) + \cdots + a_N y(n-N) =$$
$$b_0 x(n) + b_1 x(x-1) + \cdots + b_M x(n-M)$$

$$\sum_{i=0}^{N} a_i y(n-i) = \sum_{j=0}^{M} b_j x(n-j), \qquad a_0 = 1 \tag{9.2-7}$$

2. 向左移序的差分方程

$$y(n+N) + a_{N-1} y(n+N-1) + \cdots + a_0 y(n) =$$
$$b_M x(n+M) + b_{M-1} x(n+M-1) + \cdots + b_0 x(n)$$

$$\sum_{i=0}^{N} a_i y(n+i) = \sum_{j=0}^{M} b_j x(n+j), \qquad a_N = 1 \tag{9.2-8}$$

式中 $x(n)$ 是系统的输入序列,$y(n)$ 是系统的输出序列。

差分方程中函数序号的改变称为**移序**。差分方程输出函数序列中自变量的最高序号和最低序号的差数称为差分方程的阶数。因此,式(9.2-7)和(9.2-8)都是 N 阶差分方程,而且此二式所代表的系统称为 N **阶系统**。对于线性非时变系统,方程中系数 a, b 是常数。则式(9.2-7)和(9.2-8)是常系数线性差分方程。

差分方程和微分方程的形式有相似之处。我们知道一阶常系数线性微分方程可写为

$$\frac{\mathrm{d}y(t)}{\mathrm{d}t} + ay(t) = bx(t) \tag{9.2-9}$$

将它与一阶常系数线性差分方程

$$y(n+1) + ay(n) = bx(n)$$

相比较，可以看到，若 $y(n)$ 与 $y(t)$ 相当，则离散变量序号加 1 所得之序列 $y(n+1)$ 就与连续函数对变量 t 取一阶导数 $\frac{\mathrm{d}y(t)}{\mathrm{d}t}$ 相对应，$x(n)$ 与 $x(t)$ 分别表示各自的激励信号。差分方程和微分方程不仅形式相似，而且在一定条件下还可以互相转化。若对于连续时间函数 $y(t)$，在 $t = nT$ 各点上取样 $y(nT)$，并设时间间隔 T 足够小，可有

$$\frac{\mathrm{d}y(t)}{\mathrm{d}t} = \frac{y[(n+1)T] - y(nT)}{T}$$

因此，(9.2-9)式可近似为

$$\frac{y[(n+1)T] - y(nT)}{T} + ay(nT) = bx(nT)$$

经整理得

$$y(n+1)T + (aT-1)y(nT) = bTx(nT)$$

若取 $T = 1$，则得

$$y(n+1) + (a-1)y(n) = bx(n)$$

必须注意，将微分方程近似地写作差分方程的条件是：样值间隔 T 要足够小，T 越小，近似程度越好。实际中，利用数字计算机来解微分方程时(如欧拉法，龙格 - 库塔法)，就是根据这一原理将微分方程近似表示为差分方程再进行计算的。只要 T 取的足够小，计算数值的位数足够多，就可得到所需的精确度。

二、离散时间系统的模拟

既然差分方程与微分方程相似，则对于离散时间系统也可以像连续时间系统那样，用适当的运算单元联接起来加以模拟。连续时间系统的内部运算关系可归结为微分(或积分)，标量乘和相加。与此对应，在离散时间系统中基本运算关系是移位(延时)，标量乘和相加。与以前不同的是，这里关键的运算单元是延时器。延时器的作用是将输入信号延时一个单位时间，也就是取时间间隔 $T = 1$，如图9.2-3(a) 所示，图中 D 为单位延时器。若初始条件不为零，则于延时器的输出处用一加法器将初始条件 $y(0)$ 引入，如图9.2-3(b) 所

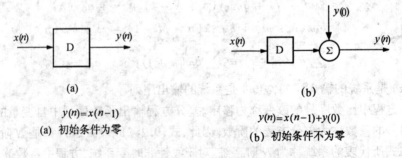

(a)

$y(n) = x(n-1)$

(a) 初始条件为零

(b)

$y(n) = x(n-1) + y(0)$

(b) 初始条件不为零

图 9.2-3 延时器

示。延时器是一个具有记忆功能的部件,它能将输入数据储存起来,于单位时间后在输出处释出。所以延时器的输出是较输入滞后了一个单位时间的序列。

现在来讨论如何运用延时器,标量乘法器和加法器对离散时间系统进行模拟。

设有一个一阶差分方程描述的系统,方程为

$$y(n+1) + ay(n) = x(n) \tag{9.2-10}$$

改写成

$$y(n+1) = -ay(n) + x(n) \tag{9.2-10}$$

由此式很容易画出模拟图如图 9.2-4(a)所示。

对于向右移序的差分方程

$$y(n) + ay(n-1) = x(n) \tag{9.2-11}$$

则可画出如图 9.2-4(b)所示的模拟框图。

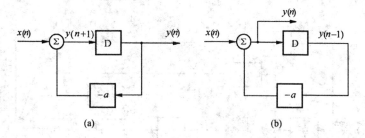

图9.2-4 一阶离散系统的模拟框图

可见,一阶离散时间系统的模拟框图和一阶连续时间系统的模拟框图具有相同的结构,只是延时器代替了积分器。若把图 9.2-4(a)中的延时器换为积分器,则与之相应的方程就成了一阶微分方程 $y'(t) + ay(t) = x(t)$,因此可以说,用差分方程描述离散时间系统与用微分方程描述连续时间系统的作用完全相当;而在模拟图中,模拟离散时间系统的延时器与模拟连续时间系统的积分器完全相当。

我们将以上关于一阶系统模拟的讨论推广至 N 阶离散时间系统的模拟问题。设一个 N 阶离散时间系统的差分方程为

$$\sum_{i=0}^{N} a_i y(n+i) = \sum_{j=0}^{M} b_j x(n+j) \qquad a_N = 1 \tag{9.2-12}$$

与式(9.2-12)相对应的微分方程为

$$\sum_{i=0}^{N} a_i y^{(i)}(t) = \sum_{j=0}^{M} b_j x^{(j)}(t) \qquad a_N = 1 \tag{9.2-13}$$

N 阶离散时间系统的差分方程与 N 阶连续时间系统的微分方程各项一一对应,形式相同,这意味着 N 阶离散的模拟图与 N 阶连续的模拟图的结构一致,只需用延时器代替积分器即可。据此可以得到式(9.2-12)代表的 N 阶离散时间系统的模拟框图,如图9.2-5(a)所示。

同理,对于向右移序的 N 阶差分方程

$$\sum_{i=0}^{N} a_i y(n-1) = \sum_{j=0}^{M} b_j x(n-j) \qquad a_0 = 1 \tag{9.2-14}$$

可以得图 9.2-5(b)所示的模拟框图。

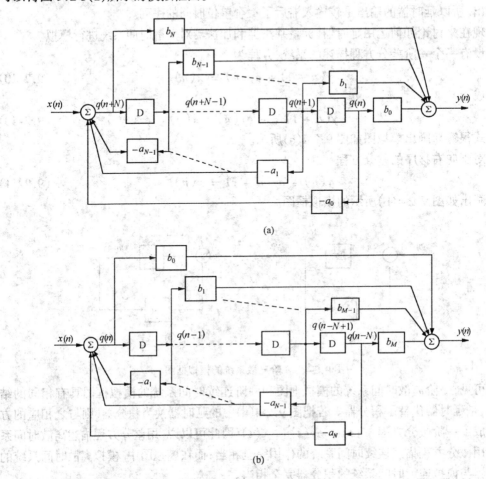

(a)

(b)

图 9.2-5　N 阶离散时间系统模拟框图($M = N$)

　　我们知道,在描述实际的连续时间系统的微分方程中,激励函数导数的阶数 M 一般都小于响应函数导数的阶数 N,但是在理论上也存在 $M > N$ 的情况。如将一激励电压 $e(t)$ 加于无耗电容上,此时响应电流为

$$i(t) = C \frac{\mathrm{d}e(t)}{\mathrm{d}t} \tag{9.2-15}$$

上式中 $N = 0, M = 1$。但是,请注意,描述离散时间系统的差分方程是不可能出现 $M > N$ 情况的。假若有一个这样的离散时间系统,其差分方程为

$$y(n) = x(n + 1), \quad N = 0, \quad M = 1$$

这将意味着第 n 时刻的响应,要由第 $(n + 1)$ 时刻的激励所决定(即响应早于激励),这违背了系统的因果律,因此这样的系统是不可能存在的,所以在描述离散时间系统的差分方程(9.2-12)中必有 $M \leqslant N$,图 9.2-5 所示是 $M = N$ 的情况。

　　例 9.2-4　一离散时间系统由如下差分方程描述

$$y(n + 2) + a_1 y(n + 1) + a_0 y(n) = x(n + 1)$$

试画出此系统的模拟框图。

解 首先引入辅助函数 $q(n)$，使其满足

$$q(n+2) + a_1q(n+1) + a_0q(n) = x(n)$$

$$y(n) = q(n+1)$$

由上二式就可以作出模拟框图，如图 9.2-6 所示。

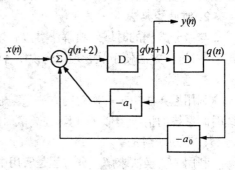

此外还可以令 $n = k - 1$，于是原方程式变为

$$y(k+1) + a_1y(k) + a_0y(k-1) = x(k)$$

如 $y(n)$ 为无限序列，而 n 和 k 均为由 $-\infty$ 到 $+\infty$ 的自然数，把此式中的 k 改回为 n，仍可成立。如 $y(n)$ 为有限序列，则只需注意在序列的起点处有序数 1 的差别，上式中将 k 换回 n 仍成立。于是有

图 9.2-6

$$y(n+1) + a_1y(n) + a_0y(n-1) = x(n)$$

经整理，有

$$y(n+1) = -a_1y(n) - a_0y(n-1) + x(n)$$

由此关系就可以很容易地作出模拟框图，如图 9.2-7 所示。

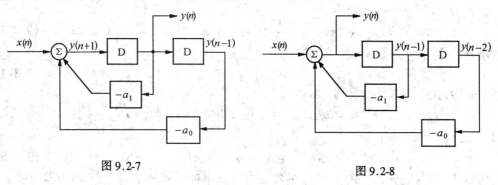

图 9.2-7　　　　　　　　　　　　　　　　　　图 9.2-8

若另有一系统的方程，为

$$y(n+1) + a_1y(n) + a_0y(n-1) = x(n+1)$$

可以证明，此系统的模拟框图结构与图 9.2-6 相同，只是输出 $y(n)$ 引出的位置与前不同，如图 9.2-8 所示。

9.3　差分方程的经典解法

N 阶常系数线性差分方程的一般形式可写为

$$\sum_{i=0}^{N} a_iy(n+i) = \sum_{j=0}^{M} b_jx(n+j) \qquad a_N = 1 \qquad (9.3-1)$$

求解这种常系数线性差分方程的方法有以下几种：

1. 迭代法

包括手算逐次代入求解或利用计算机求解。这种方法简单，概念清楚，但是只能得到

数值解,一般不能给出一个完整的解析式解答。

2.时域经典法

与微分方程的时域经典解法类似。先分别求齐次解与特解,然后代入边界条件求待定系数,这种方法便于从物理概念说明各响应分量之间的关系,但求解过程比较麻烦。

3.卷积法

利用经典法中求齐次解的方法求零输入响应,利用卷积的方法求零状态响应。与连续时间系统的情况类似,卷积法在离散时间系统分析中占有十分重要的地位。

4.变换域解法

利用 Z 变换法求解差分方程是实用中简便而有效的方法。与连续时间系统的拉氏变换法类似。

本节介绍经典法,下节介绍零输入响应和零状态响应的求法。关于变换域法将在第 10 章中讨论。

差分方程经典解法是将方程的完全解分为齐次解和特解,即

$$y(n) = y_c(n) + B(n) \tag{9.3-2}$$

其中 $y_c(n)$ 为齐次解,$B(n)$ 为特解。

一、齐次解

式(9.3-1)的齐次方程为

$$y(n + N) + a_{N-1}y(n + N - 1) + \cdots + a_1 y(n + 1) + a_0 y(n) = 0 \tag{9.3-3}$$

为求齐次解,引入参数 α,令

$$y(k) = A\alpha^k \tag{9.3-4}$$

代入式(9.3-3),并消去常数 A,得

$$\alpha^{n+N} + a_{N-1}\alpha^{n+N-1} + \cdots + a_1\alpha^{n+1} + a_0\alpha^n = 0$$

再消去公因子 α^n,有

$$\alpha^N + a_{N-1}\alpha^{N-1} + A_2\alpha_2^n + \cdots + a_1\alpha + a_0 = 0 \tag{9.3-5}$$

式(9.3-5)称为差分方程式(9.3-3)的特征方程。式(9.3-5)一般有 N 个不为零的根 α_1,$\alpha_2,\cdots,\alpha_N$,称为特征根。

当特征方程无重根时,齐次方程式(9.3-3)的一般解由下式给出

$$y_c(n) = A_1\alpha_1^n + \cdots + A_N\alpha_N^n = \sum_{i=1}^{N} A_i\alpha_i^n \tag{9.3-6}$$

当 N 个特征根中有重根出现时,齐次解的形式将略有不同,例如,若 α_1 为方程式(9.3-5)的 K 阶重根,其余特征根均为单根,则齐次方程的解为

$$y_c(n) = (A_1 + A_2 n + \cdots + A_K n^{K-1})\alpha_1^n + A_{K+1}\alpha_{K+1}^n + \cdots + A_N\alpha_N^n =$$

$$\sum_{i=1}^{K} A_i n^{i-1}\alpha_1^n + \sum_{j=K+1}^{N} A_j\alpha_j^n \tag{9.3-7}$$

若特征方程具有复根,则必为成对出现的共轭复根(因方程系数均为实数),例如 $\alpha_1 = a + jb$,$\alpha_2 = a - jb$ 是一对共轭复根,若取

$$\rho = \sqrt{a^2 + b^2}, \quad \varphi = \text{arctg}\left(\frac{b}{a}\right)$$

可以证明,共轭复根所对应的齐次解为

$$y_c(n) = (A_1\cos n\varphi + A_2\sin n\varphi)\rho^n \tag{9.3-8}$$

若特征方程的根中有一个 K 重复根,则相应的齐次解为

$$y_c(n) = (A + A_2 n + \cdots + A_K n^{K-1})\rho^n\cos n\varphi +$$
$$(A_{K+1} + A_{K+2} n + \cdots + A_{2K} n^{K-1})\rho^n\sin n\varphi + \cdots \tag{9.3-9}$$

可见,求齐次解的关键是由特征方程求得特征根。而特征方程是由差分方程得到的,我们对照一下式(9.3-3)和式(9.3-5),可以看出,由齐次差分方程写出对应的特征方程并不困难。

例9.3-1 对于首项为0,次项为1,第3项以后各项等于前两项之和的级数:0,1,1,2,3,5,8,…,试求其第 n 项。

解 设第 n 项为 $y(n)$,由题意,有

$$y(n+2) = y(n+1) + y(n)$$

经整理可得齐次差分方程

$$y(n+2) - y(n+1) - y(n) = 0 \tag{9.3-10}$$

由式(9.3-10)可得其特征方程

$$\alpha^2 - \alpha - 1 = 0$$

特征根为 $\alpha_{1,2} = \dfrac{1 \pm \sqrt{5}}{2}$ 所以,有

$$y(n) = A_1\left(\frac{1+\sqrt{5}}{2}\right)^n + A_2\left(\frac{1-\sqrt{5}}{2}\right)^n$$

根据初始条件 $y(0) = 0,\ y(1) = 1$

可以定出 $A_1 = 1/\sqrt{5},\ A_2 = -1/\sqrt{5}$

于是 $$y(n) = \frac{1}{\sqrt{5}}\left[\left(\frac{1+\sqrt{5}}{2}\right)^n - \left(\frac{1-\sqrt{5}}{2}\right)^n\right]$$

例9.3-2 求差分方程

$$y(n) + 3y(n-1) + 2y(n-2) = x(n)$$

的次齐解。

解 由差分方程写出特征方程

$$\alpha^2 + 3\alpha + 2 = 0$$

特征根为 $\alpha_1 = -1,\ \alpha_2 = -2$

所以齐次解为

$$y_c(n) = A_1(-1)^n + A_2(-2)^n$$

当特征根为共轭复根时,齐次解的形式可以是增幅或衰减的正弦和余弦序列。

例9.3-3 求下式差分方程的齐次解

$$y(n) + 2y(n-1) + 2y(n-2) = u(n)$$

解 特征方程为

$$\alpha^2 + 2\alpha + 2 = 0$$

特征根为共轭复根 $\alpha_{1,2} = -1 \pm \mathrm{j} = \sqrt{2}\mathrm{e}^{\mp\mathrm{j}\frac{3\pi}{4}}$

齐次解形式为

$$y_c(n) = A_1\left(\sqrt{2}e^{j\frac{3\pi}{4}}\right)^n + A_2\left(\sqrt{2}e^{-j\frac{3\pi}{4}}\right)^n =$$

$$(\sqrt{2})^n\left[A_1e^{j\frac{3\pi n}{4}} + A_2e^{-j\frac{3\pi n}{4}}\right]$$

本题还可以根据式(9.3-8)由特征根 $\alpha_{1,2}$ 直接写出

$$y_c(n) = \left[A'_1\cos\frac{3\pi n}{4} + A'_2\sin\frac{3\pi n}{4}\right](\sqrt{2})^n$$

二、特解

求差分方程特解的方法与求微分方程特解的方法相类似。先将激励函数 $x(n)$ 代入差分方程右端,其计算结果称为"自由项"。然后根据自由项的函数形式在表 9.3-1 上选择含有待定系数的特解函数,并将此特解函数代入方程的左端,依据方程两端对应项系数相等的原则,求出待定系数。

一般情况下,当特征方程无重根时,N 阶差分方程的完全解为

$$y(n) = A_1\alpha_1^n + \cdots + A_N\alpha_N^n + B(n) \tag{9.3-11}$$

利用给定的边界条件 $y(0), y(1), \cdots, y(N-1)$ 等,代入完全解的表达式,可得一组联立方程

$$\begin{cases} y(0) - B(0) = A_1 + \cdots + A_N \\ y(1) - B(1) = A_1\alpha_1 + \cdots + A_N\alpha_N \\ \vdots \\ \vdots \\ \vdots \\ y(N-1) - B(N-1) = A_1\alpha_1^{N-1} + \cdots + A_N\alpha_N^{N-1} \end{cases} \tag{9.3-12}$$

解此方程组,可求得系数 $A_1, A_2, \cdots, A_N$。

还须指出,差分方程的边界条件不一定由 $y(0), y(1), \cdots, y(N-1)$ 这一组数值给出。对于 N 阶方程,只要是 N 个独立的 $y(n)$ 值,即可作为边界条件来决定系数 A。

表 9.3-1 自由项对应的特解函数表

自　　由　　项	特　解　函　数
a^n（a 不是差分方程的特征根）	Ba^n
n^K	$B_1n^K + B_2n^{K-1} + \cdots + B_Kn + B_{K+1}$
n^Ka^n	$a^n(B_1n^K + B_2n^{K-1} + \cdots + B_Kn + B_{K+1})$
$\sin bn$ 或 $\cos bn$	$B_1\sin bn + B_1\cos bn$
$a^n\sin bn$ 或 $a^n\cos bn$	$a^n(B_1\sin bn + B_2\cos bn)$

下面我们通过例题来说明特解的求法。

例 9.3-4 求解差分方程 $y(n+1) + 2y(n) = x(n+1) - x(n)$,其中激励函数 $x(n) = n^2$,且已知 $y(-1) = -1$。

解 1.求齐次解

特征方程 $\alpha + 2 = 0$,特征根 $\alpha_1 = -2$

所以
$$y_c(n) = A(-2)^n$$

2.求特解

将 $x(n) = n^2$ 代入方程右端,得自由项
$$(n+1)^2 - n^2 = 2n + 1$$

根据自由项形式,在表 9.3-1 中选取特解的函数形式为 $B(n) = B_0 + B_1 n$,其中 B_0, B_1 为待定常数。

将此特解形式代入方程左端,有
$$B_1(n+1) + B_0 + 2B_1 n + 2B_0 = 3B_1 n + B_1 + 3B_0$$

与右端自由项比较得
$$\begin{cases} 3B_1 = 2 \\ B_1 + 3B_0 = 1 \end{cases}$$

解得
$$B_1 = \frac{2}{3}, \ B_0 = \frac{1}{9}$$

所以,
$$B(n) = \frac{2}{3}n + \frac{1}{9}$$

3.完全解
$$y(n) = y_c(n) + B(n) = A(-2)^n + \frac{2}{3}n + \frac{1}{9}$$

利用边界条件 $y(-1) = -1$,则有
$$y(-1) = A(-2)^{-1} - \frac{2}{3} + \frac{1}{9} = -1$$

解得
$$A = \frac{8}{9}$$

所以
$$y(n) = \frac{8}{9}(-2)^n + \frac{2}{3}n + \frac{1}{9}$$

9.4 零输入响应和零状态响应

在连续时间系统中,系统响应可以分解为零输入响应和零状态响应。类似地,离散时间系统的完全响应也可分解为零输入响应和零状态响应,即

$$y(n) = y_{zi}(n) + y_{zs}(n) \tag{9.4-1}$$

同样地,响应的边界条件 $y(k)$ 可以分解为零输入响应的边界值 $y_{zi}(k)$ 和零状态响应的边界值 $y_{zs}(k)$ 两部分,即

$$y(k) = y_{zi}(k) + y_{zs}(k) \tag{9.4-2}$$

式中零输入响应边界值 $y_{zi}(k)$ 表明了系统的初始储能情况,与输入激励无关。零状态响应边界值 $y_{zs}(k)$ 是由输入信号的作用而产生的,与系统的初始储能状态无关。

一、零输入响应

离散时间系统的零输入响应是当激励信号为零,即 $x(n) = 0$ 时系统的响应,对应的

就是齐次差分方程的解。因此零输入响应具有与前节从式(9.3-6)到式(9.3-9)中相同的函数形式,完全由差分方程的持征根来决定。如对 N 阶系统,若 N 个特征根全为单根,则零输入响应为

$$y_{zi}(n) = C_1\alpha_1^n + C_2\alpha_2^n + \cdots + C_N\alpha_N^n = \sum_{i=1}^{N} C_i\alpha_i^n \qquad (9.4\text{-}3)$$

式中 α_i 为特征根,C_i 为待定系数。C_i 由零输入响应的边界值 $y_{zi}(k)$ 决定。

如果已知因果系统的初始条件为 $y_{zi}(0)$, $y_{zi}(1)$, $\cdots$, $y_{zi}(N-1)$,根据式(9.4-3)则有

$$\begin{cases} y_{zi}(0) = C_1 + C_2 + \cdots + C_N \\ y_{zi}(1) = C_1\alpha_1 + C_2\alpha_2 + \cdots + C_N\alpha_N \\ \vdots \\ y_{zi}(N-1) = C_1\alpha_1^{N-1} + C_2\alpha_2^{N-1} + \cdots + C_N\alpha_N^{N-1} \end{cases} \qquad (9.4\text{-}4)$$

通过这 N 个方程就可以求出系数 C_1, C_2, $\cdots$, C_N。上式也可以写成矩阵形式

$$\begin{bmatrix} y_{zi}(0) \\ y_{zi}(1) \\ \vdots \\ y_{zi}(N-1) \end{bmatrix} = \begin{bmatrix} 1 & 1 & \cdots & 1 \\ \alpha_1 & \alpha_2 & \cdots & \alpha_N \\ \vdots & \vdots & & \vdots \\ \alpha_1^{N-1} & \alpha_2^{N-1} & \cdots & \alpha_N^{N-1} \end{bmatrix} \begin{bmatrix} C_1 \\ C_2 \\ \vdots \\ C_N \end{bmatrix}$$

可从中解出

$$\begin{bmatrix} C_1 \\ C_2 \\ \vdots \\ C_N \end{bmatrix} = \begin{bmatrix} 1 & 1 & \cdots & 1 \\ \alpha_1 & \alpha_2 & \cdots & \alpha_N \\ \vdots & \vdots & & \vdots \\ \alpha_1^{N-1} & \alpha_2^{N-1} & \cdots & \alpha_N^{N-1} \end{bmatrix}^{-1} \begin{bmatrix} y_{zi}(0) \\ y_{zi}(1) \\ \vdots \\ y_{zi}(N-1) \end{bmatrix} \qquad (9.4\text{-}5)$$

若差分方程的特征根中有高阶根或共轭复根或高阶共轭复根时,零输入响应 $y_{zi}(n)$ 的函数形式将与式(9.3-7)、(9.3-8)或(9.3-9)相同。其中的系数 C_i 仍要由零输入响应的边界值 $y_{zi}(k)$ 来定。

需要说明的是,在前面差分方程的经典解法一节中,例如式(9.3-12)中,所说的边界值 $y(k)$ 是零输入响应边界值 $y_{zi}(k)$ 和零状态响应边界值 $y_{zs}(k)$ 的总和。而在实际应用中,所说的初始条件 $y(k)$ 往往是指零输入响应的边界值 $y_{zi}(k)$,即输入激励 $x(n) = 0$ 时的边界值 $y(k)$。下面进行比较详细的讨论。

关于因果系统的零输入响应边界值 $y_{zi}(k)$,一般都应以如下形式给出:

(1)对于向右移序的差分方程式(9.2-7)所代表的系统,其 $y_{zi}(k)$ 可由 $y(-1)$, $y(-2)$, $\cdots$, $y(-N)$ 形式给出。

考虑到系统的因果性条件

$$x(n) = y(n) = 0 \qquad 当 n < 0 时$$

显然,$y_{zs}(-1) = y_{zs}(-2) = \cdots = y_{zs}(-N) = 0$。也就是说,当 k 取为 -1, -2, $\cdots$, $-N$ 时,边界值 $y(k)$ 就是 $y_{zi}(k)$。

(2)对于向左移序的差分方程,例如

$$y(n+N) + a_{N-1}y(n+N-1) + \cdots + a_0y(n) = x(n) \qquad (9.4\text{-}6)$$

式(9.4-6) 所代表系统的 $y_{zi}(k)$，可由 $y(0),y(1),\cdots,y(N-1)$ 形式给出。

考虑到系统的因果性条件

$$x(n) = y(n) = 0 \qquad \text{当 } n < 0 \text{ 时}$$

也可以证明 $y_{zs}(0) = y_{zs}(1) = \cdots = y_{zs}(N-1) = 0$。现在说明如下：

$$n = -N \qquad y(0) + a_{N-1}y(-1) + \cdots + a_0 y(-N) = x(-N) = 0$$
$$\text{所以} \quad y(0) = 0$$

$$n = -N+1 \qquad y(1) + a_{N-1}y(0) + \cdots + a_0 y(-N+1) = x(-N+1) = 0$$
$$\text{所以} \quad y(1) = 0$$
$$\vdots$$

$$n = -1 \qquad y(N-1) + a_{N-1}y(N-2) + \cdots + a_0 y(-1) = x(-1) = 0$$
$$\text{所以} \quad y(N-1) = 0$$

(3) 对于更一般的情况，即差分方程等式两边都可能包括左、右移序项的情况。此时只要看等式两边的最高项序号即可。例如输入序列最高序号项 $x(S)$，输出序列最高序号项 $y(L)$，此时 $y_{zi}(k)$ 中的序号均应满足

$$k < L - S \tag{9.4-7}$$

$y_{zi}(k)$ 可由 $y(L-S-1),y(L-S-2),\cdots,y(L-S-N)$ 形式给出。

上述关于 $y_{zi}(k)$ 的序号取值范围可以标示在数轴上，如图 9.4-1 所示。凡是 k 值向右超出此范围的边界值，不属于 $y_{zi}(k)$，因为此时 $y_{zs}(k) \neq 0$。

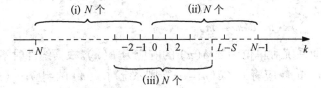

图 9.4-1 零输入响应 $y_{zi}(k)$ 的序号取值范围

例 9.4-1 已知离散系统的差分方程为

$$y(n+2) + 3y(n+1) + 2y(n) = x(n+1) - 2x(n)$$

初始条件 $y(0) = 0, y(-1) = 1$，试求零输入响应 $y_{zi}(n)$。

解 由差分方程可得特征方程

$$\alpha^2 + 3\alpha + 2 = 0$$

特征值为 $\alpha_1 = -1, \alpha_2 = -2$

所以 $$y_{zi}(n) = C_1(-1)^n + C_2(-2)^n$$

根据初始条件 $y(0) = 0, y(-1) = 1$，可有

$$\begin{cases} C_1 + C_2 = 0 \\ C_1(-1)^{-1} + C_2(-2)^{-1} = 1 \end{cases}$$

解方程得 $$C_1 = -2, \quad C_2 = 2$$

所以 $$y_{zi}(n) = (-2(-1)^n + 2(-2)^n)u(n)$$

二、零状态响应

在连续时间系统中求解零状态响应时,我们应用了卷积积分方法,其基本过程是:将激励信号 $e(t)$ 分解为冲激函数序列,根据系统对各个冲激的响应,迭加得到系统对激励信号 $e(t)$ 的响应。对离散系统求零状态响应的过程基本相同:先将激励信号 $x(n)$ 分解为单元函数,再分别求各单元函数的响应,最后迭加得到零状态响应 $y_{zs}(n)$。

我们知道,线性离散系统的条件是系统满足齐次性和迭加性,非时变系统的条件是系统特性不随时间改变。可以归纳如下:若系统对 $x_1(n)$ 的响应为 $y_1(n)$,对 $x_2(n)$ 的响应为 $y_2(n)$,则系统在 $C_1 x_1(n+l) + C_2 x_2(n+j)$ 的激励下,其输出响应必为 $C_1 y_1(n+l) + C_2 y_2(n+j)$,线性非时变系统的这一基本特性是运用卷积法求解零状态响应的前提。

1. 卷积法求 $y_{zs}(n)$

在连续时间系统中,系统的零状态响应的求解过程最后归结为一卷积积分。在离散时间系统中,由于激励信号 $x(n)$ 本来就是一个不连续的序列,因此第一步的分解工作变得十分容易。离散的激励信号中每一个序列值,均为一延时加权的单位函数,当其施加于系统时,就会输出一延时加权的单位函数响应,这些响应仍是一离散序列,把这些序列迭加起来就得到系统响应。这种离散量的迭加过程即为求激励信号和系统单位函数响应的卷积和。

任一单边离散信号 $x(n)$ 均可表示为单位函数 $\delta(n)$ 的延时加权和的形式,即

$$x(n) = x(0)\delta(n) + x(1)\delta(n-1) + \cdots + x(m)\delta(n-m) + \cdots =$$

$$\sum_{m=0}^{n} x(m)\delta(n-m) \tag{9.4-8}$$

如果已知离散时间系统对单位函数 $\delta(n)$ 的响应为 $h(n)$。根据线性时不变系统的特性,系统对 $C\delta(n-m)$ 的响应将为 $Ch(n-m)$,则系统对 $x(n)$ 的响应 $y_{zs}(n)$ 为

$$y_{zs}(n) = x(0)h(n) + x(1)h(n-1) + \cdots + x(m)h(n-m) + \cdots =$$

$$\sum_{m=0}^{n} x(m)h(n-m) \tag{9.4-9}$$

若把式(9.4-9)中序号 m 以 $(n-m)$ 代之,则有

$$y_{zs}(n) = \sum_{m=0}^{n} x(n-m)h(m) \tag{9.4-10}$$

式(9.4-9)和式(9.4-10)是对于单边激励信号和因果系统条件下计算零状态响应的卷积和公式。

对于一般情况,上两式可以写为

$$y_{zs}(n) = \sum_{m=-\infty}^{\infty} x(m)h(n-m) = x(n) * h(n) \tag{9.4-11}$$

或者

$$y_{zs}(n) = \sum_{m=-\infty}^{\infty} x(n-m)h(m) = h(n) * x(n) \tag{9.4-12}$$

同理(9.4-8)可记为

$$x(n) = x(n) * \delta(n) \tag{9.4-13}$$

可见,离散时间系统的零状态响应,可由激励信号 $x(n)$ 与系统的单位函数响应

$h(n)$ 的卷积和获得。这一点也与连续时间系统通过卷积积分求零状态响应相一致。并可以证明卷积和的代数运算与卷积积分的代数运算规律亦相同，也服从交换律、分配律、结合律。

卷积和亦可使用图解法。其运算过程与卷积积分的数值计算法一致。下面看一例子。

例 9.4-2 若系统的单位函数响应是

$$h(n) = a^n u(n)$$

其中 $0 < a < 1$，激励信号为 $x(n) = u(n) - u(n - N)$，求响应 $y(n)$。

解 由 (9.4-12) 知 $y(n) = x(n) * h(n)$

$$y(n) = x(n) * h(n) = \sum_{m=-\infty}^{\infty} [u(m) - u(m - N)] a^{(n-m)} u(n - m) =$$

$$\left[\sum_{m=-\infty}^{\infty} u(m) a^{n-m} u(n - m) \right] - \left[\sum_{m=-\infty}^{\infty} u(m - N) a^{n-m} u(n - m) \right] =$$

$$a^n \sum_{m=0}^{n} a^{-m} u(n) - a^n \sum_{m=N}^{n} a^{-m} u(n - N) =$$

$$a^n \frac{1 - a^{-n-1}}{1 - a^{-1}} u(n) - a^n \frac{a^{-N} - a^{-n-1}}{1 - a^{-1}} u(n - N) =$$

$$a^n \frac{1 - a^{-n-1}}{1 - a^{-1}} [u(n) - u(n - N)] + a^n \frac{1 - a^{-N}}{1 - a^{-1}} u(n - N)$$

一般来讲，求卷积和运算过程比较复杂，所求结果经常为一数值序列，很难写出简洁的函数式。为避免运算上的困难，有卷积和表（见表 1.8-2）可供查用。表中函数 $x_1(n)$，$x_2(n)$ 及其卷积和均为单边函数。

2. 单位函数响应

已经知道零状态响应可由激励信号与单位函数响应的卷积和得到。那么对于一个给定系统，欲求系统的零状态响应，首先需要求其单位函数响应。

所谓单位函数响应，是单位函数 $\delta(n)$ 作为离散系统的激励而产生的零状态响应，用 $h(n)$ 表示。它与连续时间系统的单位冲激响应 $h(t)$ 类似。

对于以单位函数 $\delta(n)$ 作为激励信号的系统，因为激励信号仅在 $n = 0$ 时刻存在非零值，在 $n > 0$ 之后激励为零。这时的系统相当于一个零输入系统，而激励信号的作用已经转化为系统的储能状态的变化。因此系统的单位函数响应 $h(n)$ 的函数形式必与零输入响应的函数形式相同，即

$$h(n) = \sum_{i=1}^{N} K_i \alpha_i^n \tag{9.4-14}$$

式中 α_i 为系统差分方程的特征根；K_i 为待定系数，由单位函数 $\delta(n)$ 的作用转换为系统的初始条件来确定。

下面通过几个例子说明系统单位函数响应的求解过程。

例 9.4-3 已知系统的差分方程为 $y(n + 2) - 5y(n + 1) + 6y(n) = x(n + 2)$，求系统的单位函数响应。

解 对应的齐次方程为

$$y(n+2) - 5y(n+1) + 6y(n) = 0$$

则特征方程为
$$\alpha^2 - 5\alpha + 6 = 0$$

解出特征根
$$\alpha_1 = 2, \ \alpha_2 = 3$$

则单位函数响应为
$$h(n) = K_1 2^n + K_2 3^n$$

为了确定 K_1 和 K_2，需要根据差分方程确定初始条件。系统符合因果条件，而且没有初始储能，所以，$n < 0$ 时 $h(n) = 0$。

依据差分方程，当 $x(n) = \delta(n)$ 时，则有
$$h(n+2) - 5h(n+1) + 6h(n) = \delta(n+2)$$

使用迭代法

当 $n = -2$ 时，　　$h(0) - 5h(-1) + 6h(-2) = \delta(0) = 1$

所以　　　　　　　　　　　$h(0) = 1$

当 $n = -1$ 时，　　$h(1) - 5h(0) + 6h(-1) = \delta(1) = 0$

所以　　　　　　　　　　　$h(1) = 5$

于是得到单位函数作用于系统之后，产生 $h(n)$ 的边界值，为
$$h(0) = 1 \quad h(1) = 5$$

将此边界值代入 $h(n)$ 的表达式，则有
$$\begin{cases} K_1 + K_2 = 1 \\ 2K_1 + 3K_2 = 5 \end{cases}$$

将二式联立求解得　　$K_1 = -2, K_2 = 3$

所以
$$h(n) = (3^{n+1} - 2^{n+1}) u(n)$$

例 9.4-4 已知系统差分方程为
$$y(n+1) + 2y(n) = x(n)$$

试求系统的单位函数响应 $h(n)$。

解　依题，特征方程为　　$\alpha + 2 = 0$

特征根为　　　　　　　$\alpha = -2$

单位函数响应　　　　$h(n) = K(-2)^n$

当 $x(n) = \delta(n)$ 时，差分方程变为
$$h(n+1) + 2h(n) = \delta(n)$$

使用迭代法求 $h(n)$ 的边界值
$$h(0) = -2h(-1) + \delta(-1) = 0$$
$$h(1) = -2h(0) + \delta(0) = 1$$

于是得到初始条件 $h(1) = 1$，将此条件代入 $h(n)$ 表示式，可得
$$K = -\frac{1}{2}$$

所以　　　　　　$h(n) = -\frac{1}{2}(-2)^n = (-2)^{n-1}$

此处应当注意,由于初始值 $h(0) = 0$,所以 $h(n)$ 的表示式应当在 $n \geqslant 1$ 的范围内成立,所以记为

$$h(n) = (-2)^{n-1} u(n-1)$$

例 9.4-5 已知系统的差分方程

$$y(n) + 6y(n-1) = x(n-1) + 2x(n-2)$$

试求系统的单位函数响应。

解 对于一阶差分方程而其右端又有两项的情况,若使用正常的时域法难以求得单位函数响应。需要分别考虑两项的作用而产生各自的单位函数响应,然后相加而得到。

1. 假设只有 $x(n-1)$ 的作用时,求单位函数响应 $h_1(n)$

差分方程为 $\qquad y(n) + 6y(n-1) + 8y(n-2) = x(n-1)$

特征方程为 $\qquad \alpha + 6 = 0$

特征根为 $\qquad \alpha_1 = -6$

所以 $\qquad h_1(n) = K_1 (-6)^n$

使用迭代法,当 $x(n) = \delta(n)$ 时,可得边界条件

$$h_1(0) = -6h_1(-1) + \delta(-1) = 0$$
$$h_1(1) = -6h_1(0) + \delta(0) = 1$$

由此可得

$$K_1 = -\frac{1}{6}$$

所以 $\qquad h_1(n) = -\frac{1}{6}(-6)^n u(n-1) = (-6)^{n-1} u(n-1)$

2. 假设只有 $2x(n-2)$ 作用时,求 $h_2(n)$。

根据系统的线性时不变性可知

$$h_2(n) = 2h_1(n-1) = 2(-6)^{n-2} u(n-2)$$

3. 将以上结果叠加,得系统的单位函数响应 $h(n)$

$$h(n) = h_1(n) + h_2(n) = (-6)^{n-1} u(n-1) + 2(-6)^{n-2} u(n-2) =$$
$$\delta(n-1) - 6(-6)^{n-2} u(n-2) + 2(-6)^{n-2} u(n-2) =$$
$$\delta(n-1) - 4(-6)^{n-2} u(n-2)$$

在连续时间系统中,我们曾利用求拉普拉斯逆变换的方法决定冲激响应 $h(t)$,与此类似,在离散时间系统中,亦可利用系统函数的逆变换来确定单位函数响应。一般情况下,这是一种较简便的方法,我们将在下一章讨论。

由于单位函数响应 $h(n)$ 表征了系统自身的性能,因此,在时域分析中可以根据 $h(n)$ 来判断系统的某些重要特性,如因果性、稳定性等。

所谓因果系统,就是输出变化不领先于输入变化的系统,其充要条件是

$$h(n) = 0, \quad n < 0 \qquad\qquad (9.4\text{-}15)$$

或表示为 $\qquad\qquad h(n) = h(n)u(n)$

稳定系统的定义是:只要输入是有界的,输出也必定是有界的系统。其充要条件是单位函数响应绝对可和,即

$$\sum_{n=-\infty}^{\infty} |h(n)| < \infty \qquad (9.4\text{-}16)$$

既满足稳定条件又满足因果条件的系统是我们的主要研究对象。

习 题 9

9-1 根据所给的模拟框图 9-1,写出其相应的离散时间系统的差分方程,图中(a)为一阶离散控制系统,(b)为一阶递归型离散滤波器,(c)为非递归型离散滤波器。

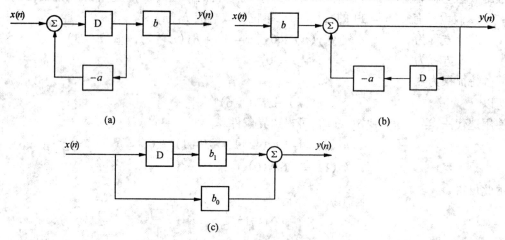

图 9-1 习题 9-1 图

9-2 列出图 9-2 所示系统的差分方程并指出其阶数。

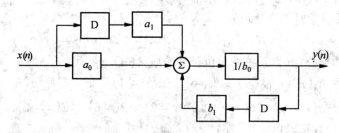

图 9-2 习题 9-2 图

9-3 已知一离散时间系统的模拟框图如图 9-3 所示,列出该系统的差分方程,并指出其阶次。

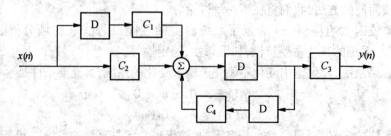

图 9-3 习题 9-3 图

9-4　求解下列差分方程

1. $y(n+1) - \dfrac{1}{2}y(n) = 0, \; y(0) = 1$

2. $y(n+1) - 2y(n) = 0, \; y(0) = \dfrac{1}{2}$

3. $y(n+1) + 3y(n) = 0, \; y(1) = 1$

4. $y(n+1) + \dfrac{2}{3}y(n) = 0, \; y(0) = 1$

9-5　求解下列差分方程

1. $y(n+2) + 3y(n+1) + 2y(n) = 0, \; y(-1) = 2, y(-2) = 1$

2. $y(n+2) + 2y(n+1) + y(n) = 0, \; y(0) = y(-1) = 1$

3. $y(n+2) + y(n) = 0, \; y(0) = 1, y(1) = 2$

9-6　求解下列差分方程所代表系统的零输入响应

1. $y(n+1) + 2y(n) = 0, \; y(0) = 1$

2. $y(n+2) + 3y(n+1) + 2y(n) = 0, \; y(0) = 2, y(1) = 1$

3. $y(n+2) + 2y(n+1) + 2y(n) = 0, \; y(0) = 0, y(1) = 1$

4. $y(n+2) + 2y(n+1) + y(n) = 0, \; y(0) = 1, y(1) = 0$

5. $y(n+3) - 2\sqrt{2}y(n+2) + y(n+1) = 0, \; y(0) = y(1) = 1$

9-7　求解差分方程

1. $y(n+1) + 2y(n) = (n-1)u(n)$，边界条件 $y(0) = 1$

2. $y(n+2) + 2y(n+1) + y(n) = 3^{n+2}u(n)$，边界条件 $y(-1) = 0, y(0) = 0$

3. $y(n+1) - 2y(n) = 4u(n)$，边界条件 $y(0) = 0$

9-8　求解差分方程

$$y(n+1) + 5y(n) = n+1,\text{已知边界条件 } y(0) = 0$$

9-9　用卷积和求解下列差分方程的零状态响应 $y_{zs}(n)$ 和全响应 $y(n)$

$$y(n+1) + 2y(n) = x(n+1), \; x(n) = e^{-n}u(n), y(0) = 0$$

9-10　有人在银行存款,在 $t = nT$ 时存入的款为 $f(n)$, T 为一个固定的时间间隔,这里为一个月,银行的月息为 β,每月利息不取出,用差分方程写出第 n 月初的本利 $y(n)$。若 $f(n) = 10$ 元, $\beta = 0.003, y(0) = 20$ 元,求 $y(n)$。若 $n = 12, y(12) = ?$

9-11　一个乒乓球从 H_m 高度自由落至地面,每次弹跳起的最高值是前一次最高值的 2/3。若以 $y(n)$ 表示第 n 次跳起的最高值,试列写描述此过程的差分方程式。若给定 $H = 2m$,解此差分方程。

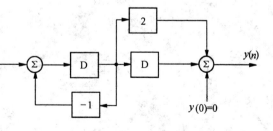

图 9-12　习题 9-12 图

9-12　一离散时间系统如图 9-12 所示,初始条件为零。写出系统的差分方程,并求其单位函数响应。

9-13　一系统的差分方程为

$$y(n+2) - 3y(n+1) + 2y(n) = x(n+1) - 2x(n)$$

系统的初始条件为 $y(0) = 1, y(-1) = 1$，输入激励 $x(n) = u(n)$。

1. 求系统的零输入响应 $y_{zi}(n)$，零状态响应 $y_{zs}(n)$ 和全响应 $y(n)$；
2. 绘出该系统的模拟图。

9-14　下列各序列中，$x(n)$ 是系统的激励函数，$h(n)$ 是系统的单位函数响应。分别求出各系统响应 $y(n)$，并画出 $y(n)$ 的图形。

1. $x(n), h(n)$ 见图 9-14(a)
2. $x(n), h(n)$ 见图 9-14(b)
3. $x(n) = \alpha^n u(n), \quad 0 < \alpha < 1$

　　$h(n) = \beta^n u(n), \quad 0 < \beta < 1, \alpha \neq \beta$
4. $x(n) = u(n), h(n) = \delta(n-2) - \delta(n-3)$

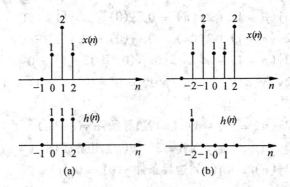

图 9-14　习题 9-14 图

第 10 章　离散系统的 Z 域分析

前一章讨论了离散时间系统的时域分析法,讨论是围绕如何求解差分方程展开的,这正如在连续时间系统中的时域分析是围绕如何求解微分方程来讨论一样。在连续时间系统分析中,为避开求解微分方程的困难,可以通过傅里叶变换或拉普拉斯变换把问题从时间域转化到变换域,从而把解线性微分方程的工作转化为求解线性代数方程的工作。同样地,在离散时间系统分析中,为避免解差分方程的困难,也可以通过 Z 变换的方法,把信号从离散时域变换到 Z 域,从而把解线性差分方程的工作转化为解线性代数方程的工作。在上一章中我们已经注意到,在时域中用差分方程分析离散时间系统与用微分方程分析连续时间系统有许多相似之处。同样,对于变换域分析,Z 变换和拉普拉斯变换二者在变换的性质上以及利用它们来作系统分析上,亦有许多相似之处。

离散时间系统除了可以从时域转换到 Z 域分析外,也可以转换到频域进行分析。关于这方面的内容,将在后续课程中学习,这里不作讨论。

本章着重介绍应用 Z 变换分析离散时间系统的方法。同时,讨论离散时间系统的系统函数和频率响应的特点。

10.1　离散系统的 Z 变换分析法

在分析连续时间系统时,通过拉普拉期变换将微分方程转变成代数方程求解;由微分方程的拉普拉斯变换式,还引出了复频域中的转移函数的概念。根据系统转移函数,能够较为方便地求出系统的零状态响应分量。对于离散时间系统的分析,情况也相似。通过 Z 变换把差分方程转变为代数方程,并且转移函数的概念亦可推广到 Z 域中。同样根据转移函数,可以求出离散时间系统在外加激励作用下的零状态响应分量。本节将介绍利用 Z 变换求解系统响应的方法。

一、零输入响应

描述离散时间系统的差分方程为

$$\sum_{i=0}^{N} a_i y(n + i) = \sum_{j=0}^{M} b_j x(n + j) \qquad a_N = 1 \qquad (10.1\text{-}1)$$

当系统的输入序列 $x(n) = 0$ 时,式(10.1-1)为齐次差分方程

$$\sum_{i=0}^{N} a_i y(n + i) = 0 \qquad a_N = 1 \qquad (10.1\text{-}2)$$

对应齐次差分方程式(10.1-2)的解,即为此系统的零输入响应。

我们以一个二阶系统为例来说明使用 Z 变换法求零输入响应 $y_{zi}(n)$ 的过程。

设二阶系统的齐次差分方程为

$$y(n + 2) + a_1 y(n + 1) + a_0 y(n) = 0$$

对上式进行 Z 变换,并应用 Z 变换的移序特性,则有

$$z^2 Y(z) - z^2 y(0) - zy(1) + a_1 z Y(z) - a_1 z y(0) + a_0 Y(z) = 0$$

经整理,得到

$$(z^2 + a_1 z + a_0)Y(z) - z^2 y(0) - zy(1) - a_1 zy(0) = 0 \tag{10.1-3}$$

式中 $Y(z)$ 就是零输入响应 $y_{zi}(n)$ 的 Z 变换 $Y_{zi}(z)$,而 $y(0)$、$y(1)$ 是零输入响应的初始值 $y_{zi}(0)$、$y_{zi}(1)$。由式(10.1-3)可以得出

$$Y_{zi}(z) = \frac{z^2 y_{zi}(0) + z y_{zi}(1) + a_1 z y_{zi}(0)}{z^2 + a_1 z + a_0}$$

对 $Y_{zi}(z)$ 进行逆 Z 变换,便得出

$$y_{zi}(n) = \mathscr{Z}^{-1}[Y_{zi}(z)]$$

同理,对 N 阶离散时间系统的齐次方程式(10.1-2),通过 Z 变换亦可以求得

$$Y_{zi}(z) = \frac{\sum_{k=1}^{N} \left[a_k z^k \left(\sum_{i=0}^{k-1} y_{zi}(i) z^{-i} \right) \right]}{\sum_{i=0}^{N} a_i z^i} \qquad (a_N = 1) \tag{10.1-4}$$

综上,可以归纳出用 Z 变换法求 $y_{zi}(n)$ 的步骤:

第一步:对齐次差分方程进行 Z 变换;

第二步:代入初始条件 $y_{zi}(0)$,$y_{zi}(1)$,$\cdots$,等,并解出 $Y_{zi}(z)$;

第三步:对 $Y_{zi}(z)$ 进行 Z 反变换,即得出 $y_{zi}(n)$。

二、零状态响应

由前一章离散时间系统的时域分析已知,系统的零状态响应可由系统的单位函数响应与激励信号的卷积和求得,即

$$y_{zs}(n) = h(n) * x(n) \tag{10.1-5}$$

根据 Z 变换的卷积定理,由式(10.1-5)可得

$$Y_{zs}(z) = H(z) * X(z) \tag{10.1-6}$$

其中 $X(z)$,$Y_{zs}(z)$ 分别为 $x(n)$ 和 $y_{zs}(n)$ 的 Z 变换,而 $H(z)$ 为单位函数响应 $h(n)$ 的 Z 变换,即

$$H(z) = \mathscr{Z}[h(n)] \tag{10.1-7}$$

$H(z)$ 称为离散系统的系统函数。根据式(10.1-6)求出 $Y_{zs}(z)$ 后,再进行 Z 反变换,就得到了系统的零状态响应 $y_{zs}(n)$,即

$$y_{zs}(n) = \mathscr{Z}^{-1}[Y_{zs}(z)] = \mathscr{Z}^{-1}[H(z) \cdot X(z)] \tag{10.1-8}$$

现在余下的问题是如何求出 $H(z)$。系统函数 $H(z)$ 和差分方程是从 z 域和时域的两个不同的角度表示了同一离散时间系统的特性,所以 $H(z)$ 与差分方程之间必然存在一定的对应关系。下面从系统的差分方程出发,推导系统函数 $H(z)$ 的表示式。我们仍以二阶系统为例。

设一个二阶系统的差分方程为

$$y(n+2) + a_1 y(n+1) + a_0 y(n) = b_2 x(n+2) + b_1 x(n+1) + b_0 x(n)$$

$$(10.1\text{-}9)$$

当激励 $x(n) = \delta(n)$ 时，响应 $y(n) = h(n)$，于是有

$$h(n+2) + a_1 h(n+1) + a_0 h(n) = b_2 \delta(n+2) + b_1 \delta(n+1) + b_0 \delta(n)$$

$$(10.1\text{-}10)$$

因为我们讨论的是零状态响应，所以假设在 $n < 0$ 期间，系统无初始储能，并且系统为因果系统。即当 $n < 0$ 时，$h(n) = 0$。根据式(10.1-10)，迭代求出单位函数响应的初始值。

令 $n = -2$，则

$$h(0) + a_1 h(-1) + a_0 h(-2) = b_2 \delta(0) + b_1 \delta(-1) + b_0 \delta(-2)$$

所以 $$h(0) = b_2$$

令 $n = -1$，则

$$h(1) + a_1 h(0) + a_0 h(-1) = b_2 \delta(1) + b_1 \delta(0) + b_0 \delta(-1)$$

所以 $$h(1) = b_1 - a_1 b_2$$

这里 $h(0)$，$h(1)$ 是系统施加了单位函数 $\delta(n)$ 后引起的初始值。

现在对式(10.1-10)左侧进行 Z 变换，并代入如上的初始值，有

$$z^2 H(z) - z^2 h(0) - z h(1) + a_1 z H(z) - a_1 z h(0) + a_0 H(z) =$$

$$z^2 H(z) - z^2 b_2 - z(b_1 - a_1 b_2) + a_1 z H(z) - a_1 z b_2 + a_0 H(z) =$$

$$(z^2 + a_1 z + a_0) H(z) - b_2 z^2 - b_1 z$$

对式(10.1-10)右侧的 Z 变换为

$$b_2 z^2 - b_2 z^2 \delta(0) - b_2 z \delta(1) + b_1 z - b_1 z \delta(0) + b_0 = b_0$$

所以式(10.1-10)的变换为

$$(z^2 + a_1 z + a_0) H(z) = b_2 z^2 + b_1 z + b_0$$

经整理可得

$$H(z) = \frac{b_2 z^2 + b_1 z + b_0}{z^2 + a_1 z + a_0} \qquad (10.1\text{-}11)$$

这就是一个二阶系统的系统函数，即二阶系统的单位函数响应的 Z 变换式。把它与二阶系统的差分方程式(10.1-9)对照，二者间的关系是很明白的。即直接对差分方程等式两边同时进行 Z 变换，并令 $y(n)$ 和 $x(n)$ 的初始值均为 0，然后整理得出 $Y(z)/X(z)$，即为系统函数 $H(z)$。例如，对式(10.1-9)两边进行 Z 变换，并设 $y(n)$，$x(n)$ 的初始值均为零，则有

$$z^2 Y(z) + a_1 z Y(z) + a_0 Y(z) = b_2 z^2 X(z) + b_1 z X(z) + b_0 X(z)$$

所以 $$H(z) = \frac{Y(z)}{X(z)} = \frac{b_2 z^2 + b_1 z + b_0}{z^2 + a_1 z + a_0}$$

以上讨论的系统函数 $H(z)$ 的计算，可推广至高阶系统。

设 N 阶系统的差分方程为

$$\sum_{i=0}^{N} a_i y(n+i) = \sum_{j=0}^{M} b_j x(n+j) \qquad a_N = 1 \tag{10.1-12}$$

则其系统函数

$$H(z) = \frac{\displaystyle\sum_{j=0}^{M} b_j z^j}{\displaystyle\sum_{i=0}^{N} a_i z^i} \qquad a_N = 1 \tag{10.1-13}$$

综上可得求零状态响应的步骤如下：

第一步：求激励函数序列 $x(n)$ 的 Z 变换，得 $X(z)$；

第二步：求系统函数 $H(z)$；

第三步：计算 Z 反变换 $y_{zs}(n) = \mathscr{Z}^{-1}[H(z) \cdot X(z)]$。

三、全响应

离散时间系统的全响应可以分别求出了零输入响应和零状态响应后，将二者相加得到

$$y(n) = y_{zi}(n) + y_{zs}(n) \tag{10.1-14}$$

我们知道，对于连续时间系统，运用拉普拉斯变换法求解系统，可以一次求出全响应，而不必分别求零输入和零状态解，类似地，对于离散时间系统也可以运用 Z 变换法，一次求出全响应。下面我们仍以二阶系统为例进行讨论。

对于初始条件为 $y_{zi}(0), y_{zi}(1)$ 的二阶系统，差分方程式(10.1-9)所示。则其全响应的 Z 变换应为

$$Y(z) = Y_{zi}(z) + Y_{zs}(z) = \frac{z^2 y_{zi}(0) + z y_{zi}(1) + a_1 z y_{zi}(0)}{z^2 + a_1 z + a_0} + \frac{b_2 z^2 + b_1 z + b_0}{z^2 + a_1 z + a_0} X(z)$$

经整理可得

$$(z^2 + a_1 z + a_0) Y(z) - z^2 y_{zi}(0) - z y_{zi}(1) - a_1 z y_{zi}(0) = (b_2 z^2 + b_1 z + b_0) X(z)$$

$$\tag{10.1-15}$$

如果直接对式(10.1-9)的差分方程进行 Z 变换，以 $y(0), y(1), \cdots$ 等表示零输入响应的边界值，并同时去掉输入序列的边界值 $x(0), x(1), \cdots$ 等，就可得到式(10.1-15)。以上的讨论，也可推广至 N 阶系统。

综上所述，运用 Z 变换法，求系统全响应的步骤可归纳如下：

第一步：对差分方程两边进行 Z 变换，并在等式左边代入零输入响应的边界值 $y_{zi}(0)$, $y_{zi}(1), \cdots$ 等，在等式右边令 $x(0), x(1), \cdots$ 等为零。

第二步：解出 $Y(z)$ 的表达式。

第三步：对 $Y(z)$ 进行 Z 反变换，即得到时域解

$$y(n) = \mathscr{Z}^{-1}[Y(z)]$$

下面举例说明利用 Z 变换分析离散时间系统的方法。

例 10.1-1 一系统施加单位阶跃序列后，由如下差分方程描述

$$y(n+2) - 5y(n+1) + 6y(n) = u(n)$$

在施加激励之前系统的初始状态为 $y(0) = 0, y(1) = 3$，求系统的响应。

解　先求零输入响应 $y_{zi}(n)$。按照前面讨论的步骤，首先对齐次差分方程

$$y(n+2) - 5y(n+1) + 6y(n) = 0$$

Z 变换，得

$$z^2 Y_{zi}(z) - z^2 y(0) - zy(1) - 5zY_{zi}(z) + 5zy(0) + 6Y_{zi}(z) = 0$$

代入 $y_{zi}(0)$ 和 $y_{zi}(1)$ 值，解得

$$Y_{zi}(z) = \frac{z^2 y_{zi}(0) + zy_{zi}(1) - 5zy_{zi}(0)}{z^2 - 5z + 6} = \frac{3z}{(z-3)(z-2)} = 3\left(\frac{z}{z-3} - \frac{z}{z-2}\right)$$

最后反变换，得

$$y_{zi}(n) = 3(3^n - 2^n)u(n)$$

再求零状态响应 $y_{zs}(n)$。

第一步：对激励序列 Z 变换，有 $\mathscr{Z}[u(n)] = \dfrac{z}{z-1}$

第二步：由差分方程求系统函数 $H(z) = \dfrac{1}{z^2 - 5z + 6}$

第三步：$\quad Y_{zs}(z) = \dfrac{z}{(z^2 - 5z + 6)(z-1)} = \dfrac{1}{2}\dfrac{z}{z-1} - \dfrac{z}{z-2} + \dfrac{1}{2}\dfrac{z}{z-3}$

$$y_{zs}(n) = \mathscr{Z}^{-1}[Y_{zs}(z)] = \left[\frac{1}{2} - (2)^n + \frac{1}{2}(3)^n\right]u(n)$$

最后，系统的总响应

$$y(n) = y_{zi}(n) + y_{zs}(n) = [0.5 - 4 \times (2)^n + 3.5 \times (3)^n]u(n)$$

例 10.1-2　已知系统的差分方程为

$$y(n+2) - 0.7y(n+1) + 0.1y(n) = 7x(n+2) - 2x(n+1)$$

系统的初始状态为 $y_{zi}(0) = 2$，$y_{zi}(1) = 4$；系统的激励为单位阶跃序列，求系统的响应。

解　我们可以像前一例那样分别求 $y_{zi}(n)$ 和 $y_{zs}(n)$，然后迭加得到总响应，也可以直接求出总响应。我们试用后一方法。

首先对差分方程等式两边 Z 变换，并代入初始条件 $y_{zi}(0)$，$y_{zi}(1)$。注意等式右边对激励信号的 Z 变换，不代入初始值。即

$$(z^2 - 0.7z + 0.1)Y(z) - z^2 y_{zi}(0) - zy_{zi}(1) + 0.7zy_{zi}(0) = (7z^2 - 2z)X(z)$$

代入 $y_{zi}(0)$，$y_{zi}(1)$ 之值，有

$$(z^2 - 0.7z + 0.1)Y(z) - 2z^2 - 4z + 1.4z = (7z^2 - 2z)X(z)$$

代入 $X(z) = \dfrac{z}{z-1}$，解得

$$Y(z) = \frac{2z^2 + 2.6z}{z^2 - 0.7z + 0.1} + \frac{7z^2 - 2z}{z^2 - 0.7z + 0.1} \cdot \frac{z}{z-1} =$$

$$\frac{z(9z^2 - 1.4z - 2.6)}{(z-1)(z-0.5)(z-0.2)} = 12.5\frac{z}{z-1} + 7\frac{z}{z-0.5} - 10.5\frac{z}{z-0.2}$$

将此式进行 Z 反变换得全响应

$$y(n) = [12.5 + 7(0.5)^n - 10.5(0.2)^n]u(n)$$

读者或许已经注意到,若在上式中令 $n = 0$ 和 $n = 1$,将得到 $y(0) = 9$ 和 $y(1) = 13.9$,而不等于题目所给的边界条件。这是因为它们不但包含了零输入响应的边界值 $y_{zi}(0)$ 和 $y_{zi}(1)$,还增加了零状态响应的边界值 $y_{zs}(0)$ 和 $y_{zs}(1)$ 的缘故。若在原差分方程中,令 $n = -2$ 和 $n = -1$,将分别得到

$$y_{zs}(0) = 7x(0) = 7$$

$$y_{zs}(1) = 0.7y_{zs}(0) + 7x(1) - 2x(0) = 9.9$$

所以

$$y(0) = y_{zi}(0) + y_{zs}(0) = 2 + 7 = 9$$

$$y(1) = y_{zi}(1) + y_{zs}(1) = 4 + 9.9 = 13.9$$

10.2 离散系统的系统函数

一、系统函数定义

一个线性时不变离散系统可由一常系数的线性差分方程描述

$$\sum_{i=0}^{N} a_i y(n + i) = \sum_{j=0}^{M} b_j x(n + j) \qquad a_N = 1 \qquad (10.2\text{-}1)$$

若系统初始状态为零,且激励 $x(n)$ 是因果序列,则式(10.2-1)的 Z 变换为

$$\left(\sum_{i=0}^{N} a_i z^i \right) Y(z) = \left(\sum_{j=0}^{M} b_j z^j \right) X(z) \qquad a_N = 1 \qquad (10.2\text{-}2)$$

于是得到

$$H(z) = \frac{Y(z)}{X(z)} = \frac{\displaystyle\sum_{j=0}^{M} b_j z^j}{\displaystyle\sum_{i=0}^{N} a_i z^i} \qquad a_N = 1 \qquad (10.2\text{-}3)$$

式(10.2-3)即为离散系统的系统函数定义式。它表示系统的零状态响应与激励的 Z 变换之比值。

将式(10.2-3)的分子与分母多项式经因式分解,可写为

$$H(z) = H_0 \frac{\displaystyle\prod_{j=1}^{M} (z - Z_j)}{\displaystyle\prod_{i=1}^{N} (z - P_i)} \qquad (10.2\text{-}4)$$

其中 Z_j 是 $H(z)$ 的零点,P_i 是 $H(z)$ 的极点,它们由差分方程的系数 a_i, b_j 决定。

由式(10.2-4)可见,如果不考虑常数因子 H_0,那么由极点 P_i 和零点 Z_j 就完全可以确定系统函数 $H(z)$。也就是说,根据极点 P_i 和零点 Z_j 就可以确定系统的特性。例如系统的时域特性、系统的稳定性等。

二、极零点分布与系统时域特性

由式(10.1-7)已知系统函数 $H(z)$ 与系统的单位函数响应 $h(n)$ 为Z变换对,即

$$H(z) = \mathscr{Z}\big[h(n)\big]$$
$$h(n) = \mathscr{Z}^{-1}\big[H(z)\big] \tag{10.2-5}$$

所以,可以由式(10.2-5)直接求得系统单位函数响应 $h(n)$。一般情况下,这种用Z变换方法计算 $h(n)$ 比9.4节的时域法要简便得多。

根据 $H(z)$ 和 $h(n)$ 的对应关系,如果把 $H(z)$ 展开为部分分式

$$H(z) = \sum_{i=0}^{N} \frac{A_i z}{z - P_i} \tag{10.2-6}$$

那么 $H(z)$ 的每个极点将对应一项时间序列,即

$$h(n) = \mathscr{Z}^{-1}\left[\sum_{i=0}^{N} \frac{A_i z}{z - P_i}\right] = \sum_{i=0}^{N} A_i (P^i)^n u(n) \tag{10.2-7}$$

如果上式中 $P_0 = 0$,则

$$h(n) = A_0 \delta(n) + \sum_{i=1}^{N} A_i (P_i)^n u(n) \tag{10.2-8}$$

这里极点 P_i 可能是实数,也可能是成对出现的共轭复数。由上式可知,单位函数响应 $h(n)$ 的时间特性取决于 $H(z)$ 的极点,幅值由系数 A_i 决定,而 A_i 与 $H(z)$ 的零点分布有关。正像 s 域系统函数 $H(s)$ 的极零点对冲激响应 $h(t)$ 的影响一样,$H(z)$ 的极点决定 $h(n)$ 的函数形式,而零点只影响 $h(n)$ 的幅度。

系统函数 $H(z)$ 的极点处于 z 平面的不同位置将对应 $h(n)$ 的不同函数形式,如图10.2-1所示。

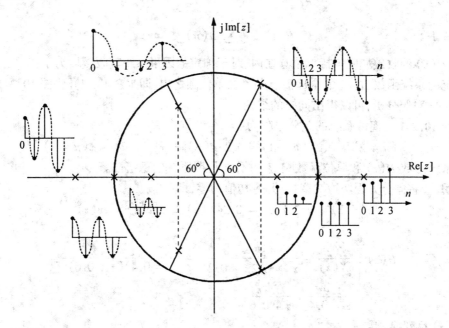

图 10.2-1 z 平面不同位置极点与 $h(n)$ 函数形式的对应关系

当 P_i 为实数时:

1. $P_i > 0$,$h(n)$ 恒为正值;$P_i < 1$,$h(n)$ 递减;$P_i = 1$,$h(n)$ 恒定;$P_i > 1$,$h(n)$ 递增。

2. $P_i < 0, h(n)$ 正负交换变化，$|h(n)|$ 变化趋势于 $P_i > 0$ 时的情况相同。

当 P_i 为复数时：一对共轭复数极点对应于 $h(n)$ 的一项为振幅按 $|P_i|^n$ 规律变化的正弦项。例如，共轭复数极点 $P_{1,2} = \rho e^{\pm j\varphi}$，相应的单位函数响应为

$$(P_1)^n + (P_2)^n = \rho^n(e^{jn\varphi} + e^{-jn\varphi}) = 2\rho^n \cos n\varphi$$

三、离散系统的稳定性

我们在时域分析中已经给出了稳定系统的定义：即当输入是有界的，输出也必定是有界的系统。

设系统的输出为

$$y(n) = h(n) * x(n) = \sum_{k=-\infty}^{\infty} h(k)x(n-k)$$

如果输入 $x(n)$ 是有界的，即 $|x(n)| < M < \infty$（对所有 n 值），则

$$|y(n)| \leqslant \sum_{k=-\infty}^{\infty} |h(k)| \cdot |x(n-k)| \leqslant M \sum_{k=-\infty}^{\infty} |h(k)|$$

为保证 $y(n)$ 是有界的，要求 $h(n)$ 满足

$$\sum_{k=-\infty}^{\infty} |h(k)| < \infty \tag{10.2-9}$$

即离散系统稳定的充分必要条件是其单位函数响应绝对可和。

因为

$$H(z) = \mathscr{Z}[h(n)] = \sum_{n=-\infty}^{\infty} h(n)z^{-n}$$

当 $z = 1$

$$H(z) = \sum_{n=-\infty}^{\infty} h(n) < \infty$$

所以，$H(z)$ 的收敛域应包括单位圆在内。对于稳定的因果系统其收敛域为 $|z| \geqslant 1$，即稳定系统的系统函数 $H(z)$ 的全部极点必落在单位圆之内（即 $|P_i| < 1$）。将图 10.2-1 与式 (10.2-9) 对照分析，可以得出同样的结论。

例 10.2-1 离散系统的差分方程为

$$y(n+2) + 0.2y(n+1) - 0.24y(n) = x(n+2) + x(n+1)$$

试求系统函数 $H(z)$ 和单位函数响应，并分析说明系统的稳定性。

解 将差分方程两边 Z 变换，并令初值为零，即

$$z^2 Y(z) + 0.2zY(z) - 0.24Y(z) = z^2 x(z) + zx(z)$$

经整理，得

$$H(z) = \frac{Y(z)}{X(z)} = \frac{z^2 + z}{z^2 + 0.2z - 0.24} = \frac{z(z+1)}{(z-0.4)(z+0.6)} =$$

$$\frac{1.4z}{z-0.4} - \frac{0.4z}{z+0.6}$$

对 $H(z)$ 反变换，得

$$h(n) = [1.4(0.4)^n - 0.4(-0.6)^n]u(n)$$

因为 $H(z)$ 的两个极点 $P_i = 0.4, P_2 = 0.6$ 均在单位圆之内，所以该系统是稳定的。

10.3 离散系统的频率响应

一、序列的傅里叶变换

在第二章已给出连续信号的傅里叶变换式为

$$\begin{cases} F(\omega) = \displaystyle\int_{-\infty}^{\infty} f(t)e^{-j\omega t}dt \\ f(t) = \dfrac{1}{2\pi}\displaystyle\int_{-\infty}^{\infty} F(\omega)e^{j\omega t}d\omega \end{cases}$$

并且在 2.7 节讨论了抽样信号的傅里叶变换

$$\begin{cases} F_s(\omega) = \dfrac{1}{T_s}\displaystyle\sum_{n=-\infty}^{\infty} F(\omega - n\omega_s) \\ f_s(t) = \displaystyle\sum_{n=-\infty}^{\infty} f(t)\delta(t - nT_s) \end{cases}$$

式中 $F(\omega)$ 为连续信号 $f(t)$ 的傅里叶变换，T_s 为抽样间隔。

以上讨论就是针对连续函数的,下面讨论离散序列的傅里叶变换。

序列 $x(n)$ 的傅里叶变换定义为

$$X(e^{j\omega}) = \sum_{n=-\infty}^{\infty} x(n)e^{-j\omega n} \tag{10.3-1}$$

式中 ω 为角频率。

从式(10.3-1)可以看出,序列 $x(n)$ 的傅里叶变换 $X(e^{j\omega})$ 是 ω 的周期连续函数,周期为 2π。式(10.3-1)右边是 $X(e^{j\omega})$ 的傅氏级数展开式。容易证明,傅氏级数系数为

$$x(n) = \frac{1}{2\pi}\int_{-\pi}^{\pi} X(e^{j\omega})e^{j\omega n}d\omega \tag{10.3-2}$$

式(10.3-2)称为序列 $x(n)$ 的傅里叶反变换。

二、频率响应特性

对于稳定的因果系统,如果输入激励是角频率为 ω 的复指数序列

$$x(n) = e^{j\omega n}$$

则,离散系统的零状态响应为

$$y_{zs}(n) = h(n) * x(n) = \sum_{k=-\infty}^{\infty} h(k)e^{j\omega(n-k)} = e^{j\omega n}\sum_{k=-\infty}^{\infty} h(k)e^{-j\omega k} \tag{10.3-3}$$

由于系统函数

$$H(z) = \mathscr{Z}[h(n)] = \sum_{n=-\infty}^{\infty} h(n)z^{-n}$$

故式(10.3-3)可以写为

$$y_{zs}(n) = H(e^{j\omega})e^{j\omega n} \tag{10.3-4}$$

由此可以看出,系统对离散复指数序列的稳态响应仍是一个离散复指数序列,该响应的复振幅是 $H(e^{j\omega})$。$H(e^{j\omega})$ 称为系统频率响应特性,它可以由系统函数 $H(z)$ 得出,即

$$H(e^{j\omega}) = H(z)\Big|_{z=e^{j\omega}} = |H(e^{j\omega})|\, e^{j\varphi(\omega)} \qquad (10.3\text{-}5)$$

式中 $|H(e^{j\omega})|$ 称为幅频特性；$\varphi(\omega)$ 称为相频特性。

由于 $e^{j\omega}$ 是 ω 的周期函数，因而频率响应 $H(e^{j\omega})$，也是 ω 的周期函数，周期为 2π。这是离散系统有别于连续系统的一个突出特点。与连续系统的频率响应相类似，这里，幅频特性是频率的偶函数，相频特性是频率的奇函数。

例 10.3-1 二阶系统差分方程为

$$y(n+2) + a_1 y(n+1) + a_0 y(n) = b_x(n)$$

求系统的频率响应特性。

解 由差分方程可得

$$H(z) = \frac{b_0}{z^2 + a_1 z + a_0}$$

则系统频率特性为

$$H(e^{j\omega}) = \frac{b_0}{e^{j2\omega} + a_1 e^{j\omega} + a_0} =$$

$$\frac{b_0}{(\cos 2\omega + a_1\cos\omega + a_0) + j(\sin 2\omega + a_1\sin\omega)}$$

$$|H(e^{-j\omega})| = \frac{b_0}{\sqrt{\cos 2\omega + a_1\cos\omega + a_0)^2 + (\sin 2\omega + a_1\sin\omega)^2}}$$

$$\varphi(\omega) = -\arctan\frac{\sin 2\omega + a_1\sin\omega}{\cos 2\omega + a_1\cos\omega + a_0}$$

$H(e^{j\omega})$ 是 ω 的周期函数，周期为 $\omega_s = 2\pi$。如图 10.3-1 所示。

三、频率特性的几何表示法

类似于连续系统，离散系统的频率响应也可以根据系统函数 $H(z)$ 在 z 平面上的极零点分布，通过几何方法直观地求出。

假设

$$H(z) = \frac{b_M z^M + b_{M-1}z^{M-1} + \cdots + b_1 z + a_0}{a_N z^N + a_{N-1}z^{N-1} + \cdots + a_1 z + a_0}$$

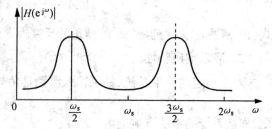

图 10.3-1 例 10.3-1 图

若 $H(z)$ 的零点和极点均为单阶，则 $H(z)$ 可写为

$$H(z) = H_0 \frac{\prod\limits_{j=1}^{M}(z - Z_j)}{\prod\limits_{i=1}^{N}(z - P_i)}$$

令 $z = e^{j\omega}$，有

$$H(e^{j\omega}) = H_0 \frac{\prod\limits_{j=1}^{M}(e^{j\omega} - Z_j)}{\prod\limits_{i=1}^{N}(e^{j\omega} - P_i)} = |H(e^{j\omega})| e^{j\varphi(\omega)} \qquad (10.3\text{-}6)$$

再令 $e^{j\omega} - Z_j = B_j e^{j\beta_j}$, $e^{j\omega} - P_i = A_i e^{j\alpha_i}$,则有

$$|H(e^{j\omega})| = H_0 \frac{\prod\limits_{j=1}^{M} B_j}{\prod\limits_{i=1}^{N} A_i} \qquad (10.3\text{-}7)$$

$$\varphi(\omega) = \sum_{j=1}^{M}\beta_i - \sum_{i=1}^{N}\alpha_i \qquad (10.3\text{-}8)$$

式中 A_i, α_i 分别表示 z 平面上极点 P_i 到单位圆上某点 D 的矢量 $(e^{j\omega} - P_i)$ 的长度和与正实轴的夹角。B_j, β_j 表示零点 Z_j 到的矢量 $(e^{j\omega} - Z_j)$ 的长度和与正实轴的夹角,如图10.3-2所示。如果单位圆上的点 D 不断移动,那么,根据式(10.3-7)和(10.3-8)就可以得到系统的频率响应特性。

图中 C 点对应于 $\omega = 0$, E 点对应于 $\omega = \omega_s/2$。由于频率响应是周期性的,且有奇偶对称性,因此只要 D 点转半周就可以了。利用这种方法可以比较方便地由 $H(z)$ 的零点极点位置求出该系统的频率响应。可见频率响应的形状取决于 $H(z)$ 的零极点分布,也就是说取决于离散系统的形式及差分方程各系数大小。

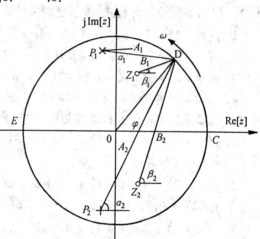

图 10.3-2　频率特性的极零点分布

不难看出,位于 $z = 0$ 处的零点或极点对幅度响应不产生作用,因而在 $z = 0$ 处加入或除去零极点,不会使幅度响应发生变化,而只会影响相位特性。此外,还可以看出,当 D 点旋转到某个极点 P_i 附近时,相应的矢量长度 A_i 变得最短,因而频率响应在该点可能出现峰值。若极点 P_i 越靠近单位圆,A_i 越短,则频率响应在峰值附近越尖锐。如果 P_i 落在单位圆上,即 $A_i = 0$,则频率响应的峰值趋于无穷大。对于零点来说其作用与极点恰恰相反,这里不再赘述。对于图10.3-2所示的极零点分布,其相应的幅频特性如图 10.3-3 所示。

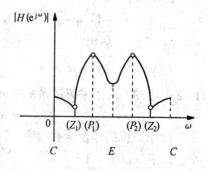

图 10.3-3　对应极零点的幅频特性曲线

习　题　10

10-1　解下列差分方程

1. $y(n+2) + 3y(n+1) + 2y(n) = 0$, $y(0) = 2$, $y(1) = 1$

2. $y(n) + 3y(n-1) + 2y(n-2) = 0$, $y(-1) = 1$, $y(-2) = 2$

3. $2y(n+2) - y(n+1) - y(n) = 0$, $y(0) = 2$, $y(1) = 1$

4. $y(n) + 3y(n-1) - 4y(n-3) = 0$, $y(-1) = 0$, $y(-2) = 2$, $y(-3) = 1$

5. $y(n+3) + 9y(n+2) + 26y(n+1) + 24y(n) = 0$

　$y(0) = 0$, $y(1) = 1$, $y(2) = 1$

10-2　根据下列差分方程式,求系统的零状态响应。

1. $y(n+1) + 2y(n) = x(n+1)$, $x(n) = e^{-n}u(n)$

2. $y(n+2) + 3y(n+1) + 2y(n) = (3)^n u(n)$

3. $y(n+2) - 0.6y(n+1) - 0.16y(n) = \delta(n)$

4. $y(n+1) - 2y(n) + y(n-1) = nu(n)$

10-3　已知系统的差分方程式和初始条件,求系统的全响应

1. $y(n+2) - 2y(n+1) + y(n) = \delta(n) + \delta(n-1) + u(n-2)$

　$y_{zi}(0) = y_{zi}(1) = 0$

2. $y(n+2) - 3y(n+1) + 2y(n) = x(n+1) - 2x(n)$

　$y_{zi}(0) = 0$, $y_{zi}(1) = 1$, $x(n) = 2^n u(n)$

3. $y(n+2) + 2y(n+1) + 2y(n) = (e^{n+1} + 2e^n)u(n)$

　$y_{zi}(0) = y_{zi}(1) = 0$

10-4　解下列差分方程

1. $y(n+2) + y(n+1) + y(n) = u(n)$, $y(0) = 1$, $y(1) = 2$

2. $y(n) + 0.1y(n-1) - 0.02y(n-2) = 10u(n)$

　　$y(-1) = 4$, $y(-2) = 6$

3. $y(n) - 0.9y(n-1) = 0.05u(n)$, $y(-1) = 1$

4. $y(n) + 2y(n-1) = (n-2)u(n)$, $y(-1) = -\dfrac{3}{2}$

10-5　已知一阶因果离散系统差分方程为

$$y(n) + 3y(n-1) = x(n)$$

1. 求系统的单位函数响应 $h(n)$。

2. 若 $x(n) = (n + n^2)u(n)$,求响应 $y(n)$。

10-6　由下列差分方程画出离散系统框图,并求系统函数 $H(z)$ 及单位函数响应 $h(n)$。

1. $3y(n) - 6y(n-1) = x(n)$

2. $y(n) = x(n) - 5x(n-1) + 8x(n-3)$

3. $y(n+1) - \dfrac{1}{2}y(n) = x(n+1)$

4. $y(n) - 3y(n-1) + 3y(n-2) - y(n-3) = x(n)$

5. $y(n+2) - 5y(n+1) + 6y(n) = x(n+2) - 3x(n)$

10-7 已知一离散系统在 z 平面上的零点极点分布如图,且已知系统的单位函数响应 $h(n)$ 的极限值 $\lim\limits_{n\to\infty} h(n) = \dfrac{1}{3}$,系统的初始条件为 $y(0) = 2$, $y(1) = 1$,求系统的转移函数,零输入响应,若系统激励为 $(-3)^n u(n)$,求 $y_{zs}(n)$。

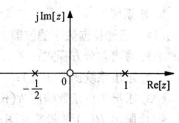

图 10-7 习题 10-7 图

10-8 用 Z 变换方法重新求解 9.13 题,将结果与以前求解的结果比较。

10-9 已知一离散系统的单位函数响应
$$h(n) = [(0.5)^n - (0.4)^n]u(n)$$
试写出系统的差分方程式。

10-10 试画出下列系统函数所表示系统的级联和并联形式结构图
$$H(z) = \frac{3z^3 - 5z^2 + 10z}{z^3 - 3z^2 + 7z - 5}$$

10-11 试求图 10-11 所示系统的系统函数 $H(z)$

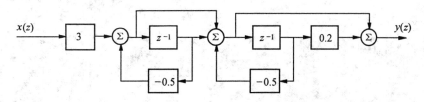

图 10-11 习题 10-11 图

10-12 试求图 10-12 所示系统的系统函数 $H(z)$。

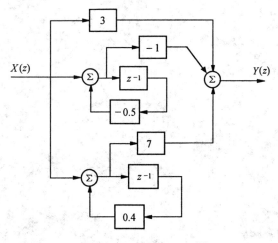

图 10-12 习题 10-12 图

10-13　一个零状态离散系统由如下差分方程描述

$$y(n) + 2y(n-1) + y(n-2) = 3^n u(n)$$

求系统响应 $y(n)$。

10-14　已知横向数字滤波器如图 10-14 所示,试以 $M = 8$ 为例:

1. 写出差分方程式;

2. 求出系统函数 $H(z)$;

3. 求出单位函数响应 $h(n)$;

4. 画出 $H(z)$ 的极零点图;

5. 粗略画出系统的幅频特性。

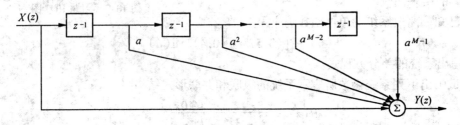

图 10-14　习题 10-14 图

第11章 离散傅里叶变换

在前面已经研究了连续时间信号与系统和离散时间信号与系统的分析方法,它们或者在时域或者在变换域或二者表现为连续变量函数,因而影响计算机在信号和系统分析中的应用。本章介绍的"离散傅里叶变换"(DFT)可以用来将任意信号和系统分析中的计算引入到计算机上。

离散傅里叶变换的快速算法(FFT),极大地提高了离散傅里叶变换的实用价值,对数字信号处理技术的发展起了重大的推动作用。因此,本章将对 DFT 及其在离散系统分析中的应用给予简要介绍。

11.1 离散傅里叶级数(DFS)

为了引出离散傅里叶级数的概念,现在先来回顾一下过去曾经得到的一些信号及其频谱间的对应关系。具体地说,**就是非周期连续时间信号的频谱是连续频率的非周期函数;周期连续时间信号的频谱是离散频率的非周期函数;非周期离散时间信号的频谱是连续频率的周期函数。从上述三种情况可以归纳出,在信号的时域表示形式和频域表示形式之间,一个域的周期性对应于另一个域的离散性,一个域的非周期性对应于另一个域的连续性。由此可以推知,除了以上讨论过的三种情况外,还存在着第四个情况,即周期的离散时间信号的频谱是离散频率的周期函数。**这四种情况如图 11.1-1 所示。

图 11.1-1(a)所示为连续时间函数 $x(t)$ 及其傅里叶变换。其数学表示式为

$$X(f) = \int_{-\infty}^{\infty} x(t) e^{-j2\pi ft} dt \tag{11.1-1}$$

$$x(t) = \int_{-\infty}^{\infty} X(f) e^{j2\pi ft} df \tag{11.1-2}$$

从式(11.1-1)、(11.1-2)及图(a)中可以看到,时间函数和频率函数都是连续的,也都是非周期的。

图 11.1-1(b) 表示为连续时间的周期函数,周期为 T_1,它的频谱是离散的线状频谱,其中 $f_1 = 1/T_1$。根据第二章周期信号的傅里叶级数的理论,其数学表示式为

$$x(t) = \sum_{k=-\infty}^{\infty} c_k e^{jk\omega_1 t}$$

$$c_k = \frac{1}{T_1} \int_{T_1} x(t) e^{-jk\omega_1 t} dt$$

c_k 为傅里叶级数的系数,一般是频率的复函数,此处 c_k 可以写作 $X(kf_1)$。此时变换对写为

$$X(kf_1) = \frac{1}{T_1} \int_{T_1} x(t) e^{-j2\pi kf_1 t} dt \tag{11.1-3}$$

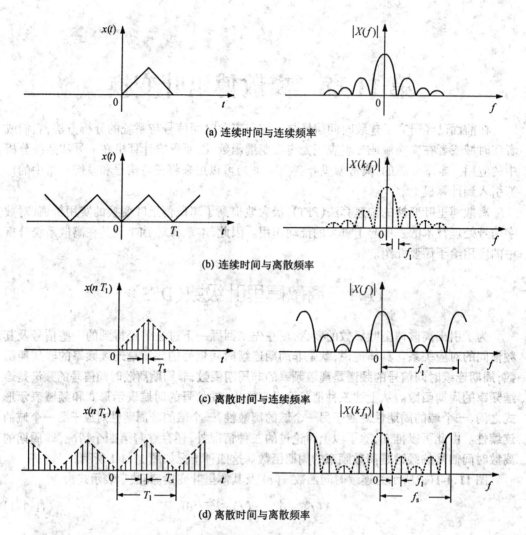

(a) 连续时间与连续频率

(b) 连续时间与离散频率

(c) 离散时间与连续频率

(d) 离散时间与离散频率

图 11.1-1 傅里叶变换的各种形式

$$x(t) = \sum_{k=-\infty}^{\infty} X(kf_1) e^{j2\pi kf_1 t} \qquad (11.1\text{-}4)$$

图 11.1-1(c) 所示是离散序列的非周期函数 $x(nT_s)$,其频谱是周期的连续函数 $X(f)$。相当于抽样信号频谱的情况。与图 11.1-1(b) 的表示式具有对称的函数式

$$X(f) = \sum_{n=-\infty}^{\infty} x(nT_s) e^{-j2\pi nfT_s} \qquad (11.1\text{-}5)$$

$$x(nT_s) = \frac{1}{f_s} \int_{f_s} X(f) e^{j2\pi nfT_s} df \qquad (11.1\text{-}6)$$

其中 T_s 为抽样间隔,$f_s = 1/T_s$ 为抽样频率。式(11.1-5) 和(11.1-6) 也可由式(10.3-1) 和(10.3-2) 推演得出。

图 11.1-1(d) 所示为周期离散时间函数 $x(nT_s)$,其傅里叶变换是周期离散频率函数 $X(kf_1)$。我们可以从上述周期连续时间函数和非周期离散时间函数两种情况之一,经修正

导出这里的傅里叶变换对。例如我们借助于后者,即时间函数由图(c)变到图(d)。此时,时间函数不但具有离散性,而且具有周期性,故(11.1-5)的级数取和应限制在一个周期之内,序号 n 从 0 到 $N-1$,与此同时应考虑到,时间函数的周期性导致频率函数的离散性,变量 f 以 kf_1 代替,于是式(11.1-5)变为

$$X(kf_1) = \sum_{n=0}^{N-1} x(nT_s) e^{-j2\pi nkT_s f_1} \tag{11.1-7}$$

在式(11.1-6)中的符号敢要作相应的变化

$$f \to kf_1, \quad \mathrm{d}f \to f_1 = \frac{f_s}{N}, \quad \int_{f_s} \to \sum_{k=0}^{N-1}$$

于是得到

$$x(nT_s) = \frac{1}{f_s} \sum_{k=0}^{N-1} X(kf_1) e^{j2\pi nkT_s f_1} \frac{f_s}{N} =$$

$$\frac{1}{N} \sum_{k=0}^{N-1} X(kf_1) e^{j2\pi nkT_s f_1} \tag{11.1-8}$$

考虑到,在时域和频域各自的一个周期内分别有如下关系

$$\frac{T_1}{T_s} = N \quad \text{和} \quad \frac{f_s}{f_1} = N$$

容易得出

$$T_s f_1 = \frac{1}{N} \quad \text{或} \quad f_s T_1 = N$$

将此关系式代入式(11.1-7)和(11.1-8),可得

$$X(kf_1) = \sum_{n=0}^{N-1} x(nT_s) e^{-j\frac{2\pi}{N}nk} \tag{11.1-9}$$

$$x(nT_s) = \frac{1}{N} \sum_{k=0}^{N-1} X(kf_1) e^{j\frac{2\pi}{N}nk} \tag{11.1-10}$$

这就是图 11.1-1(d)所示函数图形的数学表达式。此变换对的正确性容易得到证明:即将式(11.1-9)代入式(11.1-10),则等式两端相等。读者可自行证明。

式(11.1-10) 称为周期序列的傅里叶级数。此式中 $e^{j\frac{2\pi}{N}n}$ 是周期序列的基波分量,$e^{j\frac{2\pi}{N}nk}$ 是 k 次谐波分量。由于因子 $e^{j\frac{2\pi}{N}nk}$ 的周期性,即

$$e^{j\frac{2\pi}{N}n(k+N)} = e^{j\frac{2\pi}{N}nk}$$

所以周期序列频谱的全部谐波成分中只有 N 个是独立的。同理,式(11.1-9) 表示的傅里叶级数系数 $X(kf_1)$,也是一个以 N 为周期的周期序列。

为了书写方便,引用符号 W_N,使得

$$W_N = e^{-j(\frac{2\pi}{N})} \quad \text{或} \quad W = e^{-j(\frac{2\pi}{N})}$$

此外,用 DFS$[\cdot]$ 表示取离散傅里叶级数的运算(求系数),用 IDFS$[\cdot]$ 表示取离散傅里叶级数的逆运算(求时间序列)。这样,离散傅里叶级数的运算对又可以写作

$$X(kf_1) = \mathrm{DFS}[x(nT_s)] = \sum_{n=0}^{N-1} x(nT_s) W^{nk} \tag{11.1-11}$$

$$x(nT_s) = \text{IDFS}[X(kf_1)] = \frac{1}{N}\sum_{k=0}^{N-1} X(kf_1) W^{-nk} \tag{11.1-12}$$

11.2 离散傅里叶变换(DFT)

离散傅里叶级数可用来分析周期序列,而离散傅里叶变换是是针对有限时宽序列的。为了讨论周期序列和有限长序列的关系,并由离散傅里叶级数引出离散傅里叶变换,先分析一下离散傅里叶级数的表示式。

为了区分周期序列和有限长序列,以后均使用下标 P 表示周期性序列。于是离散傅里叶级数变换对式(11.1-11)和(11.1-12)表示为

$$X_p(k) = \text{DFS}[x_p(n)] = \sum_{n=0}^{N-1} x_p(n) W^{nk} \tag{11.2-1}$$

$$x_p(n) = \text{IDFS}[X_p(k)] = \frac{1}{N}\sum_{k=0}^{N-1} X_p(k) W^{-nk} \tag{11.2-2}$$

此处省略了时间间隔 T_s 和频率间隔 f_1,或者认为 T_s 和 f_1 都等于 1。

现在,借助于周期序列离散傅里叶级数的概念对有限长序列进行傅里叶分析。

设 $x(n)$ 为有限长序列,它有 N 个样值,即

$$x(n) = \begin{cases} x(n) & 0 \leqslant n \leqslant N-1 \\ 0 & n \text{ 为其他值} \end{cases}$$

我们假定一个周期序列 $x_p(n)$,它是以 N 为周期将 $x(n)$ 延拓而成,则可表示为

$$x_p(n) = \sum_r x(n+rN) \quad (r \text{ 取整数})$$

而
$$x(n) = \begin{cases} x_p(n) & 0 \leqslant n \leqslant N-1 \\ 0 & n \text{ 为其他值} \end{cases}$$

图11.2-1表示了 $x(n)$ 和 $x_p(n)$ 的对应关系。

显然 $x_p(n)$ 是 $x(n)$ 的延拓,而 $x(n)$ 是 $x_p(n)$ 的第一个周期,又称主值序列。$x_p(n)$ 和 $x(n)$ 的关系还可以用下列符号表示

$$x_p(n) = x((n))_N$$
$$x(n) = x_p(n) G_N(n)$$

上式中,$x((n))_N$ 称为对 $x(n)$ 的模 N 运算。同理,$X_p(k)$ 也可表示为

$$X_p(k) = X((k))_N$$
$$X(k) = X_p(k) G_N(k)$$

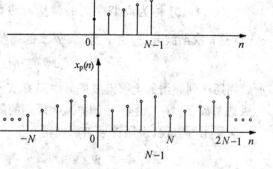

图 11.2-1 有限长序列的延拓

如果将离散傅里叶级数的两个公式(11.1-11)和(11.1-12)都限定在主值区范围内,则这种变换方法就可以引伸到有限长序列 $x(n)$ 和 $X(k)$。

现在给出有限长序列离散傅里叶变换定义：

设有限长序列 $x(n)$ 的长度为 $N(0 \leqslant n \leqslant N-1)$，它的离散傅里叶变换 $X(k)$ 仍然是一个长度为 $N(0 \leqslant k \leqslant N-1)$ 的频域有限长序列，这种正反变换的关系式为

$$X(k) = \text{DFT}[x(n)] = \sum_{n=0}^{N-1} x(n) W^{nk} \quad (0 \leqslant k \leqslant N-1) \tag{11.2-3}$$

$$x(n) = \text{IDFT}[X(k)] = \frac{1}{N} \sum_{k=0}^{N-1} X(k) W^{-nk} \quad (0 \leqslant n \leqslant N-1) \tag{11.2-4}$$

式 (11.2-3) 和 (11.2-4) 称为有限长序列的离散傅里叶变换(DFT)对。

比较 DFT 和 DFS 变换对的表示式可以发现，二者形式完全相同。只是 $x(n)$、$X(k)$ 和 $x_p(n)$、$X_p(k)$ 的取值范围不同，$x(n)$ 和 $X(k)$ 分别取 $x_p(n)$ 和 $X_p(k)$ 的主值范围。实际上，DFS 是按傅里叶分析严格定义的，而 DFT 则是一种"借用"形式。它需要历经 $x(n) \xrightarrow{\text{延拓}}$ $x_p(n) \xrightarrow{\text{DFS}} X_p(k) \xrightarrow{\text{截断}} X(k)$ 的过程，如图 11.2-2 所示。

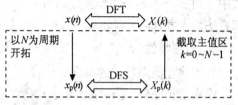

图 11.2-2 DFT 与 DFS 的对应关系

图 11.2-2 表示的关系，还可以表示为

$$X(k) = \text{DFT}[x(n)] = \{\text{DFS}[x(n) \text{ 开拓为 } x_p(n)]\}, \ 0 \leqslant k \leqslant N-1 \tag{11.2-5}$$

$$x(n) = \text{IDFT}[X(k)] = \{\text{IDFS}[X(k) \text{ 开拓为 } X_p(k)]\}, \ 0 \leqslant n \leqslant N-1$$

$$\tag{11.2-6}$$

我们始终应该记住，在谈到 DFT 时，所谓"有限长序列"，都是作为"周期序列一个周期"来表示的。旋转因子 W_N 的存在，说明 DFT 具有"隐含的周期性"。这样做的目的，正是为了方便地利用计算机进行傅里叶分析。

DFT 变换式可以写成矩阵形式

$$\begin{bmatrix} X(0) \\ X(1) \\ \cdots \\ X(N-1) \end{bmatrix} = \begin{bmatrix} W^0 & W^0 & \cdots & W^0 \\ W^0 & W^{1\times 1} & \cdots & W^{(N-1)\times 1} \\ \vdots & \vdots & & \vdots \\ W^0 & W^{1\times(N-1)} & \cdots & W^{(N-1)(N-1)} \end{bmatrix} \begin{bmatrix} x(0) \\ x(1) \\ \vdots \\ x(N-1) \end{bmatrix}$$

$$\begin{bmatrix} x(0) \\ x(1) \\ \cdots \\ x(N-1) \end{bmatrix} = \frac{1}{N} \begin{bmatrix} W^0 & W^0 & \cdots & W^0 \\ W^0 & W^{-1\times 1} & \cdots & W^{-(N-1)\times 1} \\ \vdots & \vdots & & \vdots \\ W^0 & W^{-(N-1)\times 1} & \cdots & W^{-(N-1)(N-1)} \end{bmatrix} \begin{bmatrix} X(0) \\ X(1) \\ \vdots \\ X(N-1) \end{bmatrix}$$

例 11.2-1 求矩形脉冲序列 $x(n) = G_N(n)$ 的 DFT。

解 由定义式 (11.2-3) 可写出

$$X(k) = \sum_{n=0}^{N-1} G_N(n) W^{nk} = \sum_{n=0}^{N-1} W^{nk} = \sum_{n=0}^{N-1} (e^{-j\frac{2\pi k}{N}})^n =$$

$$\frac{1 - (e^{-j\frac{2\pi}{N}k})^N}{1 - (e^{-j\frac{2\pi}{N}k})} = \begin{cases} N & k = 0 \\ 0 & k \neq 0 \end{cases}$$

即 $X(k) = N\delta(k)$。可见,矩形脉冲序列的离散频谱是一个单位函数序列。有关这种结果的解释,读者可结合 DFT 的定义进行讨论。

11.3 离散傅里叶变换的性质

一、线性

若 $X_1(k) = \mathrm{DFT}[x_1(n)]$, $X_2(k) = \mathrm{DFT}[x_2(n)]$,

则 $$\mathrm{DFT}[a_1 x_1(n) + a_2 x_2(n)] = a_1 X_1(k) + a_2 X_2(k) \tag{11.3-1}$$

式中序列 $x_1(n)$, $x_2(n)$ 长度分别为 N_1, N_2;a_1, a_2 为任意常数,所得时间序列的长度 N 取二者中最大者,即 $N = \max\{N_1, N_2\}$。

二、时移特性

首先建立圆周移位的概念。

设有限长序列 $x(n)$ 位于 $0 \leqslant n \leqslant N-1$ 区间,将其右移 m 位,得序列 $x(n-m)$ 如图11.3-1所示,这是序列的线性移位。现在为了适应 DFT 的运算,需要重新定义移位的含义:即考虑 DFT 的隐含周期性,首先需要将 $x(n)$ 开拓为周期序列 $x_p(n)$,然后右移 m 位得 $x_p(n-m)$,或 $x((n-m))_N$,再从中截取 $0 \leqslant n \leqslant N-1$ 之序列值 $x_p(n-m)G_n(n)$,图11.3-2表示出此移位过程。

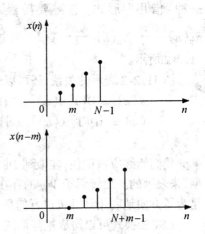

由图11.3-2可见,当序列 $x(n)$ 向右移 m 位时,超出 $N-1$ 以外的部分样值又从左边依次填补了空位,这就好象将有限长序列 $x(n)$ 的各个样值放在一个 N 等分的圆周上,序列的移位就相当于它在圆周上的旋转,这种序列的移位称为循环移位或圆周移位。当有限长序列进行任意位数的圆周移位时,它的取值范围始终保持从 0 到 $N-1$ 不变。

图 11.3-1　有限长序列的线性移位

在理解了圆周移位的基础上,下面说明 DFT 的时移特性。

若 $\mathrm{DFT}[x(n)] = X(k)$

则 $$\mathrm{DFT}[x(n-m)] = W^{mk} X(k)$$

证明

$$\mathrm{DFT}[x(n-m)] = \mathrm{DFS}[x((n-m))_N] G_N(k) = \Big[\sum_{n=0}^{N-1} x_p(n-m) W^{nk}\Big] G_N(k) =$$

$$\Big[\sum_{n=-m}^{N-m-1} x_p(n) W^{nk} W^{mk}\Big] G_N(k) = \big[W^{mk} X_p(k)\big] G_N(k) = W^{mk} X(k)$$

三、频移特性

若 $\mathrm{DFT}[x(n)] = X(k)$

则 $$\mathrm{IDFT}[X(k-l)] = x(n) W^{-ln} \tag{11.3-3}$$

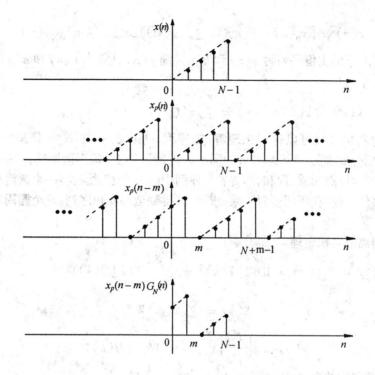

图 11.3-2 有限长序列的圆周移位

此性质表明,若时间函数乘以指数项 W^{-ln},则离散傅里叶变换就向右圆移 l 位,这可以看作调制信号的频谱搬移,也称"调制定理"。

四、时域圆周卷积(圆卷积、循环卷积)

若 $\quad Y(k) = X(k)H(k)$

则
$$y(n) = \mathrm{IDFT}[Y(k)] = \sum_{m=0}^{N-1} x(m)h((n-m))_N G_N(n) =$$

$$\sum_{m=0}^{N-1} h(m)x((n-m))_N G_N(n) \tag{11.3-4}$$

式(11.3-4)又称为离散卷积定理,式中 $Y(k)$,$X(k)$,$H(k)$ 分别为序列 $y(n)$,$x(n)$,$h(n)$ 的 DFT。

为了证明此性质,尚需介绍一下列序圆周卷积与线性卷积、周期卷积的含义。

线性卷积是我们最早熟悉的,使用反褶、平移、相乘、求和的计算过程,其表示式为

$$y(n) = x(n) * h(n) = \sum_{m=-\infty}^{\infty} x(m)h(n-m)$$

如果进行卷积的是两个周期都为 N 的周期序列,则二者卷积的结果也是一周期序列,表示式为

$$y_p(n) = x_p(n) * h_p(n) = \sum_{m=0}^{N-1} x_p(m)h_p(n-m) = \sum_{m=0}^{N-1} x((m))_N h((n-m))_N$$

这就是周期卷积。

如果将周期卷积的结果仅截取主值序列,即

$$y(n) = [y_p(n)]G_N(n) = \sum_{m=0}^{N-1} x((m))_N h((n-m)_N G_N(n)$$

而 $x_p(n)$ 和 $h_p(n)$ 的主值序列为 $x(n)$ 和 $h(n)$，则 $y(n)$ 就称为 $x(n)$ 和 $h(n)$ 圆周卷积，表示为

$$y(n) = x(n) * h(n) = \sum_{m=0}^{N-1} x((m))_N h((n-m))_N G_N(n)$$

上式所表示的卷积过程可以这样来理解：把序列 $x(n)$ 分布在 N 等分圆筒上，而序列 $h(n)$ 经反褶后分布在另一个 N 等分的同心圆筒的圆周上，每当两圆筒停在一定的相对位置时，两序列对应点相乘、取和，即得卷积序列中的一个值。然后将一个圆筒相对于另一个圆筒旋转移位，依次在不同位置相乘、求和，就得到全部卷积序列。**这个圆周卷积又称循环卷积。**

下面证明离散卷积定理。

$$y(n) = \text{IDFT}[Y(k)] = \frac{1}{N} \sum_{k=0}^{N-1} X(k) H(k) W^{-nk}$$

考虑到

$$X(k) = \sum_{m=0}^{N-1} x(m) W^{mk}$$

则

$$y(n) = \frac{1}{N} \sum_{k=0}^{N-1} \left[\sum_{m=0}^{N-1} x(m) W^{mk} \right] H(k) W^{-nk}$$

在上式中，交换取和的次序，则

$$y(n) = \sum_{m=0}^{N-1} x(m) \left[\frac{1}{N} \sum_{k=0}^{N-1} H(k) W^{mk} W^{-nk} \right] =$$

$$\sum_{m=0}^{N-1} x(m) h((n-m))_N G_N(n)$$

一般情况下，信号 $x(n)$ 通过单位函数响应为 $h(n)$ 的系统，其输出响应是线性卷积 $y(n) = x(n) * h(n)$。而在卷积的计算方面，使用圆周卷积可借助快速傅里叶变换技术，以比较高的速度完成运算。

五、频域圆卷积

若 $y(n) = x(n)h(n)$

则

$$Y(k) = \text{DFT}[y(n)] = \frac{1}{N} \sum_{l=0}^{N-1} X(l) H((k-l)_N G_N(k) =$$

$$\frac{1}{N} \sum_{l=0}^{N-1} H(l) X((k-l))_N G_N(k) \qquad (11.3-5)$$

证明

$$Y(k) = \text{DFT}[y(n)] = \text{DFT}[x(n)h(n)] = \sum_{n=0}^{N-1} x(n) h(n) W^{nk} =$$

$$\sum_{n=0}^{N-1} \left[\frac{1}{N} \sum_{l=0}^{N-1} X(l) W^{-nl} \right] h(n) W^{nk} = \frac{1}{N} \sum_{l=0}^{N-1} X(l) \left[\sum_{n=0}^{N-1} h(n) W^{n(k-l)} \right] =$$

$$\frac{1}{N} \sum_{l=0}^{N-1} X(l) H((k-l))_N G_N(k)$$

其中利用了频移特性，$\mathrm{IDFT}\left[H((k-1))_N G_N(k)\right] = h(n)W_o^{-nl}$

六、奇偶虚实性

若 $X(k)$ 为序列 $x(n)$ 的离散傅里叶变换，则可表示为实部和虚部的形式

$$X(k) = X_r(k) + \mathrm{j}X_i(k)$$

又由 DFT 的定义有

$$X(k) = \sum_{n=0}^{N-1} x(n)\mathrm{e}^{-(\mathrm{j}\frac{2\pi}{N})nk} =$$

$$\sum_{n=0}^{N-1} x(n)\cos\left[\left(\frac{2\pi}{N}\right)\right]nk - \mathrm{j}\sum_{n=0}^{N-1} x(n)\sin\left[\left(\frac{2\pi}{N}\right)nk\right] \tag{11.3-6}$$

1. 若 $x(n)$ 为实序列，则 $X(k)$ 的实部和虚部分别为

$$X_r(k) = \sum_{n=0}^{N-1} x(n)\cos\left[\left(\frac{2\pi}{N}\right)nk\right]$$

$$X_r(k) = -\sum_{n=0}^{N-1} x(n)\sin\left[\left(\frac{2\pi}{N}\right)nk\right]$$

可见 $X_r(k)$ 为频率的偶函数，$X_i(k)$ 为频率的奇函数。也就是说，实序列的离散傅里叶变换是复数，其实部是 k 的偶函数，虚部是 k 的奇函数。

2. 若 $x(n)$ 不但是实函数，而且是 n 的偶函数，则 $X(k)$ 的实部和虚部分别为

$$X_r(k) = \sum_{n=0}^{N-1} x(n)\cos\left[\left(\frac{2\pi}{N}\right)nk\right]$$

$$X_i(k) = -\sum_{n=0}^{N-1} x(n)\sin\left[\left(\frac{2\pi}{N}\right)nk\right] = 0$$

即序列 $x(n)$ 为实偶函数，其离散傅里叶变换也是实偶函数。

3. 若 $x(n)$ 不但是实函数，而且是 n 的奇函数，则 $X(k)$ 的实部和虚部分别为

$$X_r(k) = \sum_{n=0}^{N-1} x(n)\cos\left[\left(\frac{2\pi}{N}\right)nk\right] = 0$$

$$X_i(k) = -\sum_{n=0}^{N-1} x(n)\sin\left[\left(\frac{2\pi}{N}\right)nk\right]$$

即 $x(n)$ 为实奇函数，其离散傅里叶变换是虚奇函数。

4. 若 $x(n)$ 为纯虚数序列，则 $X(k)$ 的实部和虚部分别为

$$X_r(k) = \sum_{n=0}^{N-1} x(n)\sin\left[\left(\frac{2\pi}{N}\right)nk\right]$$

$$X_i(k) = \sum_{n=0}^{N-1} x(n)\cos\left[\left(\frac{2\pi}{N}\right)nk\right]$$

可见纯虚数序列的 DFT 为复数，其实部是 k 的奇函数，虚部是 k 的偶函数。

5. 若 $x(n)$ 不但是纯虚函数，而且是 n 的偶函数，则 $X(k)$ 的实部和虚部为

$$X_r(k) = \sum_{n=0}^{N-1} x(n)\sin\left[\left(\frac{2\pi}{N}\right)nk\right] = 0$$

$$X_i(k) = \sum_{n=0}^{N-1} x(n)\cos\left[\left(\frac{2\pi}{N}\right)nk\right]$$

即 $x(n)$ 是虚偶函数,其 DFT 也是 k 的虚偶函数。

6. 若 $x(n)$ 不但是纯虚函数,且是 n 的奇函数,则 $X(k)$ 的实部和虚部为

$$X_r(k) = \sum_{n=0}^{N-1} x(n)\sin\left[\left(\frac{2\pi}{N}\right)nk\right]$$

$$X_i(k) = \sum_{n=0}^{N-1} x(n)\cos\left[\left(\frac{2\pi}{N}\right)nk\right] = 0$$

即 $x(n)$ 是虚奇函数,其 DFT 是 k 的实奇函数。

以上特性列于表 11.3-1 中。

表 11.3-1 FFT 的奇偶虚实的对应关系

序列 $x(n)$	$X(k)$	$X_r(k)$ 和 $X_i(k)$
实 函 数	实部为偶 虚部为奇	$X_r(k) = X_r((-k))_N G_N(k)$, $X(k) = X^*((-k))_N G_N(k)$ $X_i(k) = -X_i((-k))_N G_N(k)$, $X(k) = X^*(N-k)$
实偶函数	实偶函数	$X(k) = X(N-k)$, $\arg\|X(n)\| = 0$
实奇函数	虚奇函数	$X(k) = X(N-k)$, $\arg\|X(k)\| = -\dfrac{\pi}{2}$
虚 函 数	实部为奇 虚部为偶	$X_r(k) = -X_r((-k))_N G_N(k)$, $X(k) = -X^*((-k))_N G_N(k)$ $X_i(k) = X_i((-k))_N G_N(k)$, $X(k) = -X^*(N-k)$
虚偶函数	虚偶函数	$\arg\|X(k)\| = \dfrac{\pi}{2}$, $\|X(k)\| = \|X(N-k)\|$
虚奇函数	实奇函数	$\arg\|X(k)\| = 0$, $\|X(k)\| = \|X(N-k)\|$

七、相关特性(循环相关定理)

若有限长序列 $x(n)$ 和 $y(n)$ 的互相关函数定义为

$$r_{xy}(n) = \sum_{m=0}^{N-1} x(m)y((m-n))_N G_N(n)$$

则
$$R_{xy}(k) = X(k)Y^*(k) \tag{11.3-7}$$

其中 $R_{xy}(k)$ 是互相关函数 $r_{xy}(n)$ 的频谱。

$$X(k) = \text{DFT}[x(n)]$$
$$Y(k) = \text{DFT}[y(n)]$$
$$R_{xy}(k) = \text{DFT}[r_{xy}(n)]$$

证明

$$R_{xy}(k) = \text{DFT}[r_{xy}(n)] = \sum_{n=0}^{N-1} r_{xy}(n)W^{nk} =$$

$$\sum_{n=0}^{N-1}\left[\sum_{m=0}^{N-1} x(m)y((m-n))_N G_N(n)\right]W^{nk} =$$

$$\sum_{m=0}^{N-1} x(m)\left[\sum_{n=0}^{N-1} Y((m-n))_N W^{nk}\right]G_N(k)$$

令 $l = n - m, n = l + m$，则上式方括号内可写为

$$\sum_{l=-m}^{N-1-m} y((-l))_N W^{(l+m)k} = W^{mk} \sum_{l=0}^{N-1} y((-l))_N W^{lk} = W^{mk} Y_{\mathrm{p}}^*(k)$$

上式中利用序列反褶的 DFT 变为共轭的关系，即 $\mathrm{DFT}[x(-n)] = X^*(k)$

所以
$$R_{xy}(k) = \sum_{m=0}^{N-1} x(m) W^{mk} Y_{\mathrm{p}}^*(k) G_N(k) = X(k) Y^*(k)$$

此式称为循环相关定理或圆相关定理。

根据循环相关定理，有

$$\sum_{m=0}^{N-1} x(m) y((m-n))_N G_N(n) = \mathrm{IDFT}[X(k) Y^*(k)]$$

$$\sum_{m=0}^{N-1} x(m) y((m-n))_N G_N(n) = \frac{1}{N} \sum_{k=0}^{N-1} [X(k) Y^*(k)] W^{-nk}$$

当 $x(n) = y(n)$ 时，上式写为

$$\sum_{m=0}^{N-1} x(m) x((m-n))_N G_N(n) = \frac{1}{N} \sum_{k=0}^{N-1} [X(k) X^*(k)] W^{-nk}$$

上式中，取 $n = 0$，即互相关函数达到最大值的情况，则有

$$\sum_{m=0}^{N-1} x^2(m) = \frac{1}{N} \sum_{k=0}^{N-1} |X(k)|^2 \tag{11.3-8}$$

此式称为帕色代尔定理，上式左端表示有限长序列在时间域计算的能量，右端表示在频域计算的能量。

11.4　离散傅里叶变换与 Z 变换的关系

一、$X(z)$ 的抽样

设有限长序列 $x(n)$ 的长度为 N，其 Z 变换表示式为

$$X(z) = \mathscr{Z}[x(n)] = \sum_{n=-\infty}^{\infty} x(n) z^{-n}$$

一般情况下，有限长序列满足绝对可和条件，故其 Z 变换的收敛域包括单位圆在内。在单位圆上取 N 个等间距点(间距为 $2\pi/N$)，如图 11.4-1 所示，计算各点上的 Z 变换。

$$X(z) \Big|_{z=e^{\mathrm{j}\frac{2\pi}{N}k}} = \sum_{n=0}^{N-1} x(n) e^{-\mathrm{j}\frac{2\pi}{N}nk}$$

使用符号 $W = e^{-\mathrm{j}\frac{2\pi}{N}}$，则上式变为

$$X(z) \Big|_{z=W^{-k}} = \sum_{n=0}^{N-1} x(n) W^{nk} = \mathrm{DFT}[x(n)] = X(k)$$

此式表明，在 z 平面的单位圆上，取幅角为 $\omega = (2\pi/N)k$ 的等间距点($k = 0,1,2,\cdots,N-1$，共 N 个

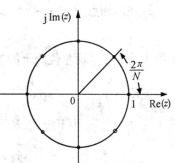

图 11.4-1　z 平面单位圆上取 N 个等间距点

点)，计算各点上的 Z 变换，就可得到有限长序列的离散傅里叶变换的 N 个值，即

$$X(k) = X(z)\Big|_{z=W^{-K}} \tag{11.4-1}$$

式(11.4-1)说明，有限长序列的 DFT 等于其 Z 变换在单位圆上的均匀抽样。

二、$X(z)$ 的恢复

由离散傅里叶变换理论可知，从 DFT$[x(n)]$ 的 N 个样值 $X(k)$，可以通过 IDFT 恢复序列 $x(n)$。显然，也可以从这 N 个样值正确恢复序列 $x(n)$ 的 Z 变换 $X(z)$。因此 $x(n)$，$X(z)$，$X(k)$ 三个函数之间的相互关系可用图 11.4-2 表示。

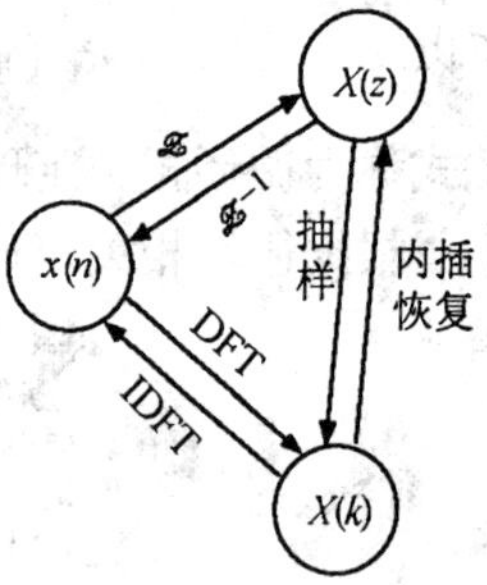

图 11.4-2　函数 $x(n)$，$X(z)$，$X(k)$ 之间的相互关系

有限长序列 $x(n)$ 的 Z 变换式为

$$X(z) = \sum_{n=0}^{N-1} x(n) z^{-n}$$

式中 $x(n)$ 可以表示为 IDFT 的形式

$$x(n) = \frac{1}{N}\sum_{k=0}^{N-1} X(k) W^{-nk}$$

因此

$$\begin{aligned} X(z) &= \sum_{n=0}^{N-1}\left[\frac{1}{N}\sum_{k=0}^{N-1} X(k) W^{-nk}\right] z^{-n} = \\ &\frac{1}{N}\sum_{k=0}^{N-1} X(k)\left[\sum_{n=0}^{N-1} W^{-nk} z^{-n}\right] = \\ &\frac{1}{N}\sum_{k=0}^{N-1} X(k)\left[\frac{1 - W^{-Nk} z^{-N}}{1 - W^{-k} z^{-1}}\right] = \\ &\sum_{k=0}^{N-1} X(k)\left[\frac{1}{N}\,\frac{1 - z^{-N}}{1 - W^{-k} z^{-1}}\right] = \sum_{k=0}^{N-1} X(k)\varphi_k(z) \end{aligned}$$

这就是由单位圆上的抽样点 $X(k)$ 确定的 $X(z)$ 表达式，称为“内插公式”，其中

$$\varphi_k(z) = \frac{1}{N}\,\frac{1 - z^{-N}}{1 - W^{-k} z^{-1}} \tag{11.4-3}$$

称为“内插函数”。

设在内插点上 $z = e^{j\frac{2\pi}{N}k'}$，此时内插函数具有如下性质

$$\varphi_k(e^{j\frac{2\pi}{N}k}) = 1, \quad k' = k$$

式中 k 表示 z 平面单位圆上的抽样点；k' 表示内插点。

证明

$$\varphi_k(e^{j\frac{2\pi}{N}k'}) = \frac{1}{N}\,\frac{1 - e^{-j\frac{2\pi}{N}Nk'}}{1 - e^{j\frac{2\pi}{N}k} e^{-j\frac{2\pi}{N}k'}} = \frac{1}{N}\,\frac{1 - e^{-j\frac{2\pi}{N}k'}}{1 - e^{j\frac{2\pi}{N}(k-k')}}$$

当 $k = k'$ 时，φ_k 为不定式，利用罗比塔法则可得

$$\varphi_k = \frac{1}{N}\,\frac{-e^{-j2\pi k}(-j2\pi)}{-e^{j\frac{2\pi}{N}(k-k')}\left(-j\dfrac{2\pi}{N}\right)} = 1$$

因此，当 $k = k'$ 时，式(11.4-2) 变为

$$X(z)\Big|_{z=e^{j\frac{2\pi}{N}k'}} = X(k) \tag{11.4-4}$$

即内插点上的 $X(z)$ 函数值正好是 $X(z)$ 上原抽样点的值,内插点与抽样点重合。而当 z 不是抽样点时,$\varphi_k(z)$ 是连续函数,使 $X(k)\varphi_k(z)$ 的 N 次迭加而得到连续函数 $X(z)$。

11.5 快速傅里叶变换(FFT)

离散傅立叶变换的冗繁计算,影响了它的实用价值,而快速傅里叶变换则能大大减少 DFT 运算次数,因而也就节省了工作时间。

一、减少 DFT 运算次数的途径

依照 DFT 的定义式

$$X(k) = \mathrm{DFT}[x(n)] = \sum_{n=0}^{N-1} x(n) W^{nk} \qquad 0 \leqslant k \leqslant N-1$$

$$x(n) = \mathrm{IDFT}[X(k)] = \frac{1}{N}\sum_{k=0}^{N-1} X(k) W^{-nk} \qquad 0 \leqslant n \leqslant N-1$$

由上式可以看出,每计算一个 $X(k)$ 值,需要进行 N 次复数乘法和 $N-1$ 次复数加法。对于 N 个 $X(k)$ 点,应重复 N 次上述运算。因此要完成全部 DFT 运算共需 N^2 次复数乘法和 $N(N-1)$ 次复数加法。

设 $N=4$,将 DFT[·] 式写成矩阵形式

$$\begin{bmatrix} X(0) \\ X(1) \\ X(2) \\ X(3) \end{bmatrix} = \begin{bmatrix} W^0 & W^0 & W^0 & W^0 \\ W^0 & W^1 & W^2 & W^3 \\ W^0 & W^2 & W^4 & W^6 \\ W^0 & W^3 & W^6 & W^9 \end{bmatrix} \begin{bmatrix} x(0) \\ x(1) \\ x(2) \\ x(3) \end{bmatrix} \qquad (11.5\text{-}1)$$

显然,为了求得每个 $X(k)$ 值,需要 $N=4$ 次复数乘法和 $N-1=3$ 次复数加法,要得到全部 N 个 $X(k)$ 值,需要 $N^2=16$ 次复数乘法和 $N(N-1)=12$ 次复数加法。

随着样点数 N 值的增大,运算工作量将迅速增长,这对信号的实时处理形成极大的障碍。

如何减少运算工作量,主要从以下三个方面考虑。

(1) 利用 W^{nk} 的周期性

容易证明

$$W^{nk} = W^{((nk))_N}$$

上式右边为对 nk 的模 N 运算。此式若写成下面的形式更为直观些

$$W^{n(k+N)} = W^{nk} , \quad \text{或} \quad W^{k(n+N)} = W^{nk} \qquad (11.5\text{-}2)$$

(2) 利用 W^{nk} 的对称性

因为 $W^{\frac{N}{2}} = -1$,于是得到

$$W^{(nk+\frac{N}{2})} = -W^{nk} \qquad (11.5\text{-}3)$$

例如 $N=4$ 时,$W^2 = -W^0$,$W^3 = -W^1$。

应用 W^{nk} 的周期性和对称性,式(11.5-1)中的 $[W]$ 矩阵可以进行简化

$$
\begin{bmatrix}
W^0 & W^0 & W^0 & W^0 \\
W^0 & W^1 & W^2 & W^3 \\
W^0 & W^2 & W^4 & W^6 \\
W^0 & W^3 & W^6 & W^9
\end{bmatrix}
=
\begin{bmatrix}
W^0 & W^0 & W^0 & W^0 \\
W^0 & W^1 & W^2 & W^3 \\
W^0 & W^2 & W^0 & W^2 \\
W^0 & W^3 & W^2 & W^1
\end{bmatrix}
=
\begin{bmatrix}
W^0 & W^0 & W^0 & W^0 \\
W^0 & W^1 & -W^0 & -W^1 \\
W^0 & -W^0 & W^0 & -W^0 \\
W^0 & -W^1 & -W^0 & W^1
\end{bmatrix}
$$

$$(11.5\text{-}4)$$

经简化的矩阵 $[W]$ 中,若干数量的元素雷同。我们发现:在 DFT 的运算中,存在着许多不必要的重复计算。避免这些重复,正是简化运算的关键。

(3) 把 N 点 DFT 运算分解为 $N/2$ 点的 DFT 运算,然后取和。这样做,可以大大减少运算量。

下面讨论按输入序列 $x(n)$ 在时域的奇偶分组,即所谓时间抽取的 FFT 算法。

二、时间抽选算法的基本原理

设 $N = 2^M$,M 为正整数。把 $x(n)$ 的 DFT 运算按 n 为偶数和 n 为奇数分解为两部分

$$
X(k) = \mathrm{DFT}[x(n)] = \sum_{n=0}^{N-1} x(n) W_N^{nk} =
$$

$$
\sum_{\text{偶数}n} x(n) W_N^{nk} + \sum_{\text{奇数}n} x(n) W_N^{nk} \qquad 0 \leqslant k \leqslant N-1
$$

在上式中,以 $2r$ 表示偶数 n,$2r+1$ 表示奇数 n,相应的 r 取值范围是 $0,1,\cdots,\dfrac{N}{2}-1$。即有

$$
X(k) = \sum_{r=0}^{\frac{N}{2}-1} x(2r) W_N^{2rk} + \sum_{r=0}^{\frac{N}{2}-1} x(2r+1) W_N^{(2r+1)k} =
$$

$$
\sum_{r=0}^{\frac{N}{2}-1} x(2r)(W_N^2)^{rk} + W_N^k \sum_{r=0}^{\frac{N}{2}-1} x(2r+1)(W_N^2)^{rk}
$$

由于式中 $W_N^2 = \mathrm{e}^{-2\mathrm{j}\left(\frac{2\pi}{N}\right)} = \mathrm{e}^{-\mathrm{j}\left(\frac{2\pi}{N/2}\right)} = W_{N/2}$

于是　　$X(k) = \displaystyle\sum_{r=0}^{\frac{N}{2}-1} x(2r) W_{N/2}^{rk} + W_N^k \sum_{r=0}^{\frac{N}{2}-1} x(2r+1) W_{N/2}^{rk} = G(k) + W_N^k H(k)$

式中　　　　　　　　$G(k) = \displaystyle\sum_{r=0}^{\frac{N}{2}-1} x(2r) W_{N/2}^{rk}$

$$
H(k) = \sum_{r=0}^{\frac{N}{2}-1} x(2r+1) W_{N/2}^{rk}
$$

必须注意,$G(k)$ 和 $H(k)$ 都是 $N/2$ 点 DFT,只有 $N/2$ 个点,即 $k = 0,1,2,\cdots,(N/2)-1$;而 $X(k)$ 却需要 N 个点,$k = 0,1,2,\cdots,N-1$;因此若使用 $G(k)$ 和 $H(k)$ 表示 $X(k)$,须有

$$
X(k) = G(k) + W_N^k H(k) \qquad (0 \leqslant k \ \frac{N}{2}-1)
$$

$$
X\left(\frac{N}{2}+k\right) = G\left(\frac{N}{2}+k\right) + W_N^{\frac{N}{2}+k} H\left(\frac{N}{2}+k\right), \qquad \left(0 \leqslant k \leqslant \frac{H}{2}-1\right)
$$

由于 $G(K)$ 和 $H(K)$ 以 $N/2$ 为周期,即

· 274 ·

$$G\left(\frac{N}{2} + k\right) = G(k)$$

$$H\left(\frac{N}{2} + k\right) = H(k)$$

又由于　$W_N^{\frac{N}{2}+k} = W_N^{\frac{N}{2}} W_N^k = -W_N^k$

所以

$$X(k) = G(k) + W_N^k H(k) \tag{11.5-5}$$

$$X\left(k + \frac{N}{2}\right) = G(k) - W_N^k H(k) \tag{11.5-6}$$

其中 $k = 0,1,2,\cdots,(N/2) - 1$;此式给出 $X(k)$ 的前 $N/2$ 点和后 $N/2$ 点的数量,总共有 N 个值。

设 $N = 4$,则式(11.5-5),(11.5-6) 可写为

$$X(0) = G(0) + W_4^0 H(0)$$

$$X(1) = G(1) + W_4^1 H(1)$$

$$X(2) = G(0) - W_4^0 H(0)$$

$$X(3) = G(1) - W_4^1 H(1)$$

$$\tag{11.5-7}$$

图 11.5-1 为 N 点 DFT 分解为两个 $N/2$ 点 DFT 的流图($N = 4$)。

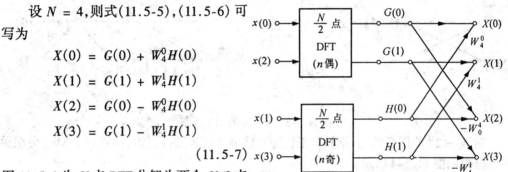

图 11.5-1　N 点 DFT 分解为 $N/2$ 点 DFT($N = 4$)

该图的右半部分代表式(11.5-7)的运算,线旁标注加权系数 W,没有标明者表示单位传输,在这种流图中,基本运算单元呈蝴蝶形,因此又称蝶形运算单元,如图 11.5-2(a) 所示。由图可见,一个蝶形运算包括两次复数乘法和两次复数加法。蝶形运算还可以简化为图 11.5-2(b) 所示的情况。其运算过程是:输入端的 $H(0)$ 先与 W_N^0 相乘,再与入端的 $G(0)$ 分别作加、减运算,得到输出 $X(0)$ 与 $X(2)$。可见,此时运算量减少至只有一次复数乘法和两次复数加(减)法。

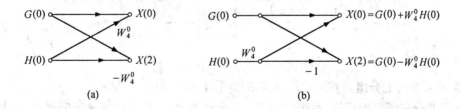

(a)　　　　　　　　　　(b)

图 11.5-2　蝶形运算单元

图 11.5-1 的左半边的 $N/2$ 点 DFT 运算,可以写为

$$G(0) = x(0) + W_2^0 x(2)$$

$$G(1) = x(0) - W_2^0 x(2)$$

$$H(0) = x(1) + W_2^0 x(3)$$

$$H(1) = x(1) - W_2^0 x(3)$$

把这些运算也画成蝶形,则 $N = 4$ 点的 DFT 流图如图 11.5-3 所示。由图可见,左半面也是由 $N/2 = 2$ 个蝶形组成。这样,为完成图 11.5-3 规定的全部运算,共需 $2\dfrac{N}{2} = 4$ 次复数乘法和 $2N = 8$ 次复数加法,而直接进行 $N = 4$ 的 DFT 全部运算量为 $N^2 = 16$ 次乘法和 $N(N-1) = 12$ 次复数加法,可见,FFT 算法的运算工作量显著减少。

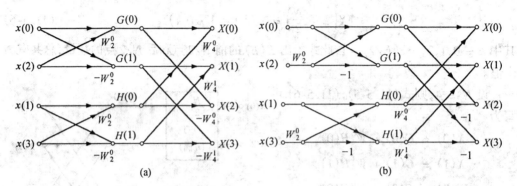

图 11.5-3 $N = 4$ 的 FFT 流图

对 $N = 2^M$ 的任意情况,则需要把这种奇偶分解逐级进行下去。例如 $N = 8$ 时,分组运算方框图如图 11.5-4 所示。

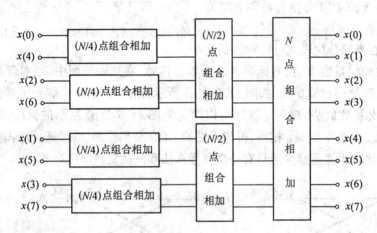

图 11.5-4   奇偶分组运算框图

将 $N = 8$ 时的分组运算画成蝶形流图如图 11.5-5 所示。

这里共分三级蝶形运算,每级由 $N/2 = 4$ 个蝶形组成。全部运算量是 $3(N/2) = 12$ 次复数乘法,$3N = 24$ 次复数加法;而直接按 DFT 的运算量是 $N^2 = 64$ 次乘法,$N(N-1) = 56$ 次加法。

当 $N = 2^M$ 时,全部运算可分解为 M 级蝶形流图,每级都包含 $N/2$ 次乘,N 次加减,快速算法的全部运算工作量为

复数乘法 $(N/2) M = (N/2)\log_2 N$ 次

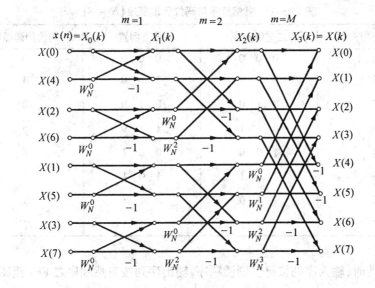

图 11.5-5 奇偶分组运算的蝶形流图

复数加法 $N \cdot M = N\log_2 N$ 次

而直接按 DFT 算法则需要

复数乘法 N^2 次

复数加法 $N(N-1)$ 次

如果取 $N = 2^{10} = 1024$ 点,则两种算法所需乘法次数之比为

$$\frac{N^2}{\frac{N}{2}\log_2 N} = \frac{2N}{\log_2 N} = \frac{2 \times 1024}{\log_2 2^{10}} = 204.8$$

下面介绍 FFT 算法的另外两个重要特点:同址运算和码位倒读。

所谓同址运算,就是当数据输入到存储器之后,每级运算结果仍然储存在原有的同一组存储器之中,直到最后一级算完,中间无需增设其他存储设备。我们看图 11.5-3(a) 左上端的一个蝶形运算单元。此处,由输入 $x(0)$ 与 $x(2)$ 求得 $G(0)$ 与 $G(1)$,此后 $x(0)$,$x(2)$ 即可消除,允许 $G(0),G(1)$ 送入原存放数据 $x(0),x(2)$ 的存储单元之中。同样,求得 $H(0),H(1)$ 之后,也可送入原存放 $x(1),x(3)$ 的位置。可见,在完成第一级运算过程中,只利用了原输入数据的存储器,即可获得顺序符合要求的中间数据,并立即进行下一级运算。

从流图看到的输出 $X(k)$ 是顺序排列的,即以 $X(0),X(1),X(2)\cdots$ 直到 $X(N-1)$ 顺序输出,而输入 $x(n)$ 的排列,看上去却是乱序的。如 $N=8$ 时,为 $x(0),x(4),x(2),x(6),$ $x(1),x(5),x(3),x(7)$。其实这种现象是由于按 n 的奇、偶分组进行 DFT 运算而造成的,这种排列方式称为"码位倒读"的顺序。所谓倒读是将十进制数按二进制表示的数字首尾位置颠倒,再重新按十进制读数。其过程可以从下表中清楚地表示出来。

表 11.5-1　自然顺序与码位倒读顺序($N = 8$)

自然顺序	二进制表示	码位倒置	码位倒读顺序
0	0 0 0	0 0 0	0
1	0 0 1	1 0 0	4
2	0 1 0	0 1 0	2
3	0 1 1	1 1 0	6
4	1 0 0	0 0 1	1
5	1 0 1	1 0 1	5
6	1 1 0	0 1 1	3
7	1 1 1	1 1 1	7

当 $N = 2^M$ 时,输入序列按码位倒读顺序,输出序列按自然顺序之 FFT 流图排列规律如下:

1. 全部运算分解为 M 级(M 次迭代);

2. 输入序列 $x(n)$ 按码位倒读顺序排列,输出序列 $X(k)$ 按自然顺序排列;

3. 每级都包含 $N/2$ 个蝶形单元,但其几何形状各不相同,自左至右第一级的 $N/2$ 个蝶形单元分布为 $N/2$"群",第二次则分为 $N/4$ 个"群",… 第 i 级分为 $N/2^i$ 个"群",… 最后一级只有 $N/2^M$ 个"群",也就是一个"群";

4. 同一级中各个"群"的加权系数 W 分布规律完全相同;

5. 各级的 W 分布顺序自上而上按如下规律排列

第 1 级　W_N^0

第 2 级　$W_N^0, W_N^{\frac{N}{4}}$

第 3 级　$W_N^0, W_N^{\frac{N}{8}}, W_N^{\frac{2N}{8}}, W_N^{\frac{3N}{8}}$

……

第 i 级　$W_N^0, W_N^{\frac{N}{2^i}}, W_N^{\frac{2N}{2^i}}, \cdots, W_N^{(2^{i-1}-1) \cdot \frac{N}{2^i}}$

……

第 M 级　$W_N^0, W_N^1, W_N^2, W_N^{\frac{N}{2}-1}$

快速傅里叶变换除了时间抽选算法外,还有频率抽选算法。N 的取值除 2 的整数次幂外,还可以是任意复合数。

快速算法除 FFT 外,还有维诺格兰(WFTA)算法。快速哈达玛(FHT)变换,沃尔什(FWT)变换、数论变换,多项式变换等。

11.6　快速卷积与快速相关

凡运用 DFT 方法之处,几乎无例外地使用 FFT 算法,因此讲到所谓 DFT 的应用,实际就是 FFT 的应用。

一、快速卷积

若长度为 N_1 的序列 $x(n)$ 和长度为 N_2 的序列 $h(n)$ 作线性卷积,得到

$$y(n) = \sum_{m=-\infty}^{\infty} x(m)h(n-m)$$

序列 $y(n)$ 的长度则为 $N_1 + N_2 - 1$,卷积运算中,每个 $x(n)$ 值都必须与每个 $h(n)$ 值相乘,因此,共需 $N_1 N_2$ 次乘法运算,当 $N_1 = N_2 = N$ 时需要 N^2 次乘法运算。

直接使用圆卷积运算与线卷积结果完全不同。这是因为:在线卷积过程中,经反褶再向右平移的序列,在左端将依次留出空位,而在圆卷积过程中,经反褶,作圆移位的序列、向右移去的样值又从左端循环出现。如图 11.6-1 所示。

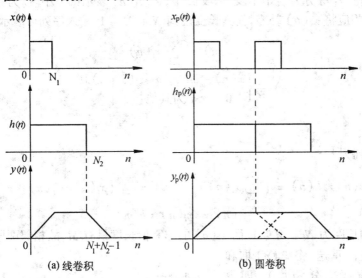

(a) 线卷积   (b) 圆卷积

图 11.6-1　线卷积与圆卷积的示意图

如果要把求线性卷积改用求圆周卷积而又保持卷积结果不变,就需要将两序列分别补零加长至 $(N_1 + N_2 - 1)$。此时若借助 FFT 技术计算圆周卷积,则有可能减少求卷积所需的运算工作量。

图 11.6-2 示出直接卷积与快速卷积两种方案的原理方框图。由图可见,在快速卷积的过程中,共需两次 FFT,一次 IFFT 计算,相当于三次 FFT 的运算量。在一般的有限冲激响应(FIR) 数字滤波器中,由 $h(n)$ 求 $H(k)$ 这一步是预先设计好的,数据已置于存储器之中,故实际只需二个 FFT 的运算量。如果假设 $N_1 = N_2 = N$,并考虑到 $X(k)$ 和 $H(k)$ 相乘,则全部复数

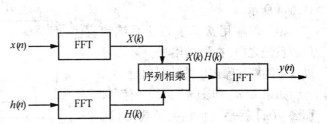

图 11.6-2　直接卷积与快速卷积

乘法运算次数为

$$2 \times \left(\frac{N}{2} \log_2 N \right) + N = N(1 + \log_2 N)$$

很显然,当 N 值较大时,上式的数字要比 N^2 小得多,因此圆卷积的方案可以快速完成卷积运算。

快速卷积的意义在于力求信号处理的实时性。

在实际工作中,常常遇到所要处理的信号很长,甚至长度趋于无限大,例如语音信号、地震波动信号、宇宙通信中产生的某些信号等,对于这类信号的处理不能使用前面的办法,而应采用分段卷积的方法。

一般,代表滤波器系统特性的 $h(n)$ 是有限长的,设为 N,代表信号 $x(n)$ 的长度 N_1 很大,$N_1 \gg N$,将 N_1 等分为若干小段,每段长 M,以 $x_1(n)$ 表示第 i 小段。为完成 $x_1(n)$ 与 $h(n)$ 之圆卷积应将 $x_i(n)$ 补零,使其长度达到 $N + M - 1$。输入序列可表示为

$$x(n) = \sum_{i=0}^{P} x_i(n)$$

式中

$$x_i(n) = \begin{cases} x(n) & iM \leqslant n \leqslant (i+1)M - 1 \\ 0 & n \text{ 为其他} \end{cases}$$

$$P = \frac{N_1}{M}$$

此时,输出序列为

$$y(n) = x(n) * h(n) = \left[\sum_{i=0}^{P} x_i(n) \right] * h(n) = \sum_{i=0}^{P} [x_i(n) * h(n)] = \sum_{i=0}^{P} y_i(n)$$

式中

$$y_i(n) = x_i(n) * h(n)$$

由于 $y_i(n)$ 的长度为 $N + M - 1$,而 $x_i(n)$ 的非零值长度只有 M,故相邻两段的 $y_i(n)$ 必有 $N - 1$ 长度的重迭。将 $y_i(n)$ 取和(实际上是重迭部分相加),即得 $y(n)$。此过程如图 11.6-3 所示。这种分段卷积然后相加输出的方法称为重迭相加法。

二、快速相关(功率谱计算)

快速相关与快速卷积的原理相似,也可借助于 FFT 技术完成,如图 11.6-4 所示。

相关的应用常见于雷达系统和声纳系统之中,在那里用相关运算可以确定隐藏在噪声中的信号时延。

如果 $h(n)$ 和 $x(n)$ 是同一信号,那么 $y(n)$ 就是其自相关函数,$Y(k)$ 就是 $x(n)$ 的功率谱。

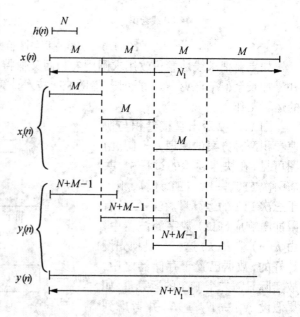

图 11.6-3 重迭相加法

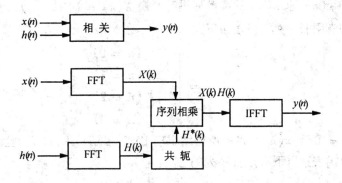

图 11.6-4　直接相关与快速相关

习　题　11

11-1　已知周期序列 $x_p(n)$ 如图 11-1 所示,试求 $DFS[x_p(n)] = X_p(k)$。

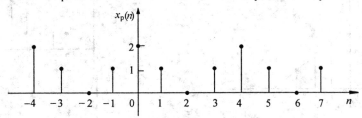

图 11-1　习题 11-1 图

11-2　已知周期序列

$$x_p(n) = \begin{cases} 10 & 2 \leq n \leq 6 \\ 0 & n = 0,1,7,8,9 \end{cases}$$

周期 $N = 10$,试求 $DFS[x_p(n)] = X_p(k)$,并画出 $X_p(k)$ 的幅度和相位特性。

11-3　周期性实序列 $x_p(n)$ 如图 11-3 所示,试判断下述各论点是否正确。

$1. X_p(k) = X_p(k+10);$ 　 $2. X_p(k) = X_p(-k)$

$3. X_p(0) = 0;$ 　 　 $4. X_p(k)e^{j\left(\frac{2\pi}{5}\right)k}$,对于所有的 k,此式为实数。

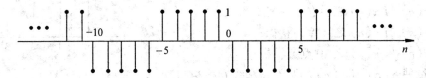

图 11-3　习题 11-3 图

11-4　如果 $x_p(n)$ 是一个周期为 N 的序列,也是周期为 $2N$ 的序列,令 $X_{p1}(k)$ 表示当周期为 N 时的 DFS 系数,$X_{p2}(k)$ 是当周期为 $2N$ 时的 DFS 系数。试以 $X_{p1}(k)$ 表示 $X_{p2}(k)$。

11-5　已知周期序列 $x_p(n)$ 如图 11-1 所示。取其主值序列构成一个有限长序列 $x(n) =$

$x_p(n)G_N(n)$，求 $x(n)$ 的离散傅里叶变换 $X(k) = \mathrm{DFT}[x(n)]$。

11-6　若已知有限长序列 $x(n)$ 如下式

$$x(n) = \begin{cases} 1 & (n = 0) \\ 2 & (n = 1) \\ -1 & (n = 2) \\ 3 & (n = 3) \end{cases}$$

求 $X(k) = \mathrm{DFT}[x(n)]$，再由所得结果求 $\mathrm{IDFT}[X(k)] = x(n)$，验证你的计算。

11-7　用闭合式表达以下有限长序列的 DFT：

1. $x(n) = \delta(n)$;　　　　　2. $x(n) = \delta(n - n_0)$　$(0 < n_0 < N)$

3. $x(n) = a^n G_N(n)$

11-8　一有限长序列 $x(n)$ 如 11-8 所示，绘出 $x_1(n)$ 和 $x_2(n)$ 序列

$$x_1(n) = x((n-1))_4 G_4(n) \qquad x_2(n) = x((-n))_4 G_4(n)$$

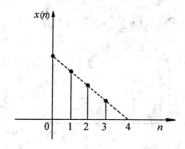

图 11-8　习题 11-8 图

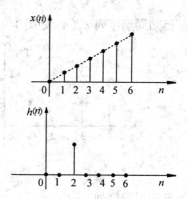

图 11-9　习题 11-9 图

11-9　两个有限长序列 $x(n)$ 和 $h(n)$，如图 11-9 所示，试绘出长度为 6 的圆卷积。

11-10　已知有限长序列 $x(n)$，$\mathrm{DFT}[x(n)] = X(k)$，试利用频移定理求

1. $\mathrm{DFT}\left[x(n)\cos\left(\dfrac{2\pi ln}{N}\right)\right]$;　　　　2. $\mathrm{DFT}\left[x(n)\sin\left(\dfrac{2\pi ln}{N}\right)\right]$

11-11　图 11-11 所示为 $N = 4$ 之有限长序列 $x(n)$，试绘图解答

1. $x(n)$ 与 $x(n)$ 之线卷积；

2. $x(n)$ 与 $x(n)$ 之 4 点圆卷积；

3. $x(n)$ 与 $x(n)$ 之 10 点圆卷积；

4. 欲使 $x(n)$ 与 $x(n)$ 的圆卷积和线卷积相同，求长度 L 之最小值。

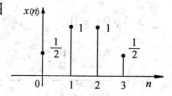

图 11-11　习题 11-11 图

11-12　若已知实数有限长序列 $x_1(n)$，$x_2(n)$，其长度都为 N

$$\mathrm{DFT}[x_1(n)] = X_1(k) \qquad \mathrm{DFT}[x_2(n)] = X_2(k)$$

$$x_1(n) + jx_2(n) = x(n) \qquad \mathrm{DFT}[x(n)] = X(k)$$

试证明下列关系式成立

$$X_1(k) = \frac{1}{2}[X(k) + X^*(N-k)]$$

$$X_2(k) = \frac{1}{2j}[X(k) - X^*(N-k)]$$

11-13 若 $x(n) = G_N(n)$（矩形序列）

1. 求 $\mathscr{Z}[x(n)]$；   2. 求 DFT$[x(n)]$；

3. 求频响特性 $X(e^{j\omega})$，作幅频特性曲线图。

11-14 设 $x(n)$ 为一有限长序列，当 $n < 0$ 和 $n \geqslant N$ 时，$x(n) = 0$，且 N 等于偶数。已知 DFT$[x(n)] = X(k)$，试利用 $X(k)$ 表示以下各序的 DFT

1. $x_1(n) = x(N-1-n)$

2. $x_2(n) = (-1)^n x(n)$

3. $x_3(n) = \begin{cases} x(n) & (0 \leqslant n \leqslant N-1) \\ x(n-N) & (N \leqslant n \leqslant 2N-1) \\ 0 & (n\ 为其他值) \end{cases}$

4. $X_4(n) = \begin{cases} x(n) + x\left(n + \dfrac{N}{2}\right) & \left(0 \leqslant n \leqslant \dfrac{N}{2} - 1\right) \\ 0 & (n\ 为其他值) \end{cases}$

5. $x_5(n) = \begin{cases} x(n) & (0 \leqslant n \leqslant N-1) \\ 0 & (N \leqslant n \leqslant 2N-1) \\ 0 & (n\ 为其他值)\ (\text{DFT 有限长度取}\ 2N) \end{cases}$

6. $x_6(n) = \begin{cases} x\left(\dfrac{n}{2}\right) & (n\ 为偶) \\ 0 & (n\ 为奇) \end{cases}$

7. $x_7(n) = x(2n)$ $\left(\text{DFT 有限长度取}\ \dfrac{N}{2}\right)$

11-15 画出 $N = 16$ 的 FFT 算法流程图，输入序列按码位倒读顺序排列，输出为自然顺序排列。

第12章　系统的状态变量分析法

12.1　引　言

研究任何系统,都要首先建立系统的数学模型,例如描述连续系统的微分方程式和描述离散系统的差分方程式等。按照采用何种数学模型,可将描述系统的方法分为两类:一类是输入-输出描述法;另一类是状态变量描述法。

前面各章讨论的线性系统的各种分析方法,包括时域分析法和变换域分析法,尽管它们各有不同的特点,但都是着眼于激励函数和响应函数之间的直接关系,或者说输入信号和输出信号之间的关系,都属于输入-输出描述法。在这种方法中,人们关心的只是系统输入和输出端口上的有关变量,因此又称**外部法**。根据前面各章的学习,已经知道,如果某系统的输入信号为 $e(t)$,则其输出响应 $r(t)$ 由零输入响应 $r_{zi}(t)$ 和零状态响应 $r_{zs}(t)$ 两部分组成,即

$$r(t) = r_{zi}(t) + r_{zs}(t) = \sum_{i=0}^{n} C_i e^{\alpha_i t} + e(t) * h(t) \tag{12.1-1}$$

式中,α_i 是系统特征方程的根;$h(t)$ 是系统的单位冲激响应。

欲求得输出响应 $r(t)$,除了系统本身的结构和元件参量(包含在 $h(t)$ 或 $H(s)$ 之中)外,必须知道以下两方面的情况,即输入激励 $e(t)$ 和系统的初始条件 $r(0), r'(0), \cdots,$ 或 $u_e(0), i_L(0), \cdots,$ 也就是说,$r(t)$ 是激励和初始条件的函数,可表示为

$$r(t) = f[u_C(0), \cdots, i_L(0), \cdots, e(t)] = $$
$$f[r(0), r'(0), \cdots, e(t)] \quad t \geqslant 0 \tag{12.1-2}$$

状态变量描述法又称**内部法**,它不但能给出系统的外部特性而且着重于系统的内部特性的描述。

对于上述的初始条件,若令 $t = t_0$,而不是 $t = 0$,则系统内电容上的电压 $u_C(t_0)$ 和电感中的电流 $i_L(t_0)$ 就表明 $t = t_0$ 时系统的状态,故我们称 $u_C(t)$ 和 $i_C(t)$ 为系统的状态变量;一般用 $\lambda_1(t), \lambda_2(t), \cdots, \lambda_n(t) = \{\lambda(t)\}$ 表示,这是一个时间函数,说明系统的状态是随时间而变化的。而 $\lambda_1(t_0), \lambda_2(t_0), \cdots, \lambda_n(t_0) = \{\lambda(t_0)\}$ 代表 $t = t_0$ 时系统的状态。

关于状态变量分析法,以上只作了定性介绍,下面给出状态变量分析法中的几个名词定义。

状态　一个系统的状态就是指系统特征过去、现在和未来发展变化的状况。

状态变量　用来描述系统状态的数目最小的一组变量。状态变量的实质是反映了系统内部储能状态的变化。

状态矢量　能够完全描述一个系统行为的 n 个状态变量,可以看成一个矢量 $\lambda(t)$ 的各分量的坐标,此时 $\lambda(t)$ 就称为状态矢量,并可写为列矩阵的形式

$$\lambda(t) = \begin{bmatrix} \lambda_1(t) \\ \lambda_2(t) \\ \vdots \\ \lambda_n(t) \end{bmatrix}$$

状态空间　　状态矢量 $\lambda(t)$ 所在的多维空间就称为状态空间。状态矢量的分量的个数就是空间的维数。

状态轨迹　　在状态空间中,状态矢量的端点随时间变化而描出的路径,称为状态轨迹。

状态变量描述法所用的数学模型称为状态方程,它是由状态变量构成的一阶联立微分方程组。对离散时间系统,状态方程为一阶联立差分方程组。

在给定系统的模型和激励函数而要用状态变量去分析系统时,可以分两步进行,第一步是根据系统的初始状态求出各个状态变量的时间函数;第二步是用状态变量来确定初始时间以后的系统的输出响应函数。所以,对系统进行分析时,首先要列出状态方程,然后是解状态方程求出状态变量,最后是将状态变量代入输出方程而得到输出响应。

状态变量法具有一些鲜明的特点:

1. 可以提供更多的系统内部的信息。不仅能由输入、输出之间的关系求得输出响应,而且可以提供系统内部的情况,为研究系统内部一些物理量的变化规律及检验系统的数学模型带来方便。

2. 这种分析方法特别适用于复杂的多输入、多输出系统,便于使用计算机。

3. 可以用来分析非线性系统和时变系统。

12.2　状态方程的建立

状态方程的标准形式是一组一阶联立微分方程。方程式左端是各状态变量的一阶导数,右端是状态变量和激励函数的某种组合。状态方程可以由系统网络直接列写,但更方便的是依据输入输出方程列写。

一、连续系统状态方程的建立

1. 状态方程的标准形式

连续时间系统的状态方程是状态变量的一阶联立微分方程组,即

$$
状态方程
\begin{cases}
\dfrac{\mathrm{d}\lambda_1(t)}{\mathrm{d}t} = f_1[\lambda_1(t),\lambda_2(t),\cdots,\lambda_n(t); \\
\qquad\qquad e_1(t),e_2(t),\cdots,e_m(t),t] \\
\dfrac{\mathrm{d}\lambda_2(t)}{\mathrm{d}t} = f_2[\lambda_1(t),\lambda_2(t),\cdots,\lambda_n(t); \\
\qquad\qquad e_1(t),e_2(t),\cdots,e_m(t),t] \\
\cdots\cdots \\
\dfrac{\mathrm{d}\lambda_n(t)}{\mathrm{d}t} = f_n[\lambda_1(t),\lambda_2(t),\cdots,\lambda_n(t); \\
\qquad\qquad e_1(t),e_2(t),\cdots,e_m(t),t]
\end{cases}
\tag{12.2-1}
$$

$$\begin{cases} r_1(t) = g_1[\lambda_1(t),\lambda_2(t),\cdots,\lambda_n(t); \\ \qquad\qquad e_1(t),e_2(t),\cdots,e_m(t),t] \\ r_2(t) = g_2[\lambda_1(t),\lambda_2(t),\cdots,\lambda_n(t); \\ \qquad\qquad e_1(t),e_2(t),\cdots,e_m(t),t] \\ \cdots\cdots \\ r_r(t) = g_r[\lambda_1(t),\lambda_2(t),\cdots,\lambda_n(t); \\ \qquad\qquad e_1(t),e_2(t),\cdots,e_m(t),t] \end{cases} \qquad (12.2\text{-}2)$$

输出方程

式中 $\lambda_1(t),\lambda_2(t),\cdots,\lambda_n(t)$ 为系统的 n 个状态变量；

$e_1(t),e_2(t),\cdots,e_m(t)$ 为系统的 m 个输入信号；

$r_1(t),r_2(t),\cdots,r_r(t)$ 为系统的 r 个输出信号。

如果系统是线性时不变系统，则状态方程和输出方程是状态变量和输入信号的线性组合，即

$$\begin{cases} \dfrac{\mathrm{d}\lambda_1(t)}{\mathrm{d}t} = a_{11}\lambda_1(t) + a_{12}\lambda_2(t) + \cdots + \\ \qquad\qquad a_{1n}\lambda_n(t) + b_{11}e_1(t) + \cdots + b_{1m}e_m(t) \\ \dfrac{\mathrm{d}\lambda_2(t)}{\mathrm{d}t} = a_{21}\lambda_1(t) + a_{22}\lambda_2(t) + \cdots + \\ \qquad\qquad a_{2n}\lambda_n(t) + b_{21}e_2(t) + \cdots + b_{2m}e_m(t) \\ \cdots\cdots \\ \dfrac{\mathrm{d}\lambda_n(t)}{\mathrm{d}t} = a_{n1}\lambda_1(t) + a_{n2}\lambda_2(t) + \cdots + \\ \qquad\qquad a_{nn}\lambda_n(t) + b_{n1}e_1(t) + \cdots + b_{nm}e_m(t) \end{cases} \qquad (12.2\text{-}3)$$

$$\begin{cases} r_1(t) = C_{11}\lambda_1(t) + C_{12}\lambda_2(t) + \cdots + \\ \qquad\qquad C_{1n}\lambda_n(t) + d_{11}e_1(t) + \cdots + d_{1m}e_m(t) \\ r_2(t) = C_{21}\lambda_1(t) + C_{22}\lambda_2(t) + \cdots + \\ \qquad\qquad C_{2n}\lambda_n(t) + d_{21}e_1(t) + \cdots + d_{2m}e_m(t) \\ \cdots\cdots \\ r_r(t) = C_{r1}\lambda_1(t) + C_{r2}\lambda_2(t) + \cdots + \\ \qquad\qquad C_{rn}\lambda_n(t) + d_{r1}e_1(t) + \cdots + d_{rm}e_m(t) \end{cases} \qquad (12.2\text{-}4)$$

式中，a,b,c,d 是由系统元件参数决定的系数，对于线性时不变系统，这些系数均为常数。

状态方程和输出方程可用矢量矩阵形式表示为

$$\dot{\boldsymbol{\lambda}}_{n\times1}(t) = \boldsymbol{A}_{n\times n}\boldsymbol{\lambda}_{n\times1}(t) + \boldsymbol{B}_{n\times m}\boldsymbol{e}_{m\times1}(t) \qquad (12.2\text{-}5)$$

$$\boldsymbol{r}_{r\times1}(t) = \boldsymbol{C}_{r\times n}\boldsymbol{\lambda}_{n\times1}(t) + \boldsymbol{D}_{r\times m}\boldsymbol{e}_{m\times1}(t) \qquad (12.2\text{-}6)$$

其中

$$\dot{\boldsymbol{\lambda}}(t) = \begin{bmatrix} \dot{\lambda}_1(t) \\ \dot{\lambda}_2(t) \\ \vdots \\ \dot{\lambda}_n(t) \end{bmatrix} \qquad \boldsymbol{\lambda}(t) = \begin{bmatrix} \lambda_1(t) \\ \lambda_2(t) \\ \vdots \\ \lambda_n(t) \end{bmatrix}$$

$$\boldsymbol{r}(t) = \begin{bmatrix} r_1(t) \\ r_2(t) \\ \vdots \\ r_r(t) \end{bmatrix} \qquad \boldsymbol{e}(t) = \begin{bmatrix} e_1(t) \\ e_2(t) \\ \vdots \\ e_m(t) \end{bmatrix}$$

$$\boldsymbol{A} = \begin{bmatrix} a_{11} & a_{12} & \cdots & a_{1n} \\ a_{21} & a_{22} & \cdots & a_{2n} \\ \vdots & \vdots & & \vdots \\ a_{n1} & a_{n2} & \cdots & a_{nn} \end{bmatrix} \qquad \boldsymbol{B} = \begin{bmatrix} b_{11} & b_{12} & \cdots & b_{1m} \\ b_{21} & b_{22} & \cdots & b_{2m} \\ \vdots & \vdots & & \vdots \\ b_{n1} & b_{n2} & \cdots & b_{nm} \end{bmatrix}$$

$$\boldsymbol{C} = \begin{bmatrix} c_{11} & c_{12} & \cdots & c_{1n} \\ c_{21} & c_{22} & \cdots & c_{2n} \\ \vdots & \vdots & & \vdots \\ c_{r1} & c_{r2} & \cdots & c_{rn} \end{bmatrix} \qquad \boldsymbol{D} = \begin{bmatrix} d_{11} & d_{12} & \cdots & d_{1m} \\ d_{21} & d_{22} & \cdots & d_{2m} \\ \vdots & \vdots & & \vdots \\ d_{r1} & d_{r2} & \cdots & d_{nm} \end{bmatrix}$$

从状态方程式(12.2-3)和输出方程式(12.2-4)可以看出,每一状态变量的导数是所有状态变量和输入信号的函数,输出信号是状态变量和输入信号的函数。通常,在动态系统中选择惯性元件的输出作为状态变量,在模拟系统中是选积分器的输出。在电网络的分析中总是选电容两端电压和电感中的电流作为状态变量。

2. 状态方程的直接列写

以图 12.2-1 所示电路为例。经以下三步可列出状态方程

第一步　选取独立的电感中电流和电容上电压,即取 $i_L(t), u_{C_1}(t), u_{C_2}(t)$ 为状态变量。由图可见这是一个三阶系统。

第二步　对包含有电感的回路列写回路电压方程,其中必然包括 $L\dfrac{di_L(t)}{dt}$ 项,对连接有电容的

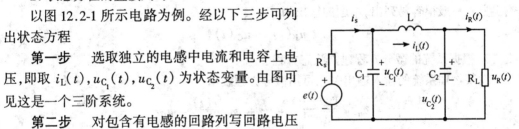

图 12.2-1　RLC 电路图

结点列写结点电流方程,其中必然包括 $C\dfrac{du_C(t)}{dt}$ 项,并应注意,只将此项放在方程的左边,即

$$L\frac{di_L(t)}{dt} = u_{C_1}(t) - u_{C_2}(t)$$

$$C_1\frac{du_{C_1}(t)}{dt} = i_S(t) - i_L(t)$$

$$C_2\frac{du_{C_2}(t)}{dt} = i_L(t) - i_R(t)$$

以上三个式子中, $i_S(t)$ 和 $i_R(t)$ 不是状态变量,应设法把它们用状态变量和输入信号来表示。

第三步　消去非状态变量项,经整理可得出标准形式的状态方程。

由电路图直观得到

$$i_S(t) = \frac{e(t) - u_{C_1}(t)}{R_S}$$

$$i_R(t) = \frac{u_{C_2}(t)}{R_L}$$

把这些量代入上面的方程式内,再加以整理,可得状态方程为

$$\dot{i}_L(t) = \frac{1}{L}u_{C_1}(t) - \frac{1}{L}u_{C_2}(t)$$

$$\dot{u}_{C_1}(t) = -\frac{1}{C_1}i_L(t) - \frac{1}{R_S C_1}u_{C_1}(t) + \frac{1}{R_S C_1}e(t)$$

$$\dot{u}_{C_2}(t) = \frac{1}{C_2}i_L(t) - \frac{1}{R_L C_2}u_{C_2}(t)$$

若写成矩阵形式,则有

$$\begin{bmatrix} \dot{i}_L \\ \dot{u}_{C_1} \\ \dot{u}_{C_2} \end{bmatrix} = \begin{bmatrix} 0 & \frac{1}{L} & -\frac{1}{L} \\ -\frac{1}{C_1} & -\frac{1}{R_S C_1} & 0 \\ \frac{1}{C_2} & 0 & \frac{-1}{R_L C_2} \end{bmatrix} \begin{bmatrix} i_L \\ u_{C_1} \\ u_{C_2} \end{bmatrix} + \begin{bmatrix} 0 \\ \frac{1}{R_S C_1} \\ 0 \end{bmatrix} e(t)$$

输出方程一般很容易列出,本题的输出为

$$u_R(t) = u_{C_2}(t)$$

3. 根据系统的微分方程建立状态方程

设某物理系统的输入输出关系可用微分方程表示

$$\frac{d^n r(t)}{dt^n} + a_{n-1}\frac{d^{n-1} r(t)}{dt^{n-1}} + \cdots + a_1\frac{dr(t)}{dt} + a_0 r(t) =$$

$$b_m\frac{d^m e(t)}{dt^m} + b_{m-1}\frac{d^{m-1} e(t)}{dt^{m-1}} + \cdots + b_1\frac{de(t)}{dt} + b_0 e(t) \qquad (12.2\text{-}7)$$

根据此微分方程可以写出系统转移函数为

$$H(s) = \frac{b_m s^m + b_{m-1}s^{m-1} + \cdots + b_1 s + b_0}{s^n + a_{n-1}s^{n-1} + \cdots + a_1 s + a_0} \qquad (12.2\text{-}8)$$

由式(12.2-7)画出系统的级联形式模拟框图和信号流图,如图 12.2-2 和图 12.2-3 所示。

为列写状态方程,我们取图 12.2-2 中每个积分器的输出作为状态变量,如图中所标的 $\lambda_1(t), \lambda_2(t), \cdots, \lambda_n(t)$,根据上图结构,可以直接写出下列关系式

$$\begin{cases} \dot{\lambda}_1 = \lambda_2 \\ \dot{\lambda}_2 = \lambda_3 \\ \vdots \\ \dot{\lambda}_{n-1} = \lambda_n \\ \dot{\lambda}_n = -a_0\lambda_1 - a_1\lambda_2 - \cdots - a_{n-2}\lambda_{n-1} - a_{n-1}\lambda_n + e \end{cases} \qquad (12.2\text{-}9)$$

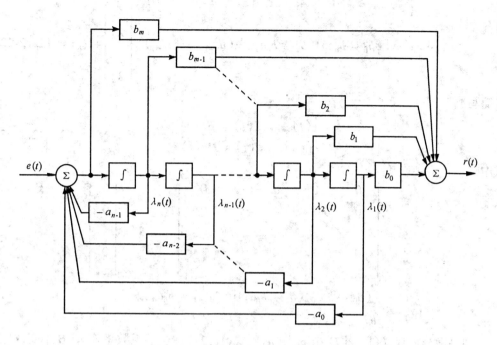

图 12.2-2 系统的级联形式模拟框图

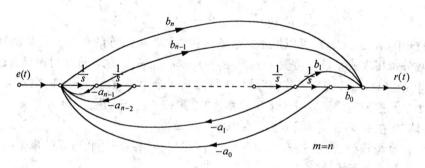

图 12.2-3 系统的信号流图

$$r(t) = b_0\lambda_1 + b_1\lambda_2 + \cdots + b_{n-1}\lambda_n + b_n[-a_0\lambda_1 - a_1\lambda_2 - \cdots - a_{n-1}\lambda_n + e] =$$
$$(b_0 - b_n a_0)\lambda_1 + (b_1 - b_n a_1)\lambda_2 + \cdots + (b_{n-1} - b_n a_{n-1})\lambda_n + b_n e \quad (12.2\text{-}10)$$

上两式即为系统状态方程和输出方程,若表示成矩阵形式,则为

$$\begin{bmatrix} \dot{\lambda}_1 \\ \dot{\lambda}_2 \\ \vdots \\ \dot{\lambda}_{n-1} \\ \dot{\lambda}_n \end{bmatrix} = \begin{bmatrix} 0 & 1 & 0 & \cdots & 0 \\ 0 & 0 & 1 & \cdots & 0 \\ \vdots & & & & \vdots \\ 0 & 0 & 0 & \cdots & 1 \\ -a_0 & -a_1 & -a_2 & \cdots & -a_{n-1} \end{bmatrix} \begin{bmatrix} \lambda_1 \\ \lambda_2 \\ \vdots \\ \lambda_{n-1} \\ \lambda_n \end{bmatrix} + \begin{bmatrix} 0 \\ 0 \\ \vdots \\ 0 \\ 1 \end{bmatrix} e \quad (12.2\text{-}11)$$

$$[r] = [(b_0 - b_n a_0)(b_1 - b_n a_1)\cdots(b_{n-1} - b_n a_{n-1})]\begin{bmatrix} \lambda_1 \\ \lambda_2 \\ \vdots \\ \lambda_n \end{bmatrix} + b_n e \qquad (12.2\text{-}12)$$

或简写成

$$\dot{\boldsymbol{\lambda}}(t) = \boldsymbol{A}\boldsymbol{\lambda}(t) + \boldsymbol{B}e(t)$$
$$r(t) = \boldsymbol{C}\boldsymbol{\lambda}(t) + \boldsymbol{D}e(t) \qquad (12.2\text{-}13)$$

式中

$$\boldsymbol{A} = \begin{bmatrix} 0 & 1 & 0 & \cdots & 0 \\ 0 & 0 & 1 & \cdots & 0 \\ \vdots & & & & \vdots \\ 0 & 0 & 0 & \cdots & 1 \\ -a_0 & -a_1 & -a_2 & \cdots & -a_{n-1} \end{bmatrix} \qquad \boldsymbol{B} = \begin{bmatrix} 0 \\ 0 \\ \vdots \\ 0 \\ 1 \end{bmatrix}$$

$$\boldsymbol{C} = [(b_0 - b_n a_0)(b_1 - b_n a_1)\cdots(b_{n-1} - b_n a_{n-1})]$$

$$\boldsymbol{D} = b_n$$

如果微分方程式(12.2-7)中 $m < n$,则式(12.2-13)中的系数矩阵 $\boldsymbol{A}$、$\boldsymbol{B}$ 不变,$\boldsymbol{C}$、$\boldsymbol{D}$ 变为

$$\boldsymbol{C} = [\, b_0 \; b_1 \cdots \; b_m, \; 0 \; \cdots \; 0\,] \qquad \boldsymbol{D} = 0$$

观察系数矩阵 $\boldsymbol{A},\boldsymbol{B},\boldsymbol{C},\boldsymbol{D}$,可以发现它们的规律性:即 $\boldsymbol{A}$ 矩阵的最后一行是倒置以后的转移函数分母多项式系数的负数 $-a_0, -a_1, \cdots, -a_{n-1}$ 等,其他各行除对角线右边的元素为1外,其余都是零;$\boldsymbol{B}$ 为列矩阵,其最后一行为1,其余为零;$\boldsymbol{C}$ 为行矩阵,在 $m < n$ 时,其前 $m+1$ 个元素为转移函数分子多项式系数的倒序 $b_0, b_1, \cdots, b_m$,其余 $n-m-1$ 个元素为零;矩阵 $\boldsymbol{D}$ 在 $m < n$ 时为零,在 $m = n$ 时,$\boldsymbol{D} = b_n$。

如果将系统函数 $H(s)$ 展开为部分分式,则可以画出系统并联形式的模拟图。由此可建立另一种形式的状态方程。

由式(12.2-8)系统转移函数展开为部分分式,即

$$H(s) = \frac{K_1}{s - \alpha_1} + \frac{K_2}{s - \alpha_2} + \cdots + \frac{K_n}{s - \alpha_n} \qquad (12.2\text{-}14)$$

相应并联形式的模拟图如图 12.2-4 和 12.2-5 所示。

在图 12.2-5 中仍然选取每个积分器输出为状态变量,则状态方程和输出方程为

$$\begin{bmatrix} \dot{\lambda}_1 \\ \dot{\lambda}_2 \\ \vdots \\ \dot{\lambda}_{n-1} \\ \dot{\lambda}_n \end{bmatrix} = \begin{bmatrix} a_1 & 0 & \cdots & 0 & 0 \\ 0 & a_2 & \cdots & 0 & 0 \\ \vdots & & & & \\ 0 & 0 & \cdots & a_{n-1} & 0 \\ 0 & 0 & \cdots & 0 & a_n \end{bmatrix} \begin{bmatrix} \lambda_1 \\ \lambda_2 \\ \vdots \\ \lambda_{n-1} \\ \lambda_n \end{bmatrix} + \begin{bmatrix} 1 \\ 1 \\ \vdots \\ 1 \\ 1 \end{bmatrix} e \qquad (12.2\text{-}15)$$

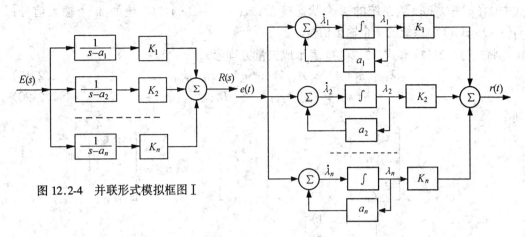

图 12.2-4　并联形式模拟框图 I

图 12.2-5　并联形式模拟框图 II

$$r = \begin{bmatrix} K_1 & K_2 & \cdots & K_n \end{bmatrix} \begin{bmatrix} \lambda_1 \\ \lambda_2 \\ \vdots \\ \lambda_n \end{bmatrix} \tag{12.2-16}$$

由式(12.2-15)和式(12.2-16)可以看出:状态方程的系数矩阵 A 是一对角线矩阵,对角线上的元素依次是转移函数的各极点;矩阵 B 是列矩阵,其元素均为1;矩阵 C 是行矩阵,它的各元素依次为部分分式的系数。对于 $m < n$ 的情况,$D = 0$,$m = n$ 的情况,$D = K_0$ 为一常数。

二、离散系统状态方程的建立

离散系统的状态方程是一阶联立差分方程组。如果系统是线性时不变系统,则状态方程和输出方程是状态变量和输入信号的线性组合,即

状态方程
$$\begin{cases} \lambda_1(n+1) = a_{11}\lambda_1(n) + a_{12}\lambda_2(n) + \cdots + a_{1k}\lambda_k(n) + \\ \qquad\qquad b_{11}x_1(n) + \cdots + b_{1m}x_m(n) \\ \lambda_2(n+1) = a_{21}\lambda_1(n) + a_{22}\lambda_2(n) + \cdots + a_{2k}\lambda_k(n) + \\ \qquad\qquad b_{21}x_1(n) + \cdots + b_{2m}x_m(n) \\ \cdots\cdots \\ \lambda_k(n+1) = a_{k1}\lambda_1(n) + a_{k2}\lambda_2(n) + \cdots + a_{kk}\lambda_k(n) + \\ \qquad\qquad b_{k1}x_1(n) + \cdots + b_{km}x_m(n) \end{cases} \tag{12.2-17}$$

输出方程
$$\begin{cases} y_1(n) = c_{11}\lambda_1(n) + c_{12}\lambda_2(n) + \cdots + c_{1k}\lambda_k(n) + \\ \qquad\quad d_{11}x_1(n) + \cdots + d_{1m}x_m(n) \\ y_2(n) = c_{21}\lambda_1(n) + c_{22}\lambda_2(n) + \cdots + c_{2k}\lambda_k(n) + \\ \qquad\quad d_{21}x_1(n) + \cdots + d_{2m}x_m(n) \\ \cdots\cdots \\ y_r(n) = c_{r1}\lambda_1(n) + c_{r2}\lambda_2(n) + \cdots + c_{rk}\lambda_k(n) + \\ \qquad\quad d_{r1}x_1(n) + \cdots + d_{rm}x_m(n) \end{cases} \tag{12.2-18}$$

式中 $\lambda_1(n)\cdots\lambda_k(n)$ 为系统的 k 个状态变量；$x_1(n)\cdots x_m(n)$ 为系统的 m 个输入信号；$y_1(n)\cdots y_r(n)$ 为系统的 r 个输出信号。

将式(12.2-17) 和式(12.2-18) 表示成矢量方程形式

$$\boldsymbol{\lambda}_{k\times 1}(n+1) = \boldsymbol{A}_{k\times k}\boldsymbol{\lambda}_{k\times 1}(n) + \boldsymbol{B}_{k\times m}\boldsymbol{x}_{m\times 1}(n) \qquad (12.2\text{-}19)$$

$$\boldsymbol{y}_{r\times 1}(n) = \boldsymbol{C}_{r\times k}\boldsymbol{\lambda}_{k\times 1}(n) + \boldsymbol{D}_{r\times m}\boldsymbol{x}_{m\times 1}(n) \qquad (12.2\text{-}20)$$

其中

$$\boldsymbol{x}(n) = \begin{bmatrix} x_1(n) \\ x_2(n) \\ \vdots \\ x_m(n) \end{bmatrix} \qquad \boldsymbol{y}(n) = \begin{bmatrix} y_1(n) \\ y_2(n) \\ \vdots \\ y_r(n) \end{bmatrix} \qquad \boldsymbol{\lambda}(n) = \begin{bmatrix} \lambda_1(n) \\ \lambda_2(n) \\ \vdots \\ \lambda_k(n) \end{bmatrix}$$

$$\boldsymbol{\lambda}(n+1) = \begin{bmatrix} \lambda_1(n+1) \\ \lambda_2(n+1) \\ \vdots \\ \lambda_k(n+1) \end{bmatrix}$$

$$\boldsymbol{A} = \begin{bmatrix} a_{11} & a_{12} & \cdots & a_{1k} \\ a_{21} & a_{22} & \cdots & a_{2k} \\ \vdots & & \vdots & \\ a_{k1} & a_{k2} & \cdots & a_{kk} \end{bmatrix} \qquad \boldsymbol{B} = \begin{bmatrix} b_{11} & b_{12} & \cdots & b_{1m} \\ b_{21} & b_{22} & \cdots & b_{2m} \\ \vdots & & \vdots & \\ b_{k1} & b_{k2} & \cdots & b_{km} \end{bmatrix}$$

$$\boldsymbol{C} = \begin{bmatrix} c_{11} & c_{12} & \cdots & c_{1k} \\ c_{21} & c_{22} & \cdots & c_{2k} \\ \vdots & & \vdots & \\ c_{r1} & c_{r2} & \cdots & c_{rk} \end{bmatrix} \qquad \boldsymbol{D} = \begin{bmatrix} d_{11} & d_{12} & \cdots & d_{1m} \\ d_{21} & d_{22} & \cdots & d_{2m} \\ \vdots & & \vdots & \\ d_{r1} & d_{r2} & \cdots & d_{rm} \end{bmatrix}$$

由上述可见,离散系统状态方程与连续系统状态方程的形式相同,只是原来的微分方程换成这里的差分方程。

设离散系统的 k 阶差分方程为

$$y(n) + a_{k-1}y(n-1) + \cdots + a_1y(n-k+1) + a_0y(n-k) =$$
$$b_mx(n) + b_{m-1}x(n-1) + \cdots + b_1x(n-m-1) + b_0x(n-m)$$

$$(12.2\text{-}21)$$

其系统函数为

$$H(z) = \frac{b_m + b_{m-1}z^{-1} + \cdots + b_0z^{-m}}{1 + a_{k-1}z^{-1} + \cdots + a_0z^{-k}} \qquad (12.2\text{-}22)$$

画出离散系统的模拟图如图 12.2-6 所示。

选取每个单位延时器输出作为状态变量,则有

$$\lambda_1(n+1) = \lambda_2(n)$$
$$\lambda_2(n+1) = \lambda_3(n)$$
$$\cdots \qquad\qquad\qquad (12.2\text{-}23)$$
$$\lambda_{k-1}(n+1) = \lambda_k(n)$$
$$\lambda_k(n+1) = -a_0\lambda_1(n) - a_1\lambda_2(n) - \cdots - a_{k-1}\lambda_k(n) + x(n)$$

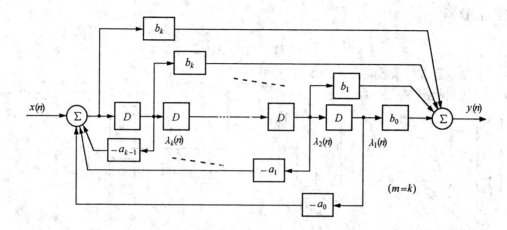

图 12.2-6　离散系统的模拟框图

$$y(n) = b_0\lambda_1(n) + b_1\lambda_2(n) + \cdots + b_{k-1}\lambda_k(n) +$$
$$b_k[-a_0\lambda_1(n) - a_1\lambda_2(n) - \cdots - a_{k-1}\lambda_k(n) + x(n)] =$$
$$(b_0 - b_k a_0)\lambda_1(n) + (b_1 - b_k a_1)\lambda_2(n) + \cdots +$$
$$(b_{k-1} - b_k a_{k-1})\lambda_k x(n) + b_k x(n) \tag{12.2-24}$$

将上两式表示成矢量方程为

$$\boldsymbol{\lambda}(n+1) = \boldsymbol{A}\boldsymbol{\lambda}(n) + \boldsymbol{B}x(n) \tag{12.2-25}$$
$$y(n) = \boldsymbol{C}\boldsymbol{\lambda}(n) + \boldsymbol{D}x(n) \tag{12.2-26}$$

其中

$$\boldsymbol{A} = \begin{bmatrix} 0 & 1 & 0 & \cdots & 0 \\ 0 & 0 & 1 & \cdots & 0 \\ \vdots & & & & \vdots \\ 0 & 0 & 0 & \cdots & 1 \\ -a_0 & -a_1 & -a_2 & \cdots & -a_{k-1} \end{bmatrix} \quad \boldsymbol{B} = \begin{bmatrix} 0 \\ 0 \\ \vdots \\ 0 \\ 1 \end{bmatrix}$$

$$\boldsymbol{C} = [(b_0 - b_k a_0)(b_1 - b_k a_1)\cdots(b_{k-1} - b_k a_{k-1})]$$

$$\boldsymbol{D} = b_k$$

根据离散系统差分方程列写状态方程,其结果
与连续系统的情况完全相同。

例 12.2-1　写出图 12.2-7 所示反馈系统
的状态方程和输出方程。

解　据题目所给条件,可以写出

$$Y(s) = \frac{3}{s(s+3)}\Big[E(s) + \frac{-1}{s+1}Y(s)\Big]$$

整理得

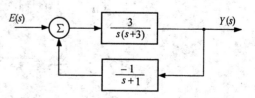

图 12.2-7　反馈系统框图

$$Y(s) = \frac{3(s+1)}{s^3 + 4s^2 + 3s + 3}E(s)$$

系统函数为

$$H(s) = \frac{Y(s)}{E(s)} = \frac{3s + 3}{s^3 + 4s^2 + 3s + 3}$$

根据状态方程系数矩阵的构成规则,可以直接写出状态方程和输出方程

$$\begin{bmatrix} \dot{\lambda}_1 \\ \dot{\lambda}_2 \\ \dot{\lambda}_3 \end{bmatrix} = \begin{bmatrix} 0 & 1 & 0 \\ 0 & 0 & 1 \\ -3 & -3 & -4 \end{bmatrix} \begin{bmatrix} \lambda_1 \\ \lambda_2 \\ \lambda_3 \end{bmatrix} + \begin{bmatrix} 0 \\ 0 \\ 1 \end{bmatrix} e$$

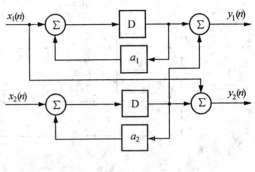

$$y = \begin{bmatrix} 3 & 3 & 0 \end{bmatrix} \begin{bmatrix} \lambda_1 \\ \lambda_2 \\ \lambda_3 \end{bmatrix}$$

图 12.2-8　例 12.2-2 图

例 12.2-2　给出离散系统的模拟框图,如图12.2-8所示,试列出该系统的状态方程。

解　设图中两个单位延时器的输出分别为二个状态变量 $\lambda_1(n)$, $\lambda_2(n)$,则状态方程和输出方程可写为

$$\begin{cases} \lambda_1(n+1) = a_1\lambda_1(n) + x_1(n) \\ \lambda_2(n+1) = a_2\lambda_2(n) + x_2(n) \end{cases}$$

$$\begin{cases} y_1(n) = \lambda_1(n) + \lambda_2(n) \\ y_2(n) = \lambda_2(n) + x_1(n) \end{cases}$$

若表示成矢量方程形式,则为

$$\begin{bmatrix} \lambda_1(n+1) \\ \lambda_2(n+1) \end{bmatrix} = \begin{bmatrix} a_1 & 0 \\ 0 & a_2 \end{bmatrix} \begin{bmatrix} \lambda_1(n) \\ \lambda_2(n) \end{bmatrix} + \begin{bmatrix} 1 & 0 \\ 0 & 1 \end{bmatrix} \begin{bmatrix} x_1(n) \\ x_2(n) \end{bmatrix}$$

$$\begin{bmatrix} y_1(n) \\ y_2(n) \end{bmatrix} = \begin{bmatrix} 1 & 1 \\ 0 & 1 \end{bmatrix} \begin{bmatrix} \lambda_1(n) \\ \lambda_2(n) \end{bmatrix} + \begin{bmatrix} 0 & 0 \\ 1 & 0 \end{bmatrix} \begin{bmatrix} x_1(n) \\ x_2(n) \end{bmatrix}$$

12.3　连续系统状态方程的解法

连续系统状态方程解法有两种:时域解法和拉普拉斯变换解法。

一、矩阵指数函数 e^{At}

为了求得状态方程解的一般表示式,需要首先介绍一下矩阵指数函数。我们知道,一个指数函数 e^x 可以用下列无穷级数表示

$$e^x = 1 + x + \frac{1}{2!}x^2 + \frac{1}{3!}x^3 + \cdots = \sum_{k=0}^{\infty} \frac{1}{k!}x^k \qquad -\infty < x < \infty \qquad (12.3\text{-}1)$$

定义 若 A 为 n 阶方阵,则矩阵指数函数 e^{At} 也是一个 n 阶方阵。e^{At} 可表示为级数,即

$$e^{At} = I + At + \frac{1}{2!}A^2t^2 + \frac{1}{3!}A^3t^3 + \cdots = \sum_{k=0}^{\infty} \frac{1}{k!}A^kt^k \qquad (12.3\text{-}2)$$

例如,二阶方阵

$$A = \begin{bmatrix} \alpha & 0 \\ 0 & \beta \end{bmatrix}$$

则矩阵指数函数

$$e^{At} = I + At + \frac{1}{2!}A^2t^2 + \frac{1}{3!}A^3t^3 + \cdots =$$

$$\begin{bmatrix} 1 & 0 \\ 0 & 1 \end{bmatrix} + \begin{bmatrix} \alpha t & 0 \\ 0 & \beta t \end{bmatrix} + \begin{bmatrix} \frac{1}{2!}\alpha^2 t^2 & 0 \\ 0 & \frac{1}{2!}\beta^2 t^2 \end{bmatrix} + \begin{bmatrix} \frac{\alpha^3 t^3}{3!} & 0 \\ 0 & \frac{\beta^3 t^3}{3!} \end{bmatrix} + \cdots =$$

$$\begin{bmatrix} \sum_{k=0}^{\infty} \frac{\alpha^k t^k}{k!} & 0 \\ 0 & \sum_{k=0}^{\infty} \frac{\beta^k t^k}{k!} \end{bmatrix}$$

考虑式(12.3-1),则上式可写为

$$e^{At} = \begin{bmatrix} e^{\alpha t} & 0 \\ 0 & e^{\beta t} \end{bmatrix}$$

可见 e^{At} 也是一个二阶方阵。

下面介绍 e^{At} 的几个性质:

1. $\dfrac{\mathrm{d}e^{At}}{\mathrm{d}t} = Ae^{At} = e^{At}A$ \hfill (12.3-3)

这里 A 本身不是 t 的函数。

证明 根据矩阵指数函数定义

$$\frac{\mathrm{d}e^{At}}{\mathrm{d}t} = \frac{\mathrm{d}}{\mathrm{d}t}\Big[I + At + \frac{1}{2!}A^2t^2 + \cdots \Big] =$$

$$A + A^2t + \frac{1}{2!}A^3t^3 + \cdots =$$

$$A\Big[I + At + \frac{1}{2!}A^2t^2 + \cdots \Big] = Ae^{At}$$

2. $e^{At_1}e^{At_2} = e^{A(t_1+t_2)}$ \hfill (12.3-54)

证明

$$e^{At_1}e^{At_2} = \Big(I + At_1 + \frac{1}{2!}A^2t_1^2 + \cdots \Big)\Big(I + At_2 + \frac{1}{2!}A^2t_2^2 + \cdots \Big) =$$

$$I + A(t_1 + t_2) + A^2\left(\frac{1}{2!}t_1^2 + t_1 t_2 + \frac{1}{2!}t_2^2\right) +$$

$$A^3\left(\frac{t_1^3}{3!} + \frac{1}{2!}t_1^2 t_2 + \frac{1}{2!}t_1 t_2^2 + \frac{1}{3!}t_2^3\right) + \cdots =$$

$$\sum_{k=0}^{\infty} A^k \frac{(t_1 + t_2)^k}{k!} = e^{A(t_1 + t_2)}$$

推论　　　$(e^{At})^n = e^{Ant}$　　　　　　　　　　　　　　　　(12.3-5)

3. $e^{-At}e^{At} = e^{At}e^{-At} = I$　　　　　　　　　　　　(12.3-6)

二、矢量微分方程的解法

状态方程的一般表示式为

$$\frac{d\boldsymbol{\lambda}(t)}{dt} = \boldsymbol{A\lambda}(t) + \boldsymbol{Be}(t) \tag{12.3-7}$$

对上式两边左乘 e^{-At}，可得

$$e^{-At}\frac{d}{dt}\boldsymbol{\lambda}(t) - e^{-At}\boldsymbol{A\lambda}(t) = e^{-At}\boldsymbol{Be}(t)$$

$$\frac{d}{dt}e^{-At}\boldsymbol{\lambda}(t) = e^{-At}\boldsymbol{Be}(t)$$

两边取积分，可有

$$e^{-At}\boldsymbol{\lambda}(t) - \boldsymbol{\lambda}(0^-) = \int_0^t e^{-A\tau}\boldsymbol{Be}(\tau)d\tau$$

两边左乘 e^{At}，可得

$$\boldsymbol{\lambda}(t) = e^{At}\boldsymbol{\lambda}(0^-) + \int_{0^-}^t e^{A(t-\tau)}\boldsymbol{Be}(\tau)d\tau = e^{At}\boldsymbol{\lambda}(0^-) + e^{At}\boldsymbol{B} * \boldsymbol{e}(t) \tag{12.3-8}$$

式中第一项为状态变量的零输入解，$\boldsymbol{\lambda}(0^-)$ 为起始状态矢量。**矩阵指数函数 e^{At} 又称为状态转移矩阵**，常用 $\varphi(t)$ 表示。它的作用是将起始状态 $\boldsymbol{\lambda}(0^-)$ 转移到任意时刻 t 的状态。第二项为状态变量的零状态解。

将式(12.3-8)中的状态变量的解代入输出方程就得到输出响应 $r(t)$，即

$$\boldsymbol{r}(t) = \boldsymbol{C\lambda}(t) + \boldsymbol{De}(t) =$$

$$\boldsymbol{C}e^{At}\boldsymbol{\lambda}(0^-) + \int_0^t \boldsymbol{C}e^{A(t-\tau)}\boldsymbol{Be}(\tau)d\tau + \boldsymbol{De}(t) =$$

$$\boldsymbol{C}e^{At}\boldsymbol{\lambda}(0^-) + [\boldsymbol{C}e^{At}\boldsymbol{B} + \boldsymbol{D\delta}(t)] * \boldsymbol{e}(t) \tag{12.3-9}$$

式中第一项由起始状态 $\boldsymbol{\lambda}(0^-)$ 决定，是零输入响应，第二项由输入信号 $e(t)$ 决定，是零状态响应。

从式(12.3-9)第二项可以看出，零状态响应以矢量的卷积计算，即

$$\boldsymbol{r}_{zs}(t) = \int_0^t \boldsymbol{C}e^{A(t-\tau)}\boldsymbol{Be}(\tau)d\tau + \boldsymbol{De}(t) =$$

$$[\boldsymbol{C}e^{At}\boldsymbol{B} + \boldsymbol{D\delta}(t)] * \boldsymbol{e}(t) = \boldsymbol{h}(t) * \boldsymbol{e}(t) \tag{12.3-10}$$

式中
$$\delta(t) = \begin{bmatrix} \delta(t) & & 0 \\ & \ddots & \\ 0 & & \delta(t) \end{bmatrix}$$

为对角线矩阵,对角线上的元素为$\delta(t)$,其余均为零。$h(t)$为系统的冲激响应矩阵,其表示式为

$$h_{r\times m}(t) = C_{r\times n}e^{At}_{n\times n}B_{n\times m} + D_{r\times m}\delta_{m\times m}(t) =$$
$$\begin{bmatrix} h_{11}(t) & h_{12}(t) & \cdots & h_{1m}(t) \\ h_{21}(t) & h_{22}(t) & \cdots & h_{2m}(t) \\ \vdots & & & \\ h_{r1}(t) & h_{r2}(t) & \cdots & h_{rm}(t) \end{bmatrix} \tag{12.3-11}$$

式(12.3-11)中$h_{ij}(t)$是系统第j个输入为$\delta(t)$而其他输入都为零时的第i个输出响应。

三、矩阵指数 e^{At} 的计算

首先介绍一下特征矩阵的概念和凯莱 - 哈密尔顿定理,然后讨论矩阵指数函数e^{At}的计算方法。

1. 特征矩阵

如果A是n阶方阵,其元素a_{ij}是实数或复数,则n阶方阵$(\alpha I - A)$称为A的特征矩阵。$\det(\alpha I - A) = f(\alpha)$称为$A$的特征多项式,$f(\alpha) = 0$称为$A$的特征方程,它的根称为$A$的特征值或特征根。

例 12.3-1 已知二阶方阵$A = \begin{bmatrix} -4 & 2 \\ -3 & 1 \end{bmatrix}$,试写出其特征矩阵,特征多项式,并求特征值。

解 根据定义,A的特征矩阵为

$$\alpha I - A = \begin{bmatrix} \alpha & 0 \\ 0 & \alpha \end{bmatrix} - \begin{bmatrix} -4 & 2 \\ -3 & 1 \end{bmatrix} = \begin{bmatrix} \alpha + 4 & -2 \\ 3 & \alpha - 1 \end{bmatrix}$$

A的特征多项式为

$$f(\alpha) = \det(\alpha I - A) = \begin{vmatrix} \alpha + 4 & -2 \\ 3 & \alpha - 1 \end{vmatrix} =$$
$$(\alpha + 4)(\alpha - 1) + 6 = \alpha^2 + 3\alpha + 2$$

A的特征方程为

$$a^2 + 3a + 2 = 0$$

A的特征值为

$$a_2 = -1, \quad a_2 = -2$$

2. 凯莱 - 哈密顿定理（Cayley-Hamilton）

任何n阶方阵A恒满足它自己的特征方程,即

$$f(A) = 0$$

证明 设A的特征多项式

$$f(\alpha) = \det(\alpha I - A) =$$

$$d_0 + d_1\alpha + d_2\alpha^2 + \cdots + d_n\alpha^n = \sum_{k=0}^{n} d_k\alpha^k \tag{12.3-12}$$

根据逆矩阵的定义,可知

$$(\alpha I - A)^{-1} = \frac{\text{adj}(\alpha I - A)}{f(\alpha)}$$

上式两端前乘以 $(\alpha I - A)$,然后乘以 $f(\alpha)$,得

$$f(\alpha)I = (\alpha I - A)\text{adj}(\alpha I - A) \tag{12.3-13}$$

由于矩阵 $(\alpha I - A)$ 是 n 阶的,所以其伴随矩阵 $\text{adj}(\alpha I - A)$ 为多项式矩阵,它的最高阶次为 α 的 $(n-1)$ 次,因此,可将它写成系数为矩阵的多项式,即

$$\text{adj}(\alpha I - A) = B_0 + B_1\alpha + B\alpha^2 + \cdots + B_{n-1}\alpha^{n-1} \tag{12.3-14}$$

将式 $(12.3\text{-}12)$ 和 $(12.3\text{-}14)$ 代入 $(12.3\text{-}13)$ 得

$$\sum_{k=0}^{n} d_k\alpha^k I = -AB_0 + (B_0 - AB_1)\alpha + (B_1 - AB_2)\alpha^2 + \cdots +$$

$$(B_{n-2} - AB_{n-1})\alpha^{n-1} + B_{n-1}\alpha^n$$

比较上面等式两端 α 同次幂的系数可得

$$d_0 I = -AB_0$$
$$d_1 I = B_0 - AB_1$$
$$d_2 I = B_1 - AB_2$$
$$\cdots\cdots$$
$$d_{n-1} I = B_{n-2} - AB_{n-1}$$
$$d_n I = B_{n-1}$$

将以上一组方程中,第二个方程前乘 A,第三个方程前乘 A^2,依次类推,最后一个方程前乘 A^n。然后,将等式左端和右端分别相加,显然等式右端为零矩阵,于是有

$$d_0 I + d_1 A + d_2 A^2 + \cdots + d_{n-1} A^{n-1} + d_n A^n = 0$$

即

$$f(A) = 0$$

应用凯莱-哈密顿定理,A 的任何高于 n 次的幂,例如 $A^m (m \geqslant n)$ 可以用低于 n 的各次幂表示。

例 12.3-2 已知二阶方阵

$$A = \begin{bmatrix} -3 & 1 \\ -2 & 0 \end{bmatrix}$$

试验证 C-H 定理,并求 A^3, A^4。

解 A 的特征方程为

$$f(\alpha) = |\alpha I - A| = \begin{vmatrix} \alpha+3 & -1 \\ 2 & \alpha \end{vmatrix} = \alpha^2 + 3\alpha + 2 = 0$$

$$f(A) = A^2 + 3A + 2I = \begin{bmatrix} -3 & 1 \\ -2 & 0 \end{bmatrix}^2 + 3\begin{bmatrix} -3 & 1 \\ -2 & 0 \end{bmatrix} + 2\begin{bmatrix} 1 & 0 \\ 0 & 1 \end{bmatrix} =$$

$$\begin{bmatrix} 7 & -3 \\ 6 & -2 \end{bmatrix} + \begin{bmatrix} -9 & 3 \\ -6 & 0 \end{bmatrix} + \begin{bmatrix} 2 & 0 \\ 0 & 2 \end{bmatrix} = 0$$

C-H 定理得证。

由此可得
$$A^2 = -3A - 2I$$

将上式两端乘 A，得
$$A^3 = -3A^2 - 2A$$

代入 A^2，得
$$A^3 = -3(-3A - 2I) - 2A = 7A + 6I$$

同理可得
$$A^4 = 7A^2 + 6A = -15A - 14I$$

3. e^{At} 的计算

设 n 阶方阵 A 的特征根 $\alpha_k(k = 1, 2, \cdots, n)$ 全是单根，将指数函数 $e^{\alpha t}$ 和 e^{At} 展开为无穷级数，即

$$e^{\alpha t} = 1 + t\alpha + \frac{t^2}{2!}\alpha^2 + \frac{t^3}{3!}\alpha^3 + \cdots \tag{12.3-15}$$

$$e^{At} = I + tA + \frac{t^2}{2!}A^2 + \frac{t^3}{3!}A^3 + \cdots \tag{12.3-16}$$

此二级数中的 α 和 A 的各相同次幂的系数完全相同。若 A 的特征方程为

$$f(\alpha) = d_0 + d_1\alpha + d_2\alpha^2 + \cdots + d_n\alpha^n = 0 \tag{12.3-17}$$

则根据 C-H 定理，可得

$$f(A) = d_0 I + d_1 A + d_2 A^2 + \cdots + d_n A^n = 0 \tag{12.3-18}$$

根据式(12.3-17)和(12.3-18)，可将式(12.3-15)和(12.3-16)中幂次大于和等于 n 的各项都用小于 n 次幂的各项表示，则此两式将变为

$$e^{\alpha t} = C_0 + C_1\alpha + C_2\alpha^2 + \cdots + C_{n-1}\alpha^{n-1} \tag{12.3-19}$$

$$e^{At} = C_0 I + C_1 A + C_2 A^2 + \cdots + C_{n-1}A^{n-1} \tag{12.3-20}$$

显然两式对应系数 C_j 相同，并且是 t 的函数。

将已知 A 的 n 个特征值代入式(12.3-19)，得

$$\left. \begin{aligned} C_0 + C_1\alpha_1 + C_2\alpha_1^2 + \cdots + C_{n-1}\alpha_1^{n-1} &= e^{\alpha_1 t} \\ C_0 + C_1\alpha_2 + C_2\alpha_2^2 + \cdots + C_{n-1}\alpha_2^{n-1} &= e^{\alpha_2 t} \\ \vdots \\ C_0 + C_1\alpha_n + C_2\alpha_n^2 + \cdots + C_{n-1}\alpha_n^{n-1} &= e^{\alpha_n t} \end{aligned} \right\} \tag{12.3-21}$$

由式(12.3-21)可解得系数 $C_0, C_1, C_2, \cdots, C_{n-1}$，这些系数也就是式(12.3-20)的系数，从而就得到了矩阵指数函数 e^{At}。

如果 A 的特征根 α_r 是 m 重根，则有

$$C_0 + C_1\alpha_r + C_2\alpha_r^2 + \cdots + C_{n-1}\alpha_r^{n-1} = e^{\alpha_r t}$$

$$\frac{d}{d\alpha_r}[C_0 + C_1\alpha_r + C_2\alpha_r^2 + \cdots + C_{n-1}\alpha_r^{n-1}] = \frac{d}{d\alpha_r}e^{\alpha_r t}$$

$$\frac{d^{m-1}}{d\alpha_r^{m-1}}[C_0 + C_1\alpha_r + C_2\alpha_r^2 + \cdots + C_{n-1}\alpha_r^{n-1}] = \frac{d^{m-1}}{d\alpha_r^{m-1}}e^{\alpha_r t}$$

(12.3-22)

连同 $(n-m)$ 个无重根的方程就可解得各系数 $C_0, C_1, C_2, \cdots, C_{n-1}$。

例 12.3-3 已知二阶方阵

$$\begin{bmatrix} -4 & 2 \\ -3 & 1 \end{bmatrix}$$

求矩阵指数函数 e^{At}。

解 写出 A 的特征方程式

$$|\alpha I - A| = \begin{vmatrix} \alpha+4 & -2 \\ 3 & \alpha-1 \end{vmatrix} = \alpha^2 + 3\alpha + 2 = 0$$

特征根为 $\qquad \alpha_1 = -1, \alpha_2 = -2$

由式(12.3-21),有

$$\begin{cases} e^{-t} = C_0 - C_1 \\ e^{-2t} = C_0 - 2C_1 \end{cases}$$

解得 $\qquad C_0 = 2e^{-t} - e^{-2t}, \quad C_1 = e^{-t} - e^{-2t}$

所以

$$e^{At} = C_0 I + C_1 A = (2e^{-t} - e^{-2t})\begin{bmatrix} 1 & 0 \\ 0 & 1 \end{bmatrix} + (e^{-t} - e^{-2t})\begin{bmatrix} -4 & 2 \\ -3 & 1 \end{bmatrix} =$$

$$\begin{bmatrix} -2e^{-t} + 3e^{-2t} & 2e^{-t} - 2e^{-2t} \\ -3e^{-t} + 3e^{-2t} & 3e^{-t} - 2e^{-2t} \end{bmatrix}$$

例 12.3-4 已知矩阵指数函数

$$e^{At} = \begin{bmatrix} -2e^{-t} + 3e^{-2t} & 2e^{-t} - 2e^{-2t} \\ -3e^{-t} + 3e^{-2t} & 3e^{-t} - 2e^{-2t} \end{bmatrix}$$

试求矩阵 A。

解 根据式(12.3-3)可得

$$\frac{de^{At}}{dt}\bigg|_{t=0} = Ae^{At}\bigg|_{t=0} = AI = A \qquad (12.3\text{-}23)$$

则有

$$A = \frac{de^{At}}{dt}\bigg|_{t=0} = \begin{bmatrix} \frac{d}{dt}(-2e^{-t} + 3e^{-2t}) & \frac{d}{dt}(2e^{-t} - 2e^{-2t}) \\ \frac{d}{dt}(-3e^{-t} + 3e^{-2t}) & \frac{d}{dt}(3e^{-t} - 2e^{-2t}) \end{bmatrix}_{t=0} =$$

$$\begin{bmatrix} 2e^{-t} - 6e^{-t} & -2e^{-t} + 4e^{-2t} \\ 3e^{-t} - 6e^{-2t} & -3e^{-t} + 4e^{-2t} \end{bmatrix}_{t=0} = \begin{bmatrix} -4 & 2 \\ -3 & 1 \end{bmatrix}$$

四、状态方程的拉普拉斯解法

系统状态方程和输出方程为

$$\begin{cases} \dfrac{\mathrm{d}}{\mathrm{d}t}\pmb{\lambda}(t) = \pmb{A}\pmb{\lambda}(t) + \pmb{B}e(t) \\ \pmb{r}(t) = \pmb{C}\pmb{\lambda}(t) + \pmb{D}e(t) \end{cases}$$

将上式两边取拉氏变换

$$\begin{cases} s\pmb{\Lambda}(s) - \pmb{\lambda}(0^-) = \pmb{A}\pmb{\Lambda}(s) + \pmb{B}\pmb{E}(s) \\ \pmb{R}(s) = \pmb{C}\pmb{\Lambda}(s) + \pmb{D}\pmb{E}(s) \end{cases}$$

整理得

$$\begin{cases} \pmb{\Lambda}(s) = (s\pmb{I} - \pmb{A})^{-1}\pmb{\lambda}(0^-) + (s\pmb{I} - \pmb{A})^{-1}\pmb{B}\pmb{E}(s) \\ \pmb{R}(s) = \pmb{C}(s\pmb{I} - \pmb{A})^{-1}\pmb{\lambda}(0^-) + [\pmb{C}(s\pmb{I} - \pmb{A})^{-1}\pmb{B} + \pmb{D}]\pmb{E}(s) \end{cases} \tag{12.3-24}$$

若用时域表示,则为

$$\pmb{\lambda}(t) = \mathscr{L}^{-1}[(s\pmb{I} - \pmb{A})^{-1}\pmb{\lambda}(0^-)] + \mathscr{L}^{-1}[(s\pmb{I} - \pmb{A})^{-1}\pmb{B}] * \mathscr{L}^{-1}\pmb{E}(s)$$

$$\pmb{r}(t) = \underbrace{\pmb{C}\mathscr{L}^{-1}[(s\pmb{I} - \pmb{A})^{-1}\pmb{\lambda}(0^-)]}_{\text{零输入响应}} + \underbrace{\mathscr{L}^{-1}[\pmb{C}(s\pmb{I} - \pmb{A})^{-1}\pmb{B} + \pmb{D}] * \mathscr{L}^{-1}\pmb{E}(s)}_{\text{零状态响应}} \tag{12.3-25}$$

将此结果与时域解法式(12.3-8)和(12.3-9)比较可以看出,状态转移矩阵 $e^{\pmb{A}t}$ 的拉氏变换为 $(s\pmb{I} - \pmb{A})^{-1}$,即

$$\mathscr{L}[e^{\pmb{A}t}] = (s\pmb{I} - \pmb{A})^{-1} \tag{12.2-26}$$

或

$$e^{\pmb{A}t} = \mathscr{L}^{-1}[(s\pmb{I} - \pmb{A})^{-1}] \tag{12.2-27}$$

此式提供了矩阵指数函数 $e^{\pmb{A}t}$ 的一种更简便的计算法。

为了方便,我们定义

$$\pmb{\Phi}(s) = \mathscr{L}[\varphi(t)] = [s\pmb{I} - \pmb{A}]^{-1}$$

称 $\pmb{\Phi}(s)$ 为分解矩阵。

由式(12.3-24)得出零状态响应的拉氏变换为

$$\pmb{R}_{zs}(s) = [\pmb{C}(s\pmb{I} - \pmb{A})^{-1}\pmb{B} + \pmb{D}]\pmb{E}(s) = \pmb{H}(s)\pmb{E}(s)$$

其中 $\pmb{H}(s) = \pmb{C}(s\pmb{I} - \pmb{A})^{-1}\pmb{B} + \pmb{D}$,称为**系统转移函数矩阵**。若与时域解法的零状态响应之结果[见式(12.3-9)]进行比较,可知

$$\pmb{H}(s) = \mathscr{L}[\pmb{h}(t)] \tag{12.3-28}$$

或

$$\pmb{h}(t) = \mathscr{L}^{-1}[\pmb{H}(s)] \tag{12.3-29}$$

如果系统具有 m 个输入 r 个输出,则转移函数为

$$\pmb{H}_{r \times m}(s) = \pmb{C}_{r \times n}(s\pmb{I} - \pmb{A})^{-1}_{n \times n}\pmb{B}_{n \times m} + \pmb{D}_{r \times m} =$$

$$\begin{bmatrix} H_{11}(s) & H_{12}(s) & \cdots & H_{1m}(s) \\ H_{21}(s) & H_{22}(s) & \cdots & H_{2m}(s) \\ \vdots & & & \vdots \\ H_{r1}(s) & H_{r2}(s) & \cdots & H_{rm}(s) \end{bmatrix}$$

式中每一元素的物理意义可用下式表示

$$H_{ij}(s) = \left. \frac{\text{第 } i \text{ 个输出 } R_i(s) \text{ 中对第 } j \text{ 个输入的响应}}{\text{第 } j \text{ 个输入 } E_j(s)} \right|_{\text{其他输入量都为零}}$$

即 $H_{ij}(s)$ 是第 j 个输入到第 i 个输出之间的转移函数。

例 12.3-5 某线性时不变系统的状态方程和输出方程分别为

$$\begin{bmatrix} \dot{\lambda}_1(t) \\ \dot{\lambda}_2(t) \end{bmatrix} = \begin{bmatrix} 1 & 2 \\ 0 & -1 \end{bmatrix} \begin{bmatrix} \lambda_1(t) \\ \lambda_2(t) \end{bmatrix} + \begin{bmatrix} 0 & 1 \\ 1 & 0 \end{bmatrix} \begin{bmatrix} e_1(t) \\ e_2(t) \end{bmatrix}$$

$$\begin{bmatrix} r_1(t) \\ r_2(t) \end{bmatrix} = \begin{bmatrix} 1 & 1 \\ 0 & -1 \end{bmatrix} \begin{bmatrix} \lambda_1(t) \\ \lambda_2(t) \end{bmatrix} + \begin{bmatrix} 1 & 0 \\ 1 & 0 \end{bmatrix} \begin{bmatrix} e_1(t) \\ e_2(t) \end{bmatrix}$$

设系统的初始状态

$$\boldsymbol{\lambda}(0) = \begin{bmatrix} \lambda_1(0) \\ \lambda_2(0) \end{bmatrix} = \begin{bmatrix} 1 \\ -1 \end{bmatrix}$$

输入 $e_1(t) = u(t), e_2(t) = \delta(t)$, 试求状态变量和输出响应。

解 用时域法计算。

1. 计算状态转移矩阵 $\boldsymbol{\varphi}(t) = e^{At}$

矩阵 A 的特征方程

$$|\alpha \boldsymbol{I} - \boldsymbol{A}| = \begin{vmatrix} \alpha - 1 & -2 \\ 0 & \alpha + 1 \end{vmatrix} = \alpha^2 - 1 = 0$$

特征根　　$\alpha_1 = 1, \alpha_2 = -1$

由式(12.3-21) 有

$$\begin{cases} e^t = C_0 + C_1 \\ e^{-t} = C_0 - C_1 \end{cases}$$

解得　　$C_0 = \frac{1}{2}(e^t + e^{-t})$, $C_1 = \frac{1}{2}(e^t - e^{-t})$

所以　　$e^{At} = C_0 \boldsymbol{I} + C_1 \boldsymbol{A} = \frac{1}{2}(e^t + e^{-t}) \begin{bmatrix} 1 & 0 \\ 0 & 1 \end{bmatrix} + \frac{1}{2}(e^t - e^{-t}) \begin{bmatrix} 1 & 2 \\ 0 & -1 \end{bmatrix} = \begin{bmatrix} e^t & e^t - e^{-t} \\ 0 & e^{-t} \end{bmatrix}$

2. 求状态变量 $\boldsymbol{\lambda}(t) = \begin{bmatrix} \lambda_1(t) \\ \lambda_2(t) \end{bmatrix}$

由式(12.3-8) 得

$$\boldsymbol{\lambda}(t) = e^{At} \boldsymbol{\lambda}(0) + \int_{0^-}^{t} e^{A(t-\tau)} \boldsymbol{B} e(\tau) \mathrm{d}\tau = \begin{bmatrix} e^t & e^t - e^{-t} \\ 0 & e^{-t} \end{bmatrix} \begin{bmatrix} 1 \\ -1 \end{bmatrix} +$$

$$\int_{0^-}^{t} \begin{bmatrix} e^{(t-\tau)} & e^{(t-\tau)} - e^{-(t-\tau)} \\ 0 & e^{-(t-\tau)} \end{bmatrix} \begin{bmatrix} 0 & 1 \\ 1 & 0 \end{bmatrix} \begin{bmatrix} u(\tau) \\ \delta(\tau) \end{bmatrix} \mathrm{d}\tau =$$

$$\begin{bmatrix} e^{-t} \\ -e^{-t} \end{bmatrix} + \begin{bmatrix} 2e^t + e^{-t} - 2 \\ 1 - e^{-t} \end{bmatrix} \qquad t > 0$$

3. 求输出响应 $\boldsymbol{r}(t) = \begin{bmatrix} r_1(t) \\ r_2(t) \end{bmatrix}$

$$\begin{bmatrix} r_1(t) \\ r_2(t) \end{bmatrix} = C \begin{bmatrix} \lambda_1(t) \\ \lambda_2(t) \end{bmatrix} + D \begin{bmatrix} e_1(t) \\ e_2(t) \end{bmatrix} =$$

$$\begin{bmatrix} 1 & 1 \\ 0 & -1 \end{bmatrix} \left\{ \begin{bmatrix} e^{-t} \\ -e^{-t} \end{bmatrix} + \begin{bmatrix} 2e^t + e^{-t} - 2 \\ 1 - e^{-t} \end{bmatrix} \right\} +$$

$$\begin{bmatrix} 1 & 0 \\ 1 & 0 \end{bmatrix} \begin{bmatrix} u(t) \\ \delta(t) \end{bmatrix} = \begin{bmatrix} 0 \\ e^{-t} \end{bmatrix} + \begin{bmatrix} 2e^t - 1 \\ -1 + e^{-t} \end{bmatrix} + \begin{bmatrix} 1 \\ 1 \end{bmatrix} =$$

$$\begin{bmatrix} 0 \\ e^{-t} \end{bmatrix} + \begin{bmatrix} 2e^t \\ e^{-t} \end{bmatrix} \qquad t > 0$$

例 12.3-6 使用变换域法计算例 12.3-5 题。

解 1. 计算分解矩阵 $\boldsymbol{\Phi}(s) = (s\boldsymbol{I} - \boldsymbol{A})^{-1}$

因为 $\quad \boldsymbol{A} = \begin{bmatrix} 1 & 2 \\ 0 & -1 \end{bmatrix}$

所以 $\quad s\boldsymbol{I} - \boldsymbol{A} = \begin{bmatrix} s-1 & -2 \\ 0 & s+1 \end{bmatrix}$

$$\det(s\boldsymbol{I} - \boldsymbol{A}) = (s-1)(s+1)$$

$$\mathrm{adj}(s\boldsymbol{I} - \boldsymbol{A}) = \begin{bmatrix} s+1 & 2 \\ 0 & s-1 \end{bmatrix}$$

分解矩阵

$$\boldsymbol{\Phi}(s) = (s\boldsymbol{I} - \boldsymbol{A})^{-1} = \frac{\mathrm{adj}(s\boldsymbol{I} - \boldsymbol{A})}{\det(s\boldsymbol{I} - \boldsymbol{A})} = \begin{bmatrix} \dfrac{1}{s-1} & \dfrac{2}{(s-1)(s+1)} \\ 0 & \dfrac{1}{s+1} \end{bmatrix}$$

2. 计算状态变量 $\boldsymbol{\lambda}(t)$

因为 $$E(s) = \begin{bmatrix} \dfrac{1}{s} \\ 1 \end{bmatrix}$$

所以由式(12.3-24)得

$$\boldsymbol{\Lambda}(s) = \boldsymbol{\Phi}(s)\boldsymbol{\lambda}(0^-) + \boldsymbol{\Phi}(s)\boldsymbol{B}E(s) =$$

$$\begin{bmatrix} \dfrac{1}{s-1} & \dfrac{2}{(s-1)(s+1)} \\ 0 & \dfrac{1}{s+1} \end{bmatrix} \begin{bmatrix} 1 \\ -1 \end{bmatrix} +$$

$$\begin{bmatrix} \dfrac{1}{s-1} & \dfrac{2}{(s-1)(s+1)} \\ 0 & \dfrac{1}{s+1} \end{bmatrix} \begin{bmatrix} 0 & 1 \\ 1 & 0 \end{bmatrix} \begin{bmatrix} \dfrac{1}{s} \\ 1 \end{bmatrix} =$$

$$\begin{bmatrix} -\dfrac{1}{s+1} \\ -\dfrac{1}{s+1} \end{bmatrix} + \begin{bmatrix} \dfrac{s^2 + s + 2}{s(s-1)(s+1)} \\ \dfrac{1}{s(s+1)} \end{bmatrix}$$

$$\boldsymbol{\lambda}(t) = \mathscr{L}^{-1}[\boldsymbol{\Lambda}(s)] = \begin{bmatrix} e^{-t} \\ -e^{-t} \end{bmatrix} + \begin{bmatrix} 2e^{t} + e^{-t} - 2 \\ 1 - e^{-t} \end{bmatrix} \quad t > 0$$

3. 求输出响应 $\boldsymbol{r}(t) = \begin{bmatrix} r_1(t) \\ r_2(t) \end{bmatrix}$

$$\boldsymbol{R}(s) = \boldsymbol{C}\boldsymbol{\Lambda}(s) + \boldsymbol{D}\boldsymbol{E}(s) =$$

$$\begin{bmatrix} 1 & 1 \\ 0 & -1 \end{bmatrix} \left(\begin{bmatrix} \dfrac{1}{s+1} \\ -\dfrac{1}{s+1} \end{bmatrix} + \begin{bmatrix} \dfrac{s^2+s+2}{s(s-1)(s+1)} \\ \dfrac{1}{s(s+1)} \end{bmatrix} \right) +$$

$$\begin{bmatrix} 1 & 0 \\ 1 & 0 \end{bmatrix} \begin{bmatrix} \dfrac{1}{s} \\ 1 \end{bmatrix} = \begin{bmatrix} 0 \\ \dfrac{1}{s+1} \end{bmatrix} + \begin{bmatrix} \dfrac{2}{s-1} \\ \dfrac{1}{s+1} \end{bmatrix}$$

$$\boldsymbol{r}(t) = \mathscr{L}^{-1}[\boldsymbol{R}(s)] = \begin{bmatrix} 0 \\ e^{-t} \end{bmatrix} + \begin{bmatrix} 2e^{t} \\ e^{-t} \end{bmatrix} \quad t > 0$$

可见,所得结果与例 12.3-5 相同。

例 12.3-7 已知条件与例 12.3-5 相同,试求系统的冲激响应矩阵 $\boldsymbol{h}(t)$ 和传输函数矩阵 $\boldsymbol{H}(s)$。

解 由例 12.3-5 得状态转移矩阵

$$\boldsymbol{\varphi}(t) = e^{\boldsymbol{A}t} = \begin{bmatrix} e^{t} & e^{t} - e^{-t} \\ 0 & e^{-t} \end{bmatrix}$$

又知
$$\boldsymbol{B} = \begin{bmatrix} 0 & 1 \\ 1 & 0 \end{bmatrix}, \quad \boldsymbol{C} = \begin{bmatrix} 1 & 1 \\ 0 & -1 \end{bmatrix}, \quad \boldsymbol{D} = \begin{bmatrix} 1 & 0 \\ 1 & 0 \end{bmatrix}$$

所以

$$\boldsymbol{h}(t) = \boldsymbol{C}\boldsymbol{\varphi}(t)\boldsymbol{B} + \boldsymbol{D}\delta(t) + \begin{bmatrix} 1 & 1 \\ 0 & -1 \end{bmatrix} \begin{bmatrix} e^{t} & e^{t} - e^{-t} \\ 0 & e^{-t} \end{bmatrix} \begin{bmatrix} 0 & 1 \\ 1 & 0 \end{bmatrix} +$$

$$\begin{bmatrix} 1 & 0 \\ 1 & 0 \end{bmatrix} \begin{bmatrix} \delta(t) & 0 \\ 0 & \delta(t) \end{bmatrix} = \begin{bmatrix} e^{t} & e^{t} \\ -e^{-t} & 0 \end{bmatrix} + \begin{bmatrix} \delta(t) & 0 \\ \delta(t) & 0 \end{bmatrix}$$

由例 12.3-6 得分解矩阵

$$\boldsymbol{\Phi}(s) = (s\boldsymbol{I} - \boldsymbol{A})^{-1} = \begin{bmatrix} \dfrac{1}{s-1} & \dfrac{2}{(s-1)(s+1)} \\ 0 & \dfrac{1}{s+1} \end{bmatrix}$$

所以转移函数矩阵

$$\boldsymbol{H}(s) = \boldsymbol{C}\boldsymbol{\Phi}(s)\boldsymbol{B} + \boldsymbol{D} =$$

$$\begin{bmatrix} 1 & 1 \\ 0 & -1 \end{bmatrix} \begin{bmatrix} \dfrac{1}{s-1} & \dfrac{2}{(s-1)(s+1)} \\ 0 & \dfrac{1}{s+1} \end{bmatrix} \begin{bmatrix} 0 & 1 \\ 1 & 0 \end{bmatrix} + \begin{bmatrix} 1 & 0 \\ 1 & 0 \end{bmatrix} =$$

$$\left[\begin{array}{cc} \dfrac{2}{(s-1)(s+1)} + \dfrac{1}{s+1} & \dfrac{1}{s-1} \\[3mm] -\dfrac{1}{s+1} & 0 \end{array}\right] + \left[\begin{array}{cc} 1 & 0 \\ 1 & 0 \end{array}\right] = \left[\begin{array}{cc} \dfrac{1}{s-1}+1 & \dfrac{1}{s-1} \\[3mm] \dfrac{-1}{s+1}+1 & 0 \end{array}\right]$$

当然也可利用关系式 $H(s) = \mathscr{L}[h(t)]$,计算转移函数矩阵 $H(s)$。

12.4　离散系统状态方程的解法

离散系统状态方程的解法分为时域解法和 Z 变换解法两种。

一、矢量差分方程的解法

设离散系统的状态方程为

$$\boldsymbol{\lambda}(n+1) = \boldsymbol{A\lambda}(n) + \boldsymbol{Bx}(n)$$

系统的起始状态为 $\boldsymbol{\lambda}(n_0)$,应用迭代法,可有

$$\boldsymbol{\lambda}(n_0+1) = \boldsymbol{A\lambda}(n_0) + \boldsymbol{Bx}(n_0)$$

以下可有

$$\begin{aligned} \boldsymbol{\lambda}(n_0+2) &= \boldsymbol{A\lambda}(n_0+1) + \boldsymbol{Bx}(n_0+1) = \\ &\quad \boldsymbol{A}^2\boldsymbol{\lambda}(n_0) + \boldsymbol{ABx}(n_0) + \boldsymbol{Bx}(n_0+1) \\ \boldsymbol{\lambda}(n_0+3) &= \boldsymbol{A\lambda}(n_0+2) + \boldsymbol{Bx}(n_0+2) = \\ &\quad \boldsymbol{A}^3\boldsymbol{\lambda}(n_0) + \boldsymbol{A}^2\boldsymbol{Bx}(n_0) + \boldsymbol{ABx}(n_0+1) + \boldsymbol{Bx}(n_0+2) \\ &\cdots \\ \boldsymbol{\lambda}(n) &= \boldsymbol{A\lambda}(n-1) + \boldsymbol{Bx}(n-1) = \\ &\quad \boldsymbol{A}^{n-n_0}\boldsymbol{\lambda}(n_0) + \boldsymbol{A}^{n-n_0-1}\boldsymbol{Bx}(n_0) + \boldsymbol{A}^{n-n_0-2}\boldsymbol{Bx}(n_0+1) + \cdots + \boldsymbol{Bx}(n-1) = \\ &\quad \boldsymbol{A}^{n-n_0}\boldsymbol{\lambda}(n_0) + \sum_{i=0}^{n-1}\boldsymbol{A}^{n-1-i}\boldsymbol{Bx}(i) \end{aligned}$$

如果取 $n_0 = 0$,则有

$$\boldsymbol{\lambda}(n) = \underbrace{\boldsymbol{A}^n\boldsymbol{\lambda}(0)}_{\text{零输入解}} + \underbrace{\sum_{i=0}^{n-1}\boldsymbol{A}^{n-1-i}\boldsymbol{Bx}(i)}_{\text{零状态解}} \tag{12.4-1}$$

上式中第一项为状态变量的零输入解,其中 $\boldsymbol{A}^n$ 称为状态转移矩阵,用符号 $\boldsymbol{\varphi}(n)$ 表示,第二项是状态变量的零状态解。

将状态变量 $\boldsymbol{\lambda}(n)$ 代入输出方程,可得

$$\begin{aligned} \boldsymbol{y}(n) &= \boldsymbol{C\lambda}(n) + \boldsymbol{Dx}(n) = \\ &\quad \underbrace{\boldsymbol{CA}^n\boldsymbol{\lambda}(0)}_{\text{零输入响应}} + \underbrace{\sum_{i=0}^{n-1}\boldsymbol{CA}^{n-1-i}\boldsymbol{Bx}(i) + \boldsymbol{Dx}(n)}_{\text{零状态响应}} \end{aligned} \tag{12.4-2}$$

从上式的零状态响应中,可以看出,若 $\boldsymbol{x}(n) = \boldsymbol{\delta}(n)$,则系统的单位函数响应矩阵为

$$\boldsymbol{h}_{r\times m}(n) = \boldsymbol{CA}^{n-1}\boldsymbol{B} + \boldsymbol{D\delta}(n) =$$

$$\begin{bmatrix} h_{11} & h_{12} & \cdots & h_{1m} \\ h_{21} & h_{22} & \cdots & h_{2m} \\ \vdots & & & \\ h_{r1} & h_{r2} & \cdots & h_{rm} \end{bmatrix} \tag{12.4-3}$$

二、A^n 的计算

设 A 为 k 阶方阵,若 A 的特征方程为

$$f(\alpha) = d_0 + d_1\alpha + d_2\alpha^2 + \cdots + d_k\alpha^k = 0 \tag{12.4-4}$$

根据凯莱-哈密尔顿定理,可知

$$f(A) = d_0 I + d_1 A + d_2 A^2 + \cdots + d_k A^k = 0 \tag{12.4-5}$$

由此可知,当 $n \geqslant k$ 时,α^n 和 A^n 可表示为 $(k-1)$ 次的 α(或 A)的多项式,而它们各对应项系数相同,即

$$\alpha^n = C_0 + C_1\alpha + C_2\alpha^2 + \cdots + C_{k-1}\alpha^{k-1} \tag{12.4-6}$$

$$A^n = C_0 I + C_1 A + C_2 A^2 + \cdots + C_{k-1} A^{k-1} \tag{12.4-7}$$

式中各系数 C_j 是变量 n 的函数。

如果已知 A 的 k 个特征值 $\alpha_1, \alpha_2, \cdots, \alpha_k$,把它们分别代入式(12.4-6),得

$$\left. \begin{aligned} \alpha_1^n &= C_0 + C_1\alpha_1 + C_2\alpha_1^2 + \cdots + C_{k-1}\alpha_1^{k-1} \\ \alpha_2^n &= C_0 + C_1\alpha_2 + C_2\alpha_2^2 + \cdots + C_{k-1}\alpha_2^{k-1} \\ &\cdots \\ \alpha_k^n &= C_0 + C_1\alpha_k + C_2\alpha_k^2 + \cdots + C_{k-1}\alpha_k^{k-1} \end{aligned} \right\} \tag{12.4-8}$$

联立求解式(12.4-8) 的方程组,可得系统 C_j,这些系数就是式(12.4-7) 中 A^n 的系数,从而也就求得 A^n。

如果 A 的特征根 α_r 是 $-m$ 重根,则使用以下方程

$$\left. \begin{aligned} \alpha_r^n &= C_0 + C_1\alpha_r + C_2\alpha_r^2 + \cdots + C_{k-1}\alpha_r^{k-1} \\ \frac{\mathrm{d}}{\mathrm{d}\alpha_r}\alpha_r^n &= \frac{\mathrm{d}}{\mathrm{d}\alpha_r}[\alpha_0 + C_1\alpha_r + C_2\alpha_r^2 + \cdots + C_{k-1}\alpha_r^{k-1}] \\ &\cdots \\ \frac{\mathrm{d}^{m-1}}{\mathrm{d}\alpha_r^{m-1}}\alpha_r^n &= \frac{\mathrm{d}^{m-1}}{\mathrm{d}\alpha_r^{m-1}}[C_0 + C_1\alpha_r + C_2\alpha_r^2 + \cdots + C_{k-1}\alpha_r^{k-1}] \end{aligned} \right] \tag{12.4-9}$$

连同 $(n-m)$ 个单根的方程,就可求得各系数 C_j。

例 12.4-1 已知二阶方阵 $A = \begin{bmatrix} 1 & -1 \\ 1 & 3 \end{bmatrix}$,求状态转移矩阵 A^n。

解 求 A 的特征值

$$|\alpha I - A| = \begin{vmatrix} \alpha - 1 & 1 \\ -1 & \alpha - 3 \end{vmatrix} = (\alpha - 1)(\alpha - 3) + 1 = (\alpha - 2)^2 = 0$$

特征值 $\alpha = 2$ 为二重根,则

$$\begin{cases} 2^n = C_0 + 2C_1 \\ n2^{n-1} = C_1 \end{cases}$$

所以求得
$$\begin{cases} C_0 = 2^n(1-n) \\ C_1 = 2^{n-1}n \end{cases}$$

由此可得
$$A^n = C_0 I + C_1 A =$$
$$2^n(1-n)\begin{bmatrix} 1 & 0 \\ 0 & 1 \end{bmatrix} + 2^{n-1}n\begin{bmatrix} 1 & -1 \\ 1 & 3 \end{bmatrix} =$$
$$2^n\begin{bmatrix} 1-\dfrac{n}{2} & -\dfrac{n}{2} \\ \dfrac{n}{2} & 1+\dfrac{n}{2} \end{bmatrix}$$

例 12.4-2 若一离散系统的状态方程和输出方程为
$$\begin{cases} \boldsymbol{\lambda}(n+1) = \begin{bmatrix} 0 & 1 \\ 3 & 2 \end{bmatrix}\boldsymbol{\lambda}(n) \\ y(n) = \begin{bmatrix} 3 & 3 \end{bmatrix}\boldsymbol{\lambda}(n) \end{cases}$$

初始状态 $\boldsymbol{\lambda}(0) = \begin{bmatrix} 1 \\ 0 \end{bmatrix}$,试求 $y(n)$。

解 1. 先求 A 的特征根:

特征方程为 $\det(\alpha I - A) = \begin{bmatrix} \alpha & -1 \\ -3 & \alpha-2 \end{bmatrix} = (\alpha+1)(\alpha-3) = 0$

特征根为 $\alpha_1 = -1, \alpha_2 = 3$

2. 求状态转移矩阵 A^n
$$A^n = C_0 I + C_1 A$$

将特征值代入式(12.4-6)
$$\begin{cases} (-1)^n = C_0 + C_1(-1) \\ 3^n = C_0 + 3C_1 \end{cases}$$

解得 $C_0 = \dfrac{1}{4}(3^n + 3(-1)^n)$

$C_1 = \dfrac{1}{4}(-(-1)^n + 3^n)$

所以 $A^n = \dfrac{1}{4}[3^n + 3(-1)^n]\begin{bmatrix} 1 & 0 \\ 0 & 1 \end{bmatrix} + \dfrac{1}{4}[-(-1)^n + 3^n]\begin{bmatrix} 0 & 1 \\ 3 & 2 \end{bmatrix} =$

$$\dfrac{1}{4}\begin{bmatrix} 3(-1)^n + 3^n & -(-1)^n + 3^n \\ -3(-1)^n + 3(3)^n & (-1)^n + 3(3)^n \end{bmatrix}$$

3. 求状态方程的解
$$\boldsymbol{\lambda}(n) = A^n\boldsymbol{\lambda}(0) =$$
$$\dfrac{1}{4}\begin{bmatrix} 3(-1)^n + 3^n & -(-1)^n + 3^n \\ -3(-1)^n + 3(3)^n & (-1)^n + 3(3)^n \end{bmatrix}\begin{bmatrix} 1 \\ 0 \end{bmatrix} =$$

$$\frac{1}{4}\begin{bmatrix} 3(-1)^n + 3^n \\ -3(-1)^n + 3(3)^n \end{bmatrix}$$

4. 求输出响应

$$y(n) = C\lambda(n) = \begin{bmatrix} 3 & 3 \end{bmatrix} \frac{1}{4}\begin{bmatrix} 3(-1)^n + 3^n \\ -3(-1)^n + 3(3)^n \end{bmatrix} = 3(3)^n \qquad n \geqslant 0$$

三、状态方程的 Z 变换解法

离散系统的状态方程和输出方程为

$$\begin{cases} \lambda(n+1) = A\lambda(n) + BX(n) & (12.4\text{-}10) \\ y(n) = C\lambda(n) + DX(n) & (12.4\text{-}11) \end{cases}$$

将上式两边取 Z 变换得

$$\begin{cases} z\Lambda(z) - z\lambda(0) = A\Lambda(z) + BX(z) & (12.4\text{-}12) \\ Y(z) = C\Lambda(z) + DX(z) & (12.4\text{-}13) \end{cases}$$

整理得到

$$\begin{cases} \Lambda(z) = (zI - A)^{-1}z\lambda(0) + (zI - A)^{-1}BX(z) & (12.4\text{-}14) \\ Y(z) = C(zI - A)^{-1}z\lambda(0) + C(zI - A)^{-1}BX(z) + DX(z) & (12.4\text{-}15) \end{cases}$$

取反 Z 变换,可得时域表示式为

$$\begin{cases} \lambda(n) = \mathscr{Z}^{-1}[(zI-A)^{-1}z]\lambda(0) + \mathscr{Z}^{-1}[(zI-A)^{-1}]B * \mathscr{Z}^{-1}[X(z)] & (12.4\text{-}16) \\ y(n) = \mathscr{Z}^{-1}[C(zI-A)^{-1}z]\lambda(0) + \mathscr{Z}^{-1}[C(zI-A)^{-1} + B + D] * \mathscr{Z}^{-1}[X(z)] & (12.4\text{-}17) \end{cases}$$

若将上式与时域分析的结果式(12.4-1)和(12.4-2)进行比较,容易得到

$$A^n = \mathscr{Z}^{-1}[(zI - A)^{-1}z] \tag{12.4-18}$$

$$h(n) = \mathscr{Z}^{-1}[C(zI - A)^{-1}B + D] \tag{12.4-19}$$

由式(12.4-18)可以求得状态转移矩阵 A^n,由式(12.4-19)可求得系统单位函数响应矩阵 $h(n)$,而离散系统的转移函数矩阵为

$$H_{r \times m}(z) = C(zI - A)^{-1}B + D =$$

$$\begin{bmatrix} H_{11}(z) & H_{12}(z) & \cdots & H_{1m}(z) \\ H_{21}(z) & H_{22}(z) & \cdots & H_{2m}(z) \\ \vdots & & & \vdots \\ H_{r1}(z) & H_{r2}(z) & \cdots & H_{rm}(z) \end{bmatrix} \tag{12.4-20}$$

例 12.4-3 已知 $A = \begin{bmatrix} 0 & 1 \\ 3 & 2 \end{bmatrix}$,求 A^n。

解 特征矩阵

$$(zI - A) = z\begin{bmatrix} 1 & 0 \\ 0 & 1 \end{bmatrix} - \begin{bmatrix} 0 & 1 \\ 3 & 2 \end{bmatrix} = \begin{bmatrix} z & -1 \\ -3 & z-2 \end{bmatrix}$$

它的逆矩阵

$$(z\boldsymbol{I} - \boldsymbol{A})^{-1} = \frac{\mathrm{adj}(z\boldsymbol{I} - \boldsymbol{A})}{\det(z\boldsymbol{I} - \boldsymbol{A})} = \frac{\begin{bmatrix} z - 2 & 1 \\ 3 & z \end{bmatrix}}{z^2 - 2z - 3} =$$

$$\begin{bmatrix} \dfrac{z - 2}{(z + 1)(z - 3)} & \dfrac{1}{(z + 1)(z - 3)} \\ \dfrac{3}{(z + 1)(z - 3)} & \dfrac{z}{(z + 1)(z - 3)} \end{bmatrix}$$

所以

$$\boldsymbol{A}^n = \mathscr{Z}^{-1}\left[(z\boldsymbol{I} - \boldsymbol{A})^{-1} z\right] =$$

$$\mathscr{Z}^{-1}\begin{bmatrix} \dfrac{\frac{3}{4}z}{z + 1} + \dfrac{\frac{1}{4}z}{z - 3} & \dfrac{-\frac{1}{4}z}{z + 1} + \dfrac{\frac{1}{4}z}{z - 3} \\ \dfrac{-\frac{3}{4}z}{z + 1} + \dfrac{\frac{3}{4}z}{z - 3} & \dfrac{\frac{1}{4}z}{z + 1} + \dfrac{\frac{3}{4}z}{z - 3} \end{bmatrix} =$$

$$\frac{1}{4}\begin{bmatrix} 3(-1)^n + 3^n & -(-1)^n + 3^n \\ -3(-1)^n + 3(3)^n & (-1)^n + 3(3)^n \end{bmatrix}$$

例 12.4-4 已知某离散时间系统的状态方程和输出方程

$$\begin{bmatrix} \lambda_1(n + 1) \\ \lambda_2(n + 1) \end{bmatrix} = \begin{bmatrix} \dfrac{1}{2} & \dfrac{1}{4} \\ 1 & \dfrac{1}{2} \end{bmatrix}\begin{bmatrix} \lambda_1(n) \\ \lambda_2(n) \end{bmatrix} + \begin{bmatrix} 1 \\ 0 \end{bmatrix} x(n)$$

$$\begin{bmatrix} y_1(n) \\ y_2(n) \end{bmatrix} = \begin{bmatrix} 1 & 0 \\ 0 & 1 \end{bmatrix}\begin{bmatrix} \lambda_1(n) \\ \lambda_2(n) \end{bmatrix} + \begin{bmatrix} 1 \\ 1 \end{bmatrix} x(n)$$

初始状态 $\boldsymbol{\lambda}(0) = \begin{bmatrix} 1 \\ 1 \end{bmatrix}$，输入信号 $x(n) = u(n)$，试用 Z 变换法求

1. 转移函数矩阵 $\boldsymbol{A}^n$；
2. 状态矢量 $\boldsymbol{\lambda}(n)$；
3. 输出矢量 $\boldsymbol{y}(n)$；
4. 转移函数矩阵 $\boldsymbol{H}(z)$ 和单位函数响应矩阵 $\boldsymbol{h}(n)$。

解 1. 求 $\boldsymbol{A}^n$

特征矩阵

$$z\boldsymbol{I} - \boldsymbol{A} = \begin{bmatrix} z - \dfrac{1}{2} & -\dfrac{1}{4} \\ -1 & z - \dfrac{1}{2} \end{bmatrix}$$

其逆矩阵

$$(z\boldsymbol{I} - \boldsymbol{A})^{-1} = \frac{1}{z(z-1)} \begin{bmatrix} z - \dfrac{1}{2} & \dfrac{1}{4} \\ 1 & z - \dfrac{1}{2} \end{bmatrix}$$

所以

$$\boldsymbol{A}^n = \mathscr{Z}^{-1}\big[(z\boldsymbol{I} - \boldsymbol{A})^{-1}z\big] = \mathscr{Z}^{-1} \begin{bmatrix} \dfrac{z - \dfrac{1}{2}}{(z-1)} & \dfrac{\dfrac{1}{4}}{(z-1)} \\ \dfrac{1}{(z-1)} & \dfrac{z - \dfrac{1}{2}}{(z-1)} \end{bmatrix} =$$

$$\begin{bmatrix} \delta(n) + \dfrac{1}{2}u(n-1) & \dfrac{1}{4}u(n-1) \\ u(n-1) & \delta(n) + \dfrac{1}{2}u(n-1) \end{bmatrix}$$

2. 求 $\lambda(n)$

$$\boldsymbol{\Lambda}(z) = (z\boldsymbol{I} - \boldsymbol{A})^{-1}z\lambda(0) + (z\boldsymbol{I} - \boldsymbol{A})^{-1}\boldsymbol{B}X(z) =$$

$$\begin{bmatrix} \dfrac{z - \dfrac{1}{2}}{(z-1)} & \dfrac{\dfrac{1}{4}}{z-1} \\ \dfrac{1}{z-1} & \dfrac{z - \dfrac{1}{2}}{z-1} \end{bmatrix} \begin{bmatrix} 1 \\ 1 \end{bmatrix} + \begin{bmatrix} \dfrac{z - \dfrac{1}{2}}{z(z-1)} & \dfrac{\dfrac{1}{4}}{z(z-1)} \\ \dfrac{1}{z(z-1)} & \dfrac{z - \dfrac{1}{2}}{z(z-1)} \end{bmatrix} \begin{bmatrix} \dfrac{z}{z-1} \\ 0 \end{bmatrix} =$$

$$\begin{bmatrix} \dfrac{z - \dfrac{1}{4}}{z-1} \\ \dfrac{z + \dfrac{1}{2}}{z-1} \end{bmatrix} + \begin{bmatrix} \dfrac{z - \dfrac{1}{2}}{(z-1)^2} \\ \dfrac{1}{(z-1)^2} \end{bmatrix}$$

$$\lambda(n) = \mathscr{Z}^{-1}[\Lambda(z)] = \begin{bmatrix} \delta(n) + \dfrac{3}{4}u(n-1) \\ \delta(n) + \dfrac{3}{2}u(n-1) \end{bmatrix} + \begin{bmatrix} nu(n) - \dfrac{1}{2}(n-1)u(n-1) \\ (n-1)u(n-1) \end{bmatrix}$$

3. 求 $y(n)$

$$Y(z) = \boldsymbol{C}(z\boldsymbol{I} - \boldsymbol{A})^{-1}z\lambda(0) + \boldsymbol{C}(z\boldsymbol{I} - \boldsymbol{A})^{-1}\boldsymbol{B}X(z) + \boldsymbol{D}X(z) = \boldsymbol{C}\Lambda(z) + \boldsymbol{D}X(z) =$$

$$\begin{bmatrix} 1 & 0 \\ 0 & 1 \end{bmatrix} \begin{bmatrix} \dfrac{z - \dfrac{1}{4}}{z-1} \\ \dfrac{z + \dfrac{1}{2}}{z-1} \end{bmatrix} + \begin{bmatrix} 1 & 0 \\ 0 & 1 \end{bmatrix} \begin{bmatrix} \dfrac{z - \dfrac{1}{2}}{(z-1)^2} \\ \dfrac{1}{(z-1)^2} \end{bmatrix} + \begin{bmatrix} \dfrac{z}{z-1} \\ \dfrac{z}{z-1} \end{bmatrix} =$$

$$\begin{bmatrix} \dfrac{z - \dfrac{1}{4}}{z - 1} \\[3mm] \dfrac{z + \dfrac{1}{2}}{z - 1} \end{bmatrix} + \begin{bmatrix} \dfrac{z^2 - \dfrac{1}{2}}{(z - 1)^2} \\[3mm] \dfrac{z^2 - z + 1}{(z - 1)^2} \end{bmatrix}$$

$$y(n) = \mathscr{Z}^{-1}[Y(z)] =$$

$$\begin{bmatrix} \delta(n) + \dfrac{3}{4} u(n - 1) \\[3mm] \delta(n) + \dfrac{3}{2} u(n - 1) \end{bmatrix} + \begin{bmatrix} \delta(n) + 2nu(n) - \dfrac{3}{2}(n - 1)u(n - 1) \\[3mm] \delta(n) + nu(n) \end{bmatrix}$$

4. 求 $H(z)$ 和 $h(n)$

$$H(z) = C(zI - A)^{-1}B + D =$$

$$\begin{bmatrix} 1 & 0 \\ 0 & 1 \end{bmatrix} \begin{bmatrix} \dfrac{z - \dfrac{1}{2}}{z(z - 1)} & \dfrac{\dfrac{1}{4}}{z(z - 1)} \\[4mm] \dfrac{1}{z(z - 1)} & \dfrac{z - \dfrac{1}{2}}{z(z - 1)} \end{bmatrix} \begin{bmatrix} 1 \\ 0 \end{bmatrix} + \begin{bmatrix} 1 \\ 1 \end{bmatrix} = \begin{bmatrix} \dfrac{z^2 - \dfrac{1}{2}}{z(z - 1)} \\[4mm] \dfrac{z^2 - z + 1}{z(z - 1)} \end{bmatrix}$$

$$h(n) = \mathscr{Z}^{-1}[H(z)] =$$

$$\mathscr{Z}^{-1}\begin{bmatrix} 1 + \dfrac{\dfrac{1}{2}}{z} + \dfrac{\dfrac{1}{2}}{z - 1} \\[4mm] 1 - \dfrac{1}{z} + \dfrac{1}{z - 1} \end{bmatrix} = \begin{bmatrix} \delta(n) + \dfrac{1}{2}\delta(n - 1) + \dfrac{1}{2}u(n - 1) \\[3mm] \delta(n) - \delta(n - 1) + u(n - 1) \end{bmatrix}$$

12.5 系统的可控性和可观性

作为系统状态变量分析法的一个应用,介绍现代控制论中的一个基本概念——系统的可控性和可观性。

一、系统的可控性

定义 当系统用状态方程描述时,给定系统任意初始状态,可以找到容许的输入量(即控制矢量),在有限的时间之内把系统的所有状态引向状态空间的原点(即零状态),如果可以做到这一点,则称系统是完全可控的。如果只能对部分状态变量可以做到这一点,则称系统是不完全可控的。

如果存在容许的输入量,能在有限时间之内把系统从状态空间的原点引向任意的所要求的状态,这是系统的可达性问题。

设系统有 k 个状态变量,则系统状态方程为

$$\dot{\boldsymbol{\lambda}}(t) = \boldsymbol{A}\boldsymbol{\lambda}(t) + \boldsymbol{B}e(t)$$

其解为

$$\boldsymbol{\lambda}(t) = e^{At}\boldsymbol{\lambda}(0^-) + \int_0^t e^{A(t-\tau)}\boldsymbol{B}e(\tau)\mathrm{d}\tau$$

如果在有限时间 $0 < t < t_1$ 内，通过控制量 $e(t)$ 的作用，把任意起始状态 $\boldsymbol{\lambda}(0^-)$ 引向零状态，则要求

$$e^{At_1}\boldsymbol{\lambda}(0^-) + \int_{0^-}^{t_1} e^{A(t_1-\tau)}\boldsymbol{B}e(\tau)\mathrm{d}\tau = 0$$

$$\boldsymbol{\lambda}(0^-) = -\int_{0^-}^{t_1} e^{-A\tau}\boldsymbol{B}e(\tau)\mathrm{d}\tau$$

由凯莱 - 哈密顿定理，$e^{-A\tau}$ 可表示为

$$e^{-A\tau} = C_0(\tau)\boldsymbol{I} + C_1(\tau)\boldsymbol{A} + C_2(\tau)\boldsymbol{A}^2 + \cdots + C_{k-1}(\tau)\boldsymbol{A}^{k-1} = \sum_{i=0}^{k-1} C_i(\tau)\boldsymbol{A}^i$$

将 $e^{-A\tau}$ 值代入前式，则

$$\boldsymbol{\lambda}(0^-) = -\int_0^t \left(\sum_{i=0}^{k-1} C_i(\tau)\boldsymbol{A}^i\right)\boldsymbol{B}e(\tau)\mathrm{d}\tau = -\sum_{i=0}^{k-1}\boldsymbol{A}^i\boldsymbol{B}\int_{0^-}^{t_1} C_i(\tau)e(\tau)\mathrm{d}(\tau)$$

令

$$u_i(t_1) = \int_{0^-}^{t_1} C_i(\tau)e(\tau)\mathrm{d}\tau$$

则

$$\boldsymbol{\lambda}(0^-) = -\sum_{i=0}^{k-1}\boldsymbol{A}^i\boldsymbol{B}u_i(t_1) =$$

$$-(\boldsymbol{B}\mathrel{\vdots}\boldsymbol{AB}\mathrel{\vdots}\boldsymbol{A}^2\boldsymbol{B}\mathrel{\vdots}\cdots\mathrel{\vdots}\boldsymbol{A}^{k-1}\boldsymbol{B})\begin{bmatrix} u_0(t_1) \\ u_1(t_1) \\ \vdots \\ u_{k-1}(t_1) \end{bmatrix} \tag{12.5-1}$$

可见若系统状态完全可控，也就是给定一组起始状态 $\boldsymbol{\lambda}(0^-)$，满足上式，则必须有

$$\boldsymbol{M} = (\boldsymbol{B}\mathrel{\vdots}\boldsymbol{AB}\mathrel{\vdots}\boldsymbol{A}^2\boldsymbol{B}\mathrel{\vdots}\cdots\mathrel{\vdots}\boldsymbol{A}^{k-1}\boldsymbol{B}) \tag{12.5-2}$$

满秩。这是连续系统完全可控的充要条件。

对于离散系统的可控性也可以有同样的判据。设离散系统的状态方程为

$$\boldsymbol{\lambda}(n+1) = \boldsymbol{A}\boldsymbol{\lambda}(n) + \boldsymbol{B}x(n)$$

其解为

$$\boldsymbol{\lambda}(n) = \boldsymbol{A}^n\boldsymbol{\lambda}(0) + \sum_{i=0}^{k-1}\boldsymbol{A}^{n-1-i}\boldsymbol{B}x(i)$$

由于输入量 $x(i)$ 的作用，可能把系统的任意初始状态引向零状态，则

$$\boldsymbol{A}^n\boldsymbol{\lambda}(0) = -\sum_{i=0}^{k-1}\boldsymbol{A}^{n-1-i}\boldsymbol{B}x(i)$$

$$\boldsymbol{\lambda}(0) = -\sum_{i=0}^{k-1}\boldsymbol{A}^{-(1+i)}\boldsymbol{B}x(i)$$

欲使上式成立，只要取 k 个输入量 $x(0), x(1), \cdots, x(k-1)$ 即可，因此

$$\boldsymbol{\lambda}(0) = -\sum_{i=0}^{k-1}\boldsymbol{A}^{-(1+i)}\boldsymbol{B}x(i) =$$

$$-[\boldsymbol{A}^{-1}\boldsymbol{B}x(0) + \boldsymbol{A}^{-2}\boldsymbol{B}x(1) + \cdots + \boldsymbol{A}^{-k}\boldsymbol{B}x(k-1)] =$$

$$- A^{-k}[Bx(k-1) + ABx(k-2) + \cdots + A^{k-1}Bx(0)] =$$

$$- A^{-k}(B \vdots AB \vdots A^2B \vdots \cdots \vdots A^{k-1}B)\begin{bmatrix} x(k-1) \\ x(k-2) \\ \vdots \\ x(1) \\ x(0) \end{bmatrix} \qquad (12.5\text{-}3)$$

由于 A 为非奇异矩阵,若要找到控制量$[x(k-1) \ x(k-2) \ \cdots \ x(1) \ x(0)]^T$,使控制终了状态为零,则必须有

$$M = (B \vdots AB \vdots A^2B \vdots \cdots \vdots A^{k-1}B) \qquad (12.5\text{-}4)$$

满秩。这是离散系统完全可控的充要条件。

例 12.5-1 给定下列系统

1. $\begin{bmatrix} \dot{\lambda}_1(t) \\ \dot{\lambda}_2(t) \end{bmatrix} = \begin{bmatrix} 1 & 1 \\ 0 & -1 \end{bmatrix}\begin{bmatrix} \lambda_1 \\ \lambda_2 \end{bmatrix} + \begin{bmatrix} 1 \\ 0 \end{bmatrix}e$

2. $\begin{bmatrix} \dot{\lambda}_1(t) \\ \dot{\lambda}_2(t) \end{bmatrix} = \begin{bmatrix} 1 & 1 \\ 2 & -1 \end{bmatrix}\begin{bmatrix} \lambda_1 \\ \lambda_2 \end{bmatrix} + \begin{bmatrix} 0 \\ 1 \end{bmatrix}e$

问两系统是否都可控。

解 1. $M = (B \vdots AB) = \left(\begin{bmatrix} 1 \\ 0 \end{bmatrix} \vdots \begin{bmatrix} 1 & 1 \\ 0 & -1 \end{bmatrix}\begin{bmatrix} 1 \\ 0 \end{bmatrix}\right) = \begin{bmatrix} 1 & 1 \\ 0 & 0 \end{bmatrix}$

由于 $\text{rank}(B \vdots AB) = 1$,矩阵 M 不满秩,所以系统不完全可控。

2. $M = (B \vdots AB) = \left(\begin{bmatrix} 0 \\ 1 \end{bmatrix} \vdots \begin{bmatrix} 1 & 1 \\ 2 & -1 \end{bmatrix}\begin{bmatrix} 0 \\ 1 \end{bmatrix}\right) = \begin{bmatrix} 0 & 1 \\ 1 & -1 \end{bmatrix}$

由于 $\text{rank}(B \vdots AB) = 2$,矩阵 M 满秩,所以系统完全可控。

例 12.5-2 已知离散系统的状态方程为

$$\lambda(n+1) = \begin{bmatrix} 0 & 1 \\ -1 & 0 \end{bmatrix}\lambda(n) + \begin{bmatrix} 1 \\ 3 \end{bmatrix}x(n)$$

问此系统是否可控。

解 $M = (B \vdots AB) = \left(\begin{bmatrix} 1 \\ 3 \end{bmatrix} \vdots \begin{bmatrix} 0 & 1 \\ -1 & 0 \end{bmatrix}\begin{bmatrix} 1 \\ 3 \end{bmatrix}\right) = \begin{bmatrix} 1 & 3 \\ 3 & -1 \end{bmatrix}$

由于 $\text{rank}(B \vdots AB) = 2$,矩阵 M 满秩,所以系统完全可控。

二、系统的可观性

定义 如果系统用状态方程描述,在给定控制后,能在有限时间内$(0 < t < t_1)$,根据系统的输出唯一地确定系统的所有起始状态,则称系统完全可观,若只能确定部分起始状态,则称系统不完全可观。

设系统有 k 个状态变量,系统的响应为

$$r(t) = Ce^{At}\lambda(0^-) + [Ce^{At}B + D\delta(t)] * e(t)$$

上式中第二项是确知的,为了讨论方便,可令 $e(t) = 0$,则上式变为

$$r(t) = Ce^{At}\lambda(0^-)$$

由凯莱-哈密顿定理

$$r(t) = C(C_0 I + C_1 A + C_2 A^2 + \cdots + C_{k-1} A^{k-1})\lambda(0^-) =$$

$$\left[\begin{array}{ccccc} C_0 C_1 C_2 \cdots C_{k-1} \end{array}\right] \begin{bmatrix} C \\ \cdots \\ CA \\ \cdots \\ \vdots \\ \cdots \\ CA^{k-1} \end{bmatrix} \lambda(0^-) \tag{12.5-5}$$

若要在时间 $0 < t < t_1$ 内,根据 $r(t)$ 唯一确定 $\lambda(0^-)$,必须使矩阵

$$N = \begin{bmatrix} C \\ \cdots \\ CA \\ \cdots \\ \vdots \\ \cdots \\ CA^{k-1} \end{bmatrix} \tag{12.5-6}$$

满秩,这是连续系统可观性的充要条件。

对于离散系统的可观性,也可以有同样的判据。设离散系统输出响应为

$$y(n) = CA^n \lambda(0) + \sum_{i=0}^{k-1} CA^{n-1-i} Bx(i)$$

在上式中令 $x(n) = 0$,则上式变为

$$y(n) = CA^n \lambda(0)$$

由 Calay-Hamilton 定理

$$A^n = C_0 I + C_1 A + C_2 A^2 + \cdots + C_{k-1} A^{k-1}$$

所以

$$y(n) = C(C_0 I + C_1 A + C_2 A^2 + \cdots + C_{k-1} A^{k-1})\lambda(0) =$$

$$\left[\begin{array}{ccccc} C_0 C_1 C_2 \cdots C_{k-1} \end{array}\right] \begin{bmatrix} C \\ \cdots \\ CA \\ \cdots \\ CA^2 \\ \vdots \\ \cdots \\ CA^{k-1} \end{bmatrix} \lambda(0)$$

若要通过 k 次观测的输出值,唯一地确定所有初始状态,则必须有矩阵

$$N = \begin{bmatrix} C \\ \cdots \\ CA \\ \cdots \\ CA^2 \\ \vdots \\ \cdots \\ CA^{k-1} \end{bmatrix}$$

满秩，这是离散系统完全可观的充要条件。

例 12.5-3 已知系统的状态方程和输出方程

$$\begin{bmatrix} \dot{\lambda}_1 \\ \dot{\lambda}_2 \end{bmatrix} = \begin{bmatrix} 1 & 1 \\ -2 & -1 \end{bmatrix} \begin{bmatrix} \lambda_1 \\ \lambda_2 \end{bmatrix} + \begin{bmatrix} 0 \\ 1 \end{bmatrix} e$$

$$r(t) = \begin{bmatrix} 1 & 0 \end{bmatrix} \begin{bmatrix} \lambda_1 \\ \lambda_2 \end{bmatrix}$$

试讨论系统的可观性。

解 根据题目给定条件，矩阵

$$N = \begin{bmatrix} C \\ \cdots \\ CA \end{bmatrix} = \begin{bmatrix} \begin{bmatrix} 1 & 0 \end{bmatrix} \\ \begin{bmatrix} 1 & 0 \end{bmatrix} \begin{bmatrix} 1 & 1 \\ -2 & -1 \end{bmatrix} \end{bmatrix} = \begin{bmatrix} 1 & 0 \\ 1 & 1 \end{bmatrix}$$

由于 rank $N = 2$，矩阵 N 满秩，所以该系统完全可观。

习　题　12

12-1　列出习题 9-3 所示系统的状态方程和输出方程。

12-2　列写图 12-2 所示网络状态方程和输出方程。

12-3　列写图 12-3 所示网络的状态方程和输出方程。

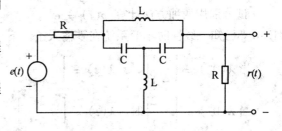

图 12-2　习题 12-2 图

12-4　将下列微分方程变换为状态方程和输出方程

1. $\dfrac{d^3}{dt^3} r(t) + 5 \dfrac{d^2}{dt^2} r(t) + 7 \dfrac{d}{dt} r(t) + 3r(t) = e(t)$

2. $\dfrac{d^2}{dt^2} r(t) + 4r(t) = e(t)$

3. $\dfrac{d^2}{dt^2} r(t) + 4 \dfrac{d}{dt} r(t) + 3r(t) = \dfrac{d}{dt} e(t) + e(t)$

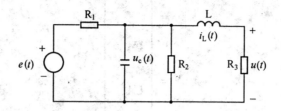

图 12-3　习题 12-3 图

12-5　将下列微分方程组变换成状态方程

1. $\begin{cases} 2\dot{r}_1(t) + 3\dot{r}_2(t) + r_2(t) = 2e_1(t) \\ \ddot{r}_2(t) + 2\dot{r}_1(t) + \dot{r}_2(t) + r_1(t) = e_1(t) + e_2(t) \end{cases}$

2. $\begin{cases} \ddot{r}_1(t) + \dot{r}_1(t) + \dot{r}_2(t) + r_1(t) = 10e_2(t) \\ \ddot{r}_2(t) + \dot{r}_2(t) + \dot{r}_1(t) = 3e_1(t) + 2e_2(t) \end{cases}$

12-6　已知线性时不变系统的状态转移矩阵为

1. $\varphi(t) = \begin{bmatrix} e^{-at} & te^{-at} \\ 0 & e^{-at} \end{bmatrix}$

2. $\varphi(t) = \begin{bmatrix} e^{-t} & 0 & 0 \\ 0 & (1-2t)e^{-2t} & 4te^{-2t} \\ 0 & -te^{-2t} & (1+2t)e^{-2t} \end{bmatrix}$

求相应的矩阵 $\boldsymbol{A} = ?$

12-7　已知

$$\boldsymbol{A} = \begin{bmatrix} 0 & 1 & 0 \\ 0 & 0 & 1 \\ 0 & 1 & 0 \end{bmatrix}$$

试分别用两种方法计算 $\varphi(t) = e^{At}$。

12-8　已知一线性时不变系统在零输入条件下

当 $\lambda(0^-) = \begin{bmatrix} 1 \\ -1 \end{bmatrix}$ 时，$\lambda(t) = \begin{bmatrix} e^{-2t} \\ -e^{-2t} \end{bmatrix}$

当 $\lambda(0^-) = \begin{bmatrix} 2 \\ -1 \end{bmatrix}$ 时，$\lambda(t) = \begin{bmatrix} 2e^{-t} \\ -e^{-t} \end{bmatrix}$

求　1. 状态转移矩阵 $\varphi(t) = ?$

　　2. 确定相应的 $\boldsymbol{A} = ?$

12-9　已知连续系统的状态方程为

$$\begin{bmatrix} \dot{\lambda}_1(t) \\ \dot{\lambda}_2(t) \end{bmatrix} = \begin{bmatrix} -a & 0 \\ 0 & -b \end{bmatrix} \begin{bmatrix} \lambda_1(t) \\ \lambda_2(t) \end{bmatrix} + \begin{bmatrix} \dfrac{1}{b-a} \\ \dfrac{1}{a-b} \end{bmatrix} e(t)$$

初始状态为零,试求单位冲激信号和单位阶跃信号作用时系统的状态变量。

12-10 已知系统的状态方程为

$$\begin{bmatrix} \dot{\lambda}_1(t) \\ \dot{\lambda}_2(t) \end{bmatrix} = \begin{bmatrix} 0 & 1 \\ 0 & -2 \end{bmatrix} \begin{bmatrix} \lambda_1 \\ \lambda_2 \end{bmatrix} + \begin{bmatrix} 0 \\ 1 \end{bmatrix} e(t)$$

初始状态 $\begin{bmatrix} \lambda_1(0) \\ \lambda_2(0) \end{bmatrix} = \begin{bmatrix} 2 \\ 4 \end{bmatrix}$，输入信号 $e(t) = u(t)$，试求状态变量 $\lambda_1(t)$ 和 $\lambda_2(t)$。

12-11 已知系统的状态方程和输出方程为

$$\dot{\lambda}(t) = \begin{bmatrix} 0 & 1 \\ -1 & -2 \end{bmatrix} \lambda(t) + \begin{bmatrix} 0 & 1 \\ 1 & 0 \end{bmatrix} e(t)$$

$$r(t) = \begin{bmatrix} 1 & 2 \\ -1 & 1 \\ 1 & 1 \end{bmatrix} \lambda(t) + \begin{bmatrix} 0 & 0 \\ 0 & 0 \\ 1 & 1 \end{bmatrix} e(t)$$

试求系统的转移函数矩阵和冲激响应矩阵。

12-12 已知一离散系统的状态方程和输出方程为

$$\begin{bmatrix} \lambda_1(n+1) \\ \lambda_2(n+1) \end{bmatrix} = \begin{bmatrix} 1 & -2 \\ a & b \end{bmatrix} \begin{bmatrix} \lambda_1(n) \\ \lambda_2(n) \end{bmatrix} + \begin{bmatrix} 1 \\ 0 \end{bmatrix} x(n)$$

$$y(n) = \begin{bmatrix} 1 & 1 \end{bmatrix} \begin{bmatrix} \lambda_1(n) \\ \lambda_2(n) \end{bmatrix}$$

当给定 $n \geqslant 0$ 时，$x(n) = 0$ 和 $y(n) = 8(-1)^n - 5(-2)^n$，求

1. 常数 a,b；
2. $\lambda_1(n)$ 和 $\lambda_2(n)$ 的闭合式解。

12-13 一离散系统如图 12-13 所示

1. 当输入 $x(n) = \delta(n)$ 时，
   求 $\lambda_1(n)$；
2. 列出系统的差分方程。

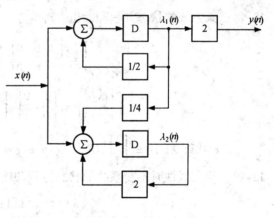

12-14 已知一离散系统的状态方程和输出方程为

$$\begin{cases} \lambda_1(n+1) = \lambda_1(n) - \lambda_2(n) \\ \lambda_2(n+1) = -\lambda_1(n) - \lambda_2(n) \end{cases}$$

$$y(n) = \lambda_1(n)\lambda_2(n) + x(n)$$

图 12-13 习题 12-13 图

1. 给定 $\lambda_1(0) = 2, \lambda_2(0) = 2$，求状态方程的零输入解；
2. 写出系统的差分方程；
3. 当 $x(n) = 2^n, n \geqslant 0$，及给定同于 1 的初始条件，求输出响应 $y(n)$。

12-15 已知某离散系统的状态方程和输出方程为

$$\begin{bmatrix} \lambda_1(n+1) \\ \lambda_2(n+1) \end{bmatrix} = \begin{bmatrix} \dfrac{1}{2} & 0 \\ \dfrac{1}{4} & \dfrac{1}{4} \end{bmatrix} \begin{bmatrix} \lambda_1(n) \\ \lambda_2(n) \end{bmatrix} + \begin{bmatrix} 1 \\ 1 \end{bmatrix} x(n$$

$$y(n) = \begin{bmatrix} 2 & 3 \end{bmatrix} \begin{bmatrix} \lambda_1(n) \\ \lambda_2(n) \end{bmatrix}$$

初始状态 $\lambda(0) = 0$,输入 $x(n) = u(n)$,试求系统响应 $y(n)$,并画出此系统的模拟框图。

12-16 图12-16所示电路处于稳态,当 $t = 0$时开关 K 闭合,试用状态空间法求系统响应 $v(t)$。

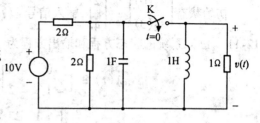

图 12-16 习题 12-16 图

12-17 某系统的状态方程和输出方程为

$$\begin{bmatrix} \dot{\lambda}_1(t) \\ \dot{\lambda}_2(t) \end{bmatrix} = \begin{bmatrix} -2 & 1 \\ 0 & -1 \end{bmatrix} \begin{bmatrix} \lambda_1(t) \\ \lambda_2(t) \end{bmatrix} + \begin{bmatrix} 1 \\ 0 \end{bmatrix} e(t)$$

$$r(t) = \begin{bmatrix} 1 & 0 \end{bmatrix} \begin{bmatrix} \lambda_1(t) \\ \lambda_2(t) \end{bmatrix}$$

初始状态 $\lambda(0) = \begin{bmatrix} 1 \\ 1 \end{bmatrix}$,输入 $e(t) = u(t)$,试求响应 $r(t)$。

12-18 某系统的状态方程和输出方程为

$$\begin{bmatrix} \dot{\lambda}_1(t) \\ \dot{\lambda}_2(t) \end{bmatrix} = \begin{bmatrix} -1 & 0 \\ 1 & 0 \end{bmatrix} \begin{bmatrix} \lambda_1(t) \\ \lambda_2(t) \end{bmatrix} + \begin{bmatrix} 1 \\ 1 \end{bmatrix} e(t)$$

$$\begin{bmatrix} r_1(t) \\ r_2(t) \end{bmatrix} = \begin{bmatrix} 1 & 0 \\ 0 & 1 \end{bmatrix} \begin{bmatrix} \lambda_1(t) \\ \lambda_2(t) \end{bmatrix} + \begin{bmatrix} 1 \\ 0 \end{bmatrix} e(t)$$

初始状态 $\lambda(0) = \begin{bmatrix} 1 \\ 1 \end{bmatrix}$,输入 $e(t) = e^{2t}u(t)$,求响应 $r(t)$。

12-19 给定线性时不变系统的状态方程和输出方程为

$$\dot{\lambda}(t) = A\lambda(t) + Be(t)$$
$$r(t) = C\lambda(t)$$

其中

$$A = \begin{bmatrix} -2 & 2 & -1 \\ 0 & -2 & 0 \\ 1 & -4 & 0 \end{bmatrix} \qquad B = \begin{bmatrix} 0 \\ 1 \\ 1 \end{bmatrix} \qquad C = \begin{bmatrix} 1 & 0 & 0 \end{bmatrix}$$

1. 检查系统的可控性和可观性;
2. 求系统转移函数。

附录 A 常用周期信号的傅里叶级数表

波形 $f(t)$	傅里叶级数
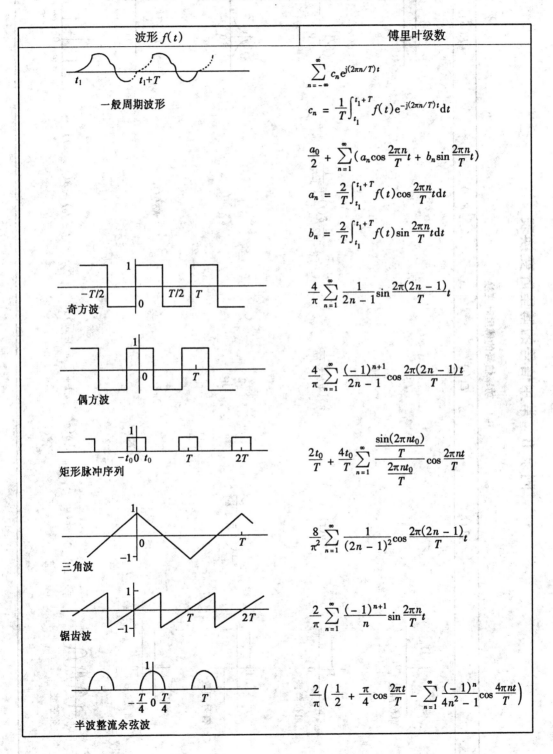	

一般周期波形

$$\sum_{n=-\infty}^{\infty} c_n \mathrm{e}^{\mathrm{j}(2\pi n/T)t}$$

$$c_n = \frac{1}{T}\int_{t_1}^{t_1+T} f(t)\mathrm{e}^{-\mathrm{j}(2\pi n/T)t}\mathrm{d}t$$

$$\frac{a_0}{2} + \sum_{n=1}^{\infty}\left(a_n\cos\frac{2\pi n}{T}t + b_n\sin\frac{2\pi n}{T}t\right)$$

$$a_n = \frac{2}{T}\int_{t_1}^{t_1+T} f(t)\cos\frac{2\pi n}{T}t\mathrm{d}t$$

$$b_n = \frac{2}{T}\int_{t_1}^{t_1+T} f(t)\sin\frac{2\pi n}{T}t\mathrm{d}t$$

奇方波

$$\frac{4}{\pi}\sum_{n=1}^{\infty}\frac{1}{2n-1}\sin\frac{2\pi(2n-1)}{T}t$$

偶方波

$$\frac{4}{\pi}\sum_{n=1}^{\infty}\frac{(-1)^{n+1}}{2n-1}\cos\frac{2\pi(2n-1)t}{T}$$

矩形脉冲序列

$$\frac{2t_0}{T} + \frac{4t_0}{T}\sum_{n=1}^{\infty}\frac{\sin\frac{2\pi n t_0}{T}}{\frac{2\pi n t_0}{T}}\cos\frac{2\pi n t}{T}$$

三角波

$$\frac{8}{\pi^2}\sum_{n=1}^{\infty}\frac{1}{(2n-1)^2}\cos\frac{2\pi(2n-1)}{T}t$$

锯齿波

$$\frac{2}{\pi}\sum_{n=1}^{\infty}\frac{(-1)^{n+1}}{n}\sin\frac{2\pi n}{T}t$$

半波整流余弦波

$$\frac{2}{\pi}\left(\frac{1}{2} + \frac{\pi}{4}\cos\frac{2\pi t}{T} - \sum_{n=1}^{\infty}\frac{(-1)^n}{4n^2-1}\cos\frac{4\pi n t}{T}\right)$$

附录 B 常用信号的傅里叶变换表

B-1 功率信号的傅里叶变换

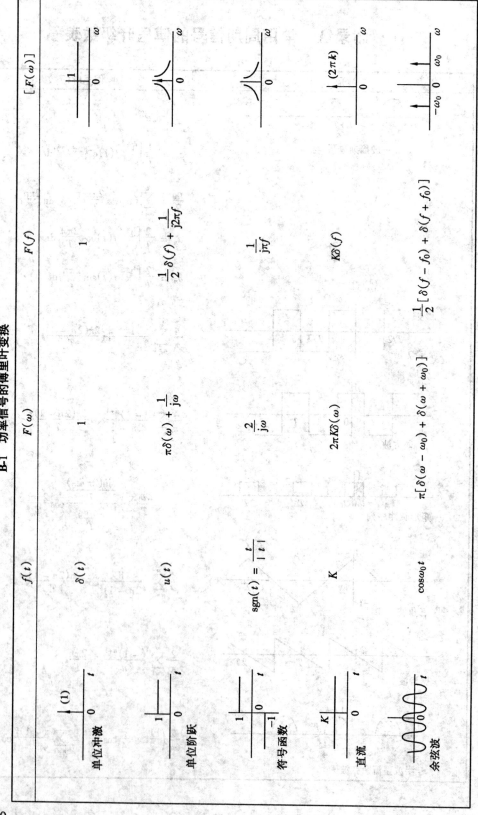

	$f(t)$		$F(\omega)$	$F(f)$	$[F(\omega)]$
单位冲激	$\delta(t)$		1	1	
单位阶跃	$u(t)$		$\pi\delta(\omega)+\dfrac{1}{j\omega}$	$\dfrac{1}{2}\delta(f)+\dfrac{1}{j2\pi f}$	
符号函数	$\operatorname{sgn}(t)=\dfrac{t}{\lvert t\rvert}$		$\dfrac{2}{j\omega}$	$\dfrac{1}{j\pi f}$	
直流	K		$2\pi K\delta(\omega)$	$K\delta(f)$	
余弦波	$\cos\omega_0 t$		$\pi[\delta(\omega-\omega_0)+\delta(\omega+\omega_0)]$	$\dfrac{1}{2}[\delta(f-f_0)+\delta(f+f_0)]$	

B-1(续)

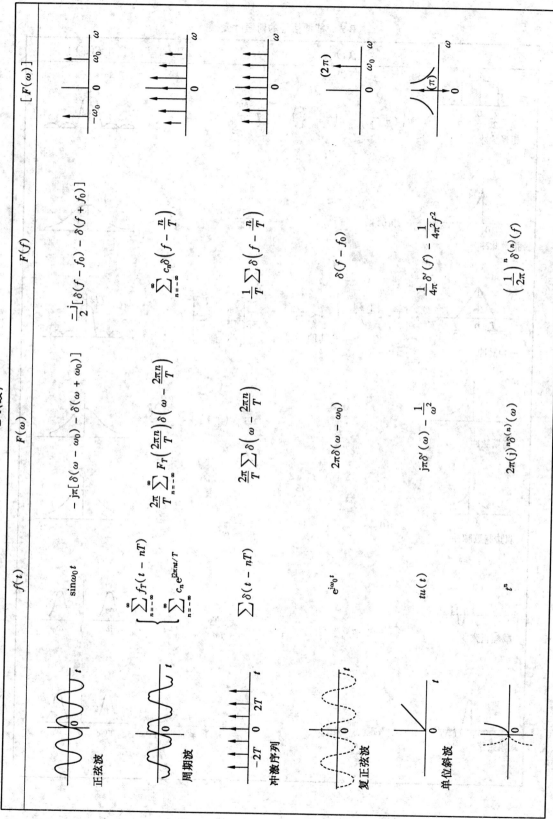

f(t)	F(ω)	F(f)	[F(ω)]
正弦波 $\sin\omega_0 t$	$-j\pi[\delta(\omega-\omega_0)-\delta(\omega+\omega_0)]$	$\dfrac{-j}{2}[\delta(f-f_0)-\delta(f+f_0)]$	
周期波 $\left\{\begin{array}{l}\displaystyle\sum_{n=-\infty}^{\infty} f_T(t-nT)\\[4pt]\displaystyle\sum_{n=-\infty}^{\infty} c_n e^{j2\pi nt/T}\end{array}\right.$	$\dfrac{2\pi}{T}\displaystyle\sum_{n=-\infty}^{\infty} F_T\!\left(\dfrac{2\pi n}{T}\right)\delta\!\left(\omega-\dfrac{2\pi n}{T}\right)$	$\displaystyle\sum_{n=-\infty}^{\infty} c_n\delta\!\left(f-\dfrac{n}{T}\right)$	
冲激序列 $\displaystyle\sum\delta(t-nT)$	$\dfrac{2\pi}{T}\displaystyle\sum\delta\!\left(\omega-\dfrac{2\pi n}{T}\right)$	$\dfrac{1}{T}\displaystyle\sum\delta\!\left(f-\dfrac{n}{T}\right)$	
复正弦波 $e^{j\omega_0 t}$	$2\pi\delta(\omega-\omega_0)$	$\delta(f-f_0)$	
单位斜波 $t u(t)$	$j\pi\delta'(\omega)-\dfrac{1}{\omega^2}$	$\dfrac{1}{4\pi}\delta'(f)-\dfrac{1}{4\pi^2 f^2}$	
t^n	$2\pi(j)^n\delta^{(n)}(\omega)$	$\left(\dfrac{1}{2\pi}\right)^n\delta^{(n)}(f)$	

B-2 能量信号的傅里叶变换

	$f(t)$	$F(\omega)$	$\lvert F(\omega) \rvert$
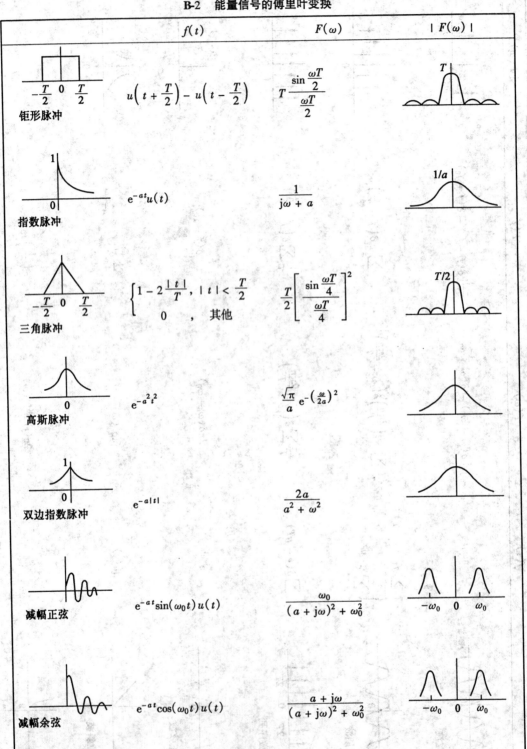钜形脉冲	$u\left(t+\dfrac{T}{2}\right)-u\left(t-\dfrac{T}{2}\right)$	$T\dfrac{\sin\dfrac{\omega T}{2}}{\dfrac{\omega T}{2}}$	
指数脉冲	$e^{-at}u(t)$	$\dfrac{1}{j\omega+a}$	
三角脉冲	$\begin{cases}1-2\dfrac{\lvert t\rvert}{T}, & \lvert t\rvert<\dfrac{T}{2}\\[2mm] 0, & \text{其他}\end{cases}$	$\dfrac{T}{2}\left[\dfrac{\sin\dfrac{\omega T}{4}}{\dfrac{\omega T}{4}}\right]^2$	
高斯脉冲	$e^{-a^2 t^2}$	$\dfrac{\sqrt{\pi}}{a}e^{-\left(\frac{\omega}{2a}\right)^2}$	
双边指数脉冲	$e^{-a\lvert t\rvert}$	$\dfrac{2a}{a^2+\omega^2}$	
减幅正弦	$e^{-at}\sin(\omega_0 t)u(t)$	$\dfrac{\omega_0}{(a+j\omega)^2+\omega_0^2}$	
减幅余弦	$e^{-at}\cos(\omega_0 t)u(t)$	$\dfrac{a+j\omega}{(a+j\omega)^2+\omega_0^2}$	

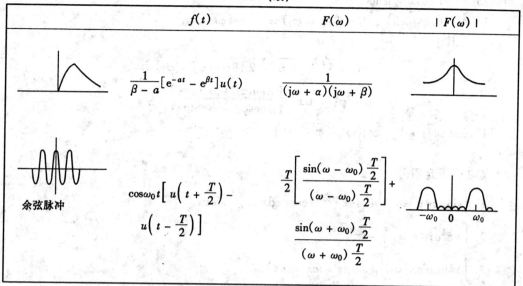

	$f(t)$	$F(\omega)$	$\mid F(\omega)\mid$
	$\frac{1}{\beta - a}[e^{-at} - e^{\beta t}]u(t)$	$\frac{1}{(j\omega + \alpha)(j\omega + \beta)}$	
余弦脉冲	$\cos\omega_0 t\left[u\left(t + \frac{T}{2}\right) - u\left(t - \frac{T}{2}\right)\right]$	$\frac{T}{2}\left[\frac{\sin(\omega - \omega_0)\frac{T}{2}}{(\omega - \omega_0)\frac{T}{2}}\right] + \frac{\sin(\omega + \omega_0)\frac{T}{2}}{(\omega + \omega_0)\frac{T}{2}}$	

附录 C   常用数学表

C-1   三角恒等式

1. $\sin(A \pm B) = \sin A\cos B \pm \cos A\sin B$

2. $\cos(A \pm B) = \cos A\cos B \mp \sin A\sin B$

3. $\cos A\cos B = \frac{1}{2}[\cos(A + B) + \cos(A - B)]$

4. $\sin A\sin B = \frac{1}{2}[\cos(A - B) - \cos(A + B)]$

5. $\sin A\cos B = \frac{1}{2}[\sin(A + B) + \sin A(A - B)]$

6. $\sin A + \sin B = 2\sin\frac{A + B}{2}\cos\frac{A - B}{2}$

7. $\sin A - \sin B = 2\sin\frac{A - B}{2}\cos\frac{A + B}{2}$

8. $\cos A + \cos B = 2\cos\frac{A + B}{2}\cos\frac{A - B}{2}$

9. $\cos A - \cos B = -2\sin\frac{A + B}{2}\sin\frac{A - B}{2}$

10. $\sin 2A = 2\sin A\cos A$

11. $\cos 2A = 2\cos^2 A - 1 = 1 - 2\sin^2 A = \cos^2 A - \sin^2 A$

12. $\sin\frac{1}{2}A = \sqrt{\frac{1 - \cos A}{2}}$ $\sin^2 A = \frac{1 - \cos 2A}{2}$

13. $\cos\frac{1}{2}A = \sqrt{\frac{1 + \cos A}{2}}$ $\cos^2 A = \frac{1 + \cos 2A}{2}$

14. $\sin x = \frac{e^{jx} - e^{-jx}}{2j}$ $\cos x = \frac{e^{jx} + e^{-jx}}{2}$

15. $e^{jx} = \cos x + j\sin x$

16. $A\cos(\omega t + \varphi_1) + B\cos(\omega t + \varphi_2) = C\cos(\omega t + \varphi_3)$

其中

$$C = \sqrt{A^2 + B^2 - 2AB\cos(\varphi_2 - \varphi_1)}$$

$$\varphi_3 = \tan^{-1}\left\{\frac{A\sin\varphi_1 + B\sin\varphi_2}{A\cos\varphi_1 + B\cos\varphi_2}\right\}$$

17. $\sin(\omega t + \varphi) = \cos(\omega t + \varphi - 90°)$

C-2 不定积分

1. $\displaystyle\int \sin ax\,\mathrm{d}x = -\frac{1}{a}\cos ax \qquad \int \cos ax\,\mathrm{d}x = \frac{1}{a}\sin ax$

2. $\displaystyle\int \sin^2 ax\,\mathrm{d}x = \frac{x}{2} - \frac{\sin 2ax}{4a}$

3. $\displaystyle\int x\sin ax\,\mathrm{d}x = \frac{1}{a^2}(\sin ax - ax\cos ax)$

4. $\displaystyle\int x^2\sin ax\,\mathrm{d}x = \frac{1}{a^3}(2ax\sin ax + 2\cos ax - a^2x^2\cos ax)$

5. $\displaystyle\int \cos^2 ax\,\mathrm{d}x = \frac{x}{2} + \frac{\sin 2ax}{4a}$

6. $\displaystyle\int x\cos ax\,\mathrm{d}x = \frac{1}{a^2}(\cos ax + ax\sin ax)$

7. $\displaystyle\int x^2\cos ax\,\mathrm{d}x = \frac{1}{a^3}(2ax\cos ax - 2\sin ax + a^2x^2\sin ax)$

8. $\displaystyle\int \sin ax\sin bx\,\mathrm{d}x = \frac{\sin(a-b)x}{2(a-b)} - \frac{\sin(a+b)x}{2(a+b)} \qquad a^2 \neq b^2$

9. $\displaystyle\int \sin ax\cos bx\,\mathrm{d}x = -\left[\frac{\cos(a-b)x}{2(a-b)} + \frac{\cos(a+b)x}{2(a+b)}\right] \qquad a^2 \neq b^2$

10. $\displaystyle\int \cos ax\cos bx\,\mathrm{d}x = \frac{\sin(a-b)x}{2(a-b)} + \frac{\sin(a+b)x}{2(a+b)} \qquad a^2 \neq b^2$

11. $\displaystyle\int e^{ax}\,\mathrm{d}x = \frac{1}{a}e^{ax}$

12. $\displaystyle\int xe^{ax}\,\mathrm{d}x = \frac{e^{ax}}{a^2}(ax - 1)$

13. $\displaystyle\int x^2 e^{ax}\,\mathrm{d}x = \frac{e^{ax}}{a^3}(a^2x^2 - 2ax + 2)$

14. $\displaystyle\int e^{ax}\sin bx\,\mathrm{d}x = \frac{e^{ax}}{a^2 + b^2}(a\sin bx - b\cos bx)$

15. $\displaystyle\int e^{ax}\cos bx\,\mathrm{d}x = \frac{e^{ax}}{a^2 + b^2}(a\cos bx + b\sin bx)$

C-3 定积分

1. $\displaystyle\int_0^\infty x^n e^{-ax} dx = \frac{n!}{a^{n+1}} = \frac{\Gamma(n+1)}{a^{n+1}}$

2. $\displaystyle\int_0^\infty e^{-r^2 x^2} dx = \frac{\sqrt{\pi}}{2r}$

3. $\displaystyle\int_0^\infty x e^{-r^2 x^2} dx = \frac{\sqrt{\pi}}{2r^2}$

4. $\displaystyle\int_0^\infty x^2 e^{-r^2 x^2} dx = \frac{\sqrt{\pi}}{4r^3}$

5. $\displaystyle\int_0^\infty x^n e^{-r^2 x^2} dx = \frac{\Gamma[(n+1)/2]}{2r^{n+1}}$

6. $\displaystyle\int_0^\infty \frac{\sin ax}{x} dx = \frac{\pi}{2}; \, 0; \, -\frac{\pi}{2}$ 分别对于 $a > 0; \, a = 0; \, a < 0$

7. $\displaystyle\int_0^\infty \frac{\sin^2 ax}{x^2} dx = |a| \frac{\pi}{2}$

8. $\displaystyle\int_0^\pi \sin^2 mx\, dx = \int_0^\pi \sin^2 x\, dx = \int_0^\pi \cos^2 mx\, dx = \int_0^\pi \cos^2 x\, dx = \frac{\pi}{2}$ m 为整数

9. $\displaystyle\int_0^\pi \sin mx \sin nx\, dx = \int_0^\pi \cos mx \cos nx\, dx = 0$ $m \neq n$ m, n 为整数

10. $\displaystyle\int_0^\pi \sin mx \cos nx\, dx = \begin{cases} \dfrac{2m}{m^2 - n^2} & \text{如果 } m + n \text{ 为奇数} \\ 0 & \text{如果 } m + n \text{ 为偶数} \end{cases}$

C-4 辛格函数表 $\mathrm{sinc}(x) = \dfrac{\sin(\pi x)}{\pi x}$

x	$\mathrm{sinc}(x)$	x	$\mathrm{sinc}(x)$	x	$\mathrm{sinc}(x)$
0.0	1.00000	1.0	0.00000	2.0	0.00000
0.1	0.98363	1.1	− 0.08942	2.1	0.04684
0.2	0.93549	1.2	− 0.15592	2.2	0.08504
0.3	0.85839	1.3	− 0.19809	2.3	0.11196
0.4	0.75683	1.4	− 0.21624	2.4	0.12614
0.5	0.63662	1.5	− 0.21221	2.5	0.12732
0.6	0.50455	1.6	− 0.18921	2.6	0.11644
0.7	0.36788	1.7	− 0.15148	2.7	0.09538
0.8	0.23387	1.8	− 0.10394	2.8	0.06682
0.9	0.10929	1.9	− 0.05177	2.9	0.03392

C-5　几何级数的求值公式表

序　号	公　式
1	$$\sum_{n=0}^{n_2} a^n = \begin{cases} \dfrac{1 - a^{n_2+1}}{1 - a} & a \neq 1 \\ n_2 + 1 & a = 1 \end{cases}$$
2	$$\sum_{n=n_1}^{n_2} a^n = \begin{cases} \dfrac{a^{n_1} - a^{n_2+1}}{1 - a} & a \neq 1 \\ n_2 - n_1 + 1 & a = 1 \end{cases}$$
3	$$\sum_{n=0}^{\infty} a^n = \frac{1}{1 - a} \qquad |a| < 1$$

注:对于公式2中,$n_1 \leqslant n_2$,n_1 与 n_2 可以是正数,也可以是负数。

参 考 文 献

1 郑君里,杨为理,应启珩编．信号与系统(上、下册)．北京:人民教育出版社,1981

2 吴大正编．信号与线性网络分析(下册)．北京:人民教育出版社,1980

3 朱钟霖,周宝珀编．信号与线性系统分析．北京:中国铁道出版社,1980

4 黄顺吉等编．数字信号处理及其应用．北京:国防工业出版社,1982

5 B.P.拉斯著．信号、系统与控制．1979

6 C.D.麦基列姆,G.B.库伯著.连续信号、离散信号与系统．贾毓聪,张宝俊译．北京:人民教育出版社,1988

7 C.N.巴斯卡科夫著.无线电信号与电路．钱国惠等译．哈尔滨:哈尔滨工业大学出版社,1988

8 王宝祥等编．信号与系统习题集．哈尔滨:哈尔滨工业大学出版社,1988

9 A.V.Oppenheim.Signals and systems.1983

10 A.Papoulis.Circuits and Systems.1980

11 王宝祥,胡航编．信号与系统习题及精解．哈尔滨:哈尔滨工业大学出版社,1998

习 题 答 案

第 1 章

1-7 1. $f(-t_0)$ 2. $f(t_0)$ 3. $\begin{cases} 1 \ (t_0 > 0) \\ 0 \ (t_0 < 0) \end{cases}$ 4. $\begin{cases} 0 \ (t_0 > 0) \\ 1 \ (t_0 < 0) \end{cases}$

1-8 1. $\sin\theta$ 2. 1 3. $\dfrac{13}{8}$ 4. $1 - e^{-j\omega t_0}$

1-13 1. 周期序列,周期为 14   2. 非周期序列

1-14 1. $tu(t)$ 2. $\begin{cases} 0 & t < 0,\ t > 2 \\ t & 0 \leqslant t < 2 \\ 2 - t & 1 \leqslant t < 2 \end{cases}$ 3. $\dfrac{1}{a}(1 - e^{-at})u(t)$

$\quad\quad$ 4. $\cos\omega(t+1) - \cos\omega(t-1)$

1-15 1. $\cos(\omega t + 45°)$

$\quad\quad$ 2. $\dfrac{1}{2}(t^2 - 1)u(t-1) - (t^2 - t - 2)u(t-2) + \dfrac{1}{2}(t^2 - 2t - 3)u(t-3)$

$\quad\quad$ 3. $\dfrac{a\sin t - \cos t + e^{-at}}{a^2 + 1}$

$\quad\quad$ 4. $8(1 - e^{-t})u(t) - 8(1 - e^{-(t-2)})u(t-2) - 8(e^{-3} - e^{-t})u(t-3) + 8(e^{-3} - e^{-(t-2)})$

$\quad\quad\quad u(t-5)$

1-18 (a) $\begin{cases} 1 & t < 0 \\ 2 - e^{-t} & t > 0 \end{cases}$ (b) $1 - \cos(t-1)$ $\quad t > 1$

1-19 1. $(3^{n-1} - 2^{n+1})u(n)$

$\quad\quad$ 2. $[3(2)^n - 2(3)^n]u(-n)$

$\quad\quad$ 3. $[3^{-k+1} - 2^{-k+1}]u(-n)$

1-20 $g(n) = [12.5 - (5(0.5)^n + 0.5(0.2)^n)]u(n)$

1-21 $g(n) = \dfrac{a^{n+1} - b^{n+1}}{a - b}u(n)$

第 2 章

2-1 三角形式傅里叶级数的系数为

$\quad\quad$ $a_0 = 0 \quad\quad a_n = 0 \quad\quad b_n = \dfrac{2E}{n\pi} \quad\quad n = 1, 3, \cdots$

$\quad\quad$ $f(t) = \dfrac{2E}{\pi}(\sin\omega_1 t + \dfrac{1}{3}\sin 3\omega_1 t + \dfrac{1}{5}\sin 5\omega_1 t + \cdots)$

$\quad\quad$ 指数形式傅里叶级数的系数为

$\quad\quad$ $C_n = -\dfrac{jE}{n\pi} \quad n = \pm 1, \pm 3, \pm 5, \cdots$

$\quad\quad$ $f(t) = -\dfrac{jE}{\pi}e^{j\omega_1 t} + \dfrac{jE}{\pi}e^{-j\omega_1 t} - \dfrac{jE}{3\pi}e^{j3\omega_1 t} + \dfrac{jE}{3\pi}e^{j3\omega_1 t} + \cdots$

2-2 $C_0 = \dfrac{E}{2}, C_n = \dfrac{-jE}{2n\pi} \quad n = \pm 1, \pm 2, \cdots$

$$f(t) = \frac{E}{2} - \frac{jE}{2\pi}e^{j\omega_1 t} + \frac{jE}{2\pi}e^{-j\omega_1 t} - \frac{jE}{4\pi}e^{j2\omega_1 t} + \frac{jE}{4\pi}e^{-j2\omega_1 t}\cdots =$$

$$\frac{E}{2} + \frac{E}{\pi}\left(\sin\omega_1 t + \frac{1}{2}\sin2\omega_1 t + \cdots\right)$$

2-3 $f(t) = \dfrac{1}{\pi} + \dfrac{1}{2}\sin\omega_1 t + \dfrac{2}{\pi}\displaystyle\sum_{n=2,4,6,\cdots}\dfrac{1}{1-n^2}\cos n\omega_1 t$

2-4   1. $f_1(t) = 2\displaystyle\sum_{n=1}^{\infty}(-1)^{n-1}\dfrac{1}{n}\sin nt$

     2. $f_2(t) = \dfrac{\pi}{2} - \dfrac{4}{\pi}\displaystyle\sum_{k=0}^{\infty}\dfrac{1}{(2k+1)^2}\cos(2k+1)t$

2-5   1. $f_1(t) = (e-1)\displaystyle\sum_{n=\infty}^{\infty}\dfrac{1+j2n\pi}{1+4n^2\pi^2}e^{j2n\pi t}$

     2. $f_2(t) = \dfrac{1}{3} + \displaystyle\sum_{\substack{n=-\infty\\n\neq0}}^{\infty}\dfrac{1+jn\pi}{2n^2\pi^2}e^{j2n\pi t}$

2-6   基波有效值为 $\dfrac{\sqrt{2}A}{2\pi}(2\theta+\sin2\theta)$，二次谐波为零，

     三次谐波有效值为 $\dfrac{\sqrt{2}A}{6\pi}\left(\sin2\theta + \dfrac{1}{2}\sin4\theta\right)$

2-9 $F(\omega) = \dfrac{\tau E}{2}\left[\mathrm{Sa}\left(\dfrac{\omega\tau}{2}-\dfrac{\pi}{2}\right)+\mathrm{Sa}\left(\dfrac{\omega\tau}{2}+\dfrac{\pi}{2}\right)\right] = \dfrac{2E\tau\cos\dfrac{\omega\tau}{2}}{\pi\left[I-\left(\dfrac{\omega\tau}{\pi}\right)^2\right]}$

2-10   (a) $F(\omega) = j\dfrac{2E}{\omega}\left[\cos\dfrac{\omega T}{2}-\mathrm{Sa}\left(\dfrac{\omega T}{2}\right)\right]$ $F(0) = 0$

     (b) $F(\omega) = \dfrac{E}{\omega^2 T}(1-j\omega T - e^{-j\omega T})$

     (c) $F(\omega) = \dfrac{E\omega_1}{\omega_1^2-\omega^2}(1-e^{-j\omega T})$, $F(\omega_1) = \dfrac{ET}{2j}$

     (d) $F(\omega) = j\dfrac{2E\omega_1\sin\dfrac{\omega T}{2}}{\omega^2-\omega_1^2}$, $F(\omega_1) = \dfrac{ET}{2j}$, $\left(\omega_1 = \dfrac{2\pi}{T}\right)$

2-11   (a) $f(t) = \dfrac{A\omega_0}{\pi}\mathrm{Sa}[\omega_0(t+t_0)]$

     (b) $f(t) = -\dfrac{2A}{\pi t}\sin^2\left(\dfrac{\omega_0 t}{2}\right) = \dfrac{A}{\pi t}(\cos\omega_0 t - 1)$

2-12 $F_2(\omega) = F_1(-\omega)e^{-j\omega t_0}$

2-13   1. $f(t) = \dfrac{1}{2\pi}e^{j\omega t}$ 2. $f(t) = \dfrac{\omega_0}{\pi}\mathrm{Sa}(\omega_0 t)$ 3. $f(t) = \left(\dfrac{\omega_0}{\pi}\right)^2\mathrm{Sa}(\omega_0 t)$

2-14   1. $F_1(\omega) = \dfrac{1}{2}j\dfrac{\mathrm{d}F\left(\dfrac{\omega}{2}\right)}{\mathrm{d}\omega}$ 2. $F_2(\omega) = j\dfrac{\mathrm{d}F(\omega)}{\mathrm{d}\omega} - 2F(\omega)$

     3. $F_3(\omega) = -F\left(-\dfrac{\omega}{2}\right) + \dfrac{j}{2}\dfrac{\mathrm{d}F\left(-\dfrac{\omega}{2}\right)}{\mathrm{d}\omega}$

4. $F_4(\omega) = -F(\omega) - \omega\dfrac{\mathrm{d}F(\omega)}{\mathrm{d}\omega}$ 　　5. $F_5(\omega) = F(-\omega)\mathrm{e}^{-\mathrm{j}\omega}$

6. $F_6(\omega) = -\mathrm{j}\dfrac{\mathrm{d}F(-\omega)}{\mathrm{d}\omega}\mathrm{e}^{-\mathrm{j}\omega}$ 　　7. $F_7(\omega) = \dfrac{1}{2}F\left(\dfrac{\omega}{2}\right)\mathrm{e}^{-\mathrm{j}\frac{5}{2}\omega}$

2-15　(a) $F(\omega) = \dfrac{1}{2}\left[\,\mathrm{Sa}^2\left(\dfrac{\omega - 10\pi}{2}\right) + \mathrm{Sa}^2\left(\dfrac{\omega + 10\pi}{2}\right)\right]$

　　　(b) $F(w) = \dfrac{1}{2\mathrm{j}}\left[\,\mathrm{Sa}\left(\dfrac{\omega - 5\pi}{2}\right)\mathrm{e}^{-\mathrm{j}\frac{3}{2}(\omega-5\pi)} - \mathrm{Sa}\left(\dfrac{\omega + 5\pi}{2}\right)\mathrm{e}^{-\mathrm{j}\frac{3}{2}(\omega+5\pi)}\right]$

2-16　1. $F(\omega) = G_{4\pi}(\omega)\mathrm{e}^{-\mathrm{j}2\omega}$ 　　2. $F(\omega) = 2\pi\mathrm{e}^{-a(\omega)}$ 　　3. $F(\omega) = \dfrac{1}{2}\left(1 - \dfrac{|\omega|}{4\pi}\right)$

2-17　$F(\omega) = \pi\delta(\omega) - \mathrm{j}\dfrac{2}{\omega^2}\sin\dfrac{\omega}{2} = \pi\delta(\omega) + \dfrac{1}{\mathrm{j}\omega}\mathrm{Sa}\left(\dfrac{\omega}{2}\right)$

2-18　$F_2(\omega) = \pi\displaystyle\sum_{n=-\infty}^{\infty}[F(-n\pi) + F(n\pi)]\delta(\omega - n\pi)$

2-19　$F(\omega) = \dfrac{\pi}{2}[2\delta(\omega) + \delta(\omega - \pi) + \delta(\omega + \pi)]$

2-21　1. $f_s = \dfrac{100}{\pi}$, $T_s = \dfrac{\pi}{100}$ 　　2. $f_s = \dfrac{200}{\pi}$, $T_s = \dfrac{\pi}{200}$ 　　3. $f_s = \dfrac{100}{\pi}$, $T_s = \dfrac{\pi}{100}$

　　　4. $f_s = \dfrac{120}{\pi}$, $T_s = \dfrac{\pi}{120}$

2-23　1. $m = 0.5$　$m_1 = 0.2$　$m_2 = 0.3$ 　　2. $\triangle f = 10 \times 10^3$ c/s

第3章

3-1　1. $\dfrac{a}{s(s + a)}$ 　　2. $\dfrac{2s + 1}{s^2 + 1}$ 　　3. $\dfrac{1}{(s + 2)^2}$

　　　4. $\dfrac{2}{(s + 1)^2 + 4}$ 　　5. $\dfrac{s + 3}{(s + 1)^2}$ 　　6. $\dfrac{1}{s + \beta} - \dfrac{s + \beta}{(s + \beta)^2 + a^2}$

　　　7. $\dfrac{2}{s^3} + \dfrac{2}{s^2}$ 　　8. $2 - \dfrac{3}{s + 7}$ 　　9. $\dfrac{\beta}{(s + a)^2 - \beta^2}$

　　　10. $\dfrac{1}{2}\left(\dfrac{1}{s} + \dfrac{s}{s^2 + 4\Omega^2}\right)$

3-2　1. $\dfrac{1}{(s + a)(s + \beta)}$ 　　2. $\dfrac{(s + 1)\mathrm{e}^{-a}}{(s + 1)^2 + \omega^2}$ 　　3. $\dfrac{(s + 2)\mathrm{e}^{-(s-1)}}{(s + 1)^2}$

　　　4. $\dfrac{6s^4 - 324^2s + 486}{(s^2 + 9)^4}$ 　　5. $\dfrac{2s^3 - 24s}{(s^2 + 4)^3}$ 　　6. $-\ln\left(\dfrac{s}{s + a}\right) = \ln\dfrac{s + a}{s}$

　　　7. $\ln\left(\dfrac{s + 5}{s + 3}\right)$ 　　8. $\dfrac{\pi}{2} - \mathrm{tg}^{-1}\dfrac{s}{a}$ 　　9. $\dfrac{2(s + 1)}{[(s + 1)^2 + 1]^2}$

　　　10. $\mathrm{e}^{-s}\left[\dfrac{2}{s^3} + \dfrac{2}{s^2} + \dfrac{1}{s}\right]$ 　11. $2\mathrm{e}^{-t_0 s} + 3$ 　　12. $\dfrac{1}{s + 1}[1 - \mathrm{e}^{-2(s+1)}]$

3-3　1. $aF(as + 1)$ 　　　　2. $aF(as + a^2)$

3-4　1. $\dfrac{\pi}{s^2 + \pi^2}$ 　　2. $\dfrac{s}{s^2 - a^2}$ 　　3. $\dfrac{\beta}{s^2 + 4\beta^2}$ 　　4. $\dfrac{(s + a)^2 - \beta^2}{[(s + a)^2 + \beta^2]^2}$

3-5　1. $\dfrac{\pi}{s^2 + \pi^2}$, $\dfrac{-\pi}{s^2 + \pi^2}$, $\dfrac{-\pi}{s^2 + \pi^2}\mathrm{e}^{-s}$, $\dfrac{\pi}{s^2 + \pi^2}\mathrm{e}^{-s}$

　　　2. $\dfrac{1}{s^2}$, $\dfrac{1}{s^2}\mathrm{e}^{-2s} + \dfrac{2}{s}\mathrm{e}^{-2s}$, $\dfrac{1}{s^2}\mathrm{e}^{-\frac{2}{3}s} + \dfrac{2}{3s}\mathrm{e}^{-\frac{2}{3}s}$, $\dfrac{3}{s^2} - \dfrac{2}{s}$, $\dfrac{3}{s^2}\mathrm{e}^{-\frac{2}{3}s}$

3. $\dfrac{\pi}{s^2 + \pi^2}$, $\dfrac{\pi}{s(s^2 + \pi^2)}$, $\dfrac{s\pi}{s^2 + \pi^2}$, $\dfrac{s^2\pi}{s^2 + \pi^2}$

3-7　1. e^{-t}　　　　　　　2. $2e^{-\frac{3}{2}t}$　　　　　　3. $\dfrac{4}{3}(1 - e^{-\frac{3}{2}t})$

4. $\dfrac{1}{5}(1 - \cos\sqrt{5}t)$　5. $\dfrac{3}{2}(e^{-2t} - e^{-4t})$　　6. $6e^{-4t} - 3e^{-2t}$

7. $\sin t + \delta(t)$　　　8. $e^{-t} - e^{-2t}$　　　　9. $1 - e^{-\frac{1}{RC}}$

10. $1 - 2e^{-\frac{1}{RC}}$　　11. $\dfrac{RC\omega}{1 + (RC\omega)^2}\Big[e^{-\frac{1}{RC}} - \cos\omega t + \dfrac{1}{RC\omega}\sin\omega t\Big]$

12. $7e^{-3t} - 3e^{-2t}$　　13. $\dfrac{100}{199}[49e^{-t} + 150e^{-200t}]$　　14. $e^{-t}(t^2 - t + 1) - e^{-2t}$

15. $\dfrac{A}{K}\sin Kt$　　　16. $\dfrac{1}{6}\Big[\dfrac{\sqrt{3}}{3}\sin\sqrt{3}t - t\cos\sqrt{3}t\Big]$

17. $\dfrac{1}{4}[1 - \cos(t - 1)]u(t - 1)$　　18. $\dfrac{1}{t}(e^{-9t} - 1)$

3-8　1. $\sin t\,u(t) - \sin(t - \tau)u(t - \tau)$

2. $[-2e^{-2(t-\pi)} + 3e^{-3(t-\pi)}]u(t - \pi)$

3. $tu(t) - 2(t - 1)u(t - 1) + (t - 2)u(t - 2)$

4. $\delta'(t) + \delta'(t - 1) + \delta'(t - 2) + \cdots$

5. $\delta(t) - \delta(t - 2) + \delta(t - 4) - \delta(t - 6) + \cdots$

6. $2[u(t - 1) - u(t - 3) + u(t - 5) - u(t - 7)] + \cdots$

7. $e^{-t}[u(t) - u(t - 1)] + e^{-(t-2)}[u(t - 2) - u(t - 3)] + \cdots$

8. $\dfrac{1 - e^{-t}}{t}$

3-9　1. $f(0^+) = 1$　　　　　$f(\infty) = 0$

2. $f(0^+) = 10$　　　　$f(\infty) = 4$

3. $f(0^+) = 0$　　　　　$f(\infty) = 0$

4. $f(0^+) = 0$　　　　　$f(\infty) = 0$

5. $f(0^+) = \dfrac{A}{K(\infty)}$　　$f(\infty) = \dfrac{A}{K(0)}$

6. $f(0^+) = 2$　　　　　$f(\infty) = 1$

第 4 章

4-1　1. $3z^{-2} + 2z^{-5}$　　　　$0 < |z| \leqslant \infty$　　2. $1 - \dfrac{1}{8}z^{-3}$　　　$0 < |z| \leqslant \infty$

3. z　　　　　　　　　$0 \leqslant |z| < \infty$　　4. $\dfrac{z + 1}{z}$　　　　　$0 < |z| \leqslant \infty$

5. $\dfrac{2z}{2z - 1}$　　　　　$0.5 < |z| \leqslant \infty$　　6. $\dfrac{1}{2z(2z - 1)}$　　$05 < |z| \leqslant \infty$

7. $\dfrac{z}{z - 3}$　　　　　$3 < |z| \leqslant \infty$　　8. $\dfrac{1}{1 - 3z}$　　　　$0 \leqslant |z| < \dfrac{1}{3}$

9. $\dfrac{2z}{2z - 1}$　　　　　$0 \leqslant |z| < 0.5$　　10. $\dfrac{1 - (0.5z^{-1})^{10}}{1 - 0.5z^{-1}}$　$0 < |z| \leqslant \infty$

11. $\dfrac{z\left(2z - \dfrac{5}{6}\right)}{\left(z - \dfrac{1}{2}\right)\left(z - \dfrac{1}{3}\right)}$ $\dfrac{1}{2} < |z| \leqslant \infty$ 12. $\dfrac{z}{2(z-1)^2}$ $1 < |z| \leqslant \infty$

13. $\dfrac{z^2}{(z-1)^2}$ $1 < |z| \leqslant \infty$ 14. $\dfrac{z(z+1)}{(z-1)^3}$ $1 < |z| \leqslant \infty$

15. $\dfrac{\mathrm{e}^{-a}z}{(\mathrm{e}^{-a}z - 1)^2}$ $\mathrm{e}^a < |z| \leqslant \infty$

4-2 $\dfrac{-1.5z}{(z-0.5)(z-2)}$ $0.5 < |z| < 2$

4-3   1. $X(z) = \dfrac{z(z - \mathrm{e}^a\cos\theta)}{z^2 - 2z\mathrm{e}^a\cos\theta + \mathrm{e}^{2a}}$ $\mathrm{e}^a < |z| \leqslant \infty$

极点：$\mathrm{e}^a(\cos\theta \pm \mathrm{j}\sin\theta)$，零点：$0$，$\mathrm{e}^a\cos\theta$

2. $X(z) = \dfrac{Az^2\cos\varphi - Arz\cos(\omega_0 - \varphi)}{z^2 - 2rz\cos\omega_0 + r^2}$ $r < |z| \leqslant \infty$

极点：$r(\cos\omega_0 \pm \mathrm{j}\sin\omega_0)$，零点：$0$，$\dfrac{r\cos(\omega_0 - \varphi)}{\cos\varphi}$

3. $X(z) = \dfrac{1 - z^{-N}}{1 - z^{-1}}$ $0 < |z| \leqslant \infty$

极点：$1,0(N-1$ 重极点$)$，零点：$\mathrm{e}^{\mathrm{j}\frac{2\pi}{N}k}$，$k = 0,1,2,\cdots,N-1$

4. $X(z) = \dfrac{1}{z^{2N-1}}\left(\dfrac{z^N - 1}{z - 1}\right)^2$ $0 < |z| \leqslant \infty$

极点：$1(2$ 重$),0(2N-1$ 重极点$)$，零点：$\mathrm{e}^{\mathrm{j}\frac{2\pi}{N}k}(2$ 重$)k = 0,1,2,\cdots,N-1$

4-4   1. $(-0.5)^n u(n)$

2. $(0.5)^n u(n)$

3. $[4(-0.5)^n - 3(-0.25)^n]u(n)$

4. $(-0.5)^n u(n)$

5. $\dfrac{a^2 - 1}{a}\left(\dfrac{1}{a}\right)^n u(n) - a\delta(n) = \left(\dfrac{1}{a}\right)^{n-1}u(n-1) - \left(\dfrac{1}{a}\right)^{n+1}u(n)$

6. $\left(\dfrac{1}{a}\right)^{n-1}u(n-1) - \left(\dfrac{1}{a}\right)^{n+1}u(n)$

7. $[(-1)^{n+1} - (-2)^{n+1}]u(n)$

8. $[(-1)^{n-1} - 3(-2)^{n-1}]u(n) + \dfrac{1}{2}\delta(n)$

9. $[2 - (0.5)^{n-1}]u(n)$

10. $-\dfrac{5}{3}\delta(n) + \dfrac{5}{2}u(n) + \dfrac{1}{6}(-0.6)^n u(n)$

11. $\left[\dfrac{1}{2}n - \dfrac{1}{4} + \dfrac{1}{4}(-1)^n\right]u(n)$

12. $(na^{n-1})u(n)$

4-5 $x(n) = 10(2^n - 1)u(n)$

4-6   1. $x(n) = (2^n - n - 1)u(n)$ 2. $x(n) = \dfrac{1}{2}n(n+1)\mathrm{e}^{-(n+2)}u(n)$

4-7 $x(n) = \dfrac{u(n)}{(-n)!}$

4-8 $x(n) = \delta(n-1) + 6\delta(n-4) - 2\delta(n-7)$

4-9 1. $x(n) = \left[\left(\dfrac{1}{2}\right)^n - 2^n\right]u(n)$ 2. $x(n) = \left[2^n - \left(\dfrac{1}{2}\right)^n\right]u(-n-1)$

   3. $x(n) = \left(\dfrac{1}{2}\right)^n u(n) + 2^n u(-n-1)$

4-10 1. $x(0) = 1$ $x(\infty)$ 不存在
   2. $x(0) = 1$ $x(\infty) = 0$
   3. $x(0) = 0$ $x(\infty) = 2$

4-11 1. $y(n) = \dfrac{b}{b-a}[a^n u(n) + b^n u(-n-1)]$ 2. $y(n) = a^{n-2} u(n-2)$

   3. $y(n) = \dfrac{1-a^n}{1-a} u(n)$

4-12 $Y(z) = \dfrac{e^{-b} z \sin\omega_0}{z^2 - 2e^{-b} z \cos\omega_0 + e^{-2b}}$

4-13 1. 1 $|z| \geqslant 0$ 2. $\dfrac{1}{1-100z}$ $|z| > 0.01$

第5章

5-1 1. $P = \dfrac{1}{2}(A^2 + B^2)$

   $S(\omega) = \dfrac{\pi}{2}[A^2\delta(\omega + 2000\pi) + A^2\delta(\omega - 2000\pi)] + [B^2\delta(\omega + 200\pi) + B^2\delta(\omega - 200\pi)]$

   2. $P = \dfrac{A^2}{2} + \dfrac{1}{4}$

   $S(\omega) = \dfrac{\pi A^2}{2}[\delta(\omega + 2000\pi) + \delta(\omega - 2000\pi)] + \dfrac{\pi}{8}[\delta(\omega + 2200\pi) + \delta(\omega - 2200\pi) + \delta(\omega + 1800\pi) + \delta(\omega - 1800\pi)]$

   3. $P = \dfrac{A^2}{4}$

   $S(\omega) = \dfrac{\pi A^2}{8}[\delta(\omega + 2200\pi) + \delta(\omega - 2200\pi)] + \delta(\omega + 1800\pi) + \delta(\omega - 1800\pi)]$

   4. $P = \dfrac{A^2}{4}$

   $S(\omega) = \dfrac{\pi A^2}{8}[\delta(\omega + 2200\pi) + \delta(\omega - 2200\pi)] + \delta(\omega + 1800\pi) + \delta(\omega - 1800\pi)]$

   5. $P = \dfrac{A^2}{4}$

   $S(\omega) = \dfrac{\pi A^2}{8}[\delta(\omega + 2300\pi) + \delta(\omega + 2300\pi)] + \delta(\omega + 1700\pi) + \delta(\omega - 1700\pi)]$

   6. $P = \dfrac{3A^2}{16}$

   $S(\omega) = \dfrac{\pi A^2}{8}[\delta(\omega + 2000\pi) + \delta(\omega - 2000\pi)] + \dfrac{\pi A^2}{32}[\delta(\omega + 2400\pi) +$

$$\delta(\omega - 2400\pi) + \delta(\omega + 1600\pi) + \delta(\omega - 1600\pi)]$$

5-3 1. $\dfrac{1}{2a}e^{-a(\tau)}$ 　　　2. $\dfrac{E}{2}\cos\omega_0\tau$

5-4 $W_{XY}(\omega) = E^2\tau^2 S_a^2\left(\dfrac{\omega\tau}{2}\right)e^{j\omega t_0}$

5-5 $W(\omega) = \dfrac{E^2}{a^2 + E^2}$

5-7 $R_X(\tau) = \dfrac{A^2}{\pi\tau}(\sin\omega_2\tau - \sin\omega_1\tau)$

5-8 $0 < \tau < T$: $R_X(\tau) = \left(\dfrac{T}{3} - \dfrac{\tau}{2} + \dfrac{\tau^3}{6T^2}\right)A^2$

$\qquad - T < \tau < 0$: $R_X(\tau) = \left(\dfrac{T}{3} + \dfrac{\tau}{2} - \dfrac{\tau^3}{6T^2}\right)A^2 = \left(\dfrac{T}{2} - \dfrac{|\tau|}{2} + \dfrac{|\tau|^3}{6T^2}\right)A^2$

5-9 $S(\omega) = \dfrac{a}{4a^2 + \omega^2}$

5-10 $S(\omega) = \dfrac{\pi}{2}[\delta(\omega - \omega_0) + \delta(\omega + \omega_0)]$

5-11 $R(n) = \{7, 2, -3, -2, 1, 2, 1\}$

5-13 $R(n) = \{-1, 0, -1, 0, -3, 3, 3, 0, 1, 0, 1\}$

第6章

6-1 1. 线性、非时变　　2. 非线性、非时变　　3. 非线性、非时变
　　　4. 非线性、时变　　5. 线性、时变

6-2 1. 线性、非时变　　2. 非线性、时变　　3. 非线性、非时变
　　　4. 非线性、时变　　5. 非线性、非时变

6-3 1. 非线性、时变、非因果　　　2. 线性、时变、非因果
　　　3. 线性、时变、因果　　　　　4. 线性、时变、非因果

6-4 1. $r_{zi}(t) = 4e^{-t} - 3e^{-2t}$　　2. $r_{zi}(t) = e^{-t}(\cos t + 3\sin t)$
　　　3. $r_{zi}(t) = (3t + 1)e^{-t}$

6-5 1. $r_{zi}(t) = \dfrac{3}{2} - 2e^{-t} + \dfrac{1}{2}e^{-2t}$　　2. $r_{zi}(t) = 1 - (t + 1)e^{-t}$

6-6 1. $r(0^+) = 0$　　　2. $r(0^+) = 3$　　　3. $r(0^+) = 1$　$r'(0^+) = \dfrac{3}{2}$

6-7 1. 完全响应　$2e^{-t} - \dfrac{5}{2}e^{-2t} + \dfrac{3}{2}$

　　　零输入响应　$4e^{-t} - 3e^{-2t}$

　　　零状态响应　$-2e^{-t} + \dfrac{1}{2}e^{-2t} + \dfrac{3}{2}$

　　　自由响应　$2e^{-t} - \dfrac{5}{2}e^{-2t}$

　　　强迫响应　$\dfrac{3}{2}$　　　　　　$r'(0^+) = 3$　$r(0^+) = 1$

　　　2. 完全响应　$e^{-t} + 4te^{-t} - \dfrac{t^2}{2}e^{-t}$

零输入响应　$e^{-t} + 3te^{-t}$

零状态响应　$(t - \dfrac{t^2}{2})e^{-t}$

自由响应　$e^{-t} + 4te^{-t}$

强迫响应　$-\dfrac{t^2}{2}e^{-t}$　　　　$r'(0^+) = 3$　$r(0^+) = 1$

6-8　1. $h(t) = e^{-2t}u(t)$　　$g(t) = \dfrac{1}{2}(1 - e^{-2t})u(t)$

　　2. $h(t) = e^{-\frac{1}{2}t}\left[\cos\dfrac{\sqrt{3}}{2}t + \dfrac{1}{\sqrt{3}}\sin\dfrac{\sqrt{3}}{2}t\right]u(t)$

　　　$g(t) = \left\{e^{-\frac{1}{2}t}\left[-\cos\dfrac{\sqrt{3}}{2}t + \dfrac{1}{\sqrt{3}}\sin\dfrac{\sqrt{3}}{2}t\right] + 1\right\}u(t)$

　　3. $h(t) = (e^{-t} - 5e^{-2t} + 5e^{-3t})u(t)$

　　　$g(t) = \left(\dfrac{1}{6} - e^{-t} + \dfrac{5}{2}e^{-2t} - \dfrac{5}{3}e^{-3t}\right)u(t)$

6-9　1. $h(t) = 2\delta(t) - 6e^{-3t}u(t)$　　2. $h(t) = e^{-2t}u(t) + \delta(t) + \delta'(t)$

6-10　　$h(t) = \delta(t) - \dfrac{1}{RC}e^{-\frac{1}{RC}t}u(t)$

　　　　$g(t) = e^{-\frac{1}{RC}t}u(t)$

6-11　　$h(t) = (2e^{-t} - 2e^{-2t})u(t)$

　　　　$g(t) = (1 + e^{-2t} - 2e^{-t})u(t)$

6-12　　$h(t) = (2e^{-t} - 2te^{-t})u(t)$

　　　　$g(t) = 2te^{-t}u(t)$

6-13　　$u_c(t) = \dfrac{E}{R_1C(\beta - \alpha)}(e^{-\alpha t} - e^{-\beta t})u(t)$　其中 $\beta = \dfrac{R_1 + R_2}{R_1R_2C}$

6-14　　$v_0(t) = \dfrac{R}{R^2 + L^2}\left[Le^{-\frac{R}{L}t} + R\sin t - L\cos t\right]u(t)$

6-15　　$i(t) = \dfrac{E}{R}\left[1 - \dfrac{2\alpha}{\omega_d}e^{-\alpha t}\sin\omega_d t\right]u(t)$

　　　　其中　$a = \dfrac{1}{2RC}, \omega_d = \sqrt{\omega_0^2 - \alpha^2}, \omega_0 = \dfrac{1}{\sqrt{LC}}$

6-16　　$h(t) = [u(t) - u(t - 3)] + [u(t - 1) - u(t - 4)] + [u(t - 2) - u(t - 5)]$

6-17　　$r(t) = (-e^{-t} + 4\cos 2t)u(t)$

第 7 章

7-1　　　$r(t) = (e^{-2t} - e^{-3t})u(t)$

7-2　　　$r(t) = e^{-t}u(t) + (t - 1)[u(t) - u(t - 1)]$

7-3　　　$R(\omega) = \pi\delta(\omega) + \displaystyle\sum_{n=-\infty}^{\infty} \dfrac{1}{n} \cdot \dfrac{\alpha}{\alpha + jn\omega_1}j\delta(\omega - n\omega_1)$

　　　　式中　$n \neq 0, \alpha = \dfrac{1}{RC}$

7-4　　　$H(\omega) = \dfrac{-R_2\omega^2 + j\omega(1 + R_1R_2) + R_1}{-\omega^2 + j\omega(R_1 + R_2) + 1}$　　　无失真条件　$R_1 = R_2 = 1\Omega$

7-5 $\quad H(\omega) = \dfrac{C_1}{C_1 + C_2} \dfrac{j\omega + \dfrac{1}{R_1 C_1}}{j\omega + \dfrac{R_1 + R_2}{R_1 R_2 (C_1 + C_2)}}$ 　　无失真条件　$R_1 C_1 = R_2 C_2$

7-6 　响应均为　$\mathrm{Sa}[\omega_C(t - t_0)]$

7-7 $\quad r(t) = \dfrac{1}{\pi}\left\{ \mathrm{Si}\left[\dfrac{2\pi}{\tau}\left(t + \dfrac{\tau}{2}\right)\right] - \mathrm{Si}\left[\dfrac{2\pi}{\tau}\left(t - \dfrac{\tau}{2}\right)\right]\right\}$

7-8 　1. $u_2(t) = \dfrac{1}{\pi}\left[\mathrm{Si}(t - t_0 - T) - \mathrm{Si}(t - t_0)\right]$

　　　2. $u_2(t) = \mathrm{Sa}\left[\dfrac{1}{2}(t - t_0 - T)\right] - \mathrm{Sa}\left[\dfrac{1}{2}(t - t_0)\right]$

7-9 $\quad h(t) = \dfrac{2\omega_C}{\pi}\mathrm{Sa}[\omega_C(t - t_0)]\cos\omega_0 t$

　　非因果系统,不能实现

7-10 $\quad r(t) = \dfrac{1}{2\pi}\mathrm{Sa}(t)\cos 1000 t \qquad -\infty < t < \infty$

7-11 $\quad r(t) = \dfrac{1}{2}\dfrac{\sin t}{\pi t} \qquad\qquad -\infty < t < \infty$

第 8 章

8-1 　(a) $H(s) = \dfrac{s}{RC\left(s^2 + \dfrac{3}{RC}s + \dfrac{1}{R^2 C^2}\right)}$ 　　(b) $H(s) = -\dfrac{s - \dfrac{1}{RC}}{s + \dfrac{1}{RC}}$

　　(c) $H(s) = \dfrac{1}{6}$

8-2 $\quad i_1(t) = \dfrac{E}{2}\left(\delta(t) + \dfrac{1}{4}\mathrm{e}^{-\frac{1}{4}t}\right)u(t), \qquad g(0^+) = \dfrac{E}{2}$

8-3 　(a) $H(s) = \dfrac{s + 1}{2(s^2 + 6s + 8)}$ 　　(b) $H(s) = \dfrac{1}{s^4 + 3s^2 + 1}$

　　(c) $H(s) = \dfrac{(s^2 + 1)^2}{5s^4 + 5s^2 + 1}$ 　　(d) $H(s)\dfrac{(s + 1)^2}{s^2 + 5s + 2}$ 　　(e) $H(s)\dfrac{s - 1}{s + 1}$

8-4 $\quad h(t) = \dfrac{1}{2}\delta(t) + \mathrm{e}^{-2t}u(t) + 4\mathrm{e}^{3t}u(t)$

8-5 $\quad e(t) = \left(1 - \dfrac{1}{2}\mathrm{e}^{-2t}\right)u(t)$

8-6 $\quad v_2(t) = \dfrac{1}{1 - 2RC}\underbrace{(\mathrm{e}^{-\frac{t}{RC}}}_{\text{自由}} - \underbrace{2RC\mathrm{e}^{-2t})u(t)}_{\text{强迫}}$

8-7 $\quad v_2(t) = \dfrac{5}{2}\left[-\dfrac{48}{37}\cos t + \dfrac{8}{37}\sin t + \mathrm{e}^{-\frac{t}{16}}\left(\dfrac{48}{37}\cos\dfrac{\sqrt{63}}{16}t - \dfrac{80}{37\sqrt{63}}\sin\dfrac{\sqrt{63}}{16}t\right)\right]u(t)$

　　其中前两项为强迫响应,后两项为自由响应

8-8 $\quad i(t) = \dfrac{\sqrt{2}}{2}\mathrm{e}^{-600t}\cos(800t - 45°)u(t) = \dfrac{1}{2}\mathrm{e}^{-600t}(\cos 800t + \sin 800t)u(t)$

　　$u_C(t) = 100 - 70.7\mathrm{e}^{-600t}\sin(800t + 8.13°)u(t) =$

　　　　$100 - 70.7\mathrm{e}^{-600t}\cos 800t + 10\mathrm{e}^{-600t}\sin 800t$

8-9　　1. $H(s) = \dfrac{4}{(s+2)^2 + 4}$, $h(t) = 2e^{-2t}\sin 2t \cdot u(t)$

　　　2. $u_c(t) = 2.5u(t-2) + \dfrac{5}{\sqrt{2}}e^{-2(t-2)}\cos[2(t-2) + 135°]u(t-2)$

　　　3. $u_c(t) = [-2\sqrt{5}\cos(2t + 26.6°) + 2\sqrt{5}e^{-2t}\cos(2t - 26.6°)]u(t)$

8-10　$r_{zs}(t) = \dfrac{\sqrt{5}}{2}e^{-(t-2)}\sin[2(t-2) - 63.5°]u(t-2) =$

　　　　　$e^{-(t-2)}[\cos 2(t-2) - \dfrac{1}{2}\sin 2(t-2)]u(t-2)$

8-11　　$v_0(t) = E\dfrac{1 - e^{-\alpha(T-\tau)}}{1 - e^{-\alpha T}}e^{-\alpha t}u(t) - Ee^{-\alpha(t-\tau)}u(t-\tau)$

　　　其中　$\alpha = \dfrac{1}{RC}$　　　$(n-1)T < t < nT$

8-12　　$v_0(t) = \dfrac{250\dfrac{\pi}{T}}{300^2 + \left(\dfrac{\pi}{T}\right)^2}\left[\dfrac{2}{1 - e^{-300T}}e^{-300t} - \cos\dfrac{\pi}{T}t + \dfrac{300T}{\pi}\sin\dfrac{\pi}{T}t\right]$

　　　　$(n-1)T < t < nT$

8-13　　$H(s) = \dfrac{5(s^3 + 4s^2 + 5s)}{s^3 + 5s^2 + 16s + 30}$

8-14　　$K_1 = \dfrac{-(a-3)}{3}$

8-15　　$H(\omega) = \sqrt{\dfrac{(5 - \omega^2)^2 + (2\omega)^2}{(5 - \omega^2)^2 + (2\omega)^2}}e^{-j2\arctan\frac{2\omega}{5-\omega^2}}$

8-16　(a) 低通　　(b) 带通　　(c) 高通　　(d) 带通　　(e) 带通

　　　(f) 带通 - 带阻　　(g) 高通　　(h) 带通 - 带阻

8-17　　$H(s) = \dfrac{10^2(s+10)(s+10^3)}{(s+10^2)(s+10^4)}$

8-18　　$H(s) = \dfrac{A}{4}\dfrac{(s+\dfrac{1}{4})(s+1)}{(s+\dfrac{1}{8})(s+\dfrac{1}{2})}$

8-19　(a) $\dfrac{H_1H_2H_3H_7}{1 - H_2H_4H_5 - H_2H_3H_5H_6}$

　　　(b) $\dfrac{H_1H_2H_3H_4 + H_1H_5(1 + H_3T_1)}{1 + H_3T_1 + H_4T_2 + H_3H_4T_3}$

8-20　(a) $H(s) = \dfrac{H_1H_2H_3H_4H_5 + H_1H_5H_6(1 - T_3)}{1 - T_2H_2 - T_1H_2H_3 - T_3 - T_4H_4 - T_1T_4H_6 + T_2H_2(T_4H_4 + T_3)}$

　　　(b) $\dfrac{Y_1}{X_1} = \dfrac{1}{\Delta}[H_1H_3(1 - T_3 - T_4H_4)]$

　　　　$\dfrac{Y_2}{X_1} = \dfrac{1}{\Delta}[H_1H_2H_3H_4H_5 + H_1H_5H_6(1 - T_3)]$

　　　　$\dfrac{Y_1}{X_2} = \dfrac{1}{\Delta}[T_1T_4H_7H_8]$

$$\frac{Y_2}{X_2} = \frac{1}{\Delta}\left[H_5H_7(1 - T_3 - T_2H_2 - T_1H_2T_3 + T_2T_3H_2)\right]$$

$$\Delta = 1 - T_2H_2 - T_1H_2H_3 - T_2 - T_4H_4 - T_1T_4H_6 + T_2H_2(T_4H_2 + T_3)$$

第9章

9-1　(a) $y(n + 1) + ay(n) = bx(n)$

　　　(b) $y(n) + ay(n - 1) = bx(n)$

　　　(c) $y(n) = b_0x(n) + b_1x(n - 1)$

9-2　　$b_0y(n) + b_1y(n - 1) = a_0x(n) + a_1x(n - 1)$　　　一阶

9-3　　$y(n + 1) - C_4y(n - 1) = C_2C_3x(n) + C_1C_3x(n - 1)$　　　二阶

9-4　1. $y(n) = \left(\frac{1}{2}\right)^n$　　　2. $y(n) = 2^{n-1}$　　　3. $y(n) = (-3)^{n-1}$

　　　4. $y(n) = \left(-\frac{2}{3}\right)^n$

9-5　1. $y(n) = 4(-1)^n - 12(-2)^n$　　　2. $y(n) = (2n + 1)(-1)^n$

　　　3. $y(n) = \cos\frac{n\pi}{2} + 2\sin\frac{n\pi}{2}$

9-6　1. $y_{zi}(n) = (-2)^nu(n)$　　　2. $y_{zi}(n) = [5(-1)^n - 3(-2^n)]u(n)$

　　　3. $y_{zi}(n) = (\sqrt{2})^n\sin\frac{n3\pi}{4}u(n)$　4. $y_{zi}(n) = (1 - n)(-1)^nu(n)$

　　　5. $y_{zi}(n) = \left[\frac{2 - \sqrt{2}}{2}(\sqrt{2} + 1)^n + \frac{\sqrt{2}}{2}(\sqrt{2} - 1)^n\right]u(n)$

9-7　1. $y(n) = \left[\frac{13}{9}(-2)^n + \frac{n}{3} - \frac{4}{9}\right]$

　　　2. $y(n) = \left[(-\frac{3}{4}n - \frac{9}{16})(-1)^n + \frac{9}{16}3^n\right]$

　　　3. $y(n) = 4(2^n - 1)$

9-8　　$y(n) = \frac{1}{36}\left[(-5)^{n+1} + 6n + 5\right]$

9-9　　$y_{zs}(n) = \left[\frac{2e}{2e + 1}(-2)^n + \frac{1}{2e + 1}e^{-n}\right]u(n)$

　　　$y(n) = \frac{1}{2e + 1}\left[e^{-n} - (-2)^n\right]u(n)$

9-10　　$y(n) - (1 + \beta)y(n - 1) = f(n)$

　　　$y(n) = (20 + \frac{10}{\beta})(1 - \beta)^n - \frac{10}{\beta}$

　　　$y(12) = 142.732$ 元

9-11　　$y(n) - \frac{2}{3}y(n - 1) = 0$　　　$y(n) = 2\left(\frac{2}{3}\right)^n$(m)

9-12　　$y(n + 1) + y(n) = 2x(n) + x(n - 1)$
　　　$h(n) = 2\delta(n - 1) - (-1)^nu(n - 2)$

9-13　　$y_{zi}(n) = u(n)$　　　$y_{zs}(n) = nu(n)$

9-14　1. $y(n) = \delta(n) + 3\delta(n - 1) + 4\delta(n - 2) + 3\delta(n - 3) + \delta(n - 4)$

2. $y(n) = \delta(n+4) + 2\delta(n+3) + \delta(n+2) + \delta(n+1) + 2\delta(n)$

3. $y(n) = \dfrac{\beta^{n+1} - \alpha^{n+1}}{\beta - \alpha} u(n)$

4. $y(n) = \delta(n-2)$

第 10 章

10-1 1. $y(n) = [5(-1)^n - 3(-2)^n]$ 2. $y(n) = [5(-1)^n - 12(-2)^n]$

3. $y(n) = \left[\dfrac{4}{3} + \dfrac{2}{3}(-\dfrac{1}{2})^n\right]$ 4. $y(n) = \dfrac{1}{3}[4 + 8(-2)^n]$

5. $y(n) = [4(-2)^n - 7(-3)^n + 3(-4)^n]$

10-2 1. $y_{zs}(n) = [0.85(-2)^n + 0.16(0.37)^n]u(n) =$

$$\left[\dfrac{2e}{2e+1}(-2)^n + \dfrac{1}{2e+1}\left(\dfrac{1}{e}\right)^n\right]u(n)$$

2. $y_{zs}(n) = \left[-\dfrac{1}{4}(-1)^n + \dfrac{1}{5}(-2)^n + \dfrac{1}{20}(3)^n\right]u(n)$

3. $y_{zs}(n) = [(0.8)^{n-1} - (-0.2)^{n-1}]u(n-1)$

4. $y_{zs}(n) = \dfrac{1}{3!}(n-1)n(n+1)$

10-3 1. $y(n) = \dfrac{1}{2}n(n+1)u(n-1)$ 2. $y(n) = 2(2^n - 1)u(n)$

3. $y(n) = \left[0.37\sqrt{2^n}\cos\left(\dfrac{3\pi}{4}n - \dfrac{7\pi}{6}\right) + 0.32e^n\right]u(n-1)$

10-4 1. $y(n) = \left(\dfrac{1}{3} + \dfrac{2}{3}\cos\dfrac{2\pi}{3}n + \dfrac{4\sqrt{3}}{3}\sin\dfrac{2\pi}{3}n\right)$

2. $y(n) \doteq [9.26 + 0.661(-0.2)^n - 0.20(0.1)^n]$

3. $y(n) = [0.5 + 0.45(0.9)^n]$ 4. $y(n) = \dfrac{1}{9}[3n - 4 + 13(-2)^n]$

10-5 $h(n) = (-3)^n u(n)$

$y(n) = \dfrac{1}{32}[-9(-3)^n + 8n^2 + 20n + 9]u(n)$

10-6 1. $h(n) = \dfrac{1}{3}(2)^n u(n)$ 2. $h(n) = \delta(n) - 5\delta(n-1) + 8\delta(n-3)$

3. $h(n) = \left(\dfrac{1}{2}\right)^n u(n)$ 4. $h(n) = \dfrac{1}{2}(n+1)(n+2)u(n)$

5. $h(n) = -\dfrac{1}{2}\delta(n) - \dfrac{1}{2}(2)^n u(n) + 2(3)^n u(n)$

10-7 $H(z) = \dfrac{z}{2(z-1)(z+\dfrac{1}{2})}$

$y_{zi}(n) = \left[\dfrac{4}{3} + \dfrac{2}{3}\left(-\dfrac{1}{2}\right)^n\right]u(n)$

$y_{zs}(n) = \left[\dfrac{1}{12} + \dfrac{1}{15}\left(-\dfrac{1}{2}\right)^n - \dfrac{3}{20}(-3)^n\right]u(n)$

10-9 $y(n+1) - 0.9y(n) + 0.2y(n-1) = 0.1x(n)$

10-11 $H(z) = \dfrac{3(z+1)(z+0.2)}{(z+0.5)(z-0.4)}$

10-12 $H(z) = \dfrac{3(z+1)(z+0.2)}{(z+0.5)(z-0.4)}$

10-13 $y(n) = \left[\left(\dfrac{1}{4}n + \dfrac{7}{16}\right)(-1)^n + \dfrac{9}{16}(3)^n\right]u(n)$

10-14   1. $y(n) = \displaystyle\sum_{i=0}^{M-1} a^i x(n-i)$ 2. $H(z) = \displaystyle\sum_{i=0}^{M-1} a^i z^{-i} = \dfrac{1-(az^{-1})^M}{1-az^{-1}}$

       3. $h(n) = a^n[u(n) - u(n-M)] = \displaystyle\sum_{i=0}^{M-1} a^i \delta(n-i)$

第 11 章

11-1 $X_p(k) = 2\left(1 + \cos\dfrac{\pi}{2}k\right)$，或 $X_p(0) = 4$，$X_p(1) = 2$，$X_p(2) = 0$，$X_p(3) = 2$

11-2 $X_p(k) = 10\displaystyle\sum_{n=2}^{6} W^{kn} = 10 e^{-j\frac{4\pi k}{5}} \dfrac{\sin\left(\dfrac{\pi k}{2}\right)}{\sin\left(\dfrac{\pi k}{10}\right)}$

11-3   1. 正确   2. 不正确   3. 正确   4. 正确

11-4 $X_{p2}(k) = X_{p1}\left(\dfrac{k}{2}\right)(1 + e^{-j\pi k}) = \begin{cases} 0 & (k \text{ 为奇数}) \\ 2X_{p1}\left(\dfrac{k}{2}\right) & (k \text{ 为偶数}) \end{cases}$

11-5 $X(k) = 2\left(1 + \cos\dfrac{\pi}{2}k\right)$，或 $X(0) = 4$，$X(1) = 2$，$X(2) = 0$，$X(3) = 2$

11-6 $X(0) = 5$，$X(1) = 2 + j$，$X(2) = -5$，$X(3) = 2 - j$

11-7   1. $X(k) = 1$ 2. $X(k) = e^{-j\frac{2\pi}{N}n_0 k}$ 3. $X(k) = \dfrac{1 - a^N}{1 - a e^{-j\frac{2\pi}{N}k}}$

11-10   1. $\dfrac{1}{2}\left[X((k-l))_N + X((k+l))_N\right]G_N(k)$

       2. $\dfrac{1}{2j}\left[X((k-l))_N - X((k+l))_N\right]G_N(k)$

11-11   1. $y_1(0) = \dfrac{1}{4}$，$y_1(1) = 1$，$y_1(2) = 2$，$y_1(3) = 2\dfrac{1}{2}$，$y_1(4) = 2$，$y_1(5) = 1$，

       $y_1(6) = \dfrac{1}{4}$

       2. $y_2(0) = 2\dfrac{1}{4}$，$y_2(1) = 2$，$y_2(2) = 2\dfrac{1}{4}$，$y_2(3) = 2\dfrac{1}{2}$

       3. $y_1(0) = \dfrac{1}{4}$，$y_1(1) = 1$，$y_1(2) = 2$，$y_1(3) = 2\dfrac{1}{2}$，$y_1(4) = 2$，$y_1(5) = 1$，

       $y_1(6) = \dfrac{1}{4}$

       4. $L = 7$

11-13   1. $\mathscr{Z}[x(n)] = \dfrac{1 - z^{-N}}{1 - z^{-1}}$ 2. $\text{DFT}[x(n)] = N\delta(k)$

       3. $X(e^{j\omega}) = \dfrac{\sin\left(\dfrac{N}{2}\omega\right)}{\sin\left(\dfrac{\omega}{2}\right)} \cdot \dfrac{e^{-j\frac{N}{2}\omega}}{e^{-j\frac{\omega}{2}}}$

$$| X(e^{j\omega}) | = \left| \frac{\sin\left(\frac{N}{2}\omega\right)}{\sin\left(\frac{\omega}{2}\right)} \right|$$

当 $\omega = 0$ 时，$| X(e^{j\omega}) | = N$

当 $\omega = \frac{2\pi}{N}k$ 时，$| X(e^{j\omega}) | = 0$

11-14 1. $X_1(k) = e^{j\frac{2\pi}{N}k}X(-k)$ 　　　　　2. $X_2(k) = X\left(k + \frac{N}{2}\right)$

3. $X_3(k) = [1 + (-1)^k]X\left(\frac{k}{2}\right)$ 　　　　4. $X_4(k) = X(2k)$

5. $X_5(k) = X\left(\frac{k}{2}\right)$ 　　　　　　　　6. $X_6(k) = X(k)$

7. $X_7(k) = \frac{1}{2}\left[X(k) + X\left(k + \frac{N}{2}\right)\right]$ 　　　其中 $0 \leqslant k \leqslant N - 1$

第 12 章

12-1 $A = \begin{bmatrix} 0 & 1 \\ C_4 & 0 \end{bmatrix}$ 　$B = \begin{bmatrix} 0 \\ 1 \end{bmatrix}$ 　$C = [C_1C_3, \ C_2C_3]$ 　$D = 0$

12-2 $\begin{cases} \dot{\lambda}_1(t) = -\dfrac{R}{2L}\lambda_1(t) - \dfrac{1}{2L}\lambda_3(t) + \dfrac{1}{2L}\lambda_4(t) + \dfrac{1}{2L}e(t) \\[2mm] \dot{\lambda}_2(t) = \dfrac{1}{L}\lambda_3(t) + \dfrac{1}{L}\lambda_4(t) \\[2mm] \dot{\lambda}_3(t) = \dfrac{1}{2C}\lambda_1(t) - \dfrac{1}{C}\lambda_2(t) - \dfrac{1}{2RC}\lambda_3(t) - \dfrac{1}{2RC}\lambda_4(t) + \dfrac{1}{2RC}e(t) \\[2mm] \dot{\lambda}_4(t) = -\dfrac{1}{2C}\lambda_1(t) - \dfrac{1}{C}\lambda_2(t) - \dfrac{1}{2RC}\lambda_3(t) - \dfrac{1}{2RC}\lambda_4(t) + \dfrac{1}{2RC}e(t) \\[2mm] r(t) = -\dfrac{R}{2}\lambda_1 - \dfrac{1}{2}\lambda_3 - \dfrac{1}{2}\lambda_4 + \dfrac{1}{2}e(t) \end{cases}$

　　　其中状态变量为：接地电感中的电流 λ_1(方向自上而下)，水平位置电感中电流 λ_2(方向自左而右)，电容电压 λ_3 和 λ_4(方向左正右负)。

12-3 $\begin{bmatrix} \dot{i}_L(t) \\ \dot{u}_e(t) \end{bmatrix} = \begin{bmatrix} -\dfrac{R_3}{L} & \dfrac{1}{L} \\[3mm] -\dfrac{1}{C} & \dfrac{-1}{\dfrac{R_1R_2}{R_1 + R_2}C} \end{bmatrix} \begin{bmatrix} i_L(t) \\ u_e(t) \end{bmatrix} + \begin{bmatrix} 0 \\ \dfrac{1}{R_1C} \end{bmatrix} e(t)$

　　　　$u(t) = \begin{bmatrix} R_3 & 0 \end{bmatrix} \begin{bmatrix} i_L(t) \\ u_e(t) \end{bmatrix}$

12-4 1. $\begin{bmatrix} \dot{\lambda}_1 \\ \dot{\lambda}_2 \\ \dot{\lambda}_3 \end{bmatrix} = \begin{bmatrix} 0 & 1 & 0 \\ 0 & 0 & 1 \\ -3 & -7 & -5 \end{bmatrix} \begin{bmatrix} \lambda_1 \\ \lambda_2 \\ \lambda_3 \end{bmatrix} + \begin{bmatrix} 0 \\ 0 \\ 1 \end{bmatrix} e(t)$

$$r(t) = \begin{bmatrix} 1 & 0 & 0 \end{bmatrix} \begin{bmatrix} \lambda_1 \\ \lambda_2 \\ \lambda_3 \end{bmatrix}$$

2. $$\begin{bmatrix} \dot{\lambda}_1 \\ \dot{\lambda}_2 \end{bmatrix} = \begin{bmatrix} 0 & 1 \\ -4 & 0 \end{bmatrix} \begin{bmatrix} \lambda_1 \\ \lambda_2 \end{bmatrix} + \begin{bmatrix} 0 \\ 1 \end{bmatrix} e(t)$$

$$r(t) = \begin{bmatrix} 1 & 0 \end{bmatrix} \begin{bmatrix} \lambda_1 \\ \lambda_2 \end{bmatrix}$$

3. $$\begin{bmatrix} \dot{\lambda}_1 \\ \dot{\lambda}_2 \end{bmatrix} = \begin{bmatrix} 0 & 1 \\ -3 & -4 \end{bmatrix} \begin{bmatrix} \lambda_1 \\ \lambda_2 \end{bmatrix} + \begin{bmatrix} 0 \\ 1 \end{bmatrix} e(t)$$

$$r(t) = \begin{bmatrix} 1 & 1 \end{bmatrix} \begin{bmatrix} \lambda_1 \\ \lambda_2 \end{bmatrix}$$

12-5   1. $$\begin{bmatrix} \dot{\lambda}_1 \\ \dot{\lambda}_2 \\ \dot{\lambda}_3 \end{bmatrix} = \begin{bmatrix} 0 & -\dfrac{1}{2} & -\dfrac{3}{2} \\ 0 & 0 & 1 \\ -1 & 1 & 2 \end{bmatrix} \begin{bmatrix} \lambda_1 \\ \lambda_2 \\ \lambda_3 \end{bmatrix} + \begin{bmatrix} 1 & 0 \\ 0 & 0 \\ -1 & 1 \end{bmatrix} \begin{bmatrix} e_1(t) \\ e_2(t) \end{bmatrix}$$

$$\begin{bmatrix} r_1 \\ r_2 \end{bmatrix} = \begin{bmatrix} 1 & 0 & 0 \\ 0 & 1 & 0 \end{bmatrix} \begin{bmatrix} \lambda_1 \\ \lambda_2 \\ \lambda_3 \end{bmatrix}$$

2. $$\begin{bmatrix} \dot{\lambda}_1 \\ \dot{\lambda}_2 \\ \dot{\lambda}_3 \\ \dot{\lambda}_4 \end{bmatrix} = \begin{bmatrix} 0 & 1 & 0 & 0 \\ -1 & -1 & 0 & -1 \\ 0 & 0 & 0 & 1 \\ 0 & -1 & 0 & -1 \end{bmatrix} \begin{bmatrix} \lambda_1 \\ \lambda_2 \\ \lambda_3 \\ \lambda_4 \end{bmatrix} + \begin{bmatrix} 0 & 0 \\ 0 & 10 \\ 0 & 0 \\ 3 & 2 \end{bmatrix} \begin{bmatrix} e_1(t) \\ e_2(t) \end{bmatrix}$$

$$\begin{bmatrix} r_1 \\ r_2 \end{bmatrix} = \begin{bmatrix} 1 & 0 & 0 & 0 \\ 0 & 0 & 1 & 0 \end{bmatrix} \begin{bmatrix} \lambda_1 \\ \lambda_2 \\ \lambda_3 \\ \lambda_4 \end{bmatrix}$$

12-6   1. $A = \begin{bmatrix} -\alpha & 1 \\ 0 & -\alpha \end{bmatrix}$ 2. $A = \begin{bmatrix} -1 & 0 & 0 \\ 0 & -4 & 4 \\ 0 & -1 & 0 \end{bmatrix}$

12-7 $$\varphi(t) = \begin{bmatrix} 1 & \dfrac{1}{2}(e^t - e^{-t}) & \dfrac{1}{2}(e^t + e^{-t}) - 1 \\ 0 & \dfrac{1}{2}(e^t + e^{-t}) & \dfrac{1}{2}(e^t - e^{-t}) \\ 0 & \dfrac{1}{2}(e^t - e^{-t}) & \dfrac{1}{2}(e^t + e^{-t}) \end{bmatrix}$$

12-8   1. $\varphi(t) = \begin{bmatrix} 2e^{-t} - e^{-2t} & 2e^{-t} - 2e^{-2t} \\ e^{-2t} - e^{-t} & 2e^{-2t} - e^{-t} \end{bmatrix}$ 2. $A = \begin{bmatrix} 0 & 2 \\ -1 & -3 \end{bmatrix}$

12-9 $\quad \lambda(t) = \begin{bmatrix} \dfrac{e^{-at}}{b-a} \\[2mm] \dfrac{e^{-bt}}{a-b} \end{bmatrix}, \quad \lambda(t) = \begin{bmatrix} \dfrac{e^{-at}-1}{a(a-b)} \\[2mm] \dfrac{e^{-bt}-1}{b(b-a)} \end{bmatrix}$

12-10 $\quad \begin{bmatrix} \lambda_1(t) \\ \lambda_2(t) \end{bmatrix} = \begin{bmatrix} \dfrac{15}{4} - \dfrac{7}{4}e^{-2t} + \dfrac{t}{2} \\[2mm] \dfrac{1}{2} + \dfrac{7}{2}e^{-2t} \end{bmatrix}$

12-11 $\quad h(t) = \begin{bmatrix} (2-t)e^{-t} & (1-t)e^{-t} \\ (1-2t)e^{-t} & -(1+2t)e^{-t} \\ \delta(t)+e^{-t} & \delta(t)+e^{-t} \end{bmatrix}$

12-12 $\quad a = 3, \ b = -4$

$\quad\quad \lambda_1(n) = 4(-1)^n - 2(-2)^n$

$\quad\quad \lambda_2(n) = 4(-1)^n - 3(-2)^n$

12-13 $\quad$ 1. $\begin{bmatrix} \lambda_1(n) = \left(\dfrac{1}{2}\right)^{n-1} u(n-1) \\[2mm] \lambda_2(n) = \dfrac{1}{6}\left[7\left(\dfrac{1}{2}\right)^{1-n} - \left(\dfrac{1}{2}\right)^{n-1}\right] u(n-1) \end{bmatrix}$

$\quad\quad y(n) = \left(\dfrac{1}{2}\right)^{n-2} u(n-1)$

$\quad\quad$ 2. $y(n+1) - \dfrac{1}{2}y(n) = 2x(n)$

12-14 $\quad$ 1. $\begin{cases} \lambda_1(n) = [1+(-1)^n](\sqrt{2})^n \\ \lambda_2(n) = [(1-\sqrt{2}) + (-1)^n(1+\sqrt{2})](\sqrt{2})^n \end{cases}$

$\quad\quad$ 2. $y(n+2) - 4y(n) = x(n+2) - 4x(n)$

$\quad\quad$ 3. $y(n) = 3(2)^n + 2(-2)^n$

12-15 $\quad y(n) = 10\left[1 - \left(\dfrac{1}{2}\right)^n\right]u(n)$

12-16 $\quad v(t) = 5e^{-t}u(t), \quad v_{zi}(t) = 5e^{-t}(1-t)u(t), \quad v_{zs}(t) = 5te^{-t}u(t)$

12-17 $\quad r(t) = \left(\dfrac{1}{2} + e^{-t} - \dfrac{1}{2}e^{-2t}\right)u(t)$

12-18 $\quad \begin{bmatrix} r_1(t) \\ r_2(t) \end{bmatrix} = \begin{bmatrix} \dfrac{2}{3}e^{-t} + \dfrac{4}{3}e^{2t} \\[2mm] 1 - \dfrac{2}{3}e^{-t} + \dfrac{2}{3}e^{2t} \end{bmatrix}$

12-19 $\quad$ 1. 系统可控,但不可观

$\quad\quad$ 2. $H(s) = \dfrac{1}{(s+1)^2}$

哈尔滨工业大学出版社
无线电通信类部分图书